GUIDE
DU BOTANISTE.

SECONDE PARTIE.

Dictionnaire.

Paris. — Imprimerie de L. MARTINET, rue Mignon, 2.

GUIDE
DU BOTANISTE

OU

CONSEILS PRATIQUES SUR L'ÉTUDE DE LA BOTANIQUE,

L'USAGE DU MICROSCOPE ET L'EMPLOI DU DESSIN
APPLIQUÉS AUX TRAVAUX D'OBSERVATION,
LES EXCURSIONS BOTANIQUES, ET LA RECHERCHE, LA RÉCOLTE, LA CULTURE
LA PRÉPARATION ET LA CONSERVATION DES PLANTES, ETC. ;

ACCOMPAGNÉS

D'UN TRAITÉ ÉLÉMENTAIRE
des Propriétés et Usages économiques des Plantes qui croissent spontanément
en France ou qui y sont généralement cultivées ;

ET D'UN

DICTIONNAIRE RAISONNÉ DES MOTS TECHNIQUES
FRANÇAIS ET LATINS
EMPLOYÉS DANS LES OUVRAGES D'ORGANOGRAPHIE VÉGÉTALE
ET DE BOTANIQUE DESCRIPTIVE ;

PAR

E. GERMAIN, DE SAINT-PIERRE,

Docteur en médecine,
membre de la Société philomatique, de la Société de biologie, etc., etc.,
l'un des deux auteurs
de la *Flore descriptive et analytique des environs de Paris,*
de l'*Atlas de la Flore,* etc.

Scientiam pendere vero.

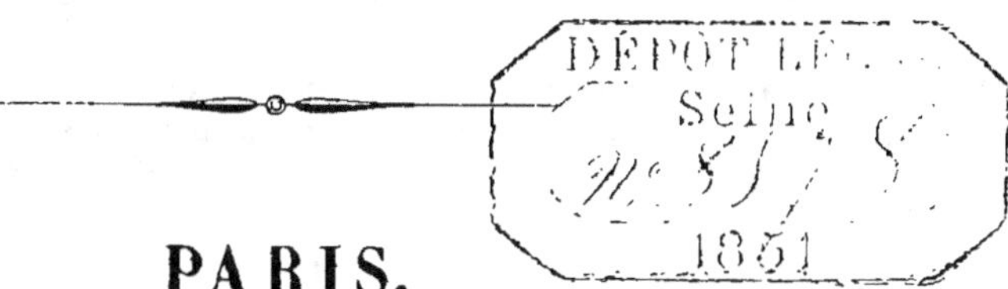

PARIS.
VICTOR MASSON, LIBRAIRE-ÉDITEUR,
PLACE DE L'ÉCOLE-DE-MÉDECINE.
1852.

LIVRE CINQUIÈME.

DICTIONNAIRE DES MOTS TECHNIQUES FRANÇAIS ET LATINS

EMPLOYÉS DANS LES OUVRAGES DE BOTANIQUE (1).

A

a, (α privatif des Grecs). Cette lettre, placée devant un mot grec ou latin, indique l'absence de l'organe désigné par ce mot. Exemples : *aphyllus*, sans feuilles ; *acaulis*, sans tige ; *apetalus*, sans pétales ; *arhizus*, sans racine. Plusieurs de ces mots ont été francisés : aphylle, acaule, apétale, etc. Si le radical commence par une voyelle, on fait suivre l'*a* de l'*n* euphonique. Exemples : *ananthus*, sans fleurs ; *anandrus*, sans étamines. Quelquefois la lettre *a* est remplacée par la préposition latine *e* ou *ex*. Exemples : *ebracteatus*, sans bractées ; *exaristatus*, sans arête.

abnormis, = *anormis*, = *abnormalis*, = *anomalus* ; anormal, anomal, irrégulier ; dont la forme est différente de la forme ordinaire aux plantes du groupe, soit naturellement, soit par suite d'une anomalie ou déformation accidentelle.

(1) Les premières lettres des mots qui font l'objet des divers articles sont en saillie sur le texte courant ; cette disposition rend le dictionnaire facile à consulter, sans que le texte soit alourdi par des mots écrits en gros caractères.

Les mots français sont écrits en caractères romains ; les mots latins sont en caractères italiques. Les substantifs commencent par une lettre capitale ; les adjectifs et les autres mots sont entièrement en petits caractères. — Dans le courant du texte, les caractères italiques sont employés soit à écrire les noms latins des plantes citées, soit à mettre certains mots ou certaines phrases en relief.

Le signe = signifie : synonyme de, qui a la même signification que, équivalent de.

Le signe — sépare les diverses parties d'un même paragraphe ou les mots dérivés d'un même radical, et qui, afin de ménager l'espace, sont quelquefois groupés dans un même paragraphe.

Adv. signifie : adverbe ; c. a. d. c'est-à-dire ; ex. exemple ; ord. ordinairement.

Abnormitas, = *Anomalia*, Anomalie; irrégularité accidentelle, déformation, monstruosité.

abortif, *abortivus*, avorté; se dit d'un organe qui a subi un arrêt dans son développement ou évolution.

Abortus, Avortement; — *abortiens*, qui avorte; — *abortivus*, qui est avorté, abortif.

Abréviation, *Abreviatio*. Pour obtenir une plus grande brièveté dans les descriptions et dans l'exposition de la synonymie des espèces, on est dans l'habitude d'abréger certains mots qui se présentent fréquemment, ou de les remplacer par des signes de convention. — Une abréviation consiste ord. en un mot réduit à sa première syllabe, plus la consonne suivante, exemple : *ord.* pour *ordinairement*. — Les noms d'auteurs s'abrégent, soit d'après cette règle, soit en plaçant à la suite l'une de l'autre les consonnes qui constituent la charpente du mot, ainsi Lamarck s'abrége *Lam.* ou *Lmk.* Le nom de Linné, qui se présente si souvent, s'abrége par la seule lettre *L.*; le nom de De Candolle, par les lettres *D. C.* Si les noms de plusieurs botanistes commencent par la même syllabe, le plus ancien ou le plus connu s'abrége le plus brièvement, les autres s'abrégent de manière à pouvoir être distingués entre eux. — Les abréviations le plus fréquemment employées sont les suivantes : C., *commun*; A. C., *assez commun*; C. C., *très commun*; R., *rare*; éd., *édition*; f. ou fig., *figure*; Fl., *Flore*; fl., *fleur*; fr., *fruit*; fruct., *fructification*; herb., *herbier*; n., *numéro*; p., *page*; pl., *planche*; q.q., *quelque*; sect., *section*; vulg., *vulgairement*; var., *variété*; s.-v., *sous-variété*; vol., *volume*. — Même dans les ouvrages écrits en français, la synonymie est souvent écrite en latin; les abréviations et les locutions latines les plus employées dans ces circonstances sont les suivantes : *addit. plur. spec.*, additis pluribus speciebus (en y ajoutant plusieurs espèces); *ap.*, apud (chez, dans); *auct.*, auctorum (des auteurs, d'après les auteurs); *emend.*, emendatus (corrigé, modifié); *ex* (de, d'après); *excl. plur. spec.*, exclusis pluribus speciebus (en excluant plusieurs espèces); *excl. syn.*, exclusis synonymis (les synonymes étant exclus); *ic. illustr.*, icones, illustrationes (planches, illustrations); *in* (dans); *loc.*

cit., loco citato (dans l'ouvrage cité, à l'endroit cité); *non, nec* (non, non pas, ni); *part.*, partim, ex parte (en partie); *sec.*, secundum (selon, d'après); *t. tab.*, tabula (planche). — *Sub* (presque), diminutif qui s'associe aux adjectifs en les précédant; exemple : Subglobuleux (presque globuleux). — *Mono, bi, tri, quadri, pluri, poly, multi,...* (un, deux, trois, quatre, plusieurs, beaucoup ou un grand nombre); exemple : Monophylle, bifide, pluri-ovulé, polysperme, multiovulé (ou une fois, deux fois, trois fois, plusieurs fois, etc.); exemple : Pinnatifide, tripinnatisequé. — Les chiffres sont fréquemment employés comme moyens d'abréviation; exemples : *Petala* 0 (pétales nuls); 4-fide, 3-denté, etc. (quadrifide, tridenté). Un trait d'union entre deux chiffres indique que le nombre est exprimé soit par l'un, soit par l'autre chiffre, ou que le nombre peut être intermédiaire; exemple : 4-8, 5-10 (de 4 à 8, de 5 à 10); 1-3-sperme (contenant de une à trois graines). Le signe ∞ désigne un nombre indéfini; exemple : ∞-fidus multifide; étamines ∞, étamines en nombre indéterminé. — Parmi les signes employés comme moyens d'abréviation, les plus usités sont les suivants : ①, ☉, plante annuelle; ②, ☉, ♂, plante bisannuelle; ♃, plante vivace; ♄, plante ligneuse, arbre.), plante grimpante de gauche à droite;), grimpante de droite à gauche; ⌒, grimpante dans une direction indéterminée; (0=), embryon à radicule commissurale; (0 ||), embryon à radicule dorsale; (0≫), embryon à radicule incluse (ces trois derniers signes ont été surtout employés dans la description des crucifères); ☿, ♂, plante ou fleur mâle; ♀, ♀, plante ou fleur femelle; ☿, plante ou fleur hermaphrodite (ce dernier signe est peu usité; lorsqu'on ne met aucun signe, il va sans dire que la plante est hermaphrodite, cet état étant le plus commun); △, plante toujours verte (peu usité). On a aussi créé des signes pour distinguer les arbres des arbrisseaux, etc.; mais les différences qui caractérisent ces divers types ne peuvent être précisées que par la description. — ! le point d'exclamation est le signe de certitude; ? le point d'interrogation le signe de doute; * l'astérisque et la croix † ont été employés dans diverses circonstances, soit, par exemple, dans un catalogue et précédant un nom d'espèce, pour indiquer que cette espèce n'y est placée qu'exceptionnellement.

abreviatus, raccourci ; organe plus court qu'il ne se présente, soit à l'état normal, soit chez d'autres plantes du même groupe. Ce mot s'emploie par opposition au mot *elongatus*, allongé.

abrupte (adv.), d'une manière abrupte, brusquement, sans transition ; — *abrupte-acuminatus*, brusquement acuminé ; se dit d'une partie large surmontée d'une pointe ou terminée par une pointe ; — *abrupte-aristatus*, muni d'une arête qui ne s'élargit point à sa base ; — *abrupte-pinnatus*; cette expression est synonyme de *pari-pinnatus* ; se dit d'une feuille composée pinnée sans foliole impaire terminale, cette feuille paraissant brusquement tronquée.

abruptinervis == *abruptinervius* == *evanidinervius*, dont les nervures cessent brusquement d'être apparentes après une partie de leur trajet.

abruptus, abrupt ; qui se termine brusquement.

absconditus, caché, couvert, dissimulé.

Absorption, *Absorptio* ; fonction des tissus végétaux, doués de la propriété d'absorber les liquides. Toutes les parties vivantes des végétaux, mais plus spécialement l'extrémité des racines (spongioles), possèdent la propriété d'absorber les liquides au milieu desquels elles sont plongées. Les mêmes parties, mais particulièrement les feuilles et les tiges herbacées placées dans des circonstances opposées, c'est-à-dire dans un milieu privé d'humidité, servent à la fonction inverse, consistant dans l'évaporation ou exhalation des liquides contenus dans l'épaisseur des tissus du végétal. L'absorption s'opère en vertu du phénomène physique connu sous le nom d'Endosmose (voir ce mot); le phénomène de la Capillarité n'est pas étranger non plus à l'absorption chez les tissus végétaux vivants; l'action absorbante des racines s'exerce avec d'autant plus d'activité que les feuilles sont le siége d'une plus grande exhalation.

abstemius, qui a besoin de peu de nourriture. Linné donne cette qualification aux Algues.

acalycatus, qui est dépourvu de calice. On a désigné sous ce nom les plantes dicotylédones dialypétales dont l'enveloppe florale

est pétaloïde et semble être unique ; les Clématites, les Anémones, etc. On considère actuellement ces plantes comme
étant pourvues d'un calice coloré-pétaloïde, ou pourvues d'un
périanthe coloré représentant le calice et la corolle.

ɒ *acalyculatus* = *ecalyculatus* ; dépourvu de calicule. S'emploie
par opposition au mot *calyculatus* dans la description des
plantes chez lesquelles l'existence d'un calicule est le cas le
plus ordinaire (le mot *ecalyculatus* doit être préféré).

ʙ **acaule**, *acaulis* ; sans tige apparente. Se dit des plantes dont la
tige aérienne est presque nulle ; ou très courte, comparativement à celle des autres espèces d'un même genre. Il est assez
rare que des plantes annuelles soient acaules ; la tige est alors
réduite au collet, ou à une sorte de plateau sur lequel les
feuilles sont rapprochées en rosette. Les plantes vivaces, dites
acaules, ont généralement une tige souterraine ou rhizome
qui émet des pédoncules ou des pédicelles, que l'on appelle
improprement radicaux, parce que l'on confondait autrefois
les rhizomes avec les racines ; exemples : *Leontodon hispidum*,
Primula grandiflora, Berardia subacaulis. Il arrive fréquemment, dans les plantes dites acaules, que la tige aérienne,
presque nulle chez certains échantillons, atteint une certaine
hauteur chez d'autres ; exemples : *Cirsium acaule, Carlina
acaulis*. Un grand nombre de plantes bulbeuses sont considérées comme acaules, leurs tiges florifères, qui ne présentent en
général d'autres feuilles que les feuilles florales ou bractées ,
étant regardées comme des pédoncules, et la tige étant alors
réduite au plateau qui donne insertion aux écailles du bulbe ;
exemples : *Hyacinthus, Allium, Muscari, Ornithogalum* (dans
certains *Allium* la tige est représentée par un rhizome rameux
et bulbifère) ; d'autres plantes bulbeuses émettent de véritables
tiges feuillées ; exemples : *Lilium album* (le Lis blanc), *Fritillaria imperialis* (la Couronne-impériale), etc.

accessoire, *accessorius*. On nomme Organes accessoires les organes qui ne paraissent pas indispensables à l'existence de la
plante ; et Parties accessoires, celles qui accompagnent certains
organes sans avoir d'influence marquée sur leurs fonctions.
Les poils et les aiguillons sont des organes accessoires, les ap-

pendices en forme de corne que présentent certaines anthères sont des parties accessoires. On a nommé Bourgeons accessoires les bourgeons latéraux qui accompagnent quelquefois le bourgeon principal qui nait à l'aisselle d'une feuille.

accombant, *accumbens*. Chez l'embryon de la graine des Crucifères, il résulte de différents plis ou courbures des cotylédons et de la radicule, diverses situations de la radicule relativement aux cotylédons. On s'est servi avec avantage des différentes formes de l'embryon qui résultent de ces courbures pour créer des groupes, en général bien limités, dans cette famille qui est d'autant plus difficile à diviser par la présence ou l'absence de caractères essentiels et saillants, qu'elle est plus naturelle. — La radicule, repliée sur le bord commissural des cotylédons, a reçu l'épithète d'*accombante* (DC.), et les cotylédons l'épithète d'*accombants*. La radicule, repliée sur le dos de l'un des cotylédons, a été dite *incombante* (DC.), et les cotylédons *incombants*. La radicule étant incombante, si elle est enveloppée par les cotylédons pliés longitudinalement, les cotylédons ont été dits *condupliqués* (DC.). La radicule étant incombante, si l'embryon, étant très long, est roulé sur lui-même en spirale, l'embryon a été dit : à cotylédons incombants *roulés en spirale*. — Koch a nommé les Crucifères dont l'embryon est à racine incombante : *pleurorhizæ*; à radicule incombante : *notorhizæ*; à cotylédons condupliqués : *orthoplaceæ*; à cotylédons enroulés : *spirolobeæ*. — Nous croyons, M. Cosson et moi (*Flore des env. de Paris*), avoir rendu cette nomenclature plus claire en employant les expressions: embryon à *radicule commissurale*, à *radicule dorsale*, à *radicule incluse*; *embryon roulé en spirale*. — Pour voir nettement la disposition de la radicule relativement aux cotylédons, il suffit de couper transversalement les graines que l'on veut étudier et de les placer sous la loupe, afin d'en examiner la tranche; on distingue très aisément ainsi la coupe transversale de la radicule et des cotylédons, et l'on acquiert une idée très nette du rapport de ces parties entre elles. — Dans les ouvrages descriptifs, on est dans l'usage d'employer les signes suivants pour désigner ces différentes formes dont ils représentent grossièrement la coupe transversale : (0 ⚏), radicule commissurale ; (0 ‖), radicule dorsale ; (0≫`, radicule incluse ; (0 ‖ ‖), embryon roulé en spirale.

Accrescence, *Accrescentia* ; phénomène qui consiste dans l'accroissement exceptionnel de certains organes.

accrescent, *accrescens*. On donne cette épithète aux parties de la fleur qui, d'ordinaire, se flétrissent après la floraison, lorsqu'elles continuent à végéter et qu'elles s'accroissent jusqu'à la maturité du fruit. Le calice est accrescent chez le *Comarum palustre*, l'individu femelle de l'*Urtica pilulifera*, les *Trifolium resupinatum, fragiferum*, etc. ; les *Polygala*, les *Rumex*, les *Atriplex*, etc. ; les crochets qui fixent dans le sol les capitules fructifères du *Trifolium subterraneum* ne sont autre chose que les divisions accrescentes du calice de certaines fleurs stériles qui naissent sur le même capitule. Chez l'Alkekenge (*Physalis Alkekengi*), l'enveloppe vésiculeuse colorée en rouge qui renferme le fruit bacciforme est constituée par un calice accrescent. — L'aigrette qui couronne le fruit, dans un grand nombre de genres de la famille des Composées, n'est autre chose que le limbe d'un calice accrescent réduit à des nervures isolées ; l'aigrette des Valérianes a la même origine. — La cupule du fruit chez le Chêne, le Châtaignier, le Noisetier, le Hêtre, etc., est due à une réunion de feuilles florales ou bractées soudées entre elles et accrescentes. — Le long bec qui termine le fruit chez les Géraniacées résulte de l'accrescence d'une colonne axile à laquelle sont soudés les prolongements de la nervure moyenne des carpelles et les styles. La barbe plumeuse qui surmonte les carpelles mûrs des Clématites et des Anémones de la section *Pulsatilla* est le résultat de l'accrescence du style. — Chez les plantes vivaces, les feuilles radicales sont dites accrescentes lorsqu'elles continuent à grandir jusqu'à la fin de l'automne, même après la destruction des tiges fructifères, comme chez le *Viola hirta*, le *Pulmonaria angustifolia*, etc.

accretus ; se dit d'un organe accrescent, arrivé à l'apogée de son développement.

Accroissement, *Accrementum, Accretio, Auctus* ; acte par lequel un végétal s'accroît en hauteur et en diamètre. Cet acte est le résultat de l'absorption des substances nutritives à l'état liquide ou gazeux, de l'élaboration de ces substances dans les organes des végétaux, et de l'assimilation de ces sucs élaborés. Le mécanisme de l'accroissement chez les végétaux a donné lieu à des théories contradictoires qui ne pourront être jugées définitivement que lorsque de nombreuses observations et de nouveaux travaux approfondis sur cette importante et difficile question seront venus confirmer ou infirmer les unes ou les autres.

acéphale, *acephalus* ; sans tête. Exemple : *Brassica oleracea*, variété *acephala* (le Chou-vert) ; l'épithète *acephala* s'oppose à *capitata*. Dans la variété *capitata* du Chou commun (le Chou-pommé), les feuilles constituent, en s'emboîtant, une masse globuleuse en forme de tête ; dans la variété *acephala*, les feuilles sont disposées en une rosette lâche.

acerbe, *acerbus* (saveur). La saveur de la plupart des fruits sucrés à leur maturité est acerbe ou âpre avant la maturité ; quand cette saveur est très prononcée, elle est dite astringente ou styptique. La saveur de la poire sauvage mûre est acerbe, la saveur du fruit du Prunellier (*Prunus spinosa*) est styptique.

acéré, *acerosus* ; terminé par une forte pointe piquante.

acetabuliformis ; en forme de coupe à bords un peu courbés en dedans.

aceus ; désinence latine. Les adjectifs terminés en *aceus* ou *inus* désignent la nature de l'organe : *foliaceus*, foliacé, qui a la forme et la consistance des feuilles ; *corollinus*, qui a la consistance et la couleur de la corolle.

Achaine, *Achœna, Achenium* ; sorte de fruit (voyez akène).

achrous = decolor ; sans couleur, décoloré (peu usité).

aciculé, *aciculatus* ; signifie finement rayé, comme avec la pointe d'une aiguille (inusité). Ce mot s'emploie quelquefois comme synonyme d'aciculaire.

aciculaire, *acicularis* ; en forme d'aiguille. Se dit d'un corps mince cylindrique peu ou point anguleux, très aigu ; par exemple : les feuilles du Sapin, du Mélèze, etc.

acide, *acidus* ; se dit d'une saveur aigre et piquante ; la saveur des feuilles de l'Oseille commune, du suc de citron, du fruit de l'Épine-vinette, etc., est acide. — On nomme Acides végétaux des substances extraites de certaines plantes, qui sont douées d'une saveur acide, ont la propriété de rougir la couleur bleue du Tournesol, et qui se combinent avec les alcalis pour constituer des sels.

Acies, **Arête**; ligne saillante qui résulte de l'intersection de deux plans; les tiges dites anguleuses ont des arêtes, et non des angles. On emploie néanmoins presque toujours le mot *angle* dans ce sens, le mot *arête* étant employé à désigner les appendices et les prolongements qui ont la forme d'une soie robuste et roide.

acinaciformis (*Acinaces*, Sabre), en forme de sabre. Se dit de certaines feuilles épaisses, triquètres et comprimées. Exemple : *Mesembryanthemum aciniforme* (peu usité).

Acinus (Gærtn.). Baie molle et succulente, à graines osseuses (inusité). *acinus* et *acinum* signifient en latin pepin de raisin.

acotylédoné, *acotyledoneus*, = acotylé, *acotyleus ;* qui est dépourvu de cotylédons ou feuilles cotylédonaires. Les végétaux dont la graine est réduite à un embryon acotylédoné constituent l'embranchement des *acotylédonés* ou des cryptogames; cet embranchement se partage en deux divisions, les *acrogènes* et les *amphigènes*. Les graines des végétaux acotylédonés ou cryptogames ont reçu le nom de spores. Ces graines sont homogènes et n'offrent aucunes parties distinctes; non seulement elles ne présentent rien d'analogue à une ou plusieurs feuilles cotylédonaires, mais elles sont dépourvues de téguments; elles ne sont point non plus fixées par un funicule à la loge qui les renferme, ainsi que les graines des végétaux cotylédonés ou phanérogames.—Parmi les végétaux phanérogames, il existe exceptionnellement des plantes à embryon acotylédoné; tel est l'embryon des espèces du genre Cuscute; cet embryon est linéaire et ne présente point de feuilles cotylédonaires. Ce fait n'a rien qui doive surprendre, puisque les tiges elles-mêmes n'offrent d'autres feuilles que les petites bractées qui accompagnent les fleurs; la graine est, du reste, pourvue de téguments et de funicule, et n'a aucun rapport réel avec les spores ou graines des véritables acotylédonés.

Âcre, *acris*. On nomme âcres des substances dont le contact irrite les membranes muqueuses. La saveur âcre est le résultat du contact de ces substances avec la membrane buccale; en contact avec la membrane nasale, elles provoquent l'éternument; introduites dans l'estomac, elles déterminent des vomissements et sont dites émétiques, ou la purgation et sont dites cathartiques. Si l'intensité de leur âcreté est plus considérable, elles déterminent l'inflammation de la membrane muqueuse, son ulcération, sa perforation, et par suite la mort. Ces substances doivent souvent leur âcreté à la présence d'une huile volatile; dans ce cas, étant appliquées sur la peau, elles produisent la rubéfaction, la vésication et l'ulcération. Les substances végétales doivent souvent aussi leur âcreté à la présence de substances alcalines dites alcaloïdes. Les acides concentrés déterminent des effets irritants et corrosifs analogues à ceux qui sont produits par les substances âcres.

Acrogènes, *Acrogenæ*; plantes qui croissent seulement par le sommet. On a partagé l'embranchement des Cryptogames ou Acotylédones en deux divisions : 1° les *Acrogènes*, dont l'accroissement se fait par le sommet seulement. Ces végétaux présentent un axe distinct et souvent de véritables feuilles, et sont constitués par du tissu vasculaire (vaisseaux), du tissu fibreux, et du tissu cellulaire; telles sont les Fougères, les Marsilacées, les Lycopodiacées et les Mousses; 2° les *Amphigènes*, dont l'accroissement a lieu dans tous les sens; ils ne présentent, dans le plus grand nombre des cas, aucun axe bien déterminé, sont dépourvus de feuilles proprement dites, et sont constitués exclusivement par du tissu cellulaire et du tissu fibreux; telles sont les plantes appartenant aux familles des Lichens, des Champignons et des Algues. — Aux dénominations d'Acrogènes et d'Amphigènes correspondent les dénominations de *Cryptogames* proprement dites, et *Agames*; *Pseudocotyledoneæ* et *Acotyledoneæ veræ* (Agardh); *Heteronemeæ* et *Homonemeæ* (Fries); *Acrobrya* et *Thallophyta* (Unger et Endlicher). — On doit toujours voir avec regret des mots nouveaux introduits inutilement dans la science pour exprimer des choses déjà nommées. Il résulte de cette surabondante synonymie que l'étude des mots prend souvent le temps que l'on donnerait plus utilement à l'étude des faits.

aculescent, *aculescens*; je propose ce mot pour qualifier les poils roides et piquants qui sont un intermédiaire entre les poils et les aiguillons, le mot spinescent *(spinescens)* signifiant : passant à l'état d'épine, et non passant à l'état d'aiguillon. (Voir les mots Aiguillon et Épine.)

Aculeus, Aiguillon ; — *aculeatus*, muni d'aiguillons ; — *aculcolatus*, muni de très petits aiguillons ou de poils à base large et aculescents.

Acumen, Pointe ; — *acuminatus*, acuminé.

acuminé, *acuminatus* et *acuminosus*; dont le sommet se termine brusquement en une pointe effilée. Se dit, par exemple, des feuilles du *Populus fastigiata* (Peuplier d'Italie). Les sépales, les pétales, les capsules, etc., peuvent être acuminés.

acutangulus, à angles tranchants. Se dit des tiges prismatiques dont les arêtes sont tranchantes.

acutatus et *acutus*, aigu ; se terminant en pointe effilée, en pointe piquante ; — *acutiusculus*, un peu pointu, un peu piquant, terminé par une petite pointe.

acute - angularis, synonyme d'*acutangulus*; — *acute-dentatus*, denté, à dents aiguës ; — *acutifolius*, à feuilles aiguës.

adglutinatus, *agglutinatus*; agglutiné, un peu adhérent.

adhærens, adhérent, qui est soudé à un organe appartenant à un autre verticille. L'expression *ovaire infère,* qui peint une fausse apparence, a été avantageusement remplacée par l'expression *ovaire adhérent,* qui indique un fait exact : l'adhérence de l'ovaire ; sans, du reste, préjuger la nature des parties avec lesquelles l'ovaire est adhérent. (Voir le mot Ovaire et le mot Calice.)

Adhérence, *Adhærentia.* Soudure normale ou anormale de certaines parties avec d'autres. Le mot *adhérence* exprime particulièrement la soudure entre des organes appartenant à des verticilles différents ; par exemple, la soudure des étamines avec la corolle. Le mot *cohérence* exprime, au contraire, la soudure entre des organes appartenant à un même verticille ; par exemple, la soudure des sépales entre eux (calice gamosépale), des pétales entre eux (corolle gamopétale), des étamines en un tube qui engaîne l'ovaire ou le style (étamines monadelphes), des styles entre eux (style indivis). (Voir le mot Soudure et le mot Insertion.)

adligatus, muni de crampons: — *adligans*, qui se cramponne.

Adminicule, *Adminiculum*. On a désigné sous ce nom les caractères spécifiques d'une importance secondaire. Ces caractères faibles sont tirés de la forme des organes les plus variables, des feuilles, par exemple; de la coloration, de la taille, etc. Ces caractères, étant essentiellement variables, ne doivent pas servir à la délimitation des espèces. La distinction des variétés, sous-variétés, formes, races et variations d'une même espèce, est, au contraire, fondée sur l'observation de ces caractères de second ordre. Au point de vue de la délimitation des espèces, un groupe d'adminicules ne saurait, en aucun cas, avoir la valeur d'un seul caractère fixe et invariable; ces adminicules étant susceptibles (soit isolément, soit simultanément), chez divers individus de la même plante, de s'amoindrir et de se dégrader insensiblement.

adné, *adnatus*. Soudé dans toute sa longueur à un autre organe dont les dimensions sont relativement grandes, de telle sorte que l'organe adné semble être un appendice. Les stipules sont adnées (soudées au pétiole) chez plusieurs genres de la famille des Rosacées (*Rosa, Potentilla*). Les anthères soudées à la corolle dans toute leur longueur sont dites adnées.

adnexus, attaché, inséré sur, étant un appendice de.

adplicitus et *applicitus*, = *contiguus*; appliqué contre, contigu.

adscendens, ascendens, ascendant; oblique à la base, puis dressé.

adpressus et *appressus*, apprimé, appliqué, couché sur, serré contre: *pili adpressi*, poils apprimés.

adspersus et *aspersus*, = *conspersus*. Parsemé, couvert (de taches, de glandes, etc.).

aduncus, crochu; recourbé en crochet, terminé en ongle courbé comme la griffe d'un chat.

adventif, *adventivus, adventitius*; qui survient inopinément et en dehors de la règle normale. On nomme *bourgeons adventifs* ceux qui naissent épars sur les tiges et ne sont ni terminaux ni axillaires ; tels sont les bourgeons qui produisent des fleurs sur les vieux troncs d'Arbre-de-Judée (*Cercis siliquastrum*). Les racines et même les feuilles peuvent produire des bourgeons adventifs. Les racines qui naissent sur les tiges, surtout si ces racines sont aériennes à leur point d'émersion, sont dites racines adventives.

œmulans, égalant, ressemblant à, rival de ; — *œmulus*, semblable, pareil.

œquabilis, *œqualis*, ne diffèrent pas, égal, semblable, pareil ; — *œquans*, égalant.

œquatus, uni, dont la surface ne présente pas d'aspérités.

œquidistans ; se dit d'organes situés à une égale distance d'un même point, à une égale distance entre eux, parallèles entre eux.

œquilongus ; se dit d'objets d'une égale longueur.

œruginosus, d'un vert foncé tirant sur le bleu.

aériennes, *epigeœ* ; se dit de parties de plantes situées au-dessus de la surface du sol. L'expression *tige aérienne* s'oppose à *tige souterraine* ou rhizome ; chez les plantes aquatiques, on nomme *feuilles aériennes* celles qui ne sont pas submergées. Les racines adventives peuvent être aériennes.

œstivalis, d'été, qui fleurit pendant l'été.

Æstivatio, Estivation, = Préfloraison. (Voir ce mot.)

Affinité, *Affinitas*. Sorte de parenté entre les genres ou les espèces. Il y a affinité lorsque des analogies frappantes existent en même temps que des caractères différentiels.

Affixus, = *adnexus*, fixé, inséré, attaché : *antherœ basi affixœ*, anthères insérées par leur base sur le filet ; *ovula angulo interno affixa*, ovules insérés à l'angle interne des loges de l'ovaire.

agame, *agamus*, qui ne se reproduit point en vertu d'une fécondation. Cette expression a été remplacée par celle de *cryptogame*, qui indique seulement que l'acte de la fécondation n'est pas manifeste, et par le mot *acotylédoné*, qui signale la structure de la graine. — Quelquefois aussi on applique le nom de *Cryptogames* aux végétaux acotylédonés acrogènes, et l'on réserve le nom d'*Agames* pour désigner les végétaux acotylédonés amphigènes.

31.

aggloméré, *agglomeratus.* Des organes sont dits agglomérés lorsqu'ils sont entassés ou rapprochés en une masse compacte, qu'ils soient ou non adhérents les uns aux autres.

agglutiné, *agglutinatus, adglutinatus.* Collé comme avec de la glu, de manière à pouvoir être détaché sans déchirure.

agrégés, *aggregata (organa).* Se dit d'organes rapprochés en une seule masse : fleurs agrégées en glomérule. Le fruit de la Ronce se compose de carpelles agrégés; le fruit du Mûrier se compose de fleurs fructifères agrégées.

agrestis, champêtre, qui croît dans les champs. Adjectif dérivé du mot *ager,* champ.

agyratus, qui n'est point arrondi; s'oppose au mot *gyratus.*

Aigrette, *Pappus.* Faisceau de soies ou de poils parallèles ou plus ou moins divergents, qui terminent certains fruits et certaines graines. — Les *fruits surmontés d'une aigrette* sont des fruits résultant d'un ovaire adhérent, chez lesquels le limbe du calice est accrescent et généralement réduit à des nervures libres, qui ont la forme de poils soyeux et flexibles, ou d'arêtes roides et robustes. Dans la famille des Valérianées et dans celle des Composées, les fruits sont généralement terminés par des aigrettes des formes les plus variées : dans le genre *Valeriana,* le calice accrescent constitue une aigrette dont les poils sont isolés; dans le genre *Valerianella,* chez certaines espèces, ce même calice a la forme d'une coupe à cinq angles réguliers; chez d'autres espèces, ce limbe membraneux est irrégulier; chez d'autres il est presque nul. Dans le genre *Scabiosa,* le limbe accrescent du calice, qui a la forme d'une étoile à cinq branches dont les rayons sont en forme d'arête, constitue une véritable aigrette. Dans la nombreuse famille des Composées, les formes variées de l'aigrette qui couronne l'akène fournissent d'importants caractères génériques. Pour obtenir une complète uniformité dans le langage descriptif, on a donné par extension, chez cette famille, le nom de *pappus* (aigrette) au limbe du calice, quelles que soient sa forme et ses dimensions : *pappus marginatus* est un simple rebord qui termine l'akène chez certains *Pyrethrum,* par exemple; *pappus membranaceus* un rebord membraneux très prononcé, par exemple, chez les akènes de la circonférence du capitule du *Thrincia hirta*, etc., ces rebords épais ou membraneux sont appelés aussi *couronnes* et *cupules*; *pappus squamosus* ou *paleaceus* est un limbe constitué par des lames allongées ou des écailles, chez l'Œillet-d'Inde (*Tagetes patula*), par exemple; *pappus aristatus*, une aigrette composée d'arêtes; *pappus pilosus* est l'aigrette proprement dite, elle est composée de soies non plumeuses, plus ou moins fines, plus ou moins nombreuses, disposées sur un seul rang ou sur plusieurs, égales ou inégales : telle est l'aigrette chez les genres *Lactuca* (Laitue), *Carduus* (Chardon), etc. *Pappus plumosus* (aigrette plumeuse) est une aigrette qui diffère de la précédente en ce que ses soies sont elles-mêmes chargées de soies plus petites disposées comme les barbes d'une plume; telle est l'aigrette dans les genres *Cirsium*, *Leontodon*, *Tragopogon*, etc. L'aigrette est dite, en outre, *sessile* (*pappus sessilis*), si elle couronne brusquement l'akène, et *stipitée* (*pappus stipitatus*) si elle est portée par un bec ou pédicelle qui résulte d'une atténuation de la partie supérieure du fruit qui se prolonge en une sorte de tube ou de cylindre grêle qui porte l'aigrette. Chez les genres *Tragopogon* (Salsifix), *Taraxacum* (Pissenlit), etc., les akènes sont à aigrette stipitée. — Chez les *graines terminées par une aigrette*, les aigrettes peuvent être de différentes origines. Je me suis assuré, en suivant le développement des graines, que chez les Asclépiadées (les genres *Asclepias*, *Vincetoxicum*, etc.) l'aigrette est le résultat de l'accrescence de l'exostome (ouverture ou bord libre du *testa*), et que chez les Onagrariées (genre *Epilobium*), l'aigrette est le résultat du développement des cellules externes de ce même *testa*, mais à l'extrémité opposée de la graine, c'est-à-dire, au niveau de la chalaze. — Je regarde ces aigrettes des graines comme des formes de l'organe si varié dans son origine et sa structure, connu sous le nom d'*Arille*. (Voir ce mot.)

aigu, *acutus*; terminé en pointe.

Aiguillon, *Aculeus*. Les aiguillons diffèrent des épines en ce que les *épines* résultent d'organes vasculaires abortifs : des rameaux, des feuilles ou des divisions des feuilles, des bractées, etc., et sont par conséquent disposées régulièrement comme les organes dont elles tiennent la place ; tandis que les *aiguillons* sont, ainsi que les poils, des productions épidermiques, et sont disposés irrégulièrement et comme au hasard, en outre, ceux qui naissent sur un même organe présentent les dimensions les plus inégales. La forme des aiguillons est en général celle d'un cône comprimé latéralement; ils sont droits ou recourbés en crochet comme une griffe de chat. Ils ne sont entièrement vivants que pendant la première période de leur existence; plus tard ils se dessèchent à la manière des productions subéreuses (liége). Les aiguillons ne diffèrent des poils que parce qu'ils se composent d'une plus grande agglomération de cellules; aussi observe-t-on chez les Rosiers et chez les Ronces, par exemple, toutes les transitions entre les poils et les aiguillons. Lorsque l'aiguillon est presque aussi grêle qu'un poil, on l'appelle *aiguillon sétacé* (en forme de soie roide); lorsque les poils sont presque aussi robustes que des aiguillons grêles, on les nomme *poils spinescents*; il serait plus régulier de dire *aculescents*. Les aiguillons s'observent sur les tiges, les rameaux, les pédoncules, les pétioles, et même sur les nervures des feuilles et des bractées; ils persistent en général jusqu'à ce que des causes mécaniques et accidentelles en déterminent la destruction. Les aiguillons peuvent, dit-on, être facilement distingués des épines en ce qu'on peut les détacher sans effort de la partie sur laquelle ils ont pris naissance; cela est vrai seulement pour certains aiguillons à base exactement circonscrite; mais chez les *Rubus*, par exemple, les aiguillons qui sont à base longuement étendue et presque décurrente, ne peuvent être détachés sans le secours d'un instrument tranchant.

Aile, *Ala*; prolongement membraneux en forme d'aile de papillon, ou d'une forme quelconque faisant saillie, sur une surface. Certaines tiges sont ailées, soit en raison de la décurrence du limbe des feuilles, comme chez le *Cirsium palustre*, le *Genista sagittalis*, etc.; soit en raison de la décurrence de la nervure moyenne des feuilles, comme chez l'*Hypericum tetrapterum*. Ces ailes de la tige présentent par conséquent des dispositions différentes, selon que les feuilles sont alternes ou opposées, que le limbe est décurrent des deux côtés ou d'un seul côté (comme chez certains *Verbascum*), que la décurrence se prolonge dans la longueur d'un seul entrenœud ou de plusieurs entrenœuds, etc. Quelquefois les ailes sont représentées par des lignes peu saillantes, quelquefois elles sont largement foliacées, continues ou interrompues. — Certains fruits secs présentent des ailes membraneuses souvent en forme d'ailes de papillons; si le fruit provient d'un ovaire libre, les ailes résultent ordinairement de l'amincissement et de l'extension de la nervure dorsale ou de plusieurs des nervures de chaque carpelle, comme, par exemple, dans les genres Erable (*Acer*). Orme (*Ulmus*), Frêne (*Fraxinus*), etc.; ces fruits ailés ont reçu le nom de *samare*. Si le fruit provient d'un ovaire adhérent, comme chez les ombellifères, on peut considérer les ailes qui existent (chez les *Laserpitium*, et les *Angelica*, par exemple), comme le résultat de la décurrence des nervures et du limbe des sépales; ces ailes peuvent être remplacées par des séries longitudinales de tubercules ou de petites épines qui sont en réalité des ailes foliacées interrompues.—Certaines *graines*, entourées d'un rebord mince et membraneux, sont dites *ailées;* ce rebord membraneux est le résultat d'une sorte de pincement du testa ou des divers téguments de la graine qui débordent l'amande. — On a donné le nom d'*ailes* aux deux *pétales latéraux* de la fleur dans la famille des Papilionacées, et aux *sépales latéraux* accrescents de la fleur dans le genre *Polygala*. — Les feuilles *composées-pinnées* étaient autrefois appelées *feuilles ailées.—alatus*, ailé, qui présente une membrane ou des membranes en forme d'aile.

4 — Aisselle, *Axilla*, et chez les anciens *Ala*. Angle formé par la base d'une feuille ou d'une bractée avec la partie de la tige supérieure à son insertion. Les bourgeons qui naissent à l'aisselle des feuilles sont dits axillaires. Par extension on donne quelquefois, chez les tiges définies, le nom d'aisselle à l'angle supérieur formé par deux rameaux axillaires entre lesquels la tige se termine par un pédoncule.

5 — Akène, *Akenium, Akena* = Achaine, *Achainium* (α privatif, et χαίνω, ouvrir). On a donné ce nom à des fruits de natures très

diverses, mais présentant les caractères suivants : Fruit sec, uniloculaire, indéhiscent, ordinairement de petite taille, ne renfermant qu'une seule graine, à graine non adhérente aux parois du péricarpe. — L'akène le plus simple est constitué par un carpelle isolé et monosperme; tels sont les carpelles dans les genres *Ranunculus, Anemone, Clematis, Rosa, Potentilla, Fragaria, Potamogeton, Alisma*, etc.; on le reconnaît à ce qu'il présente un style ou un stigmate simple, latéral, et correspondant à une suture ventrale. — On a donné aussi le nom d'akène à d'autres fruits secs uniloculaires et monospermes, mais qui résultent évidemment de plusieurs carpelles soudés par leurs bords, et dont un seul est fertile; tels sont les akènes des Polygonées, des Cypéracées, etc. Chez ces akènes, le style ou le stigmate (composé de deux ou de plusieurs styles ou stigmates soudés) occupe la partie moyenne du fruit. Si le fruit est le résultat de la soudure de deux carpelles, il est ordinairement de forme comprimée-lenticulaire; s'il résulte de la soudure de trois carpelles, il est trigone, ou présente trois angles plus ou moins saillants, etc.; ces angles correspondent soit aux sutures des carpelles, soit à leur nervure dorsale. — Les akènes dont il vient d'être question proviennent d'ovaires libres; il en est d'autres qui proviennent d'ovaires adhérents; tels sont les fruits chez la famille des Composées, chez les Valérianées, etc. Ces akènes sont faciles à reconnaître au calice souvent accrescent qui les surmonte et qui se présente fréquemment à la maturité, chez ces familles, sous la forme d'une aigrette.

Alá, Aile; et chez les anciens, Aisselle (voir ces mots). —*alaris*, alaire. On nomme pédoncules et pédicelles alaires ceux qui, chez les tiges définies à rameaux opposés, sont situés dans l'angle formé par deux rameaux axillaires. Ces pédoncules ou ces pédicelles sont les terminaisons réelles des tiges ou des branches dont l'extrémité s'épuise par la production d'une inflorescence ou d'une fleur. Tels sont les inflorescences en corymbe du *Viburnum Lantana*; tels sont encore les pédicelles des *Cerastium*.

Alabastrum, Bouton. Fleur avant son épanouissement. Le mot

Alabastrum désignait chez les Romains un vase d'albâtre sans anses, destiné à mettre des parfums, et qui avait à peu près la forme d'un bouton de Rose. La disposition ou l'arrangement relatif des diverses parties de la fleur à l'état de bouton a reçu le nom de *préfloraison*.

alatus, ailé, muni d'une membrane en forme d'aile.

albescens, devenant blanc. — *albicans*, paraissant blanc. — *albidus*, blanchâtre. — *albus*, blanc, de couleur blanche.

Albinisme, défaut de coloration; état maladif d'une plante dont les parties, ordinairement vertes, sont blanches par suite d'une altération de la substance colorante. Cet état pathologique, comparable à la chlorose, se manifeste lorsque les plantes végètent dans l'obscurité, dans une cave, par exemple. Quelquefois il se développe accidentellement chez un végétal ou quelques branches seulement d'un végétal cultivé en plein air; une culture attentive, des engrais et surtout des arrosages avec une dissolution de sulfate de fer, rendent à la plante languissante sa force et sa coloration, sinon dans les rameaux affectés déjà, du moins dans ceux qui se développent ultérieurement. L'albinisme est généralement incomplet pour un même rameau et pour chacune des feuilles affectées de ce rameau, c'est-à-dire qu'elles sont marbrées ou striées de parties blanches et de parties vertes; ces feuilles sont dites panachées (*variegatæ*). Lorsque cette altération se développe chez un arbre ou un arbrisseau, on peut la propager au moyen de la greffe; ces arbrisseaux anormaux sont recherchés pour leur aspect bizarre et qui contraste avec la coloration de la plante normale; le Houx à feuilles panachées est fréquemment cultivé; une graminée dont les feuilles sont striées de bandes longitudinales blanches, le *Phalaris arundinacea*, variété *variegata*, se reproduit indéfiniment par la séparation des touffes; on le cultive dans les jardins.

Albumen, Périsperme ou Endosperme. Enveloppe de l'embryon chez un grand nombre de graines. *Albumen* signifie blanc d'œuf; la graine étant comparée à un œuf, le périsperme a été comparé au blanc de l'œuf (voir les mots Graine et Périsperme).

— *Albuminosus*, qui a un périsperme ; *exalbuminosus*, qui est dépourvu de périsperme.

Alburnum, Aubier. On nomme ainsi, chez les végétaux arborescents de l'embranchement des Dicotylédones, la couche de bois formée pendant l'année.

Alcali, Alcaloïde. On nomme *Alcalis végétaux* ou *Alcaloïdes* certaines substances végétales qui, en se combinant aux acides, constituent des sels. Ainsi la substance alcaline, extraite de l'écorce du Quinquina sous le nom de quinine, combinée à l'acide sulfurique, produit le sel nommé sulfate de quinine. Les alcalis végétaux sont peu solubles, et leurs propriétés médicales sont par conséquent peu prononcées ; un certain nombre de leurs sels sont au contraire très solubles et jouissent de propriétés médicales et souvent vénéneuses très actives.

alcalin, *alcalinus*, de la nature des alcalis. La saveur alcaline est une saveur âcre.

Algues == Phycées. (Voir le mot Phycologie.)

alliacé, *alliaceus*, qui a de l'analogie avec l'Ail pour l'odeur ou la saveur. Les feuilles du *Sisymbrium Alliara*, froissées entre les doigts, exhalent une odeur alliacée.

alligatus, adligatus ; muni de crampons. — *alligans* (voir *adligans*).

allongé, *elongatus*, dont la longueur est remarquable comparativement à la longueur ordinaire des objets de la même nature.

alpestre, *alpestris*. Se dit d'une plante qui habite les basses Alpes, ou une région peu élevée dans les hautes Alpes.

Alpin, *alpinus*. Se dit d'une plante qui habite les hautes Alpes et croît dans le voisinage des glaciers et des neiges éternelles.

alterne, *alternus*. Se dit d'objets disposés de telle sorte que chacun d'eux se trouve au niveau de l'intervalle qui en sépare deux autres placés sur un autre plan, que les plans soient droits ou qu'ils soient circulaires et concentriques. Les feuilles sont dites alternes lorsqu'elles sont espacées une à une sur la tige à des niveaux différents. Les feuilles alternes, quand elles sont nombreuses et rapprochées, semblent, à la première vue, être disposées sans ordre, et sont souvent dites éparses par les descripteurs. Loin d'être dispersées sans ordre, elles décrivent sur la tige, par leurs insertions, une ligne spirale à tours plus ou moins allongés et constitués par un nombre de feuilles constant pour une même espèce; mais la régularité de cette spirale est souvent altérée par la torsion de la tige. En raison de la difficulté de reconnaître ces dispositions naturelles, altérées fréquemment par des causes accidentelles, les descripteurs font rarement connaître la disposition exacte des feuilles, et se sont contentés jusqu'ici du terme vague *feuilles alternes* ou *feuilles éparses*. Les feuilles les plus franchement alternes, c'est-à-dire qui sont situées successivement à des niveaux différents et sur deux côtés opposés de la tige (selon deux plans parallèles un peu tordus), sont dites *distiques*; certaines monocotylédones offrent des exemples de cette disposition. Lorsque les tours de spire sont raccourcis au point de constituer presque des cercles, c'est-à-dire que les feuilles qui les constituent se trouvent à peu près sur un même plan horizontal, ils prennent le nom d'anneaux ou verticilles (voir le mot Phyllotaxie). — Les verticilles successifs dont se compose la fleur sont dits alternes entre eux lorsque les feuilles ou pièces qui les constituent sont situées chacune aux points qui correspondent à l'espace qui sépare deux des pièces du verticille placé au-dessous ou au-dessus de lui. Cette disposition alterne ou *quinconciale* des verticilles de la fleur ou des parties qui constituent ces verticilles est la plus fréquente. C'est ainsi que les pétales sont alternes avec les sépales, et que, dans la majorité des cas, les étamines, si elles constituent un seul rang, sont alternes avec les pétales; que les carpelles, s'ils sont en même nombre, alternent avec les étamines; et que s'il existe plusieurs rangs de pétales, d'étamines ou de carpelles, ces rangs sont alternes entre eux. On explique le cas où la disposition, au lieu d'être alterne, est opposée, en admettant qu'un verticille est avorté ou supprimé; en effet, dans la disposition alterne, qui est la même que la disposition en quinconce, les pièces du troisième rang sont opposées aux pièces du premier rang, et si le deuxième rang qui les sépare, et détermine l'alternance, vient à manquer, les pièces des deux rangs qui persistent sont des pièces opposées. — *Alternans*, alternant, qui alterne. — *alternatim*, *alterne*, alternativement.

alutaceus, d'un jaune rougeâtre, couleur de cuir tanné, fauve.

alveolatus, alvéolé, creusé d'alvéoles. Se dit d'une surface qui présente des cavités régulières étroites et assez profondes, séparées entre elles par des parois minces, ces cavités étant comparées aux alvéoles d'un gâteau de miel. Dans la famille des Composées, lorsque les réceptacles sont chargés d'écailles (bractées scarieuses) contiguës ou soudées entre elles, ces réceptacles sont dits alvéolés ; tel est, par exemple, le réceptacle chez le Soleil (*Helianthus annuus*). — Alvéole, *Alveola* ; une des fossettes d'une surface alvéolée.

Amande, *Nucleus* ; graine dépouillée de ses enveloppes propres (le *testa* et le *tegmen*, dont l'ensemble a reçu le nom de sper- moderme). La graine, ainsi dépouillée de sa *peau* et réduite à l'amande, se compose seulement de l'embryon, ou de l'em- bryon et du périsperme lorsque cet organe existe. — Dans le langage vulgaire, le mot amande est synonyme de graine ren- fermée dans un noyau.

amarus, de saveur amère.

Ambitus, Circonférence, Contour. — *ambiens*, environnant, bordant.

Ambulacrum, Lieu planté d'arbres, Promenade. Certains arbres touffus sont consacrés particulièrement à la plantation des promenades.

Amentum, Chaton. — *amentaceus*, disposé en chaton.

amer, *amarus*. La saveur amère est celle, par exemple, de l'écorce du Quinquina, de la Coloquinte, etc. Beaucoup de médica- ments végétaux toniques sont d'une saveur amère.

amethysteus, d'un violet tirant sur le rose, couleur de l'amé- thyste.

Amidon, *Amylum* = Fécule. — *amyleus*, de la nature de la fécule, constitué par de la fécule.

amiantinus, qui a l'aspect filamenteux, blanc et nacré de l'amiante.

Amnios, liqueur gélatineuse qui, dans la jeune graine, entoure l'embryon et paraît destinée à le nourrir ; cette liqueur est quelquefois entièrement résorbée à la maturité de la graine ;

dans d'autres cas, elle se concrète et constitue le périsperme. La membrane qui renferme l'amnios a reçu le nom de *Sac de l'amnios*, ou *Sac embryonnaire*. (Voir le mot Ovule.)

amorphe, *amorphus*, qui ne présente aucune forme déterminée.

amphi, autour de...; préposition grecque qui entre dans la composition de quelques mots.

amphibie, *amphibius*, qui est susceptible de vivre plongé dans l'air, ou plongé dans l'eau. On donne cette épithète aux plantes en même temps terrestres et aquatiques, ou qui peuvent vivre et végéter alternativement, la tige recouverte d'eau ou à l'air libre. Tel est le *Polygonum amphibium*.

Amphidermis, membrane externe de l'écorce; Cuticule épidermique.

Amphigames, *Amphigami*, plantes dont le mariage est douteux. Cette expression est synonyme d'Agames. On a donné cette épithète aux végétaux cellulaires (Lichens, Algues et Champignons).

Amphigastria, organes qui naissent sur la partie ventrale des tiges rampantes. On a donné ce nom aux feuilles accessoires qui constituent un troisième rang sur la tige d'un grand nombre de Jongermanniées. Ces feuilles, nommées aussi *Stipules*, sont plus petites que les feuilles latérales et souvent de forme différente.

amphigenus, qui a une double origine.

amphitrope, *amphitropus* (ovule); ovule courbé en même temps que semi-réfléchi; par exemple, celui des légumineuses, du Pois (*Pisum*), par exemple. — (embryon) les embryons courbés ont été aussi désignés par l'épithète d'amphitropes. (Voir les mots Ovule et Embryon.)

ample, *amplus*, large, de grande dimension. Se dit des feuilles, des fleurs, etc.

amplectens, = *amplexans*, embrassant : *folia amplectentia*, feuilles embrassantes, feuilles embrassant la tige. On nomme feuilles embrassantes celles qui embrassent ou enveloppent toute la circonférence de la tige, au moins dans leur partie inférieure; ordinairement l'insertion de ces feuilles s'étend à toute la circonférence de la tige. Lorsque les deux bords d'une feuille embrassante sont soudés, ils constituent une gaîne. — *amplexus*, embrassé, entouré.

amplexicaule, *amplexicaulis*, qui embrasse la tige dans la plus grande partie de sa circonférence.

ampliatus, élargi ; *folia ampliata*, feuilles dont la largeur est remarquable comparativement à la largeur ordinaire des feuilles dans d'autres parties de la même plante ou chez des plantes voisines.

amplicollis, dont une partie rétrécie ou col est moins étroite que chez les organes analogues des plantes voisines. Se dit de certains fruits.

Ampoule, *Ampulla*. On a donné ce nom à divers corps vésiculeux à parois minces et membraneuses, par exemple aux vésicules portées par les feuilles des *Utricularia*. — *ampullaceus*, en forme d'ampoule, vésiculeux.

Amyleus, Fécule, Amidon. — *amilaceus*, *amylœus*, constitué par de la fécule.

ana-, sur ; préposition grecque qui fait partie de plusieurs mots composés.

Anastomose, *Anastomosis*; abouchement entre deux vaisseaux ou deux nervures; point où deux vaisseaux ou deux nervures s'abouchent et deviennent confluents en se réunissant en arc, pour ne former au delà qu'un seul vaisseau ou qu'une seule nervure. Les nervures des feuilles, chez la plupart des végétaux dicotylédonés, sont anastomosées en réseau. — *anastomosans*, qui s'anastomose.

Anatomie végétale. Science qui a pour objet la connaissance de la structure des tissus végétaux. On étudie ces tissus soit en les séparant, soit en les divisant, par les procédés de la dissection, de la macération, de l'ébullition, etc.; en les coupant en tranches minces, dans divers sens, et en soumettant ces tranches et ces tissus macérés ou isolés aux divers grossissements que l'on obtient au moyen du microscope; on commence à observer à un grossissement faible, et l'on augmente graduellement le pouvoir amplifiant. Certaines matières colorantes, la teinture d'iode par exemple, qui ont la propriété de communiquer des teintes différentes à diverses parties des tissus végétaux, facilitent l'observation. Les dissections de tissus doivent se faire dans une goutte d'eau ; si l'organe contient de la résine, on dissout cette substance en ajoutant de l'alcool. Les organes et les tissus végétaux doivent être étudiés à toutes les périodes de leur développement.

anatrope, *anatropus* (ovule), = réfléchi. (Voir le mot Ovule.)

anceps, incertain, douteux, qui peut être interprété de diverses manières.

andre (en latin *masculus*, mâle) ; dans les mots composés dérivés du grec, signifie étamine. — *monandre*, à une seule étamine ; *polyandre*, à plusieurs étamines ; *androgyn*, mâle et femelle, etc.

Androcée, *Androceum*. Ce mot désigne l'ensemble des étamines, que cet ensemble se compose d'un seul verticille ou de plusieurs verticilles, d'une seule étamine ou de plusieurs faisceaux d'étamines. Il est analogue aux mots *Calice*, *Corolle* et *Disque*, qui désignent l'ensemble des sépales, l'ensemble des pétales, et l'ensemble des écailles nectarifères ; selon la même nomenclature, l'ensemble des carpelles est désigné par le mot *Gynécée*, quel que soit le nombre des carpelles, qu'ils soient libres ou soudés entre eux. — On peut reprocher aux mots *androcée* et *gynécée* de signifier littéralement : lieu où sont placées les étamines, lieu où sont placés les carpelles, au lieu de signifier ensemble des étamines, ensemble des carpelles ; mais leur sens botanique étant déterminé, cet inconvénient est insignifiant. — L'androcée a été défini : la réunion de trois des verticilles de la fleur, le verticille des nectaires, celui des étamines et celui des pétales ; cette réunion qui groupe sans utilité des organes différents, en englobant toutes les parties de la fleur, à l'exception des carpelles et du calice, présente en outre l'inconvénient de laisser sans nom le verticille des étamines considéré isolément. Nous engageons donc à admettre le mot androcée (qui, bien qu'utile et sans synonyme, est peu usité) mais seulement dans le sens que nous lui avons attribué.

androgyn, ou mieux androgyne, *androgynus*. Se dit d'une plante monoïque chez laquelle les fleurs mâles et les fleurs femelles sont groupées sur les mêmes pédoncules. — Les épis ou épillets de certains *Carex* sont androgyns, c'est-à-dire qu'ils se composent de fleurs mâles et de fleurs femelles, les unes occupant le sommet, les autres la base de l'épillet, d'où il résulte, si les fleurs mâles occupent la base de l'épillet, qu'à la maturité des fruits les écailles desséchées des fleurs mâles forment une sorte d'involucre apprimé contre l'axe, ou que si les fleurs mâles occupent le sommet de l'épillet, à la maturité des fruits les écailles desséchées de ces fleurs mâles forment une sorte de plumet ou de massue qui surmonte la partie fructifère de l'épillet. — Si, comme il arrive chez beaucoup de plantes de la famille des Composées, des fleurs hermaphrodites sont groupées avec des fleurs mâles et des fleurs femelles, la plante et le capitule sont dits *polygames*; la plante est également dite polygame lors même qué les fleurs de différent sexe sont portées sur des pédoncules différents.

Androphore, *Androphorus.* On a donné ce nom, chez certains genres, au tube formé par les filets soudés des étamines; telle est la colonne staminale des Malvacées.

Androstylium = *Gynostemium*; organe résultant des étamines soudées avec le style. Cette disposition existe chez la fleur des Orchidées où l'organe en question est désigné généralement sous le nom de *Colonne* ou de *Gynostème.*

Anfractuosité, *Anfractus.* On donne ce nom à des crevasses sinueuses qui sont le résultat de plis irréguliers : les cotylédons de la noix présentent des anfractuosités.

angiocarpe, *angiocarpus* (Mirb.); se dit d'un fruit couvert par les parties environnantes qui se développent avec lui, et auxquelles il adhère : le fruit du Mûrier par exemple. Les fruits de cette nature ont été nommés *pseudocarpiens* (Desv.); ces expressions sont inusitées.

Angiolum = *Peridium* = *Peridiolum*; membrane qui enveloppe les parties de la fructification chez les Champignons à spores internes, les *Lycoperdon* par exemple.

angio- (αγγειον, vase), mot grec qui fait partie de certains mots composés.

angiosperme, *angiospermus.* On donne l'épithète d'angiospermes aux plantes dont la graine est renfermée dans un péricarpe; c'est le cas le plus général chez les végétaux phanérogames.

Cette expression s'emploie par opposition au mot *gymno-spermes* (végétaux dont la graine paraît nue).

A Angle, *Angulus*. — *Angle interne des loges de l'ovaire, des loges du fruit.* Dans les ovaires ou les fruits composés de plusieurs carpelles fermés et soudés latéralement entre eux en un ovaire multiloculaire, l'angle interne des loges correspond à la suture des deux bords de chaque carpelle et est situé vers le centre du fruit composé ; les cordons placentaires qui portent les ovules ou les graines occupent ordinairement cet angle. — *Angle de divergence.* On donne ce nom à l'angle qui résulte de l'écartement qui existe entre deux feuilles qui se suivent dans une spire ou un verticille de feuilles. (Voir le mot Phyllotaxie.)

A *Angulus*, Angle. — *angulosus*, anguleux. — *angularis*, qui appartient à un angle, qui occupe un angle.

A *angustatus*, rétréci, qui présente un rétrécissement, qui est plus étroit que d'ordinaire.

A *angusticollis*, qui présente un col très étroit ou très mince.

A *angustiseptus*, dont la cloison ou les cloisons sont très étroites.

A *angustus*, étroit d'une manière absolue. S'oppose à *latus*.

A Animalcule, *Animalculus*. On donne ce nom à de petits corps doués de mouvement et portant quelquefois des appendices sétiformes, qui sont renfermés dans les anthéridies de certains végétaux cryptogames. On a lieu de supposer que ces corps jouent un rôle important dans l'acte de la reproduction, bien que, jusqu'à ce jour, leur mode d'action ait échappé à l'observation.

A *anisos-*, mot grec qui fait partie de plusieurs mots composés ; en latin *inæqualis*, inégal. *anisostémones* signifie : dont les étamines sont en nombre différent du nombre des pétales, *isostémones* signifiant : à étamines en nombre égal à celui des pétales.

A Anneau, *Annulus*. On nomme anneau les débris du *voile* qui, chez certains Agarics, restent autour du pédicule lorsque ce voile, qui est la continuation du bord infléchi du chapeau, s'est déchiré en raison de la croissance rapide de la partie charnue du chapeau. — On nomme *Anneau élastique* (*Annulus elasticus*), l'anneau crénelé qui constitue le bord circulaire du Sporange des Fougères; cet anneau, en se détendant et se redressant avec élasticité, détermine la rupture du sac membraneux sporifère nommé sporange, et la dissémination des spores.

annexus et *adnexus*, attaché, fixé.

annosus, qui est très âgé, qui a un grand nombre d'années.

annotinus, qui est de l'année, qui est âgé d'un an.

annulaire, *annularis*, en forme d'anneau. On nomme embryons annulaires les embryons cylindriques courbés en anneau; ces embryons, en général, entourent circulairement un périsperme central.

Annulus, Anneau. — *annulatus*, *annularis*, et *annuliformis*, en forme d'anneau.

annuel, *annuus*, qui ne dure qu'un an. On donne l'épithète d'annuelles aux plantes qui meurent après avoir parcouru en une année, ou moins d'une année, toutes les périodes de la végétation; c'est-à-dire qui germent au printemps, et qui, après avoir fleuri et fructifié une seule fois, meurent avant l'hiver. Plusieurs générations de plantes annuelles peuvent se succéder dans l'intervalle d'une année. — La tige des plantes annuelles est herbacée; leur racine est chez les unes pivotante, chez les autres elle est constituée par une touffe de fibres radicales. Les plantes annuelles ne peuvent donner lieu à des rhizômes, les rhizômes n'étant autre chose que des tiges ou des rameaux souterrains vivaces et destinés à continuer la plante et à la propager. Dans les descriptions, on traduit le mot annuel par le signe ⊕ ou ⊙. Le *Saxifraga tridactylites*, le *Draba verna*, le *Veronica arvensis*, l'*Euphorbia Peplus*, le *Poa annua*, etc., sont des plantes annuelles. — Certaines plantes vivaces dans les pays chauds, transportées dans des pays dont le climat est froid ou même tempéré, y deviennent annuelles; c'est-à-dire qu'après avoir fleuri et fructifié dans le courant de la première année, elles périssent lorsqu'elles subissent les atteintes des premiers froids de l'hiver. Le *Ricinus Palma-Christi*, qui constitue en Afrique, et même en Italie, une plante arborescente vivace, est annuel en France. On peut prolonger d'une ou de plusieurs années l'existence de certaines plantes annuelles sous nos climats, du *Reseda odorata* par exemple, en retranchant tous les rameaux florifères avant l'épanouissement des fleurs, et en tenant pendant l'hiver ces plantes à l'abri de la rigueur du froid ; la tige des plantes placées dans ces conditions peut même devenir ligneuse.

anomale, *anomalus* ; et dans les mots composés tirés du grec *œtheos* ou *œtheo-*, irrégulier ; qui est en dehors de la structure ordinaire ou de la règle normale ; une *anomalie* est un fait exceptionnel. Les *variétés* et les *déformations* ou *monstruosités* sont des anomalies. — *anomalies végétales* (voir le mot Tératologie végétale).

Antennatus, en forme d'antenne. Se dit de la forme de divers organes ou appendices qui ressemblent aux antennes de certains insectes.

Anthela, nom donné à l'inflorescence en *cyme anomale* ou *fausse-panicule* des *Juncus*, des *Luzula* et de certaines Cypéracées.

Anthemium, synonyme inusité du mot *Inflorescentia*, Inflorescence.

Anthère, *Anthera* (ανθηρος, fleuri) ; partie de l'*Étamine* qui renferme le *Pollen*. — Le mot *anthera* a été créé par Linné pour remplacer le mot *apex* (sommet), employé par Tournefort. — L'anthère est la partie essentielle de l'étamine ; dans certains cas, l'étamine est même réduite à l'anthère ; le *Filet* ou support de l'anthère (analogue au pétiole de la feuille) pouvant ne pas exister, et le *Connectif* (analogue à la nervure moyenne de la feuille) faisant partie de l'anthère, au même titre que la nervure moyenne d'une feuille fait partie du limbe. — L'anthère se compose normalement de deux petits sacs (que je considère comme représentant les deux moitiés du limbe d'une feuille) ; sa couleur est ordinairement jaune (chez le Lis et la Rose par exemple), quelquefois elle est rouge (*Salix purpurea*, etc.), quelquefois cendrée ou noirâtre (genre Pavot, etc.). Ces deux sacs, situés parallèlement et unis longitudinalement par le tissu qui a reçu le nom de connectif, constituent par leur ensemble un corps, le plus souvent ovoïde ou oblong. — Les sacs ou moitiés longitudinales de l'anthère, selon que l'on a en vue leur forme extérieure ou leur cavité intérieure, ont reçu les noms de *lobes* ou de *loges* de l'anthère; ainsi, l'anthère normale étant à deux lobes ou loges est dite indifféremment *bilobée* ou *biloculaire*. — Les loges de l'anthère peuvent être ovoïdes, oblongues, globuleuses, linéaires, obtuses, aiguës, flexueuses, prolongées en forme de corne, etc. Ces loges contiennent le tissu qui se désagrége en granules globuleux, elliptiques, etc., de couleur jaune, auxquels on a donné le nom de *pollen* (voir ce mot). — Pour l'émission ou sortie du pollen, dans le cas le plus ordinaire, chacune des loges s'ouvre (la *déhiscence* des loges se fait) par une *fente longitudinale*, et par l'écartement des bords de cette fente; c'est ce qui a lieu chez le Lis, la Rose, la Giroflée, etc. Mais il arrive quelquefois que les fentes des lobes restent fermées et ne s'entre-bâillent qu'au sommet; la fente peut être dans ce cas réduite à un trou ou *pore terminal*; c'est ce qui arrive dans les genres *Solanum*, *Pyrola*, etc. — Les deux fentes de l'anthère sont toujours longitudinales, et parallèles à l'axe du filet; mais si, par exemple, l'anthère, par suite d'une torsion du sommet du filet, devient horizontale relativement au filet au lieu de lui être perpendiculaire, on conçoit que les fentes de l'anthère sembleront être horizontales ou transversales et superposées; c'est ce qui a lieu dans le genre *Galeopsis*. Dans d'autres cas, l'anthère semble s'ouvrir par une seule fente continue et transversale; c'est lorsque les deux loges, soudées ensemble au sommet seulement, s'écartent par la base de manière à se trouver horizontalement sur la même ligne; les fentes des deux lobes étant alors placées bout à bout, semblent constituer une seule fente horizontale; quelquefois, dans ce cas, les deux loges ont été prises par certains descripteurs pour une seule loge; cette disposition existe chez la Mercuriale, dans les genres *Lamium*, *Galeobdolon*, etc. Quant aux anthères réellement unilobées, il est évident qu'elles s'ouvrent par une seule fente qui, bien que longitudinale, paraît transversale, si cette anthère est, comme cela arrive fréquemment dans ce cas, renversée sur le dos à l'extrémité du filet. — Il est un genre de déhiscence sans analogie apparente avec les précédents, et qui est assez rare; chaque loge s'ouvre par une ou même plusieurs *valvules* qui se relèvent de bas en haut comme un store; telle est la déhiscence de l'anthère dans le genre *Berberis* (Épine-vinette) chez le Laurier (*Laurus nobilis*), etc. — L'anthère est dite *introrse* lorsque l'ouverture des loges regarde le centre de la fleur (*introrsum*); c'est la direction normale; quelquefois les fentes sont placées un peu en dehors de la face interne; on dit alors que les loges s'ouvrent par des *fentes latérales*. Il arrive aussi que les fentes regardent l'extérieur (*extrorsum*); ce dernier cas est rare, on en trouve des exemples dans la famille des Renonculacées, tribu des Helléborées : genres *Caltha, Helleborus, Nigella, Aquilegia* (Ancolie), *Aconitum, Delphinium* (Pied-d'alouette), etc. La direction extrorse peut n'être qu'apparente, lorsque, par exemple, l'anthère est vacillante et retombe en dehors, après l'émission du pollen, par un mouvement de bascule; pour connaître, dans ce cas, la direction réelle de l'anthère, il faut étudier l'anthère avant sa déhiscence et son déplacement, dans le bouton de la fleur (pendant la préfloraison). — Certaines anthères ne se composent que d'un seul lobe (*anthères unilobées*, ou *uniloculaires*); telles sont les anthères des Malvacées : de la Guimauve (*Althœa officinalis*), par exemple; telles sont aussi les anthères dans le genre *Polygala*; et celles de la Bryone (*Bryonia dioica*) et d'autres Cucurbitacées (dont chacune se compose d'un lobe linéaire flexueux replié sur lui-même et adhérent au filet dans toute son étendue). Dans certains cas, les anthères uniloculaires résultent de l'avortement d'un des deux lobes comme dans la Sauge où le lobe unique est porté à l'une des extrémités latérales d'un long connectif; dans d'autres cas, le lobe unique est le résultat évident du partage d'une étamine à anthère biloculaire en deux moitiés longitudinales; c'est ce que l'on peut admettre dans le genre *Fumaria*, que l'on décrit comme à 6 étamines, dont 2 opposées bilobées et les 4 intermédiaires unilobées; ces 4 étamines sont probablement le résultat de deux étamines bilobées fendues dans toute leur longueur (ces moitiés d'étamine sont, dans l'exemple cité, soudées en faisceaux avec chacune des étamines bilobées). — Dans certains cas, au contraire, deux étamines à anthères bilobées peuvent se souder dans toute leur longueur, de telle sorte que les deux anthères rapprochées aient l'apparence d'une *anthère quadrilobée* (ou *quadriloculaire*); les chatons mâles du *Salix purpurea* (appelé à tort pour cette raison *monandra* : à une seule étamine) offrent un exemple de cette disposition; dans une espèce voisine, le *Salix rubra*, la soudure n'a lieu que dans la moitié inférieure du filet (cette espèce avait été pour cette cause appelée *fissa* (à étamine fendue) par suite de la même erreur d'observation qui a fait donner au précédent le nom de *monandra*. Enfin toutes les anthères d'un verticille d'étamines peuvent être soudées entre elles par leurs bords, de manière à constituer une couronne ou une gaîne; c'est ce qui a lieu chez toutes les plantes de la nombreuse famille des Composées, appelée pour cette raison famille des *Synanthérées*. — Relativement à son insertion sur le filet, l'anthère est dite *adnée* quand les deux loges sont adhérentes au filet (ou au connectif qui en est la continuation) dans toute leur longueur; l'anthère est alors immobile, par exemple, chez la Bourrache, le Laurier-rose, etc. Mais plus ordinairement le filet se termine par une pointe aiguë qui s'insère au connectif soit vers l'une de ses extrémités, soit vers sa partie moyenne; l'anthère est alors mobile sur le filet et change de position selon les mouvements qui sont imprimés à la fleur (anthère vacillante ou oscillante, *versatilis*); telle est l'anthère dans la famille des Graminées, des Cypéracées, etc., etc. — Les anthères se prolongent quelquefois en des appendices bizarres; dans le genre *Vaccinium*, non seulement les loges se prolongent en tubes ouverts à leur extrémité seulement, mais chaque loge est munie d'un appendice dorsal en forme d'ergot ou de corne; dans le genre *Viola* (la Violette odorante par exemple), l'anthère s'amincit au sommet en un appendice membraneux terminal. Chez un grand nombre de plantes de la famille des Composées, chacune des deux loges linéaires se prolonge à sa base (au-dessous de l'insertion du filet) en un long appendice membraneux (*antheræ caudatæ*). (Voir les mots : Étamine, Filet, Connectif, Pollen.)

Anthéridie, *Antheridium*; organe qui, chez les cryptogames, est supposé jouer un rôle analogue à celui de l'*anthère* chez les phanérogames. Les anthéridies sont de forme et de structure très diverses chez les différentes classes de végétaux cryptogames où elles ont été observées, elles contiennent des animalcules végétaux doués de mouvements spontanés, et connus sous les diverses dénominations de Sporidies (J. Ag.), Gonidies (Cutz.), et Sporozoïdes (D. et S.); il ne faut pas confondre ces organes avec les spores douées de mouvements spontanés, que l'on observe chez certaines algues (chez les *Vaucheria* par exemple), et qui sont désignées sous le nom Zoospores. (Voir pour la structure des anthéridies les articles consacrés à l'examen des organes chez les classes de végétaux cryptogames : Filicinées, Muscinées, Phycées, etc.)

Anthesis, Floraison, Fleuraison, Anthèse; épanouissement des fleurs.

Anthos; mot grec, en latin, *Flos*, Fleur; -*anthus*, -*anthium*, *anth-*, anthe, dans les mots composés tirés du grec, signifie fleur : *polyanthus*, qui a beaucoup de fleurs ; Phoranthe, *Phoranthium*, qui porte les fleurs (nom donné au réceptacle chez les Composées). Dans les mots composés tirés du latin, *Florus* remplace *anthus* ; ainsi *grandiflorus* est synonyme de *macranthus*.

Anthode, *Anthodium*, = Calathide, = Céphalanthie. Nom donné au capitule de fleurs dans la famille des Composées. (Voir le mot Fleurs-composées.)

Anthophore, *Anthophorium*, =*Gynostemium;* colonne qui porte les anthères et le stigmate chez certaines plantes, les Orchidées par exemple; cette colonne est due à la fusion de l'androcée avec la partie supérieure du gynécée.

anthracinus, couleur de charbon, noir.

Anthurus (Link); inflorescence composée de pédoncules grêles portant des fleurs fasciculées, chez les Amaranthacées et les Chénopodées par exemple (inusité).

antice (adv.), antérieurement, en avant.—*anticus*, dirigé ou situé en avant, ou en dedans; ce mot est synonyme d'*introrsus*. Ces expressions s'opposent à *posticus* ou *extrorsus*, dirigé en dehors, situé en dehors, en arrière. — Les mots *anticus* et *pos-*

ticus ont souvent donné lieu à des erreurs, les diverses conditions de position relative et de position absolue faisant que, selon qu'il a en vue l'une ou l'autre, tel auteur caractérise par le mot *anticus* ce que tel autre caractérise par le mot *posticus*. — Relativement aux organes de la fleur, *anticus* doit toujours signifier qui regarde l'axe de la fleur; *posticus*, qui regarde en dehors de la fleur.

antitrope, *antitropus*; se dit de l'embryon dont la radicule est diamétralement opposée au hile. La graine qui renferme cet embryon résulte d'un ovule droit (dont le micropyle est situé à l'extrémité opposée au hile). (Voir les mots Embryon et et Ovule.)

apertus, ouvert; se dit d'une cavité qui présente une ouverture béante : *Flos apertus*, fleur épanouie. — On ne doit point dire *rameaux ouverts*, mais rameaux formant avec la tige un angle ouvert, ou mieux *rameaux divariqués*.

apétale, *apetalus*, qui n'a point de pétales, qui manque de corolle. — Chez les végétaux dicotylédonés, les feuilles modifiées nommées enveloppes florales (parties qui servent de téguments aux étamines et à l'ovaire), constituent deux et quelquefois plusieurs verticilles de la fleur dans un grand nombre de familles. Le verticille extérieur est composé de feuilles ordinairement vertes, mais quelquefois d'une autre couleur; ces feuilles modifiées ont reçu le nom de *sépales*, et qu'elles soient libres ou soudées, leur ensemble se nomme *calice*. — Le verticille intérieur est composé de feuilles colorées (c'est-à-dire présentant une autre couleur que le vert ou couleur des feuilles normales; par exemple le bleu, le blanc, le rose, le violet), ces feuilles modifiées se nomment *pétales*, et qu'elles soient libres ou soudées, leur ensemble se nomme *corolle*. — — Le verticille intérieur, la corolle, n'existe pas chez toutes les plantes dicotylédonées; mais le plus extérieur des deux verticilles, le calice, existe presque toujours. Les plantes dont la fleur offre cette organisation (dont les enveloppes florales sont réduites au calice) sont dites *apétales*. — Chez les plantes apétales, le calice est susceptible de présenter la couleur verte ou verdâtre comme dans les familles des Urticées, des Cannabinées, etc., mais souvent aussi ce calice est coloré, comme dans les genres *Daphne, Aristolochia, Clematis, Anemone*, etc.; les sépales sont alors dits pétaloïdes (ayant l'apparence de pétales). — Chez les plantes monocotylédonées, le calice et la corolle étant ordinairement composés de pièces semblables et souvent pétaloïdes, on les a considérés, pour en faciliter la description, comme un même système d'organes, et l'on a donné à cet ensemble le nom de *périanthe* ou *périgone*. Ce périanthe peut être réduit à un seul verticille ou même être entièrement nul, mais on ne se sert pas, dans ces différents cas, du mot apétale pour désigner la plante qui présente cette organisation. — Certaines plantes pourvues normalement d'une corolle peuvent accidentellement devenir apétales par suite de l'avortement de la corolle, par exemple, certains *Cerastium*, certaines *Violettes*, etc. — Dans l'embranchement des dicotylédones, on admet généralement quatre divisions : les *dialypétales* (polypétales): à pétales libres ; les *gamopétales* (monopétales): à pétales soudés entre eux ; les *apétales* : qui manquent de pétales ; et les *gymnospermes* (Conifères et Cycadées) : qui manquent aussi de pétales et diffèrent des véritables apétales par la structure de l'ovaire. — Les apétales peuvent se diviser en deux classes naturelles : 1° les APÉTALES *non amentacées* dont les fleurs mâles ne sont jamais disposées en chatons : ce groupe renferme des plantes herbacées comme les *Amaranthus*, les *Chenopodium*, les *Polygonum*, les *Rumex*, le *Chanvre*, le *Houblon*, les *Orties*, les *Euphorbes*, la *Mercuriale*, etc., et des arbres ou des arbrisseaux, tels que l'*Orme*, le *Celtis*, les *Mûriers*, le *Figuier*, les *Daphne*, le *Buis*, etc. ; — 2° les APÉTALES *amentacées* dont les fleurs mâles sont disposées en chatons: ce groupe ne renferme que des arbrisseaux et des arbres; il renferme les familles indigènes suivantes : les *Cupulifères* (le *Hêtre*, le *Châtaignier*, les *Chênes*, le *Noisetier*, le *Charme*); les *Salicinées* (les *Peupliers*, les *Saules*); les *Bétulinées* (le *Bouleau*, les *Aulnes*); les *Myricées* (le *Myrica Gale*); et le *Noyer* et le *Platane*, arbres de l'Asie Mineure naturalisés dans toute l'Europe. — La division des GYMNOSPERMES, qui ne renferme que des arbres ou arbrisseaux apétales, est représentée sous notre climat par l'ancienne famille des *Conifères* élevée maintenant au rang de classe et partagée en plusieurs familles, les *Abiétinées* (genres *Pin*, *Sapin*, *Mélèze*, etc.); les *Cupressinées* (genres *Genévrier*, *Cyprès*, etc.); les Taxinées et les Gnétacées).

Apex, sommet; *in apice*, au sommet. — Tournefort désignait l'Étamine sous le nom d'*Apex*.

aphylle, *aphyllus*, sans feuilles. Se dit des plantes qui ne présentent point de feuilles foliacées. — Trois cas peuvent se présenter : 1° les feuilles existent, mais sont réduites à des gaînes ou à des écailles décolorées ou colorées, mais non de couleur verte, comme chez le *Monotropa Hypopithys*, le *Limodorum abortivum*, et le *Neottia Nidus-avis*; 2° les feuilles n'existent que sous la forme de bractées et d'organes floraux, comme dans le genre *Cuscuta*; 3° la tige aérienne n'étant représentée que par un seul entrenœud, elle ne peut offrir de feuilles dans sa longueur; dans ce dernier cas, cette tige aérienne n'est, en général, qu'un pédoncule partant d'une souche souterraine, comme dans le *Primula officinalis*, le *Scilla nutans*, l'*Ornithogalum pyrenaicum*, etc. Quelques uns de ces pédoncules radicaux semblent feuillés sans l'être en réalité; en effet, chez les espèces du genre *Allium* (Ail), les feuilles partent de la souche et emboîtent, sans lui adhérer, le pédoncule par leurs gaînes.

apicalis, qui occupe le sommet. — *apicillaris*, qui appartient au sommet.

apiculé, *apiculatus*, terminé au sommet par une pointe courte et aiguë.

Apiculum, Pointe terminale.

Apophysis, Éminence, Apophyse; bosse très saillante, saillie en forme de crête. — Renflement qui existe à la base de l'urne dans certains genres de la famille des Mousses. — *apophysatus*, muni d'une apophyse.

Apothecium. Dans la famille des Lichens, Acharius a donné ce nom au corps fructifère constitué par un réceptacle, et un noyau fructifère renfermé dans ce réceptacle. Selon sa forme et sa position, l'*Apothecium* a reçu des noms très nombreux :

Pelta (bouclier), *Scutella*, *Patellula*, *Cephalodium*, *Tuberculum*, *Trica* (Gyrome), *Lirella*, *Globulus*, *Pilidium*, *Cistula*, *Orbiculus* et *Orbillus*, *Stroma*, et enfin *Sphærula*. — C'est une tendance fâcheuse que celle qui a pour résultat de rendre l'étude des plantes inabordable en la hérissant de tant de mots inutiles ; cette tendance caractérise soit une époque où les connaissances sont très incomplètes et où l'abondance des mots supplée à la rareté des faits, soit une époque où l'on veut faire de la science un sanctuaire impénétrable, mais toujours une époque arriérée. — Chaque organe, en bonne logique, ne doit recevoir qu'un seul nom, et les modifications que peut présenter cet organe doivent être qualifiées par des adjectifs ; mais le nom propre et unique doit toujours subsister. — Dans le cas dont il s'agit, il suffit que les modifications de forme et de position que présente l'*apothecium* ou l'*apothecie* soient clairement exposées dans la description de chaque genre, et quand ensuite on passe à la description des espèces de l'un de ces genres, on sait à quelle espèce de réceptacle on a affaire, et l'on peut conserver le même mot sans aucun inconvénient ; il y a au contraire un très grand désavantage à employer des mots différents, ces mots devant induire en erreur en donnant lieu de penser qu'il s'agit d'organes de nature différente et non d'un même organe. — L'*Apothecium* se compose, avons-nous dit, d'un réceptacle contenant une masse fructifère. Le réceptacle a reçu le nom d'*Excipulum*, et la masse fructifère le nom de *Thalamium*. — Le réceptacle ou *excipulum*, ou *sporange*, peut être entouré ou non d'un rebord fourni par le thallus (ou fronde), et ce rebord peut être d'une couleur qui tranche sur la sienne. L'*excipulum* revêt des formes variées ; il a la forme d'un disque (scutelle) dans le groupe des Lécidinées, des Parméliacées, etc. Dans le groupe des Graphidées, l'excipulum est linéaire, simple ou rameux (*lirelle*) ; dans le groupe des Verrucariées, l'*excipulum* est ovoïde et creux (*perithecium*) ; enfin dans le genre *Cladonia*, plusieurs *excipulum* se soudent ensemble en masses irrégulières (*apothecia symphycarpa*). — Le *Thalamium* (ou *nucleus*) se compose d'une masse de cellules allongées, simples ou rameuses, nommées *Paraphyses* (thèques avortées), entre lesquelles se trouvent des cellules plus grandes, verticales, cylindroïdes ou en massue, et que l'on nomme *Thèques*; ce sont ces thèques qui contiennent dans leur cavité, sur une ou deux rangées verticales, les spores (ou sporidies); les *Spores* (graines réduites à un embryon très simple) sont de forme globuleuse ou ellipsoïde, ou en navette. — Pour étudier un *apothecium* et les organes qu'il contient, il faut en faire des tranches verticales très minces et placer ces tranches sous le microscope; il est quelquefois bon de les comprimer.

Appendice, *Appendix, Appendicula*; on donne ce nom à diverses parties accessoires, prolongements, cornes, saillies, queues, de divers organes. — Les queues des anthères, dans la famille des Composées, sont des appendices. Les appendices sont dits terminaux, basilaires, latéraux, dorsaux, etc., selon leur position.

appendiculaire, *appendicularis*, qui est de la nature des appendices, qui appartient à un appendice. — On désigne les feuilles d'une manière générale sous le nom d'*Organes appendiculaires*. Les feuilles désignées sous le nom d'organes appendiculaires, comprennent non seulement les *feuilles foliacées*, mais aussi toutes les formes que les feuilles modifiées peuvent revêtir : les *feuilles squamiformes*, les *bractées*, les *sépales*, les *pétales*, les *feuilles staminales* (*étamines*), et les *feuilles carpellaires* (*carpelles*). — On nomme, par opposition, *organes axiles* la tige et la racine, et leurs subdivisions ou ramifications, les rameaux, rhizomes, stolons, pédoncules, pédicelles et réceptacles.

appendiculé, *appendiculatus*, muni d'un appendice.

applanatus, aplani, qui est plat à sa surface supérieure.

appositus, qui repose sur, qui est appliqué contre.

applicativus, qui est appliqué, qui s'applique exactement sur un autre objet. — *applicatus*, appliqué sur ou contre.

apprimé, *appressus* et *adpressus*, exactement appliqué contre une surface; les poils sont dits apprimés lorsqu'ils sont couchés sur l'organe qui les porte, sur la tige par exemple.

approximatus, très rapproché,... *approximati*; se dit d'organes très rapprochés entre eux.

âpre, *asper*, rude au toucher; se dit de certaines tiges ou autres organes revêtus de poils roides très courts. — La *saveur âpre* est une saveur astringente plus ou moins prononcée, par exemple celle du fruit du Prunellier (*Prunus spinosa*).

apricus, qui végète et qui se plaît exposé à un soleil ardent.

apterus, sans aile; s'oppose à *alatus*. Se dit de certaines graines, etc.

apyrenus, sans noyau; s'oppose à *pyrenatus* qui renferme un noyau ou des noyaux.

aquatique, *aquaticus* et *aquatilis*. Se dit de plantes qui vivent dans l'eau douce, qu'elles y soient plongées complétement ou que leur partie inférieure seulement soit submergée. — Les plantes qui habitent les lacs, les fontaines ou les rivières, sont désignées en latin par les épithètes de *lacustres*, *fontinales* et *fluviatiles*; celles qui se plaisent dans les marais reçoivent les épithètes de *palustres* ou *paludosæ*; celles des tourbières *torfaceæ*; enfin celle des prairies humides *uliginosæ*. — Relativement à la manière dont elles vivent dans l'eau, on les distingue en submergées ou vivant sous l'eau (*demersæ*, *submersæ*): tel est le *Naias major*; émergées ou n'ayant que leur extrémité hors de l'eau (*emersæ*) : tel est le *Myriophyllum spicatum*, l'*Hottonia palustris*; inondées ou tantôt sous l'eau, tantôt hors de l'eau (*inundatæ*) : tels peuvent vivre le *Ranunculus aquatilis*, les *Alisma natans* et *ranunculoides*, etc.; flottantes ou soutenues entre deux eaux (*fluitantes*), comme le *Ranunculus fluitans*, les *Potamogeton lucens* et *perfoliatum*, et dont les fleurs sont seules émergées; enfin nageantes ou dont les feuilles sont soutenues à la surface de l'eau : tels sont les *Nymphæa*, le *Potamogeton natans*, etc.; il est inutile d'ajouter que ces nuances sont loin d'être tranchées, et qu'il est des plantes qui peuvent, selon les circonstances, appartenir successivement soit aux unes, soit aux autres de ces divisions.

aqueux et *aquosus*. Se dit d'un liquide qui a l'aspect et la consistance de l'eau, quelle que soit sa nature, par opposition à huileux, laiteux, résineux, mucilagineux, etc. — Se dit aussi d'un tissu qui renferme en abondance un suc aqueux.

aranéeux, *araneosus*. On nomme poils aranéeux les poils fins et longs lâchement entrecroisés et tendus, dont l'ensemble ressemble à des toiles d'araignée (*Aranea*). Ces poils, d'abord couchés les uns sur les autres, s'étalent et se tendent par l'écartement des organes qu'ils recouvraient et auxquels leur finesse ou leur viscosité fait qu'ils s'accrochent aisément; c'est ainsi que le capitule bien développé du *Cirsium Eriophorum* est chargé de poils aranéeux tendus entre les écailles de l'involucre après leur écartement; les rosettes du *Sempervivum arachnoideum* présentent des poils aranéeux tendus par le même mécanisme, etc. — *arachnoideus*, qui présente des poils aranéeux.

arborescent, *arborescens*, qui a la taille d'un arbre.

Arbre, *Arbor* (δινδρον', végétal dont la tige est ligneuse, acquiert de grandes dimensions, et ne se ramifie qu'à une certaine hauteur au-dessus du sol : par exemple le Chêne, le Charme, le Châtaignier, le Bouleau, etc. — Ceux des végétaux ligneux, qui n'acquièrent jamais de si grandes dimensions et qui se ramifient dès la base, sont appelés *arbrisseaux* : par exemple, les Groseilliers, les Chèvrefeuilles, les Rosiers, le Genêt à balais, etc.; mais la distinction entre les arbres et les arbrisseaux est très peu tranchée; il y a plus, parmi les végétaux qui sont habituellement regardés comme arbrisseaux, il en est qui, placés dans des circonstances favorables, finissent par acquérir les dimensions des grands arbres : tels sont l'Aubépine et le Sureau. Notre végétation indigène présente un assez grand nombre d'arbres et d'arbrisseaux. — Parmi les végétaux arborescents indigènes, nous citerons : Dans les Dialypétales hypogynes, *Clematis Vitalba* (la Clématite), *Berberis vulgaris* (l'Épine-vinette), *Tilia microphylla* (le Tilleul-des-bois), *Acer campestre* (l'Erable) et les *Acer Pseudo-Platanus* et *Platanoides* (le Sycomore et l'Erable-plane) plantés dans les parcs et les promenades, l'*Æsculus hippocastanum* (le Marronnier-d'Inde) planté dans les parcs, l'*Evonymus Europœus* (le Fusain), *Vitis vinifera* (la Vigne). — Dans les Dialypétales périgynes, nous citerons : les *Rhamnus catharticus* et *Frangula* (le Nerprun et la Bourdaine), *Cerasus avium* et *vulgaris* (le Merisier et le Cerisier; ce dernier est naturalisé), *Prunus spinosa* (le Prunellier), *P. cerasifera*, etc.; les espèces du genre *Rosa* (Rosier) et du genre *Rubus* (Ronce), *Mespilus Germanica* (le Néflier), *Cratægus Oxyacantha* (l'Aubépine), *Amelanchier vulgaris*, *Pyrus vulgaris* (le Poirier), *Malus communis* (le Pommier), *Sorbus domestica* (le Sorbier), *S. aucuparia* (le Sorbier des oiseaux), *S. torminalis* (l'Alisier), *S. Aria* (l'Alisier-de-Fontainebleau), *Hedera Helix* (le Lierre), *Cornus mas* (le Cornouiller), *C. Sanguinea* (le Bois-sanguin), *Viscum album* (le Guy), *Ribes rubrum* et *R. Uva-crispa* (le Groseillier-rouge et le Groseillier-épineux). — Dans les Gamopétales périgynes, nous citerons : *Vaccinium Myrtillus* (l'Airelle) et *V. Vitis-Idœa*, *Sambucus nigra* (le Sureau), *Viburnum Opulus* (l'Aubier), *V. Lantana* (la Viorne), *Lonicera periclymenum* (le Chèvrefeuille-des-bois), *L. Xylosteum* (le Chamerisier). — Dans les Gamopétales hypogynes, nous citerons : les espèces du genre *Erica* (qui sont de très petits arbrisseaux), *E. cinerea*, *tetralix*, etc., et *Calluna vulgaris* (la Bruyère-commune), *Ilex aquifolium* (le Houx), *Ligustrum vulgare* (le Troène), *Fraxinus excelsior* (le Frêne), *Syringa vulgaris* (le Lilas), naturalisé. — Nous remarquerons que, dans les dialypétales et les gamopétales indigènes, les familles les plus nombreuses en espèces, les Renonculacées, les Caryophyllées, les Crucifères, les Ombellifères, les Scrophularinées, les Labiées et les Composées, ne nous présentent pas ou ne nous présentent que très peu de végétaux ligneux. — Dans les Apétales non amentacées, nous citerons : le Mûrier et le Figuier (naturalisés), *Ulmus campestris* (l'Orme), les *Daphne Laureola* et *Mezereum*, le *Buxus sempervirens* (le Buis). — Dans les Apétales amentacées, nous citerons : *Juglans regia* (le Noyer, naturalisé), *Fagus sylvatica* (le Hêtre), *Castanea vulgaris* (le Châtaignier), *Quercus sessilis* et *pedunculata* (le Chêne), *Corylus Avellana* (le Noisetier), *Carpinus Betulus* (le Charme), plusieurs espèces du genre *Salix*, dont les *S. fragilis*, *S. alba* (Saule) et *S. Babylonica* (Saule-pleureur, naturalisé), sont de grands arbres; les *S. trian-*

dra, undulata, hyppophaefolia, purpurea, rubra, viminalis, repens, sont des arbrisseaux plus ou moins élevés, et les *S. Seringeana, cinerea, aurita* et *caprea*, des intermédiaires entre les arbres et les arbrisseaux; plusieurs espèces du genre *Populus* (Peuplier), la plupart naturalisées, *Betula alba* (le Bouleau), *Alnus viscosa* (l'Aulne), *Myrica Gale* et *Platanus orientalis* (le Platane, naturalisé). — Dans la division des Gymnospermes : *Juniperus communis* (le Genévrier) et plusieurs espèces naturalisées, *Taxus baccata* (l'If), *Pinus sylvestris* (le Pin), *P. maritima*, etc., *Larix Europœa* (le Mélèze), *Abies vulgaris* (l'Epicea), *Picea vulgaris* (le Sapin), etc. — Dans l'embranchement des plantes Monocotylédonées, nous trouvons aux environs de Paris une seule plante ligneuse : le *Ruscus aculeatus* (Petit-Houx); c'est à cet embranchement qu'appartient la famille des Palmiers. Enfin, dans l'embranchement des plantes Acotylédonées, nous ne trouvons aucune plante ligneuse indigène; il existe des fougères exotiques arborescentes.

Arbrisseau et Arbuste, *Frutex, Arbuscula*. Arbre peu élevé, à tiges plus ou moins nombreuses, ramifiées dès la base; par exemple : l'Aubépine, le Prunellier (*Prunus spinosa*), etc. — On nomme *sous-arbrisseaux* ou *plantes frutescentes* des plantes ligneuses de très petite taille, par exemple le Genêt-à-balais (*Sarothamnus scoparius*), le *Genista Anglica*, etc. — On réserve le nom de *plantes sous-frutescentes* à celles qui ont une souche vivace ligneuse, mais dont les tiges sont herbacées au moins dans leur partie supérieure, et dont il ne persiste que la base qui donne chaque année naissance à de nouveaux rameaux annuels, par exemple la Lavande, la Sauge officinale, etc. — L'emploi de ces termes généraux, destinés à peindre seulement l'aspect extérieur des plantes, ne doit pas dispenser de décrire les modes de végétation si variés que présentent les diverses espèces. — On distinguait autrefois les sous-arbrisseaux ou plantes frutescentes des arbrisseaux par le manque de bourgeons chez les sous-arbrisseaux; mais la distinction fondée sur ce caractère est illusoire, car il n'y a point de tige qui ne présente des bourgeons; seulement ils sont quelquefois peu développés avant le printemps; on trouve d'ailleurs tous les intermédiaires entre les plantes dont les bourgeons ne sont visibles qu'au printemps et celles où ils sont visibles dès l'automne.

Archégone, *Archegonium*, = *Pistillidium*. Ce nom a été proposé (par M. Bischoff) pour désigner le premier état de l'organe connu sous le nom de *sporange*; l'archégone serait au sporange, chez les Cryptogames, ce que l'ovaire est au fruit chez les Phanérogames; les archégones des Mousses et des Hépatiques seraient, dans cette nomenclature, désignés particulièrement sous le nom d'*archégones pistilliformes*. Le nom seul d'*archégone* a été adopté, et on l'applique seulement à la désignation du sporange chez les Mousses et les Hépatiques, pendant la période qui correspond à la floraison. Chez ces deux familles, les archégones sont généralement de formes assez voisines; la forme la plus ordinaire rappelle celle d'un carpelle libre et isolé; dans le premier âge, cette forme est cylindrique, puis la base de ces organes se renfle, et ils prennent la forme d'une petite bouteille étroite à col allongé et terminé par un léger évasement. — Les archégones se composent d'une membrane externe celluleuse transparente (*Epigonium*), et d'un sac intérieur d'une couleur rougeâtre (*Endogonium*). L'*epigonium* recouvre l'*endogonium* et constitue à lui seul le col de l'archégone; ce col est ordinairement creux et ouvert à l'extérieur. L'*endogonium* est sans ouverture. — Après la période qui correspond à la floraison, l'archégone, en passant à l'état de fruit, éprouve de curieuses transformations. La base de l'*endogonium* s'allonge en un pédicelle grêle en forme de soie (*Pedicellus, Pedunculus, Thecaphora, Seta*), qui élève l'*endogonium* devenu capsule bien au-dessus du niveau qu'il occupait d'abord. L'*epigonium* ne se développe pas dans la même proportion; aussi arrive-t-il qu'il est déchiré par le corps central; chez les Hépatiques, cette déchirure se fait un peu au-dessous de son sommet, et il se trouve réduit à une sorte de gaîne membraneuse (*Ochrea*) qui persiste à la base du pédicelle. Chez les Mousses, la déchirure se fait circulairement à la base de l'*epigonium*, dont il reste ou non des débris qui constituent une

petite gaine; la plus grande partie ou la totalité de l'*epigonium*
est entraînée par l'*endogonium* devenu capsule; il recouvre cette
capsule d'une sorte de capuchon membraneux ordinairement
terminé en pointe et qui a reçu le nom de coiffe (*Calyptra*).
Cette coiffe étant, dans le principe, adhérente à l'urne, continue à croître; néanmoins la capsule grossissant dans une
proportion plus rapide, la coiffe se fend longitudinalement
d'un côté et recouvre obliquement la capsule.— L'*endogonium*,
devenu capsule, se partage en quatre valves chez un grand
nombre de genres de la famille des Hépatiques. Dans le genre
Anthoceros, la capsule est bivalve et a la forme d'une longue
silique; dans le genre *Riccia*, elle est confondue avec la coiffe
et se rompt irrégulièrement, etc. Chez les Mousses, la capsule
est d'une structure assez complexe; elle s'ouvre au moyen
d'un opercule qui se détache de son sommet à la maturité;
cette capsule est désignée sous le nom d'*Urne* (*Urna*) (voir ce
mot). Dans le genre *Andrœa*, l'urne se partage en 4 valves
et constitue une sorte de transition vers la capsule des Hépatiques. Les capsules renferment les spores, et, chez la plupart
des Hépatiques, de petits organes nommés élatères, qui sont
le résultat de cellules découpées en spirale.— Chez les Mousses,
les archégones sont situés dans un involucre nommé périchèse (*Perichœtium*), l'involucre des anthéridies se nomme
périgone (*Perigonium*); ils s'y trouvent mêlés à des organes
consistant en filaments cloisonnés que l'on nomme Paraphyses,
et sont ordinairement groupés en assez grand nombre dans
un même périchèse, mais, en général, un seul passe à l'état
de fruit dans chacun de ces groupes, les autres s'atrophient,
et il résulte de l'allongement du réceptacle qui constitue le pied
de l'archégone fertile, que les archégones stériles paraissent
être insérés sur la base du pédicelle de la capsule.

arcte (adv.), étroitement;... *arcte imbricatœ*,... étroitement imbriquées (écailles).

arcuatus, arqué, courbé en arc.

arenarius, = *arenosus*, = *sabulosus*, qui se plaît dans les lieux
sablonneux (de *arena*, sable, grève, lieu sablonneux).

Aréole, *Area*, tache circulaire, cercle coloré occupant le fond d'une corolle, etc. — *areolatus*, aréolé, marqué d'une aréole.

Arête, *Acies*; ligne saillante qui résulte de l'intersection de deux plans qui ne se prolongent point au delà. On se sert du mot angle pour désigner les arêtes des tiges anguleuses, le mot arête étant employé plus spécialement dans le sens d'*arista*, pointe roide.

Arête, *Arista*; prolongement ou appendice filiforme droit et roide. La nervure de certaines feuilles bractées, sépales, etc., en se prolongeant au delà du limbe, constitue une arête; telles sont les arêtes des glumes et des glumelles, chez la famille des Graminées. Divers autres organes ont été également désignés sous le nom d'arête, par exemple le pédicelle stérile de l'*Ononis Natrix*, qui accompagne le pédicelle fertile.

argenté, *argenteus*, qui a les reflets de l'argent; se dit de feuilles couvertes de poils soyeux et apprimés.

argute (adv.), finement;... *argute serratus*,... finement denté.

arhizus, sans racine, qui végète sans produire de racine; tel est le *Lemna arhiza*. Certaines plantes parasites, le Gui par exemple, n'ont pas de véritables racines.

arillatus. Se dit d'une graine qui présente un arille.

Arille, *Arillus*, = Arillode, = Strophiole, = Caroncule, etc. On donne le nom d'arille aux appendices ordinairement charnus ou membraneux que présentent certaines graines, et qui, chez quelques unes, constituent une sorte de cupule qui les enveloppe plus ou moins complétement, et chez d'autres constituent des expansions qui se présentent sous la forme de crêtes, d'ailes, de tubérosités, etc. On désigne plus spécialement sous le nom d'*arille* les arilles en forme de cupule, et l'on désigne les arilles en forme d'appendices latéraux ou de crêtes sous les noms de *strophiole* ou de *caroncule*. — On ne saurait déterminer d'une manière exacte la nature de l'arille chez une graine quelconque sans avoir observé cette graine depuis son apparition à l'état d'ovule jusqu'à l'état de complète maturité. Or les arilles n'ont été généralement décrits que dans les *Genera* et les *Flores*, ouvrages dans lesquels on envisage les organes à certaines périodes seulement de leur développement,

le cadre habituel de ces ouvrages ne permettant pas d'exposer
la série non interrompue des formes et des états par lesquels
passe chaque organe depuis son apparition jusqu'à son développement complet. Aussi ai-je trouvé un grand intérêt à
suivre le développement d'un certain nombre de graines
pourvues d'arilles, arilles sur la nature desquels les idées les
moins exactes sont encore accréditées; le plus grand nombre
des arilles dont j'ai suivi le développement sont évidemment
des dépendances soit du funicule (podosperme), soit du raphé, ou des diverses parties du testa : la chalaze, l'exostome,
ou même une grande partie de l'étendue du testa. Je désigne
ces différents arilles par les épithètes de *funiculicus, rapheicus,*
chalasicus, exostomicus, testaicus, etc. (funiculique, raphéique,
chalasique, exostomique, testaïque, etc.). Non seulement je
considère comme arilles les expansions charnues ou membraneuses, mais même les processus en forme d'aigrette que présentent certaines graines, la nature d'un organe et non sa
forme et sa consistance devant décider de sa classification. —
Les arilles qui sont le résultat d'un pincement du testa, débordant l'amande, doivent être distingués des arilles qui constituent un appendice d'une texture différente de la texture
du testa ou de toute autre partie de la graine ou du funicule
qui leur donne naissance. Il y a, du reste, de nombreuses variétés dans la forme et les caractères de chacune de ces deux
sortes d'arilles. — Un arille en forme d'aigrette existe au niveau
du micropyle et est le prolongement de l'exostome ou bord
libre du testa, dans la graine des Asclépiadées; une aigrette
de la même forme qui existe chez la graine des *Epilobium,* est
le résultat de l'accroissement des cellules qui forment la couche
extérieure du testa au niveau de la chalase. — Chez la graine
du *Mœrhingia trinervia* (*Arenaria*), l'arille est dû à une sorte
d'épanouissement du funicule. Chez les *Corydalis,* l'arille en
forme de crête charnue est le résultat d'une expansion du
raphé. Chez les Polygala et chez les Euphorbes, je crois avoir
acquis la certitude, par des observations suivies, que les arilles
qui couronnent le micropyle sont le résultat d'un développement charnu de l'exostome ou bord libre du testa rejeté en

dehors. Chez la Violette, *Viola odorata*, j'ai trouvé que l'arille blanchâtre qui existe au niveau du micropyle est en même temps le résultat d'un accroissement charnu du raphé et du testa qui se prolongent en bec au delà de la partie qui renferme l'amande. — Chez les Groseilliers, le testa, beaucoup plus ample que l'amande, charnu et gorgé d'eau, a l'apparence d'un vaste arille ; certaines graines dites ailées doivent leurs expansions membraneuses circulaires ou latérales à une ampleur analogue du testa qui dépasse largement l'amande : par exemple chez la graine des Orchidées, chez la graine des *Drosera rotundifolia* et *longifolia*, etc. Chez certaines espèces de *Luzula*, un pincement du testa constitue des caroncules diversement situées chez différentes espèces : les *Luzula multiflora* et *campestris* sont appendiculées à la base ; les *L. Forsteri* et *vernalis* sont appendiculées au sommet ; le *L. maxima* n'est pas appendiculé. — En général les arilles ou caroncules charnus ou membraneux tranchent par leur couleur et souvent par leur transparence avec la couleur souvent brune et opaque du reste de la graine.

Arillode. (Voir le mot Arille.)

Arista, Arête ; pointe longue et cylindrique.

Aristé, *aristatus*, pourvu d'une pointe en forme d'arête, terminé en arête.

Armatus, muni d'une armature, de pointes piquantes, etc.

Arome, *Aroma*, saveur aromatique ; se dit d'une saveur agréable et qui se perçoit autant par les organes de l'odorat que par les organes du goût. — aromatique, *aromaticus* ; l'odeur et la saveur aromatiques sont agréables et pénétrantes ; les résines et les huiles volatiles renfermées dans les écorces, les feuilles, les fleurs, etc., ont en général une odeur aromatique ; la feuille de l'Oranger, celles du Laurier, du Thym, de la Menthe-poivrée, etc., sont douées d'une odeur aromatique.

Arqué, *arcuatus*, courbé en arc. — L'embryon arqué peut être dépourvu de périsperme, ou entourer comme un anneau ou une portion d'anneau un périsperme central.

Arrondi, *gyratus* ; se dit d'un solide de forme sphérique ou globuleuse, et d'un plan limité par un cercle ; dans ce dernier sens, il est plus régulier d'employer le mot circulaire ou orbi-culaire, ainsi : capsule arrondie, feuille orbiculaire. Il est inutile d'ajouter que les formes en question ne se rapprochent que de plus ou moins loin des formes rigoureusement géomé-triques.

Article, *Articulus* et *Articulum*. On nomme articles une série de pièces superposées, articulées entre elles. Certains fruits de la famille des Papilionacées, qui présentent des articulations transversales séparant chaque graine, sont dits composés de plusieurs articles. Certaines Algues sont composées de filaments constitués par des articles superposés.

Articulation, *Articulatio*. Chez les animaux, les articulations sont des appareils qui permettent aux organes de mouvement contigus de se mouvoir ou de jouer l'un sur l'autre, tout en les maintenant en rapport. Les parties solides des articulations sont intérieures chez les animaux vertébrés, et extérieures chez les animaux articulés. (Chez les animaux vertébrés, elles n'intéressent que les organes du mouvement : les os, les mus-cles, les tendons, les ligaments, etc. Les organes de la nutri-tion, les vaisseaux par exemple, passent près des articulations sans être modifiés.) — Chez les plantes, les articulations per-mettent aussi à certains mouvements de s'exécuter, mais ces mouvements ne sont pas volontaires; ils s'opèrent sous l'in-fluence de la mise en jeu du phénomène connu sous le nom d'irritabilité, lors de l'état désigné sous le nom de sommeil chez les feuilles composées, par exemple; état qui arrive au maximum d'intensité chez les feuilles de la Sensitive (*Mimosa pudica*) où il est déterminé par le plus léger contact. Les articulations sont en outre des points au niveau desquels il s'opère une séparation à une certaine époque entre deux or-ganes, ou entre deux parties d'un même organe d'abord con-tinues. — Il existe une articulation entre la base du pétiole des feuilles pétiolées et la tige qui le porte, et c'est au niveau de cette articulation que la feuille se détache à l'automne chez les arbres à feuilles caduques, et au printemps chez les arbres dont les feuilles persistent pendant l'hiver et qui sont dits : à feuilles persistantes. Chez les plantes herbacées, cette articulation existe aussi, mais le froid fait en général périr leurs tiges avant que les feuilles aient eu le temps d'arriver à cette sorte de maturité qui détermine leur chute. — Si l'on pratique longitudinalement la coupe d'un pétiole (dont l'articulation soit manifeste) et du fragment de la tige à laquelle on laisse ce pétiole adhérent, on verra que les trachées et les vaisseaux traversent l'articulation sans éprouver aucune modification ; le tissu cellulaire seul est modifié : au niveau de l'articulation, ce tissu est, en général, plus abondant, à cellules plus petites et gorgées d'eau; aussi le point qui correspond à une articulation est-il en général en même temps renflé et fragile. A la maturité de la feuille, la couche inférieure de tissu cellulaire du pétiole se sépare de la couche supérieure du tissu cellulaire de la tige au point de l'insertion, sans éprouver de déchirure; quant aux vaisseaux et aux fibres qui existent à ce niveau, retenant seuls la feuille après la séparation du tissu cellulaire, la moindre secousse occasionnée par le vent détermine leur rupture, et leurs extrémités rompues forment des points saillants très visibles à la surface de la cicatrice soit de la tige, soit du pétiole détaché. — Non seulement les feuilles sont articulées avec les tiges, mais certaines feuilles dites *feuilles composées*, présentent des divisions (folioles) elles-mêmes articulées sur la nervure moyenne (rachis); d'autres feuilles profondément modifiées, les *feuilles carpellaires*, présentent quelquefois plusieurs articulations transversales : telles sont les gousses composées de plusieurs articles, qui appartiennent à certains genres (*Coronilla, Hedysarum, Hippocrepis*, etc.) de la famille des Papilionacées. Une articulation transversale détermine aussi la chute de la partie supérieure des capsules auxquelles on a donné le nom de *pyxide*.

articulé, *articulatus*, qui est attaché au moyen d'une articulation. Se dit d'un organe, soit appendiculaire (une feuille par exemple), soit axille (un pédoncule ou un pédicelle par exemple), qui est adhérent à un autre par un point au niveau duquel il se détache naturellement et spontanément à une certaine époque, et que l'on nomme articulation (voir ce mot).

Les feuilles pétiolées sont franchement articulées, quant aux feuilles décurrentes, c'est-à-dire, dont le limbe est adhérent à la tige au-dessous de leur insertion dans une grande étendue, elles ne sauraient être détachées de la tige sans déchirure; aussi ferons-nous remarquer que ces feuilles décurrentes appartiennent en général à des tiges herbacées et annuelles, tandis que les plantes ligneuses ont presque toujours des feuilles pétiōlées ou retrécies à la base. — Les pédicelles fructifères peuvent être articulés franchement ou d'une manière moins évidente. En général, ils sont articulés, et se détachent naturellement dans les cas où les graines qu'ils renferment ne s'en échappent pas par suite d'une déhiscence; ces fruits indéhiscents tombent à leur maturité en vertu de leur pesanteur, comme la poire, la pomme et autres fruits charnus, en entraînant leur pédicelle. Dans d'autres cas, le pédicelle reste adhérent au rameau, et c'est le fruit qui se détache du pédicelle, par exemple comme la pêche et la framboise; d'autres qui sont très légers sont emportés par le vent en raison de leur structure et de leur légèreté, tels sont les akènes des Composées dont un grand nombre sont munis d'une aigrette. — Lorsque, au contraire, les graines sont chassées naturellement du péricarpe en vertu de l'élasticité ou de l'hygrométricité de ses parois, chez certaines espèces de la famille des Papilionacées, par exemple, le péricarpe ne se détache souvent que longtemps après la chute des graines; s'il appartient à une plante herbacée, il arrive souvent qu'il reste attaché à la tige, et se détruit en même temps qu'elle. — Les fleurs femelles ou hermaphrodites, qui n'ont pas reçu l'impression du pollen, se flétrissent et tombent souvent en se désarticulant par la base de leur pédicelle; les fleurs mâles se flétrissent et se détachent de même après la floraison. Chez les épis de fleurs apétales qui ont reçu le nom de chatons, c'est le pédoncule ou axe du chaton qui se désarticule, après la floraison, pour les chatons de fleurs mâles, et à la maturité des graines, pour les chatons femelles.

articuleux, *articulosus*; qui se compose de plusieurs articles, ou pièces superposées, articulées entre elles.

artificiels (Systèmes). On nomme artificiels les systèmes de botanique imaginés dans le seul but de faire trouver aisément le nom des espèces, sans qu'il soit besoin à celui qui les crée et à ceux qui en font usage, de connaître l'organisation approfondie des plantes. Ces systèmes sont fondés sur des considérations relatives à un seul organe ou à un très petit nombre d'organes. Ainsi, le système de classification inventé par Linné, comme système provisoire, et qui est basé sur le nombre et l'arrangement des étamines et des pistils, est un système artificiel. Les systèmes artificiels pouvant être établis sur des données incomplètes, précèdent, dans la marche des connaissances humaines, les méthodes naturelles dont l'établisssement suppose la connaissance, sinon de tous les objets, du moins de tous les principaux types d'organisation. Aussi, Linné n'a-t-il imaginé son système artificiel (très supérieur du reste à tous ceux qui ont été inventés avant ou après lui) que faute de données suffisantes pour créer une méthode naturelle, dont il s'est efforcé cependant de tracer une esquisse avec les matériaux insuffisants qui avaient pu être réunis de son temps. — Le système artificiel de Linné a pour conséquence (et Linné ne l'ignorait pas) de rapprocher souvent des objets très dissemblables; il renferme d'ailleurs un assez grand nombre de groupes qui ont dû être conservés dans les méthodes naturelles : les Composées, les Crucifères, les Ombellifères, les Papilionacées, les Graminées, etc., etc. — Linné avait rendu *possible* l'étude des plantes par l'idée qu'il eut le premier d'imposer à chaque espèce un nom spécifique composé d'un seul mot (avant Linné, chaque espèce avait pour nom une phrase descriptive latine longue souvent de plusieurs lignes); en créant son système il rendit l'étude des plantes *facile*, et ce fut un immense service qu'il rendit à la science, car les botanistes pouvant dès lors arriver au nom des plantes avec sûreté et promptitude, purent profiter de ce qui était déjà écrit sur ces plantes, et surtout coordonner les nombreux matériaux qui arrivaient de toutes parts. — Grâce à ces moyens d'étude créés par Linné, et aussi par Tournefort qui est le fondateur de la délimitation rigoureuse des genres, les faits acquis s'étant multipliés considérablement dans l'espace d'un petit nombre d'années, un nouveau législateur, Antoine-Laurent de Jussieu, a pu établir une méthode basée sur les affinités naturelles des plantes entre elles. — Des essais d'une méthode naturelle avaient antérieurement été tentés, non seulement par Linné, mais aussi par Adanson et plusieurs autres botanistes; mais A.-L. de Jussieu eut la gloire de reconnaître et d'appliquer le premier les véritables principes de cette méthode. Adanson comptait les caractères, A.-L. de Jussieu s'attacha à les peser. En un mot, il démontra le principe de la *subordination des caractères*, principe qui consiste à fonder les divisions de premier ordre sur des caractères tirés de la présence ou de l'absence des organes les moins variables, et à se servir, pour établir les groupes de second ordre, de troisième ordre, etc., de caractères de valeur de plus en plus secondaire, c'est-à-dire tirés de la présence ou de la forme d'organes de moins en moins fixes, de plus en plus variables. — Le système de Linné qui a rendu de si grands services à la science n'est plus aujourd'hui qu'un monument historique. La méthode naturelle est la seule qui soit adoptée maintenant dans les ouvrages descriptifs; la classification des plantes d'après cette méthode est perfectionnée et modifiée chaque jour par les botanistes qui se succèdent, et au fur et à mesure des nouvelles découvertes de plantes et des nouveaux progrès de la science; et telle est la vérité des principes sur lesquels cette méthode repose, que, bien que le nombre des plantes connues ait été quadruplé dans l'intervalle qui s'est écoulé depuis sa fondation, tous les nouveaux types ont pu trouver place dans les anciens cadres, et qu'il a suffi de les subdiviser.

arvensis (de *arvum*, champ), qui croît dans les champs.

ascendant, *ascendens*, étalé ou arqué à la base, puis redressé. Chez les plantes qui croissent en touffe compacte, les tiges de la circonférence étant rejetées en dehors par celles du centre, se dirigent d'abord obliquement, puis se redressent quand elles ne rencontrent plus d'obstacle; ces tiges coudées à la base sont dites ascendantes. Chez d'autres plantes, les tiges se couchent naturellement sur la terre et ne se redressent que dans leur partie supérieure; tel est le cas pour les tiges de certaines espèces annuelles : par exemple, une variété du *Chenopodium rubrum*, du *Polygonum Persicaria*, etc. — Tous les organes coudés à la base, puis redressés, sont dits ascendants; les ovules qui naissent au-dessus de la base de la loge qui les renferme, et sont dirigés vers le sommet de cette loge, sont dits ascendants. — Les filets des quatre longues étamines de la fleur des Crucifères sont ascendants, les filets des deux étamines courtes chez la même fleur sont droits.

Ascidium, synonyme inusité d'*Utriculus*, Utricule. — *ascidiatus*, muni d'utricules. — *ascidiiformis*, en forme d'utricule.

Ascus (plur. *Asci*), sac renfermant plusieurs spores; sorte de Sporange. — *ascigerus*, qui porte des sacs sporifères.

ascyphus. On a donné le nom de *Scyphus* (coupe, verre à boire) aux godets qui renferment les bulbilles des *Marchantia*, et aux processus foliacés en forme d'entonnoir qui, chez certains Lichens, portent les fructifications. *Ascyphus* signifie manquant de l'organe désigné sous le nom de *Scyphus*, et s'oppose à *scyphifer* ou *scyphiferus*.

asper, âpre, rude, dont la surface est chargée d'aspérités, de poils courts et roides, etc.

aspergilliforme,... *mis*, en forme de goupillon ou de pinceau à poils divergents. Il est plus court et plus clair de se servir de l'expression : en goupillon.

Aspergillus, Goupillon, organe ressemblant à un goupillon, faisceau de poils divergents porté à l'extrémité d'un corps cylindrique.

Asperies, Aspérité. — *asper*, rude. — *asperulus*, un peu rude.

aspersus et *adspersus*, parsemé (de poils, de taches, etc.).

aspirus, qui n'a point de spire.

Assimilation, *Assimilatio*; force organique qui agit dans les corps vivants, animaux ou végétaux, et en vertu de laquelle des substances puisées à l'extérieur, après avoir été modifiées par les organes du corps vivant, entrent dans sa composition. La nutrition et l'accroissement du corps sont le résultat de l'action de l'assimilation.

astome, *astomus*, qui ne présente point de *Stoma* (bouche); on nomme *stoma* l'ouverture de l'urne ou capsule des Mousses;

de là le mot Péristome (autour de la bouche). Chez certains genres de Mousses, l'urne est indéhiscente, c'est-à-dire ne s'ouvre qu'en se déchirant irrégulièrement, les Mousses qui présentent cette structure sont dites astomes, telles sont les espèces du genre *Phascum*.

astringent, *astringens, adstringens*. La saveur astringente resserre en quelque sorte les parois de la bouche et provoque l'émission du produit des glandes salivaires. Plusieurs fruits, avant leur maturité, le fruit mûr du Prunellier, la noix-de-galle, etc., ont une saveur astringente.

astylus, qui est dépourvu de style; se dit d'un ovaire dont le stigmate est sessile.

ater, noir. — *atratus*, qui semble noirci, d'un brun tirant sur le noir.

atrope, *atropus* (Ovule), qui n'a pas tourné ou basculé; = homotrope = orthotrope. Ces différentes épithètes ont été employées à désigner l'*ovule droit*, ovule dont le micropyle occupe l'extrémité diamétralement opposée au hile. (Voir le mot Ovule.)

atropurpureus, d'un pourpre noir.

Atrophie, *Atrophia*. Phénomène en vertu duquel un organe subit un arrêt de développement, et est réduit soit à un très petit volume, soit à une partie seulement des pièces qui le constituent à l'état normal, soit même à une masse amorphe qui ne rappelle en rien son organisation; dans ce cas, on ne reconnaît l'organe que par la situation qu'il occupe.

atrophié, *atrophus*, qui est le siége d'une atrophie.

atrovirens, d'un vert foncé, d'un vert sombre ou noirâtre.

attaché à-, *adnexus*, = *affixus*, = *alligatus*, = *adligatus*.

atténué, *attenuatus*; insensiblement rétréci ou aminci. Les feuilles de la Pâquerette (*Bellis perennis*) sont atténuées à la base, c'est-à-dire qu'elles se rétrécissent graduellement en pétiole.

atypicus; se dit d'une forme plus ou moins éloignée du type normal.

Aubier, *Alburnum*. Dans les plantes ligneuses de l'embranchement des Dicotylédones, on nomme aubier la couche ligneuse qui s'est formée dans le courant de l'année précédente, et qui n'a pas encore acquis la dureté des couches formées antérieurement. L'aubier est en général d'une couleur moins foncée que les couches plus anciennes.

» auctus, dont le volume est augmenté par suite de l'accroissement.

» aurantiacus, de couleur orangée. — *Aurantium*, Orange; = *Hesperidium*.

» auratus, couleur d'or. — aureus, d'un jaune d'or.

f. auriculé, *auriculatus*, *auritus*; muni d'oreillettes. Se dit d'un pétiole qui présente sur un point de sa longueur, souvent vers sa base, une paire d'expansions foliacées dites oreillettes; la feuille serait dite pinnatiséquée, si elle présentait plusieurs paires de semblables expansions. La feuille du *Sonchus oleraceus* (Laiteron) peut offrir ces différentes formes.

L. *Auricula*, Oreillette; expansion foliacée à la base d'un pétiole.

f. automnal, *autumnalis*, d'automne, qui se développe ou qui fleurit pendant l'automne.

» avenius, qui est dépourvu de nervures, de veines; s'oppose à *venosus*.

L. Avortement, *Abortus*. Cette expression est synonyme d'atrophie, ou arrêt de développement chez un organe. Un ovaire qui ne reçoit pas l'imprégnation du pollen avorte, c'est-à-dire qu'il se flétrit au lieu de s'accroître et de passer à l'état de fruit. L'avortement peut être complet, c'est-à-dire l'organe être entièrement nul; il peut être incomplet, l'organe étant seulement réduit à de moindres proportions qu'à l'état normal, ou étant modifié plus ou moins profondément dans son aspect et sa structure. — Il existe des avortements normaux et des avortements accidentels; les premiers sont du ressort de l'organographie, les seconds du ressort de la tératologie. Nous citerons comme offrant un avortement normal les espèces du genre *Erodium*, qui présentent dix étamines dont cinq complètes et cinq réduites au filet et dépourvues d'anthère; et comme offrant un exemple d'avortement accidentel le *Viola odorata* (Violette odorante), dont la fleur se développe quelquefois sans corolle. C'est surtout dans le sens tératologique que l'on emploie le mot avortement.

L. Axe, *Axis*. La tige, soit aérienne soit souterraine, et la racine, constituent l'axe des végétaux; cet axe se subdivise et se ramifie indéfiniment en axes secondaires. — La disposition des feuilles détermine jusqu'à un certain point le mode de ramification de la tige, puisque les bourgeons qui doivent devenir des rameaux naissent à l'aisselle des feuilles; mais de nombreux avortements constants ou accidentels, réguliers ou irréguliers, modifient fréquemment la disposition normale, et donnent lieu à de nouvelles formes en remplaçant une régularité monotone par les accidents les plus variés. — Indépendamment des bourgeons qui naissent à l'aisselle des feuilles, chaque tige et chaque rameau présentent un bourgeon terminal destiné à l'accroissement; si ce bourgeon produit un rameau terminé par un nouveau bourgeon qui se développe à son tour et ainsi de suite, l'accroissement de l'axe est dit *indéfini*; mais il peut arriver que les bourgeons terminaux, d'abord de la tige, puis des rameaux successifs, s'épuisent régulièrement tous, et que la plante ne s'accroisse que par des bourgeons latéraux produisant des rameaux qui, à leur tour, ne végètent que par des bourgeons latéraux et ainsi de suite, l'accroissement de la plante composée de cette succession d'axes latéraux est dit *défini*. Le bourgeon terminal s'épuise et produit le type défini lorsqu'il donne naissance à un pédoncule ou à un pédicelle florifère; c'est ce qui a lieu chez les plantes dites dichotomes, plantes à feuilles opposées dont la tige se compose d'une série de bifurcations à rameaux bifurqués à leur tour.

axile, *axilis*. On nomme organes axiles tous les organes qui constituent l'axe ou qui sont des dépendances de l'axe, la racine et ses divisions, la tige, les branches, rameaux et ramuscules, les pédoncules, les pédicelles, les réceptacles, les columelles, etc. La disposition des pédoncules et des pédicelles (inflorescence) est souvent en rapport avec le mode de ramification de la tige, c'est-à-dire que l'inflorescence est définie ou indéfinie, selon que la tige se ramifie par l'un ou l'autre de ces modes; mais souvent aussi le mode de ramification est différent pour la tige et pour les pédoncules; il y a plus, il existe des inflorescences dont l'axe principal appartient au mode indéfini et les axes latéraux au mode défini, et *vice versâ* : ces inflorescences sont dites *inflorescences mixtes*.

Axilla, Aisselle. — axillaire, *axillaris*, qui a pris naissance, qui est situé à l'aisselle d'une feuille. Se dit d'un bourgeon né à l'aisselle d'une feuille.

azureus, bleu de ciel, bleu céleste; d'un bleu vif, mais clair : par exemple le limbe de la corolle du *Myosotis palustris*.

B

Bacca, Baie.

baccatus, = *bacciformis*, en forme de baie, bacciforme.

badius, d'un brun roussâtre.

Baie, *Bacca*; fruit mou et succulent contenant plusieurs graines, qu'il soit composé d'un seul carpelle ou de plusieurs carpelles soudés. — Les baies proprement dites résultent d'un ovaire non adhérent; tels sont, par exemple, les fruits, parmi les Dicotylédones, dans les genres *Vitis* (Vigne), *Rhamnus* (Nerprun), *Ilex* (Houx), *Ligustrum* (Troëne), *Solanum* (la Pomme de terre, la Morelle), *Physalis* (Alkekenge), *Atropa* (Belladone), *Lycium*, etc.; et parmi les *Monocotylédonées*, dans les genres *Asparagus* (Asperge), *Convallaria* (Muguet), *Polygonatum*, *Paris*, *Ruscus* (Petit-Houx), *Arum* (Gouet), etc. — Les baies qui résultent d'un ovaire adhérent ont reçu le nom (peu usité) de *Acrosarque*. L'expression *fruit bacciforme* (en forme de baie) pourrait être réservée pour ces fruits, qui sont couronnés par le limbe du calice ou par la cicatrice circulaire résultant de sa destruction. Nous citerons comme exemples les fruits chez les genres *Hedera* (Lierre), *Cornus* (Cornouiller), *Viscum* (Gui), *Ribes* (Groseillier), *Vaccinium* (Airelle), *Bryonia* (Bryone), *Adoxa*, *Sambucus* (Sureau), *Viburnum*, *Lonicera* (Chèvrefeuille), *Rubia* (Garance), etc., et, parmi les Monocotylédones, le genre *Tamus*, etc. — Les fruits charnus, mais non succulents, et les fruits succulents, mais de taille considérable, ne prennent pas le nom de *Baie*; les fruits succulents, mais composés d'un seul carpelle monosperme (à une seule graine) comme la cerise, ont reçu le nom de *Drupe* ou de *fruit drupacé*; le fruit du Framboisier se compose d'une réunion de carpelles drupacés.

Balausta. On a donné ce nom au fruit du Grenadier (*Punica granatum*), nommé vulgairement grenade. Ce fruit est d'une structure très bizarre; il se compose de deux rangées superposées de carpelles disposés de telle sorte que, dans la rangée inférieure, les placentas sont axiles, et dans la supérieure ils semblent pariétaux. Ces deux rangées de carpelles constituent un fruit adhérent dont le péricarpe est coriace et surmonté du limbe persistant du calice, qui forme une couronne à cinq dents. Les carpelles sont remplis de graines nombreuses pressées les unes contre les autres, dont le testa est gorgé d'un liquide aqueux d'une saveur légèrement acidule et sucrée.

Balancement organique. On a désigné sous ce nom une loi remarquable en vertu de laquelle le développement d'une partie s'exagère en sens direct de l'atrophie d'une autre partie du même organe. Cette loi explique un grand nombre de phénomènes intéressants, tant du domaine de l'organographie que du domaine de la tératologie. Parmi les organes normaux chez lesquels on doit reconnaître un balancement organique, nous citerons le pétiole du *Lathyrus Nissolia*, celui des *Buplevrum*, des *Ranunculus gramineus* et *Pyrenæus*, etc.; ce pétiole (qui a reçu le nom de phyllode, *phyllodium*) est dépourvu de limbe et, par compensation, il est foliacé. Chez le *Lathyrus aphaca*, la feuille est réduite à un pétiole non foliacé terminé en vrille; par compensation, les stipules sont très amples et prennent l'aspect de véritables feuilles.

Bale ou Bâle. Dans la description de la fleur des Graminées, on a donné ce nom à l'ensemble des deux Glumelles. (Voir le mot Glumelle.)

Bandelette, Vitta. Nom employé pour désigner les *canaux résinifères* qui parcourent longitudinalement le péricarpe du fruit des Ombellifères. (Voir les mots *Vitta* et Canaux résinifères.)

Barbe, Barba (et dans les mots dérivés du grec *pogon*, ex. : *Andropogon*), poils disposés dans un ordre régulier. — barbu, *barbatus*, terminé par une houppe de poils ou bordé de poils longs et flexueux plus ou moins roides.

Base, Basis. La *base* d'un organe est le point par lequel il tient à son support, et le *sommet* l'extrémité opposée, quelles que soient la forme et la situation de cet organe. La base et le sommet peuvent se trouver rapprochés si l'organe est courbé ou plié, comme, par exemple, dans une graine de Crucifère. Dans les graines qui résultent d'un ovule réfléchi, la base apparente est le hile; mais chez ces graines, on regarde la chalaze ou terminaison du raphé comme la base réelle ou base organique. (Voir le mot Chalaze.)

Basigynium = *Podogynium*; support de l'ovaire, partie du réceptacle qui, chez certaines plantes, élève l'ovaire au-dessus du niveau de l'insertion de plusieurs verticilles de la fleur, chez les *Lychnis* par exemple.

Basilaire, *basilaris*, qui appartient à la base. — *Basis*, Base.

Bec, *Rostrum*; prolongement terminal d'un organe, d'un fruit par exemple, en une pointe roide, épaisse à la base et plus ou moins longue. Dans le genre *Carex*, le fruit (akène) est renfermé dans une enveloppe bractéale ou périgoniale accrescente nommée utricule; cet utricule est souvent prolongé en bec.

Bis, et dans les mots composés *bi*, deux fois; — *bi-alatus*, à deux ailes; — *bicarinatus*, bicaréné, à deux carènes; — *bicephalus*, à deux têtes; — *bicolor*, de deux couleurs; — *bicornis*, à deux cornes; — *bicostatus*, à deux côtes; — *bicruris*, à deux jambes; se dit du style fourchu de la fleur dans la famille des Composées. — *bicuspidatus*, bicuspidé, à deux pointes; — *biduus*, qui dure deux jours; — *biennis*, qui dure deux ans, bisannuel; — *bifarius*, sur deux rangs; — *biformis*, de deux formes différentes; — *bifidus*, bifide; se dit d'une feuille, etc., divisée en deux lobes qui atteignent le milieu de sa longueur (voir la terminaison *fide*); — biflore, *biflorus*, qui porte deux fleurs; — *bifoliatus*, à deux feuilles; — *bifoliolatus*, à deux folioles; — *bifurcatus*, *bifurcus* et *furcatus*, fourchu ou bifurqué; — *bijugus*, à deux paires de folioles; — *bilabiatus*, bilabié; se dit d'une corolle gamopétale à deux lèvres, celle des *Lamium* par exemple. — *bilamellatus*, qui présente deux lamelles; — *bilobatus* et *bilobus*, bilobé, à deux lobes; — *bilocularis*, biloculaire, à deux loges; — *bimulus*, qui a deux ans; — binaire (nombre), en nombre binaire signifie disposé par deux; — *binatim* (adv.), deux à deux; — *binatus* et *binus*, géminé, au nombre de deux; — *bipartitus*, bipartit, fendu en deux au delà du milieu; — bipinnatifide, *bipinnatifidus*, pinnatifide à divisions elles-mêmes pinnatifides; — bipinnatipartit, *bipinnatipartitus*, pinnatipartit à divisions elles-mêmes pinnatipartites; — bipinnatiséqué, *bipinnatisectus*, pinnatiséqué, à divisions elles-mêmes pinnatiséquées (voir les mots *partit*, *séqué*, etc., et les mots pinnatipartit, pinnatiséqué, etc.). — *biplicatus*, plié deux fois; — *biporosus*, à deux pores, à deux trous; — *birimosus*, à deux fentes; — *biseptatus*, à deux cloisons; — *biserialis*, formé de deux rangs; — *bisetosus*, muni de deux soies; — *bisexualis*, pourvu des deux sexes; — *bisuturatus*, à deux sutures; — biterné, *biternatus*, terné, à divisions elles-mêmes ternées ou divisées en trois parties; — *bivalvis*, à deux valves.

bisannuelle, *biennis* (plante); plante germant dans l'année qui précède l'année où elle fleurit et où elle meurt. — Les plantes bisannuelles ne fleurissent qu'une fois, et sont herbacées comme les plantes annuelles, seulement elles se développent avant l'hiver qui précède leur floraison, tandis que les plantes dites annuelles germent au printemps et fleurissent et meurent dans le courant de la même année. Les types annuel et bisannuel sont à peine distincts entre eux. Le *Cirsium lanceolatum*, l'*Œnothera biennis* sont des plantes bisannuelles; chez les plantes dicotylédones bisannuelles, la racine est pivotante, et les feuilles radicales sont disposées en une rosette du centre de laquelle s'élève la tige au printemps. — On remplace souvent, dans les descriptions, le mot bisannuel par le signe ②.

blanchâtre, *albidus*, = *albicans*, = *albescens*; d'un blanc altéré par une teinte procédant d'une autre couleur.

Blastème, = Blaste, *Blastema*, = *Blastus*, (inusité); on a donné ce nom à l'embryon moins le cotylédon ou les cotylédons. Chez les Monocotylédones, le cotylédon est alors nommé hypoblaste, blastophore, ou corps cotylédonaire (du reste la nature cotylédonaire de l'hypoblaste est contestée par plusieurs botanistes qui le considèrent comme un renflement accessoire, et nomment cotylédon une feuille plus intérieure). — Le nom de *blastème* a été, dans certains ouvrages, employé à désigner seulement la partie de la tigelle qui est située immédiatement au-dessous et au-dessus des cotylédons, laissant en dehors la radicule, la plumule, et les cotylédons. — D'autres ont appliqué le nom de *blaste* au corps radiculaire de l'embryon chez les monocotylédones.

Blastophore, *Blastophorus*, = Hypoblaste, *Hypoblastus* (voir ce mot).

bleu, *cœruleus*, et dans les composés grecs *cyanos*, de couleur bleue en général, ni très clair ni très foncé, comme dans la fleur du *Campanula Rapunculus*. Le *bleu foncé*, le bleu de Prusse, indigo (*cyaneus*), est celui de la fleur du *Centaurea montana*. Le *bleu céleste* ou bleu de ciel, bleu vif, mais clair (*azureus*), est celui de la fleur du *Myosotis palustris*.

bleuâtre, *cœrulescens, cœsius*; d'un bleu qui tend au gris, et que l'on désigne souvent par le mot *glauque*, par exemple le fruit du *Rubus cœsius*. Qui a une *légère teinte bleue*, tendant à devenir bleu (*cœrulescens*), est par exemple la fleur du *Valerianella olitoria*.

Bois ou Corps ligneux, *Lignum*, et dans les composés grecs *xylon*; le mot bois s'entend de la tige des arbres, abstraction faite de la moelle et de l'écorce. Dans les végétaux dicotylédonés arborescents (le *Chéne*, le *Peuplier*, le *Poirier*, etc.), le bois constitue un cylindre ramifié dont la partie la plus ancienne et la plus dure (cœur du bois) est placée au centre, et dont la partie la plus récente et la moins dure (aubier, *alburnum*) constitue la couche la plus extérieure. Dans les végétaux monocotylédonés arborescents (les Palmiers par exemple), la partie la plus ancienne et la plus dure est au contraire rejetée à la circonférence, et la partie la plus récente et la moins dure occupe le centre. (Voir pour l'organisation du corps ligneux le mot Tige.)— Des parties autres que la tige peuvent avoir une consistance analogue à celle du bois, ces parties sont dites *ligneuses*, par exemple les noyaux de cerises, de pêches, d'abricots, etc.

bombycinus, qui a l'aspect de la soie, soyeux.

bordé, *marginatus*; exemples : Bordé de cils, d'une membrane mince : dont le bord est muni de cils, dont le bord est constitué par une membrane. — Bordé de rouge, de blanc, etc.; dont la circonférence est d'une couleur rouge, blanche, etc., qui tranche sur celle du reste de la surface.

Bosse, *Gibbositas, Apophysis*; saillie arrondie sur une surface plane ou sur une surface convexe, dont la concavité appartient à une sphère d'un plus grand diamètre. L'éperon de l'*Utricularia minor* est en forme de bosse.

bosselé, *torosus, torulosus*; qui présente une série de renflements; qui est couvert d'éminences obtuses à base large, d'élevures arrondies; dont la surface est régulièrement ou irrégulièrement relevée en bosses, par exemple la silicule du *Bunias Erucago*; se dit aussi des corps cylindriques qui présentent une série de renflements et d'étranglements, par exemple la silique sèche du *Raphanus Raphanistrum*.

bossu ou gibbeux, *gibbus, gibbosus*; qui présente une bosse à sa surface, par exemple, l'utricule du *Carex paradoxa*.

Botanique, *Botanica* (du grec βοτανη, herbe, dérivé de βοω, paître). Science qui a pour objet l'étude des végétaux. Les végétaux ou plantes peuvent être étudiés aux divers points de vue : de la structure de leurs tissus (anatomie végétale); du développement de leurs organes (organogénésie ou organogénie végétale); de la forme, de la nature et de la disposition de leurs organes (organographie végétale, morphologie); des propriétés de ces tissus et des fonctions de ces organes (physiologie végétale); des aberrations de forme, des anomalies de disposition des organes, etc. (tératologie végétale); des maladies des plantes (pathologie végétale). On comprend quelquefois ces différentes parties de la science sous le nom de physique végétale. On désigne sous le nom de botanique comparée (anatomie, organogénie, physiologie végétale comparées) l'étude de la structure de chaque organe faite comparativement dans les différents groupes de la série végétale. On étudie en outre les plantes aux divers points de vue : de la classification ou délimitation et coordination naturelle des espèces, des genres, des familles, etc. (taxonomie végétale et botanique descriptive), et de la connaissance des termes techniques (glossologie). Sous le rapport de la distribution des espèces dans les différentes parties du globe (géographie botanique), et, pour une même contrée, de la distribution des espèces aux diverses hauteurs et dans les différents terrains (phytostatique, botanique géologique et météorologique), l'étude des plantes fossiles constitue la botanique paléontologique. Enfin on s'occupe des végétaux au point de vue de la culture des plantes utiles et de leur emploi dans l'économie domestique, la médecine et les arts ; cette partie de la science se subdivise en : botanique agriculturale, horticulturale, industrielle et médicale. —La taxonomie est l'étude des méthodes ; la glossologie ou terminologie, l'étude des termes techniques.

Bouclier, *Pelta*. On a donné ce nom à l'*apothecium* du genre *Peltigera* (famille des Lichens) : — *en forme de bouclier* ou *pelté* ; se dit d'un corps discoïdé fixé par le milieu de l'une de ses faces. La *Capucine* a les feuilles peltées.

Bouquet, Sertule, *Sertum, Sertulum*. On nomme quelquefois bouquets des panicules ovoïdes brièvement pédonculées et dont les fleurs sont très rapprochées. — Cl. Richard a proposé le mot *sertulum* pour exprimer une ombelle simple : par exemple celle du *Butomus umbellatus*, du *Primula officinalis*, etc.

Bourgeon, *Gemma*. Un bourgeon est le premier état d'une branche ; il se compose d'un axe conique souvent très court, chargé dans toute son étendue de jeunes feuilles qui se recouvrent les unes les autres ; de cette disposition résulte la forme ovoïde ou ovoïde-lancéolée des bourgeons. — Les bourgeons se développent normalement à l'aisselle des feuilles ; ils sont d'abord constitués par un petit noyau de tissu cellulaire qui se montre au dehors après s'être fait jour à travers l'écorce ; bientôt on distingue à la surface du jeune bourgeon les premières ébauches cellulaires des feuilles, qui, au bout d'un certain temps, deviennent distinctes. — Dans les plantes annuelles et les tiges herbacées qui poussent au printemps pour périr à l'automne, les bourgeons se développent avec rapidité, sans aucun temps d'arrêt ; les jeunes feuilles qui les recouvrent sont en général destinées à devenir des feuilles complètes, et ne diffèrent dès cette époque des feuilles adultes que par leur taille. Chez les tiges ligneuses, au contraire, les bourgeons apparaissent aux branches dès l'année qui précède leur développement, et, après la chute des feuilles à l'aisselle desquelles ils ont pris naissance, ils passent l'hiver dans un état stationnaire et se développent au printemps. Dans les climats chauds, où les bourgeons n'ont point à craindre la gelée, les jeunes feuilles des bourgeons sont, comme chez nos plantes herbacées, dépourvues d'enveloppes protectrices; mais, dans les pays où les hivers sont rigoureux, les bourgeons des arbres sont protégés contre le froid et l'eau par des écailles coriaces souvent couvertes d'un enduit résineux comme chez le *Peuplier pyramidal*, ou revêtues en dedans d'une bourre laineuse comme chez le *Salix caprea*. Ces écailles (appelées par Linné *Hibernacula* ou logements d'hiver) sont des feuilles modifiées qui se détachent et tombent au printemps, lorsque le bourgeon passe à l'état de branche; le bourgeon est dit *foliacé, pétiolacé, stipulacé, fulcracé*, selon que les écailles qui l'enveloppent sont constituées par la partie de la feuille qui correspond au limbe, ou par des pétioles élargis dépourvus de limbe, par des stipules non accompagnées de feuilles, ou enfin par des stipules accompagnées de feuilles rudimentaires. Ces écailles peuvent être de la longueur du bourgeon, ou plus courtes, et, dans ce dernier cas, elles sont nombreuses et imbriquées comme les tuiles d'un toit. — Les jeunes feuilles sont diversement roulées ou pliées dans le bourgeon; on a donné à leur arrangement le nom de *Préfoliaison* (voyez ce mot). Le mode de préfoliaison fournit souvent de bons caractères génériques et même caractéristiques de certaines familles. — Chez les arbres fruitiers, les jardiniers distinguent les bourgeons à feuilles qui produisent des branches sans fleurs, les bourgeons à fleurs ou à fruits qui produisent des branches très courtes terminées par des fleurs, et les bourgeons mixtes qui produisent des branches chargées de feuilles et de fleurs; les bourgeons à fleurs sont gros et presque globuleux, les bourgeons à feuilles étroits et aigus. — Les bourgeons, avons-nous dit, se développent à l'aisselle des feuilles; ceux qui naissent sur les parties latérales des branches sont dits axillaires ou latéraux; celui qui termine la branche et est destiné à l'allonger est dit terminal. Outre les bourgeons axillaires et terminaux qui naissent tant sur les tiges aériennes que sur les tiges souterraines (où les feuilles sont rudimentaires et ressemblent à des écailles), il peut se développer des bourgeons sur presque tous les points du végétal, ces bourgeons accidentels sont nommés *adventifs*; il s'en développe souvent sur les vieux troncs d'arbres; enfin on a quelquefois occasion d'observer des bourgeons développés accidentellement sur des feuilles ou d'autres organes appendiculaires. — Les bourgeons peuvent être considérés comme des embryons ou jeunes plantes fixés à la plante mère qui joue, relativement à cet embryon fixe, le rôle des cotylédons d'abord, et du sol ensuite. Certains bourgeons, qui naissent, ainsi que les autres, à l'aisselle des feuilles, se détachent naturellement et ne se développent qu'après être tombés sur la terre où ils prennent racine; ces bourgeons, qui deviennent libres, ont reçu le nom de *Bulbilles*. On observe des bulbilles axillaires dans le *Ficaria ranunculoides*, le *Lilium bulbiferum*, le *Dentaria bulbifera*, etc.; dans certains *Allium* : *A. vineale, oleraceum, Scorodoprasum*, etc., une partie des fleurs sont remplacées par des bulbilles. Les *spores* des végétaux cryptogames, qui sont des embryons homogènes dépourvus de cotylédons, paraissent avoir beaucoup d'analogie avec certains bulbilles. — Les bourgeons souterrains qui naissent de la souche ou rhizome des plantes vivaces ont reçu le nom de *Turion* (*Turio*), jusqu'à ce qu'ils soient sortis de la terre. Ces bourgeons souterrains sont décolorés et gorgés de sucs; leurs premières feuilles sont réduites à des écailles membraneuses semblables à celles des rhizomes. Ce sont les turions qui sont alimentaires dans l'*Asperge*. — On a donné le nom de *Bulbe* (*Bulbus*) à des bourgeons souterrains qui naissent sur des rhizomes (ex. : *Allium fallax*), ou constituent à eux seuls toute la partie souterraine de la plante (ex. : la *Jacinthe*); l'axe de ces bourgeons ou bulbes est très court et chargé de feuilles charnues très épaisses; ces feuilles ou écailles sont imbriquées et donnent au bulbe un aspect très différent, selon qu'elles sont étroites comme chez le *Lis*, ou larges et se recouvrant mutuellement comme chez l'*Ognon* et la *Jacinthe*. Ces bulbes trouvent dans la substance charnue et aqueuse de leurs écailles un aliment suffisant à la première période de leur végétation ; aussi peuvent-ils, étant détachés de la plante mère, continuer à végéter isolément pour leur propre compte, constituant dès lors un individu distinct. Les jeunes bulbes naissent chaque année à l'aisselle des écailles ou feuilles des bulbes de l'année précédente ; ils ont reçu le nom de *Cayeux*. — On donne le nom de *Tubercule* (par exemple chez la Pomme-de-terre, le Topinambour, etc.) à la partie terminale d'un rameau souterrain brusquement renflée, gorgée de sucs et souvent de fécule, et présentant à sa surface un certain nombre de bourgeons ; le tubercule, comme le bulbe, se suffit à lui-même et, détaché de la plante mère, donne lieu à un individu distinct, ou même à autant d'individus qu'il porte de bourgeons. — Les jardiniers donnent le nom d'*œil* aux jeunes bourgeons axillaires des arbres pendant l'époque qui précède la saison de leur développement complet ; ils emploient souvent le mot bouton comme synonyme du mot bourgeon. Le mot bouton doit être réservé pour désigner l'état d'une fleur avant son épanouissement.

Bourrelet, *Pulvillus*, *Pulvinar*, *Pulvinus*, *Pulvinulus* ; épaississement ou saillie qui se manifeste à la surface d'une tige ou d'un rameau ligneux, par suite d'une incision ou d'une excision qui comprend toute l'épaisseur de l'écorce.

Bourse, on a quelquefois donné ce nom à l'organe désigné chez certains Champignons sous le nom de *Volva*. (Voir ce mot.)

boursouflé, *bullatus* ; se dit d'un corps à parois minces ; irrégulièrement bosselé comme si ses parois avaient été çà et là refoulées et distendues par de l'air ; cette forme, qui est souvent accidentelle chez les feuilles, résulte de ce que les parties du limbe, situées entre les nervures, se sont développées et ampliﬁées dans une plus forte proportion que les nervures.

Bouton, *Alabastrum* ; état d'une fleur avant son épanouissement alors que les organes sexuels incomplétement développés sont encore renfermés dans les enveloppes florales ; on a donné le nom de Préﬂoraison (voir ce mot), à la disposition des diverses parties de la fleur dans le bouton. — Les bourgeons des arbres fruitiers ont été quelquefois désignés par les horticulteurs sous le nom de boutons.

Bouture, *Talea* ; une bouture est une branche qui, détachée de l'arbre et plantée dans la terre, produit des racines et végète en constituant un nouvel individu. — Les boutures doivent en général être faites vers le mois d'avril avec des tronçons de rameaux de l'année précédente munis de jeunes bourgeons (yeux). On facilite la production des racines par une incision circulaire faite à la base de la branche ; cette opération détermine la production d'un bourrelet de tissu cellulaire duquel partent bientôt des racines ; on appelle *Bouture-à-talon* celle que l'on a détachée de l'arbre mère en l'enlevant avec sa base ; ces boutures prennent facilement. Le mode de reproduction par bouture est pour certains arbres, les Saules par exemple, plus avantageux que le semis, au point de vue de la rapidité de la croissance. C'est un moyen précieux pour reproduire et multiplier les arbres qui ne fructifient pas dans nos climats. Certaines plantes herbacées peuvent se reproduire par bouture. On peut faire des boutures avec certaines feuilles, et même des fragments de feuilles, on y parvient en déterminant sur le pétiole la formation d'une callosité cellulaire au moyen de petites blessures faites à ce niveau avant ou après avoir détaché la feuille de la plante mère.

Boyau pollinique (*Tubus pollinicus*). Les grains de Pollen se composent de deux sacs membraneux concentriques dont l'externe est inextensible, et l'interne très extensible ; ce sac interne renferme une matière liquide dans laquelle nagent des granules très petits (*fovilla*). Lorsqu'un grain de pollen est déposé sur une surface humide, sur le stigmate d'une fleur, par exemple, il arrive que sur un ou plusieurs points déterminés de la surface, la membrane interne se fait jour sous la forme d'un *boyau* qui s'allonge et pénètre dans le tissu conducteur du stigmate et du style, parvient jusqu'à la cavité de l'ovaire, se dirige vers l'ouverture béante d'un ovule, s'introduit dans la cavité de son nucelle, et arrive en contact avec le sac embryonnaire dans lequel il détermine la formation de l'embryon.

brachiatus;…rami brachiati : rameaux horizontaux opposés et
croisant à angle droit les rameaux qui naissent immédiatement
à un niveau supérieur et à un niveau inférieur.

brachys mot grec qui fait partie de quelques mots composés ; en
latin. *brevis*, court. — *brachycarpus* à fruit court.

bractéal, *bractealis* ; on nomme feuilles bractéales les feuilles
qui avoisinent les bractées et en ont en partie les caractères ;
on nomme aussi feuilles bractéales les bractées elles-mêmes lorsqu'elles sont foliacées et sont de la même forme que les feuilles.

Bractée, *Bractea* ; on nomme Bractées les feuilles qui avoisinent
le plus les fleurs, et sont intermédiaires entre les feuilles de
la tige et les feuilles du calice (sépales), sous les divers rapports
de la position, de la forme, de la consistance et de la couleur.
— Les bractées sont souvent sessiles et indivises, même chez
les plantes dont les feuilles caulinaires sont pétiolées et très
divisées ; il arrive souvent, dans ce cas, qu'elles sont constituées par la partie pétiolaire de feuilles dont le limbe est
nul, par exemple, chez beaucoup d'Ombellifères. Les bractées
peuvent aussi être divisées comme les feuilles, elles sont réduites aux nervures comme les feuilles dans le genre *Nigella* ;
lorsque les bractées ne diffèrent des feuilles que par leur position et leur taille, on les nomme *Feuilles florales*. Un ensemble de bractées formant un ou plusieurs verticilles (chez les
Ombellifères et chez les Composées par exemple), a reçu le
nom d'*Involucre* ; chez les ombellifères, on nomme *Involucelle*
les involucres des ombellules (ombelles secondaires dont l'ensemble constitue l'ombelle). On nomme *Bractéoles (Bracteolæ)*
les bractées qui existent à la base des pédicelles, le nom de
bractées étant réservé à celles qui existent à la base des pédoncules. — Les bractées ne présentent pas toujours la même
disposition que les feuilles, la force végétative n'étant pas la
même dans toute la hauteur de la plante. — Les bractées manquent quelquefois complétement à la base des pédoncules ou
des pédicelles chez la Giroflée jaune (*Cheiranthus Cheiri*) par
exemple. Dans le genre Tilleul (*Tilia*) la bractée se continue
par une décurrence foliacée, au-dessous de son insertion, sur
la moitié inférieure du pédoncule.

bracteatus, muni d'une bractée ou de bractées. — *bracteolatus*, muni d'une bractéole ou de bractéoles. — *ebracteatus, ebracteolatus*, dépourvu de bractées, dépourvu de bractéoles.

Branche, *Ramus*, et dans les mots composés grecs, *Clados*; on nomme ainsi les divisions principales des tiges. On nomme Rameaux (*Ramuli*) les divisions des branches. — Les jardiniers nomment branches gourmandes les branches de l'année qui ne portent que des feuilles.

brevis, court; — *brevicollis*, à col court; — *brevi radiatus*, à rayons courts; — *breviusculus*, un peu court.

brun, *brunneus*, de couleur brune.

Bryologie, *Bryologia*, = Muscologie; partie de la botanique qui traite de la structure et de la classification des plantes de la classe des Muscinées : Mousses et Hépatiques.

Buisson, *Dumetum*; arbrisseau très rameux dès sa base.

Bulbe, *Bulbus*; on nomme bulbe un bourgeon souterrain à écailles charnues et qui peut suffire à sa propre végétation étant séparé de la plante mère (voir le mot Bourgeon). — Un bulbe se compose d'un axe conique souvent très court et très déprimé qu'on appelle le plateau; cet axe ou plateau donne issue à des racines, et est chargé d'écailles ou feuilles rudimentaires charnues imbriquées, et dont les plus internes constituent un bourgeon proprement dit. Lorsque les écailles font le tour ou presque le tour du bulbe (comme dans la *Jacinthe*), le bulbe est dit *à tuniques* (*tunicatus*), c'est le cas le plus ordinaire; les tuniques externes finissent par devenir minces et membraneuses. Lorsque les écailles sont étroites (comme dans le genre *Lilium* (Lis), et chez le *Scilla Liliohyacinthus* le bulbe est dit écailleux (*squamosus*). Les bulbes constituent, en général, toute la partie souterraine de la plante; chez certaines plantes cependant (l'*Allium fallax* par exemple); ils constituent les bourgeons terminaux des divisions d'un rhizome (tige souterraine). — Les plantes bulbeuses appartiennent presque toutes à l'embranchement des Monocotylédones; un petit nombre de plantes dicotylédonées produisent des bourgeons souterrains bulbeux, par exemple le *Saxifraga granulata*, certains *Oxalis*, etc. — On a nommé bulbes solides des axes souterrains renflés qui n'ont des véritables bulbes que la forme extérieure, par exemple les rhizomes des Glayeuls, des Crocus, des Colchiques, etc. Des feuilles membraneuses squamiformes nées sur ces tiges souterraines leur constituent de minces tuniques. — Les bulbes se renouvellent par des bourgeons nommés cayeux qui naissent à l'aisselle des feuilles squamiformes. — L'étude des bulbes occupe une place importante dans le travail que je prépare depuis plusieurs années sur la structure et le mode de végétation des parties souterraines des plantes; au nombre des faits remarquables que j'aurai à ajouter à l'histoire des bulbes, je citerai : 1° le phénomène fréquent et passé inaperçu de la production normale d'un grand nombre de bourgeons de même valeur à l'aisselle d'une même feuille squamiforme; 2° une loi importante et invariable, d'après laquelle chez les bulbes dont les tuniques sont soudées entre elles dans une certaine étendue de leur partie inférieure, ce n'est pas à l'aisselle de ces tuniques que les cayeux prennent naissance, mais au point où cesse la soudure. Chez certains *Agraphis* (*Scilla*) cette disposition donne lieu aux résultats les plus dignes d'attention; en effet, la soudure de la partie inférieure des feuilles ayant lieu dans une longueur de 1 à 2 décimètres, on trouve des cayeux échelonnés entre les tuniques au niveau où chacune d'elles cesse d'être soudée; les racines d'une part et les feuilles d'autre part qui sont émises par ces cayeux traversent latéralement comme des corps inertes les tuniques qui les recouvrent, et cet ensemble donne lieu à une sorte de rhizome des plus bizarres. J'insiste dans ce travail sur la forme singulière des racines chez certains bulbes de la section *Hyacinthus* et *Scilla*, ces racines sont volumineuses et charnues, elles ont quelquefois le diamètre du bulbe lui-même, et rappellent la forme des racines pivotantes. Après avoir suivi dans toutes les phases de leur végétation les bulbes des types les plus différents, je me suis livré à l'observation de certains bulbes anormaux ou qui présentent des particularités remarquables; un des faits les plus importants dont la découverte ait couronné mes recherches consiste dans la structure des cayeux dits cayeux pédicellés, chez certaines espèces du genre *Allium*. Chez l'*A. multiflorum*, ces cayeux ont un pédicelle court, ils font hernie au dehors, en déchirant les tuniques à l'aisselle desquelles ils ont pris naissance. Chez les *A. sphærocephalum* et *vineale*, ces cayeux sont longuement pédicellés, et ils s'élèvent entre les gaînes des feuilles qui embrassent la tige à diverses hauteurs où ils s'arrêtent pour grossir. Les gaînes distendues présentent à ces niveaux de fortes bosselures; ces cayeux deviennent libres lors de la destruction des feuilles à la fin de l'automne. L'étude du développement de ces cayeux m'a démontré que l'organe filiforme qui constitue ce que l'on nomme leur pédicelle est une véritable feuille fermée en gaîne, dont le calibre est souvent nul par l'accolement des parois de sa face interne; cette feuille tubuleuse se termine par un limbe qui constitue la tunique externe du cayeu dit pédicellé. Cette structure était déjà évidente à mes yeux, lorsque l'examen de la singulière forme de l'*Allium nigrum* désignée sous le nom d'*A. magicum* est venu m'en fournir la confirmation. Chez cette plante bizarre, indépendamment de l'ombelle qui porte des bulbes au lieu de fleurs, il existe une feuille bulbifère; chez cette feuille, la partie pétiolaire, au lieu d'être tubuleuse et filiforme comme chez les espèces précédentes, est foliacée, et à bords libres, c'est comme dans les cas précédents le limbe de cette feuille qui sert de première tunique au cayeu. — Les espèces du genre *Tulipa* produisent des bulbes pédicellés souterrains dont la conformation est absolument la même que celle des bulbes dont je viens de faire connaître la structure dans le genre *Allium*; ces bulbes pédicellés des Tulipes naissent comme les cayeux non pédicellés à l'aisselle des tuniques du bulbe mère, et selon les circonstances où la plante est placée, tel cayeu se développe sessile ou pédicellé. Ces pédicelles souterrains constitués par une gaîne de feuille ont 2 à 3 décimètres et plus de longueur chez le *T. sylvestris*; chez le *T. Gesneriana* (où j'ai trouvé le moyen d'en déterminer le développement à volonté), ils sont plus courts et beaucoup plus robustes, on y reconnaît parfaitement la gaîne d'une feuille. Parmi les bulbes anomaux qui présentent une certaine analogie de structure avec les cayeux pédicellés des *Allium* et des Tulipes, sont les bulbes de l'*Erythro-nium Dens-canis* et les bulbes des *Gagea*, particulièrement du *G. stenopetala* et de sa variété *G. pratensis*; ce n'est point ici le lieu de faire connaître ces organisations assez compliquées. Je ne terminerai pas cependant cet article sans dire quelques mots de la souche bulbiforme de nos Orchidées dites bulbeuses, dont j'ai dévoilé la structure mystérieuse dans une note présentée à la Société philomatique (année 1850). Les Orchidées épiphytes et de rares espèces européennes, le *Liparis Lœselii* par exemple, présentent des bourgeons (ou des rosettes de feuilles) réellement bulbeux, c'est-à-dire, formés par des bases de feuilles épaisses et charnues; ces mêmes bourgeons ou rosettes, après avoir fleuri, présentent une structure toute différente, la masse n'est plus formée par des feuilles charnues, ces feuilles sont alors réduites à de minces membranes, elle est le résultat de l'épaississement en un corps charnu ovoïde, de la partie inférieure de l'axe qui se terminait par l'inflorescence; c'est ce corps charnu analogue au rhizome bulbifère du Colchique qui émet des bourgeons bulbeux qui fleuriront et donneront lieu, à leur tour, à un axe bulbiforme. Je reviens à nos Orchidées indigènes dites bulbeuses : la structure de leur partie souterraine n'a aucun rapport de structure avec celle des plantes que je viens de mentionner; cette partie charnue bulbiforme, ovoïde chez les unes, palmée chez les autres, est logée dans un sac ou éperon de la même nature que le pédicelle et le sac des cayeux de la Tulipe et des *Allium*. Ce sac ou éperon renferme un bourgeon dont les racines se développent en constituant une masse enveloppée par ce même sac qui est accrescent, et qui tantôt conserve une forme ovoïde, tantôt se laisse en quelque sorte distendre par des faisceaux de racines, et prend une forme palmée. Lorsque ces racines sont fort longues, le sac n'existe plus à proprement parler au niveau de leur extrémité; ce sac en s'atténuant a en quelque sorte cessé à ce niveau d'exister. Dans une curieuse anomalie que j'ai rencontrée chez l'*O. maculata*, les racines sortent brusquement du sac par des déchirures sans que le sac se prolonge sur elles. Un fait important qui confirme ma manière de voir, consiste dans la perforation de l'éperon, dans certains cas, par un éperon intérieur et concentrique dont le développement est plus rapide que celui de l'éperon extérieur; l'éperon extérieur constitue, dans ce cas, une coléorhize à l'éperon intérieur appartenant à une feuille supérieure, éperon qui renferme la masse radiculaire, et duquel sort le bourgeon qui doit fleurir l'année suivante. On voit que, chez les Orchidées, la structure du bulbe n'est pas sans analogie avec celle du cayeu pédicellé de la tulipe. La différence est dans la masse radiculaire qui existe chez l'Orchis, et qui dilate l'éperon auquel elle est adhérente, tandis que, chez l'*Allium*, les racines se développent isolément et seulement après la dessiccation de l'éperon qu'elles traversent comme un corps inerte; du reste il est des Orchidées dont le bulbe est longuement pédicellé, tels sont les *Serapias lingua*, *cordigera*, etc., l'*Herminium monorchis*, l'*Ophrys bombyliflora*, etc.; les pédicelles de ces bulbes ne sont autre chose qu'un col plus ou moins étroit et plus ou moins long du sac ou éperon (col tubuleux, mais dont le calibre latéral très étroit s'efface quelquefois complétement). Des bourgeons bulbiformes axillaires en nombre variable naissent chaque année à la base de la tige florifère qui se détruit ensuite; une même espèce (l'*Orchis fusca*, le *Loroglossum hircinum*, par ex.) en présente tantôt un, tantôt deux; chez l'*Herminium monorchis*, il en naît quelquefois trois ou quatre à des hauteurs différentes; chez des plantes recouvertes d'une épaisse couche de terre, j'ai trouvé des bulbes séparés par un intervalle d'un demi-décimètre. — J'ai remarqué chez une plante dicotylédonée, l'*Aconitum Napellus* spontané, et chez l'*A. Anthora*, des bourgeons dits radicaux se terminant chacun par une forte racine pivotante, et qui ne sont pas sans une certaine analogie de forme et de structure avec les bourgeons bulbeux des Orchidées; mais chez les Aconits, le sac enveloppant n'existe pas, et la racine, au lieu de se composer de l'agglomération d'un certain nombre de fibres radicales agglutinées, est constituée par une racine pivotante émettant des radicelles dans toute sa longueur. — Les organes charnus et globuleux qui naissent à l'aisselle des feuilles de la tige aérienne chez une variété du *Ficaria ranunculoides* , ont une analogie frappante avec la structure du bulbe des Orchidées ; mais ici, comme chez l'*Aconitum*, la masse radiculaire du bourgeon n'est point enveloppée dans un éperon ; ces corps charnus deviennent libres comme les bulbes des Orchidées. (Un nombre considérable de dessins et d'analyses, résultats de persévérantes études, faciliteront, dans le travail que je prépare, l'intelligence de ces modes de végétation si intéressants et si variés.)

bulbeux, *bulbosus*, qui a les caractères du bulbe. — bulbiforme, *bulbiformis*, qui a l'apparence d'un bulbe. — bulbifère, *bulbifer*, qui porte des bulbes.

Bulbille, *Bulbillus*. Ce mot signifie petit bulbe. On l'a appliqué naturellement jusqu'à ce jour à des organes de natures différentes, les bulbes eux-mêmes n'ayant été encore que très incomplétement étudiés par les divers auteurs qui en ont parlé. Les petits bulbes qui se développent à la place des fleurs sur les ombelles de certaines espèces d'allium, l'*Allium vineale* par exemple, sont nommés bulbilles ; des bulbilles se développent à l'aisselle des feuilles de la tige du *Lilium bulbiferum*. — Chez les plantes dicotylédones, on a nommé bulbilles les petits bourgeons souterrains bulbeux du *Saxifraga granulata*, les bourgeons caduques bulbiformes du *Dentaria bulbifera*, et les corps reproducteurs ovoïdes charnus qui naissent à l'aisselle des feuilles chez une variété du *Ficaria ranunculoides*. (Voir l'article Bulbe.)

Bursicule, *Bursiculus*. Dans la description de la fleur de certaines Orchidées, on donne ce nom à un repli membraneux qui constitue une petite poche ou bourse qui renferme l'extrémité gluante (rétinacle) des masses polliniques. Les deux bursicules correspondant aux deux rétinacles peuvent être isolées (exemple : genre Orchis) ou confondues en une seule (ex. : genre *Aceras*), ou être nulles (ex. : genre *Platanthera*, etc.). — *bursiculatus*, muni d'une bursicule.

byssaceus, qui est composé de longs poils soyeux.

C

Cacumen, = *Apex,* Sommet, extrémité supérieure.

caduc (fém. caduque), *caducus ;* très caduc, *deciduus.* On donne l'épithète de caduc aux organes qui se détachent spontanément de la tige en se désarticulant à leur base. — Les organes axiles (divisions de l'axe) le plus fréquemment caducs sont les pédoncules ou les pédicelles fructifères, et même les pédoncules ou les pédicelles des fleurs mâles (chez les arbres à fleurs en chatons unisexuels par exemple) et des fleurs femelles ou hermaphrodites non fécondes. — La plupart des organes appendiculaires (feuilles, bractées, stipules, organes constituant les verticilles de la fleur, en un mot tous les organes qui dérivent de la feuille) sont caducs ; les feuilles sont caduques chez la plupart des arbres dicotylédonés ; chez ces arbres, les feuilles sont généralement pétiolées, ou du moins sont insérées par une base étroite ; chez un certain nombre de ces arbres, les feuilles persistent pendant l'hiver, et ne tombent que lorsqu'elles sont remplacées par d'autres au printemps ; chez quelques espèces, elles persistent même pendant plusieurs années, elles se détachent après cet intervalle. Chez certains végétaux arborescents monocotylédonés, les feuilles ne sont point articulées et sont complétement persistantes ; la partie qui correspond au limbe finit par se sécher et se détruire, mais la base reste adhérente à la tige. Chez les plantes à tiges herbacées de nos climats, les feuilles pétiolées sont susceptibles de se détacher spontanément, mais plus ordinairement elles sont détruites en même temps que les tiges par les premiers froids de l'hiver. C'est parmi les plantes à tiges herbacées que nous observons des feuilles décurrentes, comme si la nature eût regardé comme indifférent que ces feuilles ne fussent pas susceptibles de se désarticuler, puisque la tige qui les porte est destinée à périr en même temps qu'elles. Les organes appendiculaires qui constituent la fleur ne sont point également caducs les uns et les autres ; le calice reste souvent persistant autour du fruit (chez les plantes à ovaires libres) ou au-dessus

du fruit (chez les plantes à ovaires adhérents), qu'il se dessèche (calice marcescent) ou qu'il continue à végéter et même
à s'accroître (calice accrescent); quelquefois aussi il est caduc.
Il va sans dire que si le calice est gamosépale, il se détache tout
d'une pièce; il en est de même pour les corolles gamopétales;
lorsque les étamines sont insérées sur ces corolles, il va sans
dire aussi qu'elles sont liées à leur sort, et qu'elles tombent
tout d'une pièce avec elles. — Les fruits mûrs se détachent
souvent du pédicelle, qu'ils soient le résultat de carpelles
libres ou de carpelles soudés entre eux. — L'instant où un
organe se détache en se désarticulant peut être considéré
comme l'instant de sa maturité, ou du moins l'instant où il
est arrivé à un état tel qu'il ne lui reste plus de fonctions à
remplir; c'est ainsi que l'on voit se détacher les fruits mûrs,
les fruits abortifs qui ne peuvent atteindre à la maturité, les
fleurs mâles après la floraison, les feuilles des arbres avant
l'hiver, etc.; on remarquera que ces divers organes, même les
fruits abortifs et les feuilles, passent, avant de tomber, de la
couleur verte à une teinte jaune ou rougeâtre qui caractérise
l'état de maturité chez un grand nombre de fruits. — Certains
organes appendiculaires sont peu ou point caducs; telles sont
les feuilles qui ont la forme d'épines palmées chez le *Berberis
vulgaris* (Épine-vinette), épines à l'aisselle desquelles naissent
les rosettes de feuilles foliacées; telles sont aussi les stipules
qui ont la forme d'épines chez l'Acacia (*Robinia Pseudo-
Acacia*).

cæruleus, de couleur bleue. — *cærulescens*, qui a une légère
teinte bleue.

cæsius, d'un bleu qui tend au gris-cendré, et qui résulte d'une
couleur noire ou d'un pourpre noir, vue par transparence sous
la couche légère d'une efflorescence blanchâtre; par exemple
les fruits du Prunier épineux, du *Rubus cæsius*, le raisin
noir, etc.

Cæspes, Gazon. Souche de plante vivace formant une masse compacte de bases, de tiges et de rejets pressés les uns contre les
autres. — *cæspitosus*, cespiteux, ayant l'aspect d'une touffe
de gazon.

) Calathide, *Calathidium*, *Calathis* == Céphalanthie == Anthode
== Capitule = Fleur composée. (Voir ce dernier mot.)

) *Calcar*, Éperon (voir ce mot). — *calcaratus*, muni d'un éperon.

) *calcareus*, qui se plaît dans les terrains calcaires, sur les rochers
calcaires.

) *calceiformis*, qui a la forme d'un sabot. — *Calceolus*, Sabot,
chaussure.

) Calice, *Calyx*. Chez les végétaux dicotylédonés, on donne ce nom
au rang (verticille) le plus extérieur des pièces (feuilles modifiées) dont se compose la fleur. Les pièces ou folioles qui constituent le calice se nomment Sépales. Les sépales sont des
feuilles généralement plus petites que celles de la tige, souvent vertes, quelquefois aussi d'une autre couleur que le vert,
et généralement sessiles. — Les sépales sont quelquefois, chez
les plantes à feuilles munies de stipules, pourvus eux-mêmes
de stipules; la réunion de ces stipules calicinales constitue
quelquefois un calice accessoire en dehors du calice. Le calice
se détache souvent après la floraison (calice caduc); dans
d'autres cas, il persiste et se dessèche (calice marcescent); quelquefois il continue à s'accroître en même temps que le fruit
(calice accrescent). Le calice peut ne point exister, mais seulement chez les plantes dépourvues de corolle; lorsque la corolle existe, le calice existe toujours, bien que parfois il soit
réduit à un rebord ou bourrelet à peine sensible; chez un grand
nombre de plantes de la famille des Composées et de la famille
des Valérianées, le calice, souvent peu apparent pendant la
floraison, s'accroît sous la forme d'une aigrette de soies fines
ou de paillettes; les sépales sont dans ce cas réduits à des
nervures. Lorsque les sépales ne sont point soudés entre eux
par leurs bords (sépales libres entre eux), le calice est dit *Dialysépale* (ou polysépale), comme chez la Giroflée, le Pavot, le
Tilleul, la Renoncule. Si les sépales sont soudés entre eux par
leurs bords dans une certaine étendue, le calice est dit *gamosépale* (ou monosépale), comme chez la Sauge, la Jusquiame,
le Datura, etc. — Dans le langage descriptif (langage qui est
antérieur de beaucoup aux connaissances morphologiques, et
que l'on a conservé jusqu'ici sans le modifier, parce qu'il est

commode, bien que peu exact), le calice gamosépale est considéré comme un organe simple et non comme une réunion de feuilles soudées; et lorsque les sépales ne sont pas soudés jusqu'à leur sommet, on dit que le calice est divisé en lobes ou en dents; au lieu de dire, ce qui serait plus exact, que les sépales sont libres dans leur partie supérieure; il serait plus régulier, dans ce cas, de remplacer les mots lobes et dents par les phrases : partie libre des sépales, extrémité libre des sépales. — Chez les plantes à calice dialysépale, les sépales peuvent être ou complétement indépendants des autres parties de la fleur comme dans les genres *Ranunculus*, *Linum*, *Brassica*, etc. (chez ces plantes, l'insertion des divers verticilles de la fleur, relativement à l'ovaire, est dite *hypogyne*), ou ils peuvent être soudés à leur base avec les pétales et les étamines comme dans la fleur du *Montia fontana*. — Le calice gamosépale est susceptible d'être indépendant des autres verticilles de la fleur, comme dans les genres *Primula*, *Gentiana*, *Salvia*, etc. (chez ces plantes à calice gamosépale libre, la corolle est en général hypogyne; les étamines peuvent aussi être hypogynes, mais elles sont généralement insérées sur la corolle). — Chez un grand nombre de familles, les trois verticilles extérieurs de la fleur, le calice, la corolle et les étamines, sont soudés dans une certaine étendue de leur partie inférieure, sans adhérer à l'ovaire qui se trouve libre au centre du tube formé par la soudure de ces diverses parties; dans le langage descriptif, on dit dans ce cas que la corolle et les étamines sont insérées à la gorge du tube du calice, et, relativement à l'ovaire, l'insertion de la corolle et des étamines est dite *périgyne*; telle est la disposition que présentent les diverses parties de la fleur chez les Papilionacées, les Crassulacées, les Amygdalées, les Rosacées, etc. — Chez un nombre de familles plus considérable encore, le verticille carpellaire (l'ovaire) lui-même participe à la soudure générale de la partie inférieure des verticilles extérieurs de la fleur, en d'autres termes il est adhérent au tube qui ne faisait que le recouvrir dans le cas précédent; la partie libre du calice et de la corolle semblent alors naître du sommet de l'ovaire, et l'insertion de ces verticilles est dite *épigyne*. Parmi les familles Dicotylédones dialypétales, nous citerons, comme appartenant au type épigyne, les Pomacées, les Onagrariées, les Ombellifères, les Grassulariées et les Saxifragées. Chez les Dicotylédones gamopétales à calice et à corolle dits épigynes, les étamines sont quelquefois elles-mêmes épigynes : par exemple chez les Vacciniées, les Campanulacées et les Lobéliacées ; mais il est plus fréquent qu'elles soient insérées sur la corolle ; telle est la disposition qui existe chez les Curcubitacées, les Caprifoliacées, les Rubiacées, les Valérianées, les Dipsacées, les Composées, etc. — En raison des transitions nombreuses qui existent dans certains groupes entre les ovaires soudés dans toute leur étendue et les ovaires soudés seulement dans leur partie inférieure, on a réuni dans plusieurs ouvrages descriptifs les types à insertion périgyne et à insertion épigyne sous le seul titre de périgynes, en indiquant, à l'occasion de chaque famille ou de chaque genre, si l'ovaire est libre ou s'il est soudé au tube. — Nous n'avons jusqu'ici envisagé le calice, au point de vue de sa liberté ou de ses adhérences, que chez les plantes dicotylédones dialypétales et gamopétales, groupes chez lesquels le verticille des sépales est généralement bien distinct du verticille des pétales qui ne manque que dans un très petit nombre de cas. Dans le groupe des dicotylédones apétales, le calice constitue au contraire à lui seul le périanthe, c'est-à-dire l'enveloppe des étamines et de l'ovaire ; du reste, à part les différences qui résultent de l'absence du verticille des pétales, on observe chez ces plantes les mêmes combinaisons, au point de vue de la soudure, que chez les plantes dialypétales et gamopétales. Nous trouvons l'insertion hypogyne (sépales, étamines et ovaires libres) chez les Amaranthacées, les Nyctaginées, les Polygonées, les Urticées, etc.; l'insertion périgyne (étamines soudées au calice, ovaire libre) chez les Thymélées, les Laurinées, les Chénopodées, etc.; enfin l'insertion épigyne (calice et étamines soudés avec l'ovaire, et paraissant naître de son sommet) chez les Hippuridées, les Santalacées, les Aristolochiées, etc. Chez les apétales dioïques, il va sans dire que, chez les fleurs mâles, le calice et les étamines ne peuvent être soudés à un ovaire qui n'existe pas ; et que chez les fleurs femelles, le calice seul est soudé à l'ovaire, la corolle et les étamines n'existant pas. Chez quelques plantes apétales, le calice manque complétement; chez ces plantes, les fleurs réduites aux organes reproducteurs sont seulement munies de bractées qui jouent le rôle d'enveloppes florales; telles sont les Callitrichinées, les Cératophyllées, les Salicinées, les fleurs mâles des Cupulifères, etc. — Chez les Monocotylédones, le calice offre cette particularité remarquable que, dans le plus grand nombre des cas, il présente la consistance pétaloïde et la coloration de la corolle; aussi a-t-on d'abord considéré ces plantes comme dépourvues de calice et comme pourvues d'une seule enveloppe florale : la corolle. On a depuis longtemps reconnu que cette prétendue corolle se compose de deux verticilles distincts, dont l'extérieur n'est autre chose qu'un calice ordinairement pétaloïde; cependant, dans le langage descriptif, on a continué à considérer chez les Monocotylédones les deux verticilles comme constituant un seul organe auquel on a donné le nom de périanthe, au lieu de dire : calice à 3 sépales pétaloïdes, corolle à 3 pétales; on dit périanthe à 6 divisions pétaloïdes. Une même famille naturelle monocotylédonée renferme souvent des plantes qui présentent les insertions hypogynes et périgynes, aussi n'attache-t-on dans ce groupe qu'une importance secondaire à ces deux types; l'insertion épigyne est au contraire, chez les Monocotylédones, généralement bien distincte des types périgyne et hypogyne. Au type hypogyne appartiennent les familles des Alismacées, des Butomées, des Potamées, des Joncées et des Graminées (si dans cette famille les enveloppes florales sont considérées comme un périanthe). Les Liliacées et les Asparaginées appartiennent par certains genres au type hypogyne, et par d'autres genres au type périgyne; les Colchicacées sont périgynes. Au type épigyne appartiennent les Dioscorées, les Iridées, les Amaryllidées, les Orchidées, les fleurs femelles des Hydrocharidées, etc. Enfin chez certaines familles monocotylédonées, le périanthe est nul ou réduit à des écailles ou à des soies Cypéracées, Aroïdées, Typhacées, etc. — J'ai considéré jusqu'ici, dans cet article, le calice, ses adhérences, et les insertions dites apparentes qui résultent de ces adhérences, au point de vue auquel ces objets sont considérés, non seulement dans les traités descriptifs, mais aussi dans les traités d'organographie et de physiologie végétale (puisque cet ouvrage a pour but de faciliter l'intelligence de ces livres, autant que de guider dans l'étude directe des plantes). Je vais maintenant exposer en quelques mots des idées qui me sont personnelles sur la valeur réelle des insertions et des adhérences. — Je considère une fleur épigyne (à ovaire adhérent) comme présentant une sorte de dépression ou de refoulement du sommet de l'axe, axe qui est à ce niveau comparable à un doigt de gant rentré en lui-même. Ce sommet rentré en lui-même n'a entraîné que le verticille ou les verticilles capellaires; les autres verticilles (étamines, pétales et sépales) naissent réellement du bord de la dépression, et ne contribuent que par leur décurrence à la formation du tube qui enveloppe l'ovaire et lui est adhérent (ce tube étant une dépendance de l'axe). — Si le tube soudé à l'ovaire dans la disposition dite épigyne est en effet une dépendance de l'axe, le tube qui existe dans la disposition périgyne (tube considéré comme résultant de la soudure de la partie inférieure du calice, de la corolle et des étamines) est-il d'une autre nature, par cela seul qu'il n'est pas soudé à l'ovaire? Évidemment il est de la même nature, et il représente également un axe déprimé en godet, qui ne diffère de l'axe déprimé des ovaires dits adhérents que parce que la face interne appartenant à l'extrémité supérieure refoulée est libre au lieu d'être adhérente à l'ovaire inséré à son sommet (sommet qui se trouve occuper, par suite du refoulement, le fond du godet); dans ce cas comme dans le précédent, c'est du bord de la dépression que naissent les étamines, les pétales et les sépales. L'insertion des pétales à ce point n'est donc pas seulement apparente, mais réelle, puisqu'elle a lieu sur un axe et non, comme on le pensait, sur le calice. Les étamines peuvent être insérées au même niveau que les pétales, c'est-à-dire sur le bord ou à la gorge du tube; mais dans un grand nombre de cas, chez les plantes à corolle gamopétales, les étamines sont insérées sur la corolle. Je suis amené dans ce cas, en poussant mon principe jusqu'à ses conséquences extrêmes, à considérer comme une dépendance de l'axe la partie du tube de la corolle qui s'étend au-dessous du point où sont insérées les étamines; en effet, si je regarde comme une dépendance de l'axe un corps qui résulte des décurrences (unies par du tissu cellulaire) du calice et de la corolle, pourquoi me refuserais-je à voir une dépendance de l'axe dans une partie qui résulte de l'union de deux verticilles (la corolle et les étamines) à un niveau plus élevé, par cela seul que ces deux verticilles sont composés de pièces plus minces et plus délicates? Je regarde donc comme tendant à constituer un axe toutes les parties qui résultent de la soudure face contre face de verticilles concentriques d'organes appendiculaires (feuilles). — J'ai été conduit à ces importants résultats (auxquels je me propose de donner un développement convenable dans les travaux que je prépare) par l'observation fréquente, que j'ai eu occasion de faire, de feuilles (continuant la spirale des feuilles du rameau) insérées sur le tube dit du calice, soit dans le cas où ce tube entoure les carpelles sans leur être adhérent (chez les Rosiers par exemple), soit dans le cas où le tube est adhérent (chez le Poirier et le Groseillier par exemple); or la partie qui donne insertion réelle à une feuille est un axe et non une feuille ou un verticille de feuilles. Un autre fait tératologique est aussi venu éclairer ce sujet d'un nouveau jour; j'ai remarqué que dans une anomalie assez fréquente que présentent les Rosiers cultivés (la transformation des sépales en feuilles foliacées conformes à celles de la tige), le renflement attribué à la soudure de la base des sépales existe fréquemment et n'est point par conséquent alors le résultat de la réunion de la partie inférieure des sépales, puisque ces organes existent au dehors, dans leur intégrité, à l'état de feuille. Dans d'autres cas aussi de cette anomalie, le renflement disparaît : c'est qu'alors l'axe, au lieu d'être refoulé, s'est allongé en quelque sorte comme un tube de télescope, et ne saurait dès lors produire le renflement qui n'existe qu'en raison de l'ovaire renfermé dans sa cavité quand il est déprimé; dans le cas d'élongation de cet axe, on reconnaît parfaitement les carpelles déformés disposés en spirale dans sa longueur. Or, si chez le Rosier le tube est une dépendance de l'axe et non du calice, pourquoi, chez les autres plantes de la même famille, et chez les autres familles qui présentent un tube analogue (où l'insertion est périgyne), le tube serait-il d'une nature différente? et si le fait est établi chez les périgynes, ne l'est-il pas également chez les épigynes? — La partie charnue extérieure des fruits qui résultent d'un ovaire dit adhérent : la poire, la nèfle et la groseille, par exemple, appartient donc à l'axe et non au calice accru et devenu charnu. On ne doit point être surpris de trouver cette partie de l'axe charnue et succulente; le pédoncule ou pédicelle qui porte la noix-d'Acajou n'est-il pas renflé et charnu, et n'a-t-il pas la forme d'une poire; et, pour puiser un exemple chez les végétaux indigènes, la figue n'est-elle pas considérée par tous les botanistes comme un axe charnu renversé en lui-même et garni de fleurs à son intérieur qui correspond à son sommet? La seule différence qui existe entre la poire et la figue est que le pédoncule ou pédicelle de la poire se termine par une seule fleur et ne se renverse qu'au delà de l'insertion des étamines, et que le pédoncule de la figue se termine par une inflorescence entièrement cachée dans la dépression. (Voir les mots Insertion et Ovaire.)

Calice commun. On a donné ce nom à l'involucre du capitule chez les plantes de la famille des Composées (ancien et inusité).

Calicule, *Calyculus*; on donne ce nom à un ensemble de petites bractées constituant un verticille situé immédiatement au dessous du calice, et simulant un calice extérieur; par exemple, chez l'Œillet, la Mauve, la Guimauve, etc. Dans certains cas, dans le genre *Potentilla*, par ex., le calicule est constitué par les stipules soudées deux à deux, qui sont une dépendance des sépales. — caliculé, *calyculatus*, muni d'un calicule.

calleux, callifère, *callosus, calliferus*; se dit d'un corps qui présente sur un point de son étendue, ou une partie de sa surface, un épaississement de consistance ferme ou coriace.

Callosité, *Callus*, épaississement coriace sur un point limité d'un organe; on a désigné sous ce nom le granule charnu qui

est un épaississement de la nervure dorsale chez les trois sépales intérieurs et accrescents de certaines espèces du genre
Rumex.

calvus, se dit d'un organe dépourvu de la houppe ou de l'aigrette
que présentent des organes analogues.

Calyciflore, *Calyciflorus;* De Candolle a nommé *Calyciflores* les
Dicotylédones dialypétales à corolle périgyne (fleurs à pétales
insérés sur le tube du calice); par opposition au mot *Thalamiflores* (fleurs à pétales libres insérés sur le réceptacle, =
fleurs à corolle dialypétale hypogyne), et au mot *Corolliflores*
(fleurs à pétales soudés entre eux, insérés sur le tube du
calice, = fleurs à corolle gamopétale périgyne).

calyciforme, *calyciformis;* en forme de calice.

calycinal, *calycinus;* qui appartient au calice; qui fait partie du
calice : Feuilles calycinales (sépales), *Folia calycina.*

calyculatus, muni d'un calicule. — *Calyculus,* Calicule.

Calyptra, Coiffe (voir les articles Archégone et Muscinées). —
calyptræformis, en forme de coiffe; — *calyptratim* (adv.), en
manière de coiffe; — *calyptratus,* muni d'une coiffe.

Calyx, Calice (voir ce mot).

calycinus, qui appartient au calice.

Camare, *Camara;* la signification de ce mot est la même que
celle de carpelle isolé (inusité).

Cambium, Cambium; séve élaborée, mucilagineuse, et propre à
contribuer à la formation des tissus végétaux, et par conséquent à l'accroissement du végétal. Tissu à l'état naissant. (Voir
le mot Tige.)

campaniforme, *campaniformis;* se dit de certains végétaux (certains Champignons par exemple) qui sont en forme de cloche.

campanulé, *campanulatus;* se dit d'un organe, d'un calice gamosépale régulier, ou d'une corolle gamopétale régulière par
exemple, qui présente la forme d'une cloche (*campana*), c'est-
à-dire, dont le tube est ovoïde et la partie limbaire évasée.
Telle est la forme de la corolle chez la plupart des plantes du
genre *Campanula;* telle est encore la forme du calice chez la
Jusquiame (*Hyosciamus niger*), etc.

campestris, qui croît dans les champs.

ɔ   camptotrope, *camptotropus*; qualification donnée à l'*ovule plié.*
      (Voir le mot Ovule.)

ɔ   campulitrope, *campulitropus*, = campylotrope, *campylotropus*;
      qualifications données à l'*ovule courbé.* (Voir le mot Ovule.)

ɔ *campylospermus*, dont la graine est courbée.

ɔ *campylotropus*, = *campulitropus*; campylotrope, campulitrope.
      (Voir le mot Ovule.)

ɔ   Canal médullaire, *Canalis medullaris*; chez les plantes dicoty-
      lédonées, on nomme ainsi la cavité cylindrique remplie par la
      moelle qui occupe le centre de la tige. On nomme *Étui médul-
      laire* la rangée interne de fibres qui constitue les parois du
      canal.

canaliculé, *canaliculatus*; plié longitudinalement en gouttière,
      ou présentant sur une face un sillon longitudinal en forme de
      gouttière. Chez un grand nombre de feuilles, la face supé-
      rieure ou interne du pétiole est canaliculée.

Canal résinifère = Bandelette, *Vitta*; on donne ce nom à des
      canaux situés longitudinalement dans l'épaisseur du péri-
      carpe chez le fruit des Ombellifères. Ces canaux sont remplis
      d'une substance résineuse brune, ils occupent les intervalles
      (vallécules) qui séparent les côtes primaires; il peut exister un
      ou plusieurs canaux au niveau de chaque vallécule, quelque-
      fois aussi ces canaux sont nuls ou indistincts en raison de la
      petitesse de leur calibre.

cancellatus, = *clathratus*, en forme de grille, de treillis ou de
      réseau à jour.

candidus, d'un blanc pur.

canescens, qui paraît blanc par reflet.

cannelé; se dit d'une tige parcourue dans sa longueur par des
      sillons rapprochés laissant entre eux des côtes régulières. —
      Finement cannelé, *striatus.*

canus, blanc, principalement en raison de poils serrés qui re-
      couvrent la surface.

capillaceus, = *capilliformis*; qui ressemble à des cheveux.

capillaire, *capillaris*; qui a la ténuité d'un cheveu. Le mot *ca-
      pillaire* indique un objet plus fin que le mot *filiforme*, et
      moins fin que le mot *sétacé.* Les tiges du *Sagina apetala* sont

filiformes; le bec qui surmonte l'akène du Pissenlit est capillaire, et les soies dont se compose l'aigrette portée par ce bec sont sétacées.

capillatus, recouvert d'organes (fibres radicales, poils, etc.) en forme de cheveux. — *Radix capillatus*, racine chevelue dont les fibres radicales sont abondantes et fines comme des cheveux.

Capillitium, Chevelure. On a donné le nom de *capillitium* à la houppe floconneuse chargée d'organes reproducteurs qui occupe le centre des *Lycoperdon*.

capillus, cheveu. Des poils longs et fins ont été désignés sous le nom de *capilli*.

capité, *capitatus*, en forme de tête; se dit de feuilles, de fleurs, d'épillets, de glomérules de fleurs, etc.; groupés en un bouquet compacte et arrondi. — Capité signifie aussi quelquefois : terminé en une tête arrondie, *Pili capitati*, Poils capités (terminés chacun à leur extrémité par une tête arrondie; Stigmates capités (stigmates en forme de tête globuleuse).

capitellatus, qui se termine par une petite tête (*Caput*, Tête).

Capitule, *Capitulum*, = Céphalanthie, = Calathide, = Anthode, = Fleur-composée. Ces divers mots ont servi à désigner l'inflorescence chez les plantes de la famille des Composées. Le mot capitule a un caractère plus général que les autres synonymes qui le suivent ici; il s'applique à toutes les inflorescences qui résultent d'une agrégation de fleurs sessiles groupées en tête globuleuse ou discoïde au sommet d'un pédoncule. Chez les plantes de la famille des Composées, ce pédoncule, afin d'offrir une plus large surface à l'insertion des fleurs, est élargi en un *réceptacle* plan, convexe ou conique; les bractées qui entourent la base d'un capitule constituent un *involucre*; les fleurs du capitule peuvent être en outre accompagnées chacune d'une *bractée*; ces bractées sont réduites à des écailles (paillettes) ou même à des soies (qui résultent de la découpure des écailles); mais il peut arriver aussi que les bractées ou paillettes soient entièrement nulles. Le capitule peut être considéré comme un épi dont l'axe serait très déprimé, ou comme une ombelle simple dont toutes les fleurs seraient sessiles. Le capitule, comme l'épi et l'ombelle, appartient aux inflorescences indéfinies, c'est-à-dire qui tendent à s'allonger par le sommet ou à produire de nouvelles fleurs par le centre et dont les fleurs de la base ou de la circonférence s'épanouissent les premières; telle est l'inflorescence chez l'Artichaut, le Bleuet, la Pâquerette, le Pissenlit, etc. En général les capitules, bien que constituant isolément une inflorescence appartenant au type indéfini, sont disposés en cime (inflorescence définie); de cette combinaison des deux types pour des axes de différents ordres chez les mêmes plantes, résulte une inflorescence générale mixte. — Les glomérules à fleurs sessiles ne ressemblent que par la forme générale aux capitules; ils appartiennent aux inflorescences définies, c'est-à-dire que les fleurs du sommet ou du centre sont celles qui s'y épanouissent les premières; telle est l'inflorescence des *Scabieuses*; quelquefois ces glomérules se composent d'une réunion de petits glomérules qui fleurissent chacun isolément pour leur propre compte, et alors les fleurs semblent s'épanouir çà et là et en désordre : par exemple chez l'*Armeria plantaginea* (Gazon-d'Olympe), le *Dianthus prolifer*, etc.

ɔ *capituliformis*, en forme de capitule.

) *Capreolus*, = *Claviculus*, = *Cirrhus*, Vrille (voir ce dernier mot).

) Capsule, *Capsula*, fruit sec contenant plusieurs graines; qu'il soit à une seule ou à plusieurs loges, déhiscent ou indéhiscent; provenant d'un ovaire libre ou d'un ovaire adhérent. Cette définition comprend un nombre immense de fruits différents de forme et de structure, qui doivent être décrits dans les *Genera* et les Flores, soit à l'occasion du genre, soit à l'occasion de l'espèce. Certaines espèces de capsules, dont la forme se reproduit souvent, ont reçu, pour abréger les descriptions, des noms particuliers (*Silique*, *Pixide*, etc.). — L'expression *fruit capsulaire* est synonyme du mot capsule. (Voir le mot Fruit.)

ɔ Caractères, *Characteres*. Dans le style descriptif, on nomme caractères les différences qui distinguent une espèce des espèces du même groupe, ou un groupe naturel des groupes du même ordre. Les caractères sont dits positifs quand ils sont fondés sur la présence des organes, et négatifs quand ils sont fondés sur l'absence des organes. — A un point de vue plus général, tous les détails de forme, de nombre et de situation de chacun des organes d'une plante, constituent ses caractères, abstraction faite des analogies ou des différences qui la rapprochent ou l'éloignent des autres plantes. — Les caractères des groupes d'un ordre élevé, des familles par exemple, sont basés sur des différences de forme que présentent les organes de la fructification, principalement les graines et les organes de la floraison; les caractères qui séparent les genres entre eux sont généralement de la même nature que les précédents, et résultent de nuances dans les formes ou les dispositions des organes essentiels; les caractères qui séparent les espèces dans un même genre sont puisés soit dans les différences que présentent les organes de la végétation (forme des feuilles, mode de végétation, inflorescence, etc.), soit dans des caractères secondaires tirés de la fleur ou du fruit. Ces caractères sont fixes ou variables, mais ils ne varient que dans certaines limites, et une série de générations reproduit toujours le type normal ou primitif dont certains individus peuvent s'écarter accidentellement. Ces écarts donnent lieu aux variétés qui, bien que conservant toujours les caractères essentiels de l'espèce de laquelle elles dérivent, diffèrent dans les caractères secondaires d'individu à individu. Dans certaines anomalies accidentelles ou provoquées par les procédés de la culture, les caractères des espèces et même des genres peuvent se trouver profondément modifiés; mais ces accidents sont individuels, et les plantes qui en sont l'objet ne peuvent être propagées que par la greffe et la bouture; plus rarement ces anomalies peuvent être reproduites par les graines pendant un certain nombre de générations.

Carcérule, *Carcerulus*. On a donné ce nom à certaines capsules indéhiscentes (inusité).

Carène, *Carina*; arête parcourant longitudinalement la face inférieure d'une partie horizontale. — On nomme carène la pièce inférieure de la corolle dans la famille des Papilionacées; cette pièce, qui a la forme d'une nacelle, résulte du rapprochement par le bord interne, et de la soudure par le sommet, des deux pétales inférieurs. — caréné, *carinatus*, qui est muni d'une carène, qui a la forme d'une carène.

Carina, Carène; — *carinalis*, carénal, qui appartient à la carène, qui constitue une carène; — *carinatus*, caréné.

Cariopse, *Cariopsis*. On a donné ce nom au fruit dans les plantes de la famille des Graminées. Ce fruit (nommé grain par les cultivateurs quand il s'agit des céréales) est sec et monosperme (à une seule graine); son péricarpe fait corps avec la graine. Le cariopse résulte d'un ovaire à deux stigmates, très rarement à un seul; les deux stigmates semblent indiquer l'existence de deux carpelles; ces carpelles sont intimement soudés, et un seul des deux produit une graine qui remplit toute la cavité à laquelle elle est adhérente.

carné, *carneus*, couleur de chair, d'un blanc légèrement rosé.

carnosus, charnu, pulpeux. — *carnulosus*, un peu charnu, recouvert d'une couche pulpeuse d'une faible épaisseur (*Caro*, Chair).

Carpelle, *Carpellum*, = *Carpidium*. — Un carpelle est au gynécée (le pistil ou les pistils) ce qu'un sépale est au calice, un pétale à la corolle, une étamine à l'androcée. Il est démontré d'une manière incontestable, par les anomalies accidentelles que l'on rencontre assez fréquemment (et dans lesquelles le carpelle se présente sous la forme soit d'une feuille pétaloïde, soit d'une feuille verte, et se rapprochant souvent beaucoup de la forme des feuilles de la tige), que les organes désignés sous le nom de carpelles, et qui constituent le verticille ou la spirale d'organes occupant la partie centrale de la fleur, sont en réalité des feuilles modifiées. — Un carpelle isolé se présente sous la forme d'une petite feuille pliée longitudinalement et dont les bords des deux moitiés, appliquées l'une sur l'autre, sont soudées dans toute leur longueur; cette feuille à bords soudés constitue un petit sac (ovaire) dont la paroi interne correspond à la face supérieure ou interne de la feuille, et dont la paroi externe correspond à la face inférieure ou externe de la feuille; ce sac, en général comprimé, présente une *Carène* dorsale plus ou moins marquée, qui est le résultat de la nervure dorsale de la feuille, et une *Suture* ventrale qui résulte de la soudure des deux bords de la feuille ; cette suture est quelquefois mince et tranchante ; la carène dorsale est au contraire généralement obtuse. En général la partie dorsale, et par conséquent la carène du carpelle, décrit une courbure prononcée ; au contraire la soudure des bords ou suture décrit une ligne droite. — Bien que le carpelle puisse accidentellement revenir à la forme de feuille foliacée, il présente à son état normal des caractères importants et des propriétés remarquables qui en font un organe tout spécial et dont la valeur physiologique est extrême. L'extrémité supérieure du carpelle se termine par une partie glanduleuse constituant deux lignes parallèles qui représentent les bords de l'extrémité de la feuille carpellaire, ou constituent plus fréquemment une ligne courbée en fer à cheval par la réunion des deux lignes glanduleuses à l'extrémité de la feuille carpellaire ; il arrive souvent que cette ligne glanduleuse en forme de fer à cheval, se recourbant encore plus complétement et étant dirigée presque horizontalement, prend l'aspect d'un disque plus ou moins large ou d'une tête presque globuleuse, mais échancrée du côté qui correspond à la suture. Cette partie glanduleuse, quelle que soit sa forme, a reçu le nom de *Stigmate* ; pendant la floraison, elle sécrète un suc visqueux, et, grâce à cet enduit, retient à sa surface les granules polliniques (pollen) qui s'échappent des anthères sous une forme ordinairement pulvérulente. Ces grains de pollen, fixés à la surface du stigmate, émettent des prolongements (boyaux polliniques) qui s'insinuent dans le tissu du stigmate et descendent dans la cavité du carpelle où ils rencontrent des organes nommés ovules, dont nous allons nous occuper. La partie supérieure de la feuille carpellaire ne se termine pas toujours brusquement en stigmate immédiatement au-dessus de la cavité constituée par la soudure de ses bords ; très fréquemment au contraire cette extrémité se prolonge en une pointe ou tige plus ou moins grêle, plus ou moins longue, quelquefois même filiforme, qui se termine par le stigmate ; cette pointe ou tige grêle a reçu le nom de *style* ; quand le style est très court ou n'existe pour ainsi dire pas, et que par conséquent le stigmate sur-

monte immédiatement la partie renflée du carpelle, le stigmate est dit sessile. — Les deux bords soudés (suture) de la
feuille carpellaire présentent, dans la majorité des cas, deux
lignes saillantes appliquées l'une contre l'autre à l'intérieur de
l'ovaire; ces lignes saillantes ont reçu le nom de *cordons placentaires*, et leur ensemble le nom de *placenta*. Les cordons
placentaires portent un seul ou plusieurs appendices filiformes
courts, terminés chacun par un petit corps globuleux ou ovoïde;
ce petit corps globuleux est l'*Ovule* destiné à devenir la graine;
le pied filiforme qui le porte et qui part du placenta a reçu le
nom de *Funicule* (on le nomme aussi cordon nourricier et
Podosperme). — Quelle est la nature du cordon placentaire,
du funicule et de l'ovule? Certaines anomalies accidentelles
vont éclairer cette question. Plusieurs observateurs ont signalé
et j'ai moi-même eu plusieurs fois occasion d'observer (chez
le *Brassica Napus* par exemple) des carpelles dont les ovules
sont remplacés chacun par une petite feuille foliacée; chez
quelques uns de ces carpelles anormaux, on trouve même
toutes les transitions entre une petite feuille plus ou moins
irrégulière et un ovule bien conformé; l'ovule a donc pour
premier élément une petite feuille ou foliole; le funicule est
le pétiole ou pétiolule de cette foliole, et le cordon placentaire
le résultat de la décurrence des funicules ou pétioles des ovules.
On a objecté à cette explication que des feuilles ne naissent
pas sur des feuilles; or, que le carpelle étant une feuille, il ne
saurait produire des feuilles; je répondrai qu'il ne s'agit pas
de feuilles normales, mais de lobes foliacés analogues aux
folioles des feuilles pinnées des Papilionacées par exemple, ou
mieux aux expansions foliacées qui se détachent de la face supérieure des feuilles dans une curieuse anomalie du Chou
commun (*Brassica oleracea*), expansions foliacées qui paraissent dues à une sorte de dédoublement des nervures parallèle
à la surface de la feuille, dédoublement en vertu duquel les
nervures, devenues libres, se terminent par un épanouissement
foliacé qui rappelle non pas une feuille, mais un bourgeon ou
un rameau dont les parties appendiculaires se présentent souvent sous la forme d'une lame continue qui se développe en

spirale autour d'un axe; or nous verrons que l'ovule n'est pas sans analogie avec un bourgeon. (Voir le mot Ovule). — Les carpelles peuvent être considérés au point de vue du nombre des ovules qu'ils renferment; si le carpelle ne renferme qu'un seul ovule, il est dit *uni-ovulé* (ex. : *Alisma, Ranunculus, Potentilla*); s'il en renferme plusieurs, il est dit *pluri-ovulé* (ex. : *Pisum, Phaseolus, Lathyrus*); s'il en renferme un grand nombre, il est dit *multi-ovulé* (ex. : *Aconitum, Delphinium, Nigella*). — Ils peuvent être considérés au point de vue de leur nombre; dans certains cas, ils sont en même nombre que les pièces dont se compose le verticille du calice ou de la corolle, constituent un verticille et sont disposés, selon les lois de l'alternance, avec les pièces des autres verticilles de la fleur; c'est ainsi qu'ils forment généralement un verticille de cinq pièces chez les *Aquilegia*, les *Aconitum*, etc., et un verticille de trois pièces chez un grand nombre de Monocotylédones (Liliacées, Amaryllidées, Iridées, etc.). Dans un grand nombre de cas, soit normalement, soit accidentellement, le nombre des carpelles est moindre que celui des sépales ou des pétales; dans d'autres cas, il n'existe aucun rapport numérique constant entre ces organes; dans ces différents cas, les carpelles sont disposés régulièrement au centre de la fleur sans rapport de situation avec les autres verticilles. Un cas normal fréquent est celui où il n'existe qu'un seul carpelle (exemple : famille des Papilionacées). Non moins fréquemment les carpelles sont très nombreux et constituent une spirale continue, indéfinie; l'axe de la fleur s'allonge généralement alors pour fournir aux carpelles un espace qui puisse suffir à leur développement (*Myosurus, Anemone, Fragaria*, etc.). — Nous n'avons jusqu'ici considéré le carpelle que dans les cas où il est libre de toute adhérence; le carpelle où les carpelles peuvent être situés dans une cavité ou dépression de l'axe, et être libres dans cette cavité (insertions périgynes) ou être adhérents aux parois internes de cette cavité (insertions épigynes). Les carpelles peuvent aussi être soudés entre eux de plusieurs manières. En général les carpelles, disposés en une spirale allongée et indéfinie, sont libres; les soudures existent au contraire fréquemment dans les cas où les carpelles plus ou, moins nombreux sont disposés en verticille sur un même plan horizontal, soit dans le cas où l'insertion de la corolle est hypogyne, soit dans le cas où l'insertion de la corolle est périgyne; quant au cas où l'insertion est épigyne (carpelles soudés au tube qui les renferme), il va sans dire qu'il coïncide toujours avec la soudure des carpelles entre eux. — Dans le cas de soudure des carpelles entre eux, les carpelles peuvent être fermés chacun isolément, comme les carpelles libres, puis être soudés entre eux par leurs faces latérales. Si l'on coupe en travers l'ovaire qui résulte de ces carpelles fermés et soudés, cet ovaire semble composé de *loges*; or chacune de ces loges correspond à un carpelle et chaque *cloison* est constituée par deux lames ou feuillets soudés appartenant à deux carpelles adossés; dans ce cas, les cordons placentaires occupent ordinairement les angles internes des loges, et par conséquent les ovules sont insérés à ces angles (*placentation axile* : chez l'orange et la pomme par exemple). Dans d'autres cas, les feuilles carpellaires, au lieu d'être pliées longitudinalement comme chez les carpelles isolés, sont étalées comme les feuilles et les pétales, et sont soudées entre elles par leurs bords de manière à constituer un ovaire composé à une seule loge. Dans ce cas, les placentas se trouvent naturellement occuper les parois de la cavité, puisqu'ils appartiennent aux bords des feuilles carpellaires et correspondent aux sutures (*placentation pariétale* : chez la Violette, le Réséda, les Orchidées, etc.). Enfin, chez un petit nombre de plantes chez lesquelles l'ovaire, composé de plusieurs carpelles, est également uniloculaire, le placenta constitue au centre de la cavité une masse ovoïde recouverte d'ovules dans toute son étendue, et qui ne présente aucune connexion apparente avec les feuilles carpellaires (*placentation centrale* : chez les plantes de la famille des Primulacées'. Ce placenta central est considéré comme une dépendance de l'axe de la fleur; mais on a lieu de s'étonner que les ovules puissent être, dans des familles assez voisines, fournis soit par des organes appendiculaires (des feuilles carpellaires), soit par un organe axile (la prolongation de l'axe de la fleur). — (Voir les mots Ovaire, Gynécée, Pistil, Ovule, Fruit, Déhiscence, etc.)

Carpidium, = *Carpellum*, Carpelle (voir ce mot).

Carpophore, *Carpophorum*. Chez le fruit mûr, on a appelé carpophore l'organe que l'on désigne sous le nom de *Gynophore* chez l'ovaire. — Le carpophore ou gynophore est un prolongement de l'axe de la fleur qui élève la base de l'ovaire ou du fruit au-dessus du niveau de l'insertion des autres verticilles de la fleur. Chez les *Crucifères* par ex., l'ovaire est situé manifestement au-dessus du niveau des étamines, et il existe par conséquent un carpophore. Chez le *Simaba ferruginea*, plante du Brésil, un carpophore allongé éloigne le verticille des carpelles du verticille des étamines ; chez les Crucifères et chez le *Simaba*, le carpophore est un véritable entrenœud allongé qui espace les deux derniers verticilles de la fleur, tandis que d'ordinaire la longueur de cet entrenœud est inappréciable. D'autres gynophores sont le résultat de l'élongation d'entrenœuds différents de la fleur ; les espèces du genre *Lychnis* nous offrent un exemple remarquable d'un entrenœud allongé qui sépare le calice de la corolle, et par conséquent élève la corolle et l'ovaire au-dessus de l'insertion du calice ; chez le *Cleome pentaphylla*, un entrenœud d'une grande longueur sépare le calice des étamines, et un autre espace sépare en outre les étamines de l'ovaire. On a donné le nom de *Podogyne* ou *Gynopode* aux carpophores qui ne paraissent être autre chose qu'un rétrécissement de la base de l'ovaire, et non le résultat de l'élongation de l'entrenœud qui le sépare du verticille des étamines. Le rétrécissement de la base de certains carpelles isolés, de certaines gousses de Papilionacées, des follicules de l'*Eranthis hiemalis*, du fruit du *Capparis spinosa*, etc., constitue un podogyne. Le carpophore est uni à l'ovaire par une sorte d'articulation ; le podogyne étant une atténuation de l'ovaire, ne présente évidemment rien de semblable. — Dans le cas où il existe un très grand nombre de carpelles, l'axe est nécessairement allongé pour fournir une surface suffisante à leur insertion ; mais tous les verticilles ou toutes les spirales de la fleur étant contigus, il n'existe point

alors de carpophore, dans le sens que nous avons indiqué ;
on a néanmoins donné le nom de carpophore et surtout
de gynophore à l'axe qui porte les carpelles, quand cet axe
est volumineux et renflé, et surtout lorsque (chez le Fraisier
par exemple) cet axe se détache du réceptacle à la maturité, et
que les carpelles s'y trouvent espacés entre eux. — L'axe qui se
prolonge entre les deux carpelles rapprochés qui constituent
le fruit des Ombellifères, a reçu le nom de *Columelle*. On a
désigné sous le nom de *Gynobase* le corps charnu sur lequel
repose l'ovaire chez les Labiées et les Borraginées.

ɔ Caroncule, *Caruncula*, appendice charnu que présentent certaines graines sur un point limité de leur étendue. (Voir le
mot Arille.)

ɔ cartilagineux, *cartilaginosus* ; qui a la consistance d'un carti-
lage, par exemple les écailles de l'involucre chez beaucoup de
Carduacées, les feuilles de l'*Eryngium campestre* et de l'*E.
maritimum*, etc.

ɔ Caryopse, *Caryopsis* ; fruit sec contenant une seule graine qui
est soudée de toutes parts avec un péricarpe mince, ce fruit a
l'aspect d'une graine. Tel est le fruit (nommé vulgairement
grain) chez la famille des Graminées : le Froment, l'Avoine,
le Maïs, etc.

ɔ Casque, *Galea*, = *Cassis*. Chez un grand nombre d'espèces de la
famille des Orchidées, on a donné le nom de casque à l'ensemble des trois pièces externes du périanthe (qui correspondent
au calice). Lorsque ces trois pièces sont conniventes entre elles,
elles constituent en effet au-dessus des autres parties de la fleur
une voûte en forme de casque. — Dans la fleur des Aconits, le
pétale supérieur concave et recourbé a la forme d'un casque.

ɔ *Cassis*, = *Galea*, casque ; *cassideus*, en forme de casque (*galeatus* signifie : qui porte un casque).

ɔ *cassus*, = *fatuus*, vide, creux ; se dit d'un fruit abortif qui ne
renferme pas de graine.

ɔ *castaneus* = *badius*, de couleur marron ; de la couleur brune
du péricarpe de la châtaigne.

ɔ *castratus* ; se dit d'une fleur dépourvue ou privée d'étamines.

ɔ *Catulus*, = *Iulus*, = *Amentum*, Chaton (voir ce mot).

Cauda, Queue. Chez un grand nombre de plantes de la famille
des Composées, les lobes des anthères se prolongent chacun
inférieurement en une membrane étroite, allongée, souvent
laciniée, qui a reçu le nom de *cauda*, queue. — *Antheræ caudatæ*, anthères munies d'appendices en forme de queue.

Caudex; ce mot signifie tige. Quelques auteurs l'ont employé
pour désigner la tige ligneuse des Monocotylédones arborescentes, des Palmiers par exemple, à laquelle on donne plus
fréquemment le nom de *Stipes*, Stipe. — On emploie actuelle-
le mot *Caudex* pour traduire le mot souche, tige souterraine
ou rhizome. — L'expression *caudex descendens* est employée
quelquefois, soit pour désigner la racine, avec laquelle on a
souvent confondu les tiges souterraines, soit pour désigner le
mérithalle inférieur de la tige situé au-dessous des cotylédons.

Caudicule, *Caudicula*, diminutif de *cauda*, queue; = *Processus
filiformis*; on a donné ce nom à la partie amincie en pédicelle
de la masse pollinique (qui se détache en une seule pièce de
l'anthère chez un grand nombre de plantes de la famille des
Orchidées). Le caudicule, constitué par une substance élastique,
s'épanouit supérieurement, et se subdivise en lobes et lobules
auxquels sont fixés les granules polliniques; le caudicule se
termine à son extrémité inférieure par une petite pelote glanduleuse et visqueuse nommée *Rétinacle*, qui sert à retenir la
masse pollinique sur le stigmate ou dans son voisinage, lorsque
la masse pollinique s'échappe de la loge de l'anthère par un
mouvement de bascule. Avant la chute de la masse pollinique,
le rétinacle est renfermé, chez certains genres, dans un repli
qui est la continuation des bords de la fente de l'anthère : ce
repli a reçu le nom de *Bursicule*.

caulescent, *caulescens*; on nomme caulescentes les plantes pourvues d'une tige aérienne, par opposition aux plantes dites
acaules chez lesquelles on ne reconnaissait pas autrefois de
tige, mais qui toutes ont une tige souterraine quelque courte
qu'elle soit. — On observe toutes les transitions entre les
plantes caulescentes et les plantes acaules, non seulement dans
des espèces différentes, mais chez une même espèce; c'est ainsi
que le *Cirsium acaule* manque de tige aérienne sur les pelouses

très sèches, et présente une tige plus ou moins longue lorsqu'il croît sur les pelouses humides ou ombragées.

caulinaire, *caulinus* ; qui appartient à la tige. — On nomme *feuilles caulinaires* les feuilles qui se développent sur la tige aérienne ; celles qui se développent sur la souche dans le voisinage de la racine se nomment *feuilles radicales*.

Caulis, Tige ; s'entend particulièrement des tiges aériennes. (Voir le mot Tige.)

Caulocarpien , *Caulocarpeus* ; De Candolle a désigné sous le nom de *caulocarpiens* les végétaux vivaces ligneux dont les tiges produisent chaque année de nouvelles fleurs et de nouveaux fruits.

caustique, *causticus* ; se dit d'une substance, soit acide, soit alcaline, assez concentrée pour désorganiser les tissus animaux avec lesquels on la met en contact. Ces substances désorganisent les tissus en se combinant avec eux, soit, par exemple, en s'appropriant l'eau qui entre dans leur composition , et en les desséchant et les carbonisant. L'action de ces substances produit la sensation de la brûlure.

cavus, creux ; présentant une cavité.

Cayeu, *Bulbulus* ; on nomme cayeux les jeunes bulbes nés à l'aisselle des écailles d'un bulbe de l'année précédente. (Voir le mot Bulbe.)

Cellula, Cellule, = Utricule, *Utriculus*.

cellulaire, *cellularis* ; on nomme tissu cellulaire, *Contextus cellularis* , un tissu composé de cellules. Ce tissu est abondant chez les végétaux ; certaines classes se composent de plantes entièrement constituées par ce tissu. La forme des cellules dont la réunion constitue le tissu cellulaire est des plus variées chez les divers organes. (Voir le mot Cellule.)

cellulaires (Végétaux), *Plantæ cellulares*. On nomme ainsi les végétaux dont le tissu est entièrement de nature cellulaire ; tels sont les Champignons, les Lichens, les Algues et d'autres plantes aquatiques toujours submergées.

cellulaires (Cloisons) ; *septa cellularia* , = fausses cloisons, *septa spuria* ; certains fruits présentent des fausses cloisons, c'est-à-dire, des cloisons qui ne sont pas le résultat de l'adossement des carpelles; telles sont les cloisons transversales qui existent chez les fruits de certaines Légumineuses, et qui séparent les graines contenues dans une même gousse. Il ne faut pas confondre, ainsi qu'on l'a fait souvent, les cloisons incomplètes, c'est-à-dire, n'atteignant pas le centre du fruit, bien que provenant de l'adossement des feuilles carpellaires avec les fausses cloisons.

Cellule, *Cellula*, = Utricule, *Utriculus*. Les cellules constituent une partie importante de la trame ou du tissu des végétaux.— Les cellules sont des petits sacs membraneux ordinairement de forme globuleuse quand ils ne sont pas comprimés, et d'une forme polyédrique plus ou moins irrégulière lorsqu'ils sont serrés les uns contre les autres et entre des parties résistantes; la coupe de ces cellules est ordinairement hexagonale; les cellules sont unies entre elles par une matière gommeuse appelée *matière intercellulaire*. D'abord constituées par une seule membrane, plus tard elles se doublent à l'intérieur d'une, de deux ou de plusieurs autres couches concentriques. Les cellules présentent souvent des ponctuations, des stries en spirale, ou des réticulations; on pense que ces sortes de dessins sont dus à des éraillures régulières ou irrégulières des couches qui tapissent la face interne des cellules. — On nomme *méats intercellulaires* les espaces vides qui existent dans les points où les parois des cellules ne sont pas en contact, que les cellules soient globuleuses ou de forme irrégulière (il est des cellules rameuses qui ne sont en contact que par l'extrémité de leurs branches). — On nomme *lacunes* les grands espaces vides qui existent quelquefois entre des groupes de cellules. Le tissu cellulaire des plantes aquatiques présente souvent de ces lacunes pleines d'air qui aident ces plantes à se soutenir sur l'eau. — Les cellules d'abord isolées tendent à se souder entre elles; M. de Mirbel pense au contraire que les cellules se creusent dans une matière demi-liquide et homogène, de la même manière que l'on crée des cellules (mousse) dans l'eau de savon en y introduisant de l'air; dans cette hypothèse, les cellules libres seraient le résultat d'un isolement consécutif au lieu d'être l'état primitif. — Le tissu cellulaire constitue entièrement la moelle des végétaux, et en grande partie les organes dits parenchymateux ou charnus; il sert aussi de moyen d'union et quelquefois de remplissage entre d'autres tissus; enfin il constitue toute la plante dans des familles entières de végétaux cryptogames. Les cellules vivantes renferment des liquides de natures diverses, de l'eau tenant de la gomme et des sels en dissolution, des huiles grasses, des huiles volatiles qui tiennent souvent des résines en dissolution, etc. Parmi les corps solides que renferment les cellules, nous citerons : la chlorophylle (granules colorés en vert ou d'une autre couleur), la fécule, et des cristaux de diverses substances salines, l'oxalate de potasse par exemple. Certaines cellules épuisées et desséchées sont complétement vides et ne renferment plus que de l'air.

Centimètre, *Centimetrum* ; mesure d'étendue : la centième partie du mètre ; la dixième partie du décimètre ; dix fois la longueur du millimètre.

Centre, *Centrum* ; le point intérieur d'une surface ou d'un corps solide le plus éloigné possible de tous les points de la circonférence ou de la périphérie. — central, *centralis*, qui occupe le centre, qui appartient au centre.

centrifuge, *centrifugus* ; qui tend à s'éloigner du centre. — On nomme *inflorescence centrifuge* (définie ou terminée) celle dans laquelle l'épanouissement des fleurs commence par le centre pour s'étendre successivement jusqu'à la circonférence ; et, par opposition, *inflorescence centripète* (indéfinie ou indéterminée) celle dans laquelle l'épanouissement marche de la circonférence vers le centre, ou, ce qui revient au même, de la base vers le sommet. (Voir le mot Inflorescence.)

Céphalanthie, *Cephalanthium*, signifie tête de fleurs, ou fleurs groupées en tête; inflorescence dans la famille des Composées. = Capitule, = Calathide, = Anthode, = Fleur composée (voir ces différents mots).

Cephalodium, sorte d'*Apothecium* (voir ce mot).

Cephalum, Tête, = *Capitulum.* — *cephalus* signifie tête dans certains mots composés; *polycephalus*, à plusieurs têtes ; *macro-*

cephalus, à grosse tête; *cephalanthium*, tête de fleurs ou fleurs groupées en tête. — *cephaloideus*, en forme de tête.

céracé, *ceraceus*; qui a la consistance et l'aspect de la cire; se dit de certaines masses polliniques très compactes.

cernuus, incliné, penché; courbé d'en haut par le poids de la partie terminale.

cespiteux, *cæspitosus*; qui croît en touffe serrée. Une souche cespiteuse se compose de rhizomes courts, nombreux, pressés les uns contre les autres, ou de bases vivantes d'un grand nombre de tiges annuelles détruites successivement; ces bases produisant chaque année des bourgeons qui se terminent d'abord en rosettes ou en fascicules de feuilles, et s'allongeant plus tard en tiges, contribuent chaque année à augmenter le volume de la souche et à la rendre plus compacte; tel est le mode de végétation des *Carex muricata, paradoxa, paniculata, cæspitosa*, etc. (*Cæspes*, gazon).

Chair, *Caro*; on nomme ainsi la partie pulpeuse des fruits dans laquelle domine un tissu cellulaire gorgé de liquide.

chagriné, *rugosus, granulatus*; se dit d'une surface rugueuse, à rugosités peu saillantes.

Chalaze, *Chalaza*. Gærtner a nommé chalaze (ou hile interne) le point au niveau duquel le funicule (ou le raphé qui est sa continuation) cesse, et où l'ovule ou la graine (abstraction faite du funicule et du raphé) commence. — D'après cette définition, la chalaze est la base réelle de l'ovule ou de la graine, et occupe le point situé à l'extrémité opposée au point occupé, chez l'ovule, par l'exostome (ouverture ou bord du tégument externe de l'ovule), et chez la graine, par le micropyle (point qui n'est autre chose que l'exostome à la maturité, alors qu'il est fermé et représenté par un enfoncement analogue à celui qui résulterait d'une piqûre faite avec la pointe d'une aiguille). — Chez les ovules droits et les graines qui en résultent, la chalaze, située au même point que le hile, constitue la base de l'ovule ou de la graine. — Chez les ovules courbés ou pliés, et les graines qui en résultent, la chalaze, bien qu'occupant, comme dans le cas précédent, la base apparente et réelle de la graine, peut se trouver contiguë au micropyle par suite de la courbure de la graine. — Chez les ovules réfléchis (c'est-à-dire qui paraissent renversés sur leur funicule et soudés avec lui), la chalaze ne semble plus être la base de la graine, car elle se trouve éloignée du hile (point ou le funicule devient adhérent à la graine) de toute la longueur du raphé (étendue dans laquelle le funicule est adhérent à la graine), et le hile constitue seul en apparence la base de la graine. La chalaze détermine un épaississement des téguments de la graine plus ou moins étendu et plus ou moins marqué. — Les graines provenant d'ovules réfléchis sont les plus nombreuses; telles sont, par exemple, les graines de l'Amandier, du Poirier, du Melon, etc. Chez ces graines, la chalaze occupe l'extrémité arrondie et libre de la graine, et le hile l'extrémité aiguë opposée, le micropyle (devenu presque invisible) touche le hile (on reconnaît sa situation parce que la pointe de la radicule de l'embryon est dirigée vers lui dans tous les cas); le raphé, qui sépare le hile de la chalaze, s'étend dans toute la longueur de l'un des côtés de la graine. — En disant que chez les ovules réfléchis le hile constitue la base apparente mais non la base réelle ou organique de la graine, je me suis conformé aux idées admises, mais non à l'opinion personnelle qui résulte de mes propres études. En effet, les idées admises ne seraient exactes que si l'ovule se réfléchissait en réalité sur un funicule libre pour se souder avec lui, mais il n'en est point ainsi : l'ovule réfléchi ne diffère en réalité de l'ovule courbé que parce que l'accroissement unilatéral des téguments (duquel accroissement unilatéral résulte la courbure), au lieu de se passer au-dessus de l'insertion du funicule comme chez les ovules courbés, se passe dans l'étendue même du point d'insertion du funicule qui se trouve ainsi dilaté, étendu ou tiraillé de telle sorte, que cette base d'insertion s'étend dans toute la longueur d'un des côtés de l'ovule et constitue ainsi le raphé; la chalaze est l'extrémité de cette insertion distendue. D'après cette manière de voir, la base organique de l'ovule réfléchi commence au hile en réalité comme en apparence, et se termine à la chalaze. (Voir le mot Ovule.)

Champignons, *Fungi* (structure des) (voir le mot Mycologie).

Chapelet, *Precatorium*, *Monile* ; — en chapelet, *moniliformis* ; se dit d'un organe qui présente une série de renflements globuleux séparés par des étranglements profonds.

Characées, *Characeæ* (structure des) (voir le mot Phycologie).

chartaceus, qui a la consistance du papier ou du parchemin, par exemple l'endocarpe de la pomme.

Chaton, *Amentum*, = *Iulus*, = *Catulus*. On nomme Chaton un *épi* de fleurs ordinairement unisexuelles (le plus souvent mâles) et apétales, *articulé à sa base*, et se détachant du rameau, après la floraison pour les chatons mâles, après la maturité pour les chatons femelles. L'inflorescence en chaton, au moins pour les fleurs mâles, caractérise l'ancien groupe des Amentacées (subdivisé maintenant en plusieurs familles : Juglandées, Cupulifères, Salicinées, Bétulinées, Myricées, etc.) qui renferme la majeure partie des arbres de nos forêts. Chez les genres Saule et Peuplier, il y a des chatons mâles et des chatons femelles ; chez les genres Noisetier, Châtaignier, Charme et autres Cupulifères, les fleurs mâles seules sont disposées en chaton.

Chaume, *Culmus*. Il a été une époque (époque encore peu éloignée) où l'on créait des noms différents pour chaque manière d'être de chaque organe. Cet usage a eu pour résultat d'entraver la marche de la science, en faisant considérer comme essentiellement distincts des objets de même nature, et qui ne présentent que des différences de forme souvent peu importantes. — C'est d'après ce système que l'on a donné le nom de *Chaume* à la tige des Graminées (tige à entrenœuds fistuleux, à nœuds pleins et solides ; à feuilles alternes à base longuement engaînante et à gaîne à bords libres (gaîne dite fendue)).

Chevelu, *Fibrillæ* ; le chevelu est l'ensemble des fibres ou fibrilles capillaires (divisions très fines) de la racine. — Le chevelu est disposé en touffe dans les plantes à souche cespiteuse compacte ; il est épars sur le rhizome dans les plantes à souche traçante.

chiffonné, *corrugatus*, *corrugativus*, — pétales à préfloraison chiffonnée, *prefloratio petalorum corrugativa* ; pétales irrégulièrement plissés en tous sens dans le bouton, par exemple chez le Grenadier (*Punica granatum*), chez les espèces du genre Pavot, etc. L'état chiffonné des pétales est consécutif à un arrangement régulier qui rentre dans un type quelconque ; cet état chiffonné résulte de l'accroissement rapide de la dimension des pétales, lorsqu'ils sont étroitement embrassés par le calice alors fermé, et qu'ils ne peuvent se développer librement faute d'espace.

d. **Chloranthie**, *Chloranthia* (χλωρός, verdâtre ; ἄνθος, fleur) ; état tératologique dans lequel les organes floraux (sépales, pétales, étamines et carpelles) revêtent la couleur verte, la consistance et même la forme des feuilles véritables. Cette déformation très fréquente démontre d'une manière évidente que les organes appendiculaires qui constituent les verticilles de la fleur ne sont autre chose que des feuilles normalement modifiées. De fréquents exemples de chloranthie se rencontrent chez la Tulipe des jardins (*Tulipa Gesneriana*), laquelle offre souvent aussi le phénomène inverse qui consiste en la coloration pétaloïde de feuilles caulinaires ; chez l'*Anemone pavonina*, etc. Une chloranthie des plus remarquables n'est pas rare chez le *Trifolium repens*, les divers organes floraux s'y présentent quelquefois sous la forme de feuilles trifoliolées qui ne diffèrent que par la taille des feuilles ordinaires. Cette anomalie se reproduit chaque année chez un *Fragaria vesca* (cultivé dans le jardin du Muséum) ; les pétales se trouvent représentés, chez cette plante, par des feuilles pétiolées vertes, trifoliolées ou tripartites ; les étamines, par des feuilles vertes de forme souvent trilobée, souvent aussi de formes variées. — J'ai observé de curieux exemples de chloranthie chez plusieurs Crucifères, et notamment chez le *Brassica Napus* ; chez des Ombellifères, entre autres chez le *Daucus Carota* (dans la forme maritime), etc. — L'intensité de la chloranthie peut être telle, que la fleur soit complétement transformée en un bourgeon foliacé dans lequel on ne reconnaît la fleur qu'en raison de sa situation et par analogie avec celles qui sont moins déformées ; j'ai observé à cet état le *Phyteuma spicata*, etc. Une forme des plus curieuses est celle dans laquelle il y a une sorte d'oscillation entre l'état de fleur et l'état de rosette de feuilles ; cette forme, complétement intermédiaire, existe non seulement pour l'ensemble, mais pour un même organe, c'est ainsi qu'une feuille peut présenter l'une de ses moitiés longitudinales foliacée, et l'autre colorée et pétaloïde ; j'ai observé cette anomalie chez l'*Iberis umbellata*.

chlōros, dans les mots composés tirés du grec, signifie vert, verdâtre.

Chlorophylle, *Chlorophylla* ; = Chromule, *Chromula* ; on désigne sous l'un ou l'autre de ces noms la substance colorée que l'on rencontre dans un grand nombre de cellules, et à laquelle les feuilles doivent leur coloration verte ; les pétales, leurs couleurs variées, etc. Cette substance se présente sous la forme de flocons nuageux qui nagent dans le liquide incolore contenu dans la cellule, et se déposent, en y adhérant ou sans y adhérer, sur les parois de la cellule et sur les grains de fécule qu'elle peut contenir. Le flocon nuageux vu à un très fort grossissement paraît se résoudre en de très petits granules de grosseur inégale, dont les plus petits m'ont paru être eux-mêmes colorés. D'autres observateurs les regardent comme incolores, et colorés par une substance demi-liquide déposée à leur surface ; il est certain que les plus gros de ces granules ne sont pas colorés, aussi suis-je porté à croire qu'ils ne sont colorés qu'à leur état naissant, mais que ce sont les mêmes, qui, en grossissant, deviennent incolores ; les plus gros pouvant être accidentellement colorés, ainsi que les grains de fécule et les parois de la cellule, par les plus petits déposés à leur surface. — L'alcool décolore la chlorophylle en la dissolvant à la manière des substances résineuses, aussi les fleurs et les feuilles plongées dans l'alcool sont-elles promptement décolorées.

Chromisme (χρῶμα, couleur), expression employée par M. Moquin-Tandon pour désigner l'anomalie qui consiste dans un excès de coloration, et qui est l'inverse de l'altération désignée sous le nom d'albinisme. — Sous l'influence de la culture, diverses fleurs, graines, racines, etc., passent de la couleur blanche à des couleurs plus ou moins prononcées ; je citerai les variétés jaune, rouge, marbrée, de la graine du Haricot, une variété à fleurons tubuleux d'un rouge intense du *Bellis perennis* que l'on cultive dans les jardins, la variété jaune de la racine de la Carotte, les variétés jaune et rouge de la racine de la Betterave, etc. — Les plantes qui végètent privées de l'action de la lumière, dans une cave par exemple, s'étiolent, c'est-à-dire, produisent des bourgeons allongés dont les feuilles sont petites et blanches ou presque incolores, si ces plantes étiolées sont transportées au grand air et à la lumière, les feuilles blanches se colorent insensiblement en vert.

Chromule, *Chromula* (voir le mot Chlorophylle).

Achrysos, dans les mots composés tirés du grec, signifie jaune d'or, jaune pur brillant. (En latin, *aureus* et *auratus.*)

Cicatrice, *Cicatrix*; empreinte laissée sur un organe par la base d'une partie articulée avec lui, après la chute de cette partie. Un rameau, après la chute des feuilles, présente des cicatrices qui correspondent à la base des pétioles qui se sont détachés. La graine, à la maturité, détachée du funicule présente une cicatrice au point correspondant au hile.

cicatricosus, qui présente des cicatrices par suite de la chute de parties articulées.

Cicatricule, *Cicatricula,* nom donné à la cicatrice du hile sur la graine mûre lorsqu'elle est détachée du funicule.

Cil, *Cilium*; on nomme Cils les poils courts et plus ou moins roides placés sur le bord d'une surface, d'une feuille, d'un pétale, le long d'une arête (*arista*), sur les angles d'une tige, d'un fruit, etc.

Cilié, *ciliatus*; bordé de cils.

cimicinus, qui exhale une odeur de punaise (par ex. les fleurs de l'*Orchis coriophora*). (*Cimex*, punaise; en grec, *coris.*)

cinctus, entouré de, ceint de.

cinerascens, qui tend au gris cendré, d'un gris cendré, pâle ou blanchâtre. —*cinereus*, d'un gris cendré.

cinnabrinus, d'un rouge orangé vif, couleur de cinnabre, vermillon.

cinnamomeus, dont l'odeur rappelle celle de la Cannelle (*Cinnamomum*).

circinalis; enroulé du sommet à la base: *Folia circinalia,* feuilles roulées en crosse, par ex. les feuilles jeunes chez les *Drosera*, les frondes des Fougères, etc. — *circinatus*, qui décrit un cercle.

Circonférence, *Ambitus*, = *Circumductio*, = *Circumferentia*, = *Circumflexus*; ligne qui limite un cercle, et par extension ligne qui limite une surface quelconque.

Circonscription, *Circumscriptio*; étendue limitée par une circonférence. S'emploie aussi comme synonyme de circonférence, mais en considérant la ligne de contour comme matérielle et non comme idéale.

circularis, circulaire, qui a la forme d'un cercle : *Embryo circularis*, = *E. annularis*, embryon annulaire.

circumdatus, environné, entouré par.

Circumductio, = *Circumferentia*, = *Circumflexus*, Circonférence.

circumnexus, environné.

circumscissus, qui semble coupé circulairement, par exemple le péricarpe des fruits désignés sous le nom de *Pixide*, à leur maturité. *Circumscisse dehiscens*, s'ouvrant à la manière des pixides. (Le fruit est une pixide chez les *Anagallis*, les *Hyosciamus*, etc.)

Circumscriptio, circonscription. — *circumscriptus*, qui est circonscrit dans une circonférence.

Cirrhus, Vrille, organes filiformes qui terminent certains pétioles, certains pédoncules (ils résultent, en général, d'une sorte d'élongation de ces organes), et s'entortillent en spirale autour des corps voisins. — *cirrhiferus*, qui est muni de vrilles, qui émet des vrilles; — *cirrhiformis*, en forme de vrille; — *cirrhosus*, qui tend à passer à la forme de vrille, qui s'enroule comme une vrille sans avoir la forme d'une vrille, par exemple, les pétioles des feuilles chez la Clématite.

Cistula, sorte d'*Apothecium*.

citrinus, de couleur citrine, couleur de l'écorce de citron, d'un jaune pâle.

clados, dans les mots composés dérivés du grec signifie branche.

Classe, *Classis*; on désigne sous le nom de classes des groupes fondés sur des caractères du premier ordre, ces groupes réunissent chacun plusieurs familles. Les familles sont aux classes ce que les genres sont aux familles.

Classification, *Classificatio*. Arrangement méthodique. L'exposé dogmatique des lois qui doivent présider à la classification des plantes, et des divers essais de classification tentés par les naturalistes, constituent la partie de la science botanique désignée sous le nom de Taxonomie végétale. (Voir le mot *artificiel*.)

clathratus, = *cancellatus*; en forme de réseau à jour.

clausus, fermé.

clavatus, se terminant en massue, allant en grossissant de la base au sommet et se terminant par une extrémité arrondie.

claviforme, *claviformis*, *clavæformis*, en forme de massue.

Clavula, petite massue. — *clavulatus*, un peu renflé en massue.

Clinanthe, *Clinanthium*, = Phoranthe (Rich.); sommet élargi d'un pédoncule chargé de fleurs sessiles. On se sert plus ordinairement de l'expression *Réceptacle commun*, ou simplement *Réceptacle*. Le pédoncule est terminé en réceptacle (Clinanthe) chez les plantes de la famille des Composées, des Dipsacées, etc.; ce réceptacle a reçu le nom de *Amphanthium* (inusité) chez le Figuier, le Dorstenia, etc. (Voir le mot Réceptacle.) — Le Clinanthe, l'Involucre et les Fleurons, constituent par leur ensemble le Capitule.

Cloche, *Campana*; — en forme de cloche, *campanulatus*. Un grand nombre de corolles gamopétales sont de forme campanulée.

Cloison, *Septum*, *Dissepimentum*. Certains ovaires (ou certains fruits) sont composés de plusieurs carpelles fermés, soudés par leurs faces latérales, (voir le mot Carpelle). Si l'on coupe en travers un de ces ovaires ou un de ces fruits, il semble composé de loges longitudinales séparées les unes des autres par des *cloisons*; chaque loge est la cavité d'un carpelle et chaque cloison est constituée par deux feuillets soudés appartenant à deux carpelles adossés. Lorsque, à la maturité du fruit, les deux lames soudées qui constituent chaque cloison se séparent (en d'autres termes, lorsque les carpelles se désagrégent), on dit qu'il y a déhiscence *septicide* (cloisons partagées en deux feuillets); lorsque les deux lames qui constituent chaque cloison restent soudées et que la partie dorsale des carpelles (loges) se détache des cloisons en manière de valve, on dit que la déhiscence est *septifrage* (cloisons rompues); les autres modes de déhiscence ont des relations éloignées ou n'ont pas de relations avec les cloisons : c'est ainsi que dans la déhiscence loculicide (loges partagées longitudinalement) les cloisons sont situées à la partie moyenne de chaque valve; chacune de ces valves étant le résultat de deux moitiés de carpelles accolées et dont la cloison n'a subi ni séparation ni rupture. — On nomme *Cloisons incomplètes* celles qui n'atteignent pas le centre du fruit; les ovaires qui présentent ces cloisons sont composés de carpelles incomplétement fermés, et l'ensemble présente une seule loge subdivisée en cellules ouvertes à l'intérieur et communiquant ensemble. — On a donné le nom de *Fausses cloisons (Disse-pimenta spuria)* à des cloisons cellulaires longitudinales de diverses natures, par exemple à la cloison de la silique des Crucifères. Enfin il est des fruits qui présentent de fausses cloisons cellulaires transversales ; d'ordinaire ces cloisons séparent et isolent des graines superposées ; les fruits de certaines plantes de la famille des Papilionacées et des Crucifères présentent des exemples de cette structure exceptionnelle.

Clostres; organes élémentaires du tissu fibreux (voir le mot fibres).

coacervatus, = *aggregatus*; entassé, accumulé.

coadnatus, = *coadunatus*; se dit de parties soudées entre elles.

coœtaneus, contemporain : *Amenta coœtanea*, chatons se développant en même temps que les feuilles.

coalitus, soudé; se dit de parties adhérentes entre elles.

coarctatus : *rami coarctati*, rameaux dressés et rapprochés.

coccineus, de couleur rouge écarlate.

Coccum, et *Coccus*; Coque; sorte de fruit.

cochleariformis, en forme de cuiller, se dit de certaines feuilles à limbe concave. — On a nommé *Prœfloratio cochlearis* la préfloraison dans laquelle un des pétales (le pétale supérieur chez les Aconits par exemple), plus grand que les autres, est recourbé sur eux et les recouvre.

cochleatus, en forme de coquille de limaçon ou escargot, en hélix.

par exemple le fruit de la plupart des espèces du genre *Medicago*. (*Cochlea*, coquille d'escargot).

Cœnanthium, (κοινὸς, commun, ανθος, fleur); nom donné à l'inflorescence du Figuier qui est constituée par des fleurs réunies dans un réceptacle commun concave qui n'est autre chose qu'un pédoncule profondément déprimé.

cœruleus, *cœruleus*, de couleur bleue. — *cœrulescens*, bleuâtre.

cœsius, *cœsius*, d'un bleu grisâtre.

Cohérent, *cohærens* = *coadunatus* = *connatus* = *coalitus*; se dit de parties soudées entre elles, surtout si elles sont de même nature, de pétales soudés entre eux par exemple. Cohérent s'emploie quelquefois aussi comme synonyme d'*agglutiné*: qui est seulement collé comme avec de la glu et peut se séparer sans déchirure. —Les anthères sont cohérentes chez les Balsaminées.

Cohérence, *Cohærentia*. État des corps cohérents.

Cohérences, *Cohærentiæ*; on a désigné sous ce nom les anomalies végétales qui consistent dans la soudure accidentelle de verticilles similaires entre eux (plusieurs rangs de pétales, d'étamines, ou de carpelles), ou de pièces appartenant à ces verticilles.

Coléoptile, *Coleoptilis*, et *Coleophyllum*. Dans la graine des Monocotylédones on a donné ce nom au véritable cotylédon dans le cas où il enveloppe complétement la plantule qui s'y trouve renfermée comme dans un étui.

Coléorhize, *Coleorhiza*. Ce nom a été donné à l'étui qui enveloppe la première racine normale chez certaines plantes (chez les Graminées par exemple), étui qui se trouve converti en gaîne par suite de l'accroissement de la racine qui y est renfermée, et qui le déchire à son extrémité pour se faire jour au dehors et continuer à s'allonger; l'étui, gaîne ou coléorhize ne participant point à cet accroissement. — L. Claude Richard, se basant sur la présence ou sur l'absence de la coléorhize, partagea les plantes phanérogames en deux grandes divisions : les *Endorhizes* (à racine primordiale renfermée dans une coléorhize) et les *Exorhizes* (dont la racine primordiale est dépourvue de coléorhize); la division des Endorhizes est actuellement

encore regardée comme correspondant à l'embranchement des
Endogènes ou Monocotylédones, et la division des Exorhizes à
l'embranchement des Exogènes ou Dicotylédones. Il s'en faut
cependant que toutes les Monocotylédones soient endorhizes
(coléorhizées), et d'autre part il existe chez les Dicotylédones
de véritables endorhizes. Je dirai plus, la plupart des Monocotylédones dont j'ai étudié la germination ne sont point coléorhizées; je citerai, parmi les plantes monocotylédonées que
j'ai fait germer et dont la racine manque de coléorhize : le
Dattier (*Phœnix dactylifera*), le *Muscari comosum*, le *Scilla
Peruviana*, l'*Agraphis nutans*, les *Tulipa sylvestris* et *Gesneriana*, plusieurs *Allium*, un *Juncus*, etc. ; or si la coléorhize
n'existe pas chez ces Monocotylédones que j'ai prises au hasard
entre tant d'autres, il est probable que dans un très grand
nombre de cas cet organe n'existe pas dans cet embranchement. — Chez le *Tamus communis* j'ai constaté que la coléorhize est une dépendance de la feuille cotylédonaire, et n'est
autre chose que la racine primordiale émise par cette feuille,
racine primordiale qui est traversée dans sa longueur et déchirée par des racines emboîtées, plus intérieures. — Chez les
Graminées la coléorhize n'est pas, comme chez le *Tamus*, la racine de la feuille cotylédonaire, la feuille cotylédonaire émet
une racine rudimentaire quelquefois réduite à une protubérance qui joue le rôle de magasin à fécule, et constitue avec le
cotylédon la masse charnue désignée sous le nom d'hypoblaste;
la partie limbaire de cet hypoblaste, partie limbaire assez développée chez le Maïs, est bien susceptible d'être déchirée par
la racine qui la traverse obliquement, mais cette déchirure, qui
n'a pas lieu dans l'axe de la partie radiculaire du cotylédon,
ne constitue pas une véritable coléorhize; la véritable coléorhize des graminées est constituée par la racine d'une feuille
supérieure au cotylédon (l'épiblaste ou deuxième feuille étant
très rudimentaire, il est probable que la feuille qui émet la racine qui doit être convertie en coléorhize, est la troisième
feuille). — De la série de faits que je viens d'exposer il résulte :
1° que chez les Graminées la racine du cotylédon ou racine
première est réduite à une protubérance qui ne s'allonge

point ; 2° que chez un grand nombre de Monocotylédones (*Phœnix*, *Scilla*, *Muscari*, etc.) la racine première s'allonge en véritable racine; et 3° que chez le *Tamus communis* (et chez d'autres sans doute) la racine première s'allonge, puis est convertie en gaîne ou coléorhize par une racine seconde qui la traverse selon son axe; il résulte en second lieu : 1° que chez beaucoup de Monocotylédones la racine seconde, pas plus que la racine première, ne se convertit en gaîne; 2° que cette racine seconde est chez le *Tamus* celle qui perfore et convertit en gaîne la racine première, mais n'est pas elle-même convertie en gaîne à son tour; 3° que chez les graminées c'est cette racine seconde qui est convertie en gaîne par une racine troisième.—De l'observation de tous ces faits (que j'ai constatés par des coupes longitudinales nombreuses étudiées et dessinées sous la loupe ou le microscope) il résulte : 1° que la coléorhize ne caractérise pas le groupe des Monocotylédones; 2° que la coléorhize n'est pas un organe spécial, mais qu'elle résulte de la perforation de haut en bas d'une racine par une racine plus intérieure qui descend dans son axe, cette coléorhize ou gaîne étant constituée manifestement par une racine qui, dans d'autres cas, se développe en racine normale. —Non seulement la présence d'une coléorhize ne caractérise pas essentiellement l'embranchement des Monocotylédones, mais l'absence de la coléorhize ne caractérise pas non plus l'embranchement des Dicotylédones; en effet, je considère comme une véritable coléorhize la réunion des deux appendices descendants que l'on observe à la base des feuilles cotylédonaires du Radis (*Raphanus sativus*) à l'époque où la plante présente déjà une rosette de feuilles. Ces appendices constituent dans l'origine presque toute la masse du mérithalle primordial et de la radicule; plus tard, lorsque ces parties ont pris un certain développement, on les voit se détacher de la masse sous la forme de membranes charnues, mais en restant adhérentes à la base des feuilles cotylédonaires, et souvent aussi à la partie inférieure de la racine. Ces appendices, avant de devenir libres, faisaient donc partie du mérithalle primordial et de la racine, et leur coupe verticale nous apprend qu'ils sont la continuation de toute la

partie celluleuse des feuilles cotylédonaires; quant aux faisceaux vasculaires qui descendent du pétiole, ils pénètrent dans
le centre de la tigelle. J'ai observé chez les *Chenopodium album, murale,* etc., une coléorhize normale absolument semblable à celle du *Raphanus*; j'ai vu également une déformation
accidentelle du *Sinapis arvensis* donner lieu à la manifestation
anormale de cet organe. — J'ai démontré que le faux bulbe des
Orchis est composé, dans sa partie supérieure, par l'éperon
des feuilles du bourgeon dans lequel descend le bourgeon lui-
même qui émet à sa base une masse radiculaire adhérente à un
sac qui la renferme, ce sac constitue chez ces bourgeons anormaux une véritable coléorhize. — Je ne quitterai point cet important sujet sans mentionner les résultats auxquels j'ai été
conduit par l'étude du faux tubercule du *Corydalis solida,*
dont j'ai suivi le mode de développement pendant une période
de plusieurs années (ma manière de voir diffère complétement
de l'opinion de M. Bischoff dans son mémoire sur le bulbe des
Corydalis; M. Bischoff admet que le point de départ du bulbe
(ou système ascendant) est situé au niveau du point d'où partent les fibres radicales; je crois, au contraire, avoir démontré
que le véritable point de départ est l'aisselle des feuilles squamiformes où se développent les bourgeons axillaires). Chez le
Corydalis solida la couche extérieure du tubercule situé au-
dessous de l'insertion des feuilles est l'écorce de la racine; or,
cette écorce se laissant percer à sa base par un faisceau de fibres
radicales, et se détachant plus tard comme une gaîne du faisceau central, ne diffère en rien d'une coléorhize; quant à la
colonne centrale, c'est une véritable racine pivotante émettant
à sa base des fibres radicales. C'est entre l'écorce radicale libre
ou coléorhize et le corps central de la racine pivotante que
descendent isolément les corps radiculaires des bourgeons,
corps radiculaires qui ne sont autre chose que de jeunes racines
coléorhizées indépendantes l'une de l'autre. Un bulbe de *Corydalis solida* est donc en réalité une véritable racine pivotante
coléorhizée, à coléorhize charnue globuleuse, et cette racine
qui est annuelle se renouvelle au moyen de racines semblables
qui descendent isolément des bourgeons en traversant sa sub-

stance. — Quelles sont les différences qui existent entre cette singulière racine pivotante coléorhizée et se renouvelant chaque année et une racine pivotante vivace non coléorhizée, celle d'une Ombellifère, du Fenouil, par exemple? Les voici : Chez la racine pivotante vivace non coléorhizée, l'écorce s'allonge indéfiniment avec le corps central de la racine et lui reste adhérente, au lieu de se laisser traverser par lui et de s'en détacher plus tard ; en outre, dans les racines pivotantes vivaces, les bourgeons émettent inférieurement des processus qui s'étendent en réseau autour du corps de la racine (comme il est facile de s'en assurer par la macération) et grossissent la masse, tandis que chez le *Corydalis solida* le processus descendu de chaque bourgeon forme un corps isolé et constitue une racine indépendante. — Des différents faits que je viens d'énumérer (et qui seront ultérieurement développés) je tire la conclusion suivante, savoir : que la couche extérieure du mérithalle primordial de la tige situé au-dessous des cotylédons, et la couche extérieure de la racine (soit que ces couches deviennent libres et prennent le nom de coléorhize, soit qu'elles restent adhérentes et gardent le nom d'écorce) sont, au moins en partie, le résultat de la prolongation de la portion celluleuse des feuilles au-dessous de leur insertion. J'ajouterai, en outre, que si l'on admet que la structure du mérithalle primordial inférieur aux cotylédons ne diffère pas de la structure des mérithalles de la tige supérieurs aux cotylédons, on ne pourra nier que l'écorce, à quelque niveau qu'on la considère, ne soit le résultat de la décurrence des feuilles.

collatérales, collatéraux ; se dit de deux organes placés côte à côte, par exemple de deux ovules dans un ovaire.

collecteurs, *collectores* ; on a nommé Poils collecteurs, *Pili collectores* (Cass.), des poils courts et roides ou papilles qui hérissent le sommet ou divers points de la partie supérieure du style chez les Composées, par ex. Ces poils disposés en manière de brosse sont destinés à recueillir le pollen pendant que le style en s'allongeant balaie, en quelque sorte, le tube constitué autour de lui par les anthères soudées. Dans la division des Cynarocéphales le renflement situé au-dessous des branches du

style est chargé de ces poils; dans la division des Corymbifères
ils occupent la partie des branches qui s'étend au-dessus du
niveau qu'atteignent les lignes stigmatiques; chez les Chicoracées les poils collecteurs occupent une certaine étendue du
style au-dessous des deux branches, et se continuent sur la face
dorsale de ces branches par une fine pubescence. — Chez les Campanulacées, on a signalé un fait fort intéressant, mais qui de-
mande à être étudié de nouveau : pendant la floraison, chacun
des poils collecteurs se refoulerait sur lui-même et rentrerait dans
une cavité en forme de gaîne, en entraînant des grains de pollen.

Collections botaniques (voir le livre troisième de cet ouvrage).

Collerette; on a donné ce nom à l'involucre de l'ombelle chez les
plantes de la famille des Ombellifères; cet involucre se compose d'un seul verticille de bractées (inusité).

Collet, *Collum*, = nœud vital = mésophyte. On a donné le nom
de Collet ou Nœud-vital, soit à un plan mathématique, soit à une
partie d'une certaine étendue, séparant dans l'axe d'une plante
la tige de la racine. Deux interprétations principales de cette ancienne définition d'un fait exact mais naguère encore très peu
étudié, peuvent être présentées; ces interprétations sont basées
sur les divers caractères qui distinguent la tige de la racine.
Deux de ces caractères essentiels reposent sur la direction et
sur le mode d'accroissement des parties; un autre de ces caractères repose sur le mode de production des bourgeons. Signa-
lons d'abord les différences puisées dans le mode d'accroissement : chez la racine la direction est descendante, et l'accroissement en longueur a lieu par l'allongement de son extrémité
seulement; chez la tige la direction est ordinairement ascendante, et l'accroissement en longueur a lieu dans tous les points
de son étendue à la fois (pendant la période de la première
année pour chaque nouvelle pousse de tiges ou de rameaux,
soit axillaires, soit terminaux); si l'on a égard seulement à ces
importants phénomènes physiologiques, on verra le collet dans
le plan horizontal qui sépare le système ascendant du système
descendant, telle est la manière de voir de M. Gaudichaux,
dont l'opinion est d'un si grand poids dans cette question; la
seule objection que j'aie à faire à cette délimitation des parties

est que, bien qu'elle repose sur un fait incontestable, elle est d'une application souvent assez difficile ; en effet, on ne saurait dans un grand nombre de cas, préciser le point de séparation du système ascendant et du système descendant, le niveau auquel commencent les radicelles étant fréquemment situé sur la partie inférieure de l'axe ascendant et non sur l'axe descendant lui-même. J'ajouterai que l'on a jusqu'ici entendu par *nœud-vital* ou *collet* un point de l'axe de la plante tel que si la plante est coupée transversalement au-dessous de ce point elle se trouve complétement frappée de mort, et que si elle est coupée transversalement, fût-ce même d'une très petite quantité au-dessus de ce point, la plante émet des bourgeons et continue à vivre par le développement de nouvelles tiges et de nouveaux rameaux. Or, si l'on coupe transversalement la plante immédiatement au-dessus du niveau du plan qui sépare la tige (ou axe ascendant) de la racine (ou axe descendant), mais au-dessous de l'insertion des feuilles cotylédonaires, la plante périra (à moins qu'il ne se développe des bourgeons adventifs, comme il peut d'ailleurs s'en développer sur la racine elle-même.) — Je passe maintenant au caractère distinctif de la tige et de la racine au point de vue de la production des bourgeons ; chez la racine, les bourgeons qui se développent quelquefois (bourgeons adventifs) naissent çà et là et comme au hasard ; en aucun cas, il n'existe sur la racine proprement dite de feuilles directement insérées, et à l'aisselle desquelles naissent des bourgeons ; chez la tige, au contraire, un bourgeon terminal feuillé termine chacune des divisions ; en outre l'aisselle de chacune des feuilles insérées directement sur la tige et ses divisions est susceptible d'émettre un bour- geon. Par conséquent, en dehors de la gemmule, le premier bourgeon émis est celui qui est susceptible de naître à l'aisselle de chacun des deux cotylédons chez les Dicotylédones. On peut donc se baser sur ces considérations pour diviser l'axe des végétaux dicotylédonés en deux parties : l'une inférieure à l'insertion des feuilles cotylédonaires, constituée par le méri- thalle inférieur de la tige et par la racine, et qui n'est suscep- tible de donner naissance à aucun bourgeon normal ; l'autre

partie, supérieure aux insertions des feuilles cotylédonaires,
insertions au niveau desquelles des bourgeons sont susceptibles
de se développer ; je ne doute pas que les divers auteurs qui
ont parlé du collet en disant que la plante coupée immédiatement au-dessus continue à végéter, n'aient eu en vue le niveau des feuilles cotylédonaires, bien qu'aucun ne se soit ex-
pliqué clairement à ce sujet. Il y aurait donc lieu de distinguer
deux collets chez les phanérogames : 1° celui au niveau duquel
l'axe ascendant se trouve en contact avec l'axe descendant, et
dont M. Gaudichaux a démontré l'importance organographique,
je propose de le nommer *Collet organique*, ou de lui appliquer
le nom de *Mésophyte* ; 2° celui au niveau duquel des bourgeons
normaux peuvent être produits, et qui constitue par conséquent le *Nœud-vital*, je propose de le nommer *Collet apparent*,
ou de lui réserver simplement le nom de *Collet*. — Enfin,
M. D. Clos, a décrit sous le nom de collet la partie de l'axe qui
s'étend entre le collet organique et le collet apparent ; cette
partie de l'axe est simplement le premier mérithalle de la tige,
mérithalle qui commence à l'insertion des feuilles cotylédonaires, et se termine à la naissance du système descendant
ou racine proprement dite. Je ne crois pas utile d'attribuer
à ce mérithalle un nom particulier. — D'après les définitions
que je viens de donner (pour les Phanérogames) du collet organique ou *mésophyte*, et du collet apparent, ou simplement *collet*,
il est évident que ces points ou ces organes n'existent que chez
les plantes annuelles ou les plantes vivaces à racine pivotante ;
en effet, dans tous les cas où la racine pivotante primordiale
et souvent la partie inférieure de la tige elle-même, se trouve
détruite, il n'existe plus de collet à proprement parler ; la
souche ou partie souterraine de la plante, est alors entièrement constituée par une tige hypogée ou rhizome, susceptibl
d'émettre dans toute sa longueur des bourgeons normaux
l'aisselle de ses feuilles, quelque rudimentaires que ces feuilles
puissent être ; et chaque fragment de ce rhizome reprodui
la plante en constituant de véritables boutures. (On peut
admettre, du reste, chez les boutures, un collet artificiel ;
collet correspondrait à l'aisselle de la feuille la plus inférieur

de la bouture.) — Chez les *Monocotylédones non bulbeuses*, un premier mérithalle (analogue aux mérithalles supérieurs dont se compose la tige de ces plantes à feuilles alternes) peut se développer et éloigner du collet organique ou mésophyte la base du pétiole cotylédonaire. — Chez les *Monocotylédones bulbeuses*, je ne reconnais que l'existence du collet organique ou mésophyte, le collet apparent n'existe pas. Il suffit, pour se convaincre de la vérité du fait que j'avance, de faire la coupe longitudinale d'une Monocotylédone bulbeuse en germination, d'un *Muscari* par exemple, et de comparer cette coupe à celle d'une Monocotylédone à rhizome, de l'*Allium fallax* par exemple : on verra chez le *Muscari* la gemmule embrassée par la feuille cotylédonaire naître ainsi que la feuille cotylédonaire elle-même sur un plan au-dessous duquel commence manifestement la racine ; tandis que, chez l'*Allium fallax*, la gemmule naît au sommet du premier mérithalle de la tige, et est par conséquent séparée du mésophyte ou collet organique par toute la longueur de ce premier mérithalle. Les Monocotylédones peuvent par conséquent avoir comme les Dicotylédones un collet organique et un collet apparent, ou n'avoir qu'un collet organique, lorsque, ainsi que cela arrive chez les bulbes, les entrenœuds ou mérithalles de la tige sont tellement courts qu'ils peuvent être considérés comme nuls. — Dans les recherches que j'ai faites dans ces derniers temps sur la structure et sur le mode de germination des embryons, j'ai été assez heureux pour rencontrer plusieurs faits non encore observés, et qui sont de nature à jeter une vive lumière sur la structure des tiges, et notamment sur la question qui nous occupe en ce moment. Déjà M. Bischoff avait reconnu que le *Corydalis solida*, plante appartenant à une famille de plantes dicotylédonées, germe avec un seul cotylédon ; j'ai trouvé de mon côté que le *Bunium Bulbocastanum*, plante également tuberculeuse (mais d'une structure toute différente), germe également avec un seul cotylédon ; ayant semé des graines d'une autre Ombellifère prise au hasard parmi les diverses espèces de la même section, le *Biasotettia tuberosa*, j'ai vu, ainsi que je m'y attendais, cette plante germer également avec un

40

seul cotylédon, et je suis par conséquent porté à croire que
toutes les plantes de la même section présentent cette singulière organisation. Chez ces plantes, le limbe du cotylédon est
de forme elliptique et s'atténue en un long pétiole; ce long
pétiole représente la moitié longitudinale de la partie qui chez
les Dicotylédones normales constitue le mérithalle inférieur de
la tige. Le cotylédon unique de ces Dicotylédones anomales est,
par conséquent, inséré comme celui des Monocotylédones bulbeuses, au niveau du collet organique ou mésophyte, et il n'existe
pas plus chez les unes que chez les autres de collet proprement
dit. Cette feuille cotylédonaire unique constitue chez ces
plantes le système ascendant pour toute la première année. —
Chez le *Cyclamen*, il n'y a, pour ainsi dire, pas de feuilles cotylédonaires; ou, si l'on veut, il se développe un cotylédon unique
qui prend la forme d'une feuille pétiolée normale, et est suivi
plus tard par d'autres feuilles qui n'en diffèrent en rien, et qui
se développent une à une alternativement et de la même manière. — Un autre fait qui lie l'état observé chez les Dicotylédones monocotylédonées, et chez les Dicotylédones normales, est
venu dernièrement couronner mes recherches sur cet intéressant
sujet; il m'a été fourni par la germination du *Chærophyllum
bulbosum*. Chez cette plante, la germination se fait d'abord
normalement : deux cotylédons elliptiques terminent un premier mérithalle. J'observais depuis quelques jours cette germination, et je m'étonnais de ne voir nulle apparence de
gemmule entre les feuilles cotylédonaires, lorsque je vis sortir
de terre des feuilles à limbe divisé que je crus appartenir à
une autre espèce dont les graines auraient pu se trouver
dans la terre où j'avais semé le *Chærophyllum*, et je me hâtai
de renverser la terre du pot pour examiner le fait avec attention ; quelle ne fut pas ma surprise, lorsque je vis que les
nouvelles feuilles appartenaient au *Chærophyllum*, et qu'elles
partaient du point intermédiaire à l'axe ascendant et à l'axe
descendant, c'est-à-dire du mésophyte ou base du premier
mérithalle; ayant porté la plante sous le microscope, je vis
manifestement que les deux processus descendants des feuilles
cotylédonaires, dont l'accolement constitue le premier méri-

thalle, s'étaient disjoints à ce point pour livrer passage à la gemmule (déjà développée en plusieurs feuilles foliacées); ce premier mérithalle, terminé par les deux limbes cotylédonaires, ne tarda pas à se dessécher et à périr, et la végétation de la plante continua par la tige née au niveau du mésophyte. — Voici donc des Dicotylédones dont les unes sont réellement monocotylédonées, et chez lesquelles le cotylédon unique représente manifestement une moitié longitudinale de tige; et voici une autre Dicotylédone à deux cotylédons dont le bourgeon terminal ou gemmule et les bourgeons axillaires ne sortent point au-dessus du niveau des limbes cotylédonaires, et dont la tige (déjà constituée par l'accolement des deux pétioles cotylédonaires) se désagrége à sa base en deux pétioles entre lesquels sort la gemmule. — N'est-il pas manifeste que ce premier mérithalle est constitué par deux feuilles accolées, et si telle est la structure du premier mérithalle, ne suis-je point fondé à regarder les mérithalles supérieurs de la tige comme d'une structure analogue, c'est-à-dire comme étant constitués par des bases de feuilles? Tel est le résultat auquel j'ai été conduit par l'étude de la germination des plantes, résultat qui ressortait déjà des considérations que j'ai présentées sur la nature des coléorhizes.

∞ *collinus*, qui se plaît sur les collines. (*Collis*, colline.)

∞ *colliquescens*, = *liquescens*, qui tombe en *deliquium*, qui se résout en eau.

∞ *collocatus*, placé, disposé, situé.

∞ *Collum*, Collet, Nœud-vital.

∞ Coloration, *Coloratio*. La coloration a son siége chez les végétaux dans de très petits globules ou granules à l'état naissant, qui en grossissant deviennent incolores; ces granules sont renfermés dans les cellules où ils constituent par leur nombre un nuage d'aspect gélatineux qui a reçu le nom de *chlorophylle* ou *chromule*. — Le vert, qui est la couleur des feuilles et des jeunes tiges, est la couleur la plus répandue dans le règne végétal. Or, comme tous les organes végétaux colorés en vert ont la propriété de décomposer l'acide carbonique de l'air qu'ils absorbent, et de fixer le carbone en dégageant l'oxygène, on a pensé que la présence du carbone était réciproquement la cause de la coloration en vert, puisque les feuilles décolorées sont blanches ou jaunâtres, et qu'un mélange de jaune et de noir donne pour résultat une teinte verte. La décomposition de l'acide carbonique par les feuilles a lieu seulement pendant le jour, c'est-à-dire sous l'influence de la lumière du soleil, la lumière est par conséquent un des agents de la coloration. On attribue à l'existence d'une plus grande proportion d'oxygène (oxydation plus forte) le passage de la couleur verte à la couleur jaune, du jaune au rouge, et du rouge au brun, chez un grand nombre de feuilles et de fruits à l'époque de la maturité; et l'on attribue au contraire la couleur bleue à l'existence, dans la matière colorante qui a cette teinte, d'une proportion d'oxygène moindre que celle qui existe dans la matière colorante verte. De là, on a divisé les couleurs en deux séries : l'une appelée série oxydée ou positive (Schubler et Funk), ou série xantique (de Candolle); l'autre appelée série désoxydée ou négative, ou série cyanique. En effet, la couleur jaune, point culminant de la série xanthique, est la plus éloignée de la couleur bleue, point culminant de la série cyanique; l'union de ces deux extrêmes donne un terme moyen qui est le vert, sorte de zéro dans cette échelle des couleurs; d'autre part, le rouge se trouve à égale distance du jaune et du bleu, et par conséquent au même niveau que le vert et en face de lui, l'orangé est la transition du jaune au rouge, le violet est la transition du jaune au bleu. Le noir est l'exagération des teintes foncées, principalement du bleu; le blanc est l'atténuation des teintes claires; le noir correspond à l'absence de rayons lumineux, le blanc à la concentration de tous les rayons lumineux. La distance qui sépare le jaune (point extrême de la série xanthique) du bleu (point extrême de la série cyanique) est constatée par l'existence d'une de ces deux couleurs et de ses dérivés, à l'exclusion de l'autre, chez un même végétal : c'est ainsi que les genres *Rosa*, *Dahlia*, *Dianthus*, *Primula*, etc., appartenant à la série xanthique, on a pu, par la culture, obtenir des fleurs (Roses, Dahlias, Œillets et Primevères) de couleur jaune, rouge ou blanche, mais jamais de couleur bleue ; et que réciproquement, les fleurs ou les fruits bleus passent très rarement à la couleur jaune ; néanmoins, on a obtenu par la culture de nombreuses variétés de couleur jaune du fruit du Prunier commun, dont le type est d'un noir bleu. Toutes les espèces de certains genres appartiennent, par leurs fleurs exclusivement, à l'une des deux séries ; d'autres genres renferment des espèces qui, par la couleur de leurs fleurs, appartiennent les unes à la première, les autres à la seconde série : tels sont les genres *Linum*, *Sonchus* et *Gentiana*. — Je ferai remarquer en terminant, que la couleur blanche, qui est une sorte de décoloration, coïncide, quand elle est accidentelle, avec un affaiblissement de la plante et une plus grande délicatesse des tissus, et que les fleurs bleues, rouges ou violettes, passent fréquemment à la couleur blanche (soit spontanément sous l'influence de causes accidentelles souvent inappréciables, soit sous l'influence de la culture), tandis que cette décoloration est assez rare chez les fleurs jaunes.

coloré, *coloratus* ; on nomme colorés les organes qui habituellement verts présentent une autre couleur que la couleur verte : le rouge, le jaune, le bleu, etc., et même le blanc, lorsque cette couleur est normale chez l'espèce (par exemple les pétales du *Clematis Vitalba*). Mais si la couleur blanche est accidentelle, l'organe qui la présente est dit décoloré : cette décoloration maladive a reçu le nom d'albinisme.

Columelle, *Columella* ; colonne constituée par un prolongement de l'axe de la fleur, au delà du niveau auquel sont insérés les carpelles. — Chez les Ombellifères, le fruit est composé de deux carpelles soudés à une columelle mais qui s'en séparent (de la base au sommet) à la maturité. La columelle se fend quelquefois en deux moitiés longitudinales. — On a, par extension, donné le nom de columelle à la colonne qui résulte du point de réunion des carpelles dont l'ensemble constitue un ovaire à plusieurs loges, lors même qu'il n'y a pas de prolongement spécial de l'axe susceptible de devenir indépendant.

Columna, Colonne; on donne le nom de colonne au gynostème (organe résultant de la soudure des étamines et du style) chez les Orchidées. — *columnaris*, qui appartient à la colonne.

Columnula; petite colonne; synonyme de *Columella.*

Coma, Chevelure, on donne ce nom à des organes très différents :
à des touffes de fibres radicales; aux aigrettes qui terminent
certaines graines; aux bractées allongées qui dépassent le sommet de l'épi chez certaines plantes; etc.

comatus, pourvu d'un *Coma.*

combinatus, combiné, mêlé, associé.

commissurale (Radicule), *Radicula commissuralis*, radicule accombante. (Voir le mot accombant.)

Commissure, *Commissura*; point de contact ou de jonction entre
deux petites portions de cercle en rapport par leurs extrémités.
= Les deux bords qui résultent de l'accolement de deux corps
par des faces planes de dimensions égales : ainsi, dans la famille des Ombellifères, on donne le nom de Commissures aux
deux lignes extérieures et opposées, saillantes ou rentrantes,
qui correspondent à la jonction des bords des deux carpelles.

commun, *communis*, qui appartient à plusieurs, qui a un caractère de généralité; l'involucre des Composées était désigné autrefois sous le nom de Calice commun. — Qui se rencontre
fréquemment; qui n'est pas rare.

comosus, chevelu; qui présente une chevelure.

compacte, *compactus*; se dit d'un ensemble composé de parties
pressées les unes contre les autres.

complanatus, aplati.

complet, *completus*; se dit d'un organe ou d'un appareil pourvu
de toutes les parties qu'il est susceptible d'avoir dans le type
le plus régulier. On nomme fleurs incomplètes les fleurs apétales, par opposition aux fleurs munies d'un calice et d'une
corolle; et les hermaphrodites par opposition aux unisexuelles.

Complexus et *Contextus*, Tissu. *C. cellulosus*, *C. utricularis*,
Tissu cellulaire. *C. vascularis*, *C. tubularis*, Tissu vasculaire.
C. fibro-vascularis, Tissu fibro-vasculaire (résultant de la réu-
nion de fibres ou clostres et de vaisseaux).

complicatus, plié sur lui-même.

composé, *compositus*; un fruit constitué par la réunion de plusieurs carpelles libres ou soudés entre eux est dit composé,

par opposition au mot fruit simple ou carpelle unique. (Voir
les mots Carpelle et Fruit.)

Composées (Feuilles); on nomme *Feuilles composées* celles dont
le limbe est divisé en plusieurs feuilles secondaires articulées
c'est-à-dire qui se détachent du pétiole naturellement et sans
déchirure à l'époque de la chute des feuilles, de la même manière que le pétiole se détache lui-même du rameau. Le pétiole
des feuilles composées porte le nom de *Rachis*, les feuilles
secondaires se nomment *Folioles* et leurs pétioles *Pétiolules*.—
Les folioles peuvent être disposées en deux séries longitudinales sur le rachis, à la manière des barbes d'une plume ; les
folioles qui composent ces séries peuvent être alternes ou
opposées, on dit dans ce dernier cas qu'elles sont disposées par
paires. Les feuilles dont les folioles sont ainsi disposées en séries longitudinales, sont dites pennées ou pinnées, elles sont
souvent terminées par une foliole impaire (*Feuilles imparipinnées*); quand cette foliole manque (*Feuilles paripinnées*) le
rachis peut se terminer brusquement, ou se prolonger en
pointe ou en une vrille simple ou rameuse. Les folioles peuvent
être nombreuses ou être réduites à trois, comme chez les *Oxalis*,
les *Trifolium* et les *Medicago* (*Feuilles trifoliolées*), ou à deux
comme chez le *Lathyrus pratensis*, ou même à une seule
comme chez l'Oranger (*Feuilles unifoliolées*). Les folioles peuvent même manquer entièrement comme chez les *Lathyrus
Nissolia* et *aphaca* (*Feuilles réduites au rachis*) ; dans le premier cas cité, il y a compensation par l'élargissement du pétiole ; dans le deuxième cas, par l'ampleur des stipules. — Les
folioles peuvent aussi partir toutes du sommet du rachis ainsi
que les rayons d'un éventail, c'est ce qui a lieu dans le
genre *Lupinus* et chez le *Marronnier-d'Inde*, ces feuilles sont
dites *digitées*. Les feuilles *trifoliolées* et *unifoliolées* peuvent
ad libitum être rapportées à ce type ou au précédent. —
Nous n'avons parlé jusqu'ici que des feuilles composées dont
le rachis produit immédiatement les folioles, telles sont les
feuilles composées de nos plantes indigènes ; mais il en
existe de plus compliquées dont le rachis porte des rachis
de deuxième ordre et même ceux-ci des rachis de troisième

ordre, sur lesquels sont insérées les folioles; ces rachis de deuxième et de troisième ordre peuvent, comme les folioles elles-mêmes, être disposés en deux séries longitudinales ou être disposés en éventail; les feuilles ainsi constituées sont dites *décomposées* et *surdécomposées*; leurs variétés et les diverses combinaisons possibles entre les types pinné et palmé, doivent être décrites et non exprimées par des dénominations spéciales. Il ne faut pas croire qu'il n'y ait pas de transition entre les feuilles *composées* et les feuilles *découpées* en segments non articulés, on observe au contraire toutes les nuances intermédiaires entre ces deux types. Ainsi, la plupart des plantes qui appartiennent à la famille des Légumineuses sont à folioles articulées, mais les folioles ne se détachent pas avec une égale facilité dans toutes les espèces; il est un grand nombre de plantes, surtout parmi les espèces herbacées, chez lesquelles elles ne se détachent jamais, l'articulation n'est alors reconnaissable qu'au renflement de la base du pétiolule, renflement au niveau duquel le tissu se casse plus franchement que sur tout autre point de son étendue; chez quelques espèces, l'articulation est même à peine visible si tant est qu'elle existe. En revanche il est des familles, celle des Rosacées et des Pomacées par exemple, dont la plupart des espèces présentent ou des feuilles simples ou des feuilles découpées en folioles non articulées (feuilles pinnatiséquées), mais chez lesquelles on peut aussi rencontrer des feuilles au moins aussi franchement articulées que celles de certaines Légumineuses, telles sont les feuilles des Rosiers, des Fraisiers, de certains Sorbiers (*Sorbus domestica* et *aucuparia*), etc. Les descripteurs, dans ces cas douteux, ne doivent pas, se fondant sur l'analogie, indiquer une régularité qui n'est pas dans la nature, ils doivent décrire ces nuances et tenir compte des transitions que la nature a voulu ménager entre toutes les formes.—Les feuilles composées-pinnées étaient appelées *Feuilles ailées* par les anciens auteurs; on doit renoncer à cette dénomination et employer l'expression de *rachis ailé* seulement pour un rachis pourvu d'un limbe étroit dans l'intervalle qui sépare les folioles, comme par exemple dans les *Lathyrus sylvestris* et *pratensis*, etc.

Composée (Fleur), *Flos compositus*. On donnait autrefois le nom de *Fleur composée* à l'inflorescence en *Capitule* ou *Anthode* des plantes de la famille des Composées. Cette inflorescence se compose de fleurs gamopétales à ovaire adhérent (épigynes) et à anthères soudées en anneau, sessiles sur un *Réceptacle* convexe ou conique muni à sa circonférence d'un ou plusieurs rangs de bractées constituant un *Involucre*. Dans cette inflorescence les fleurs ont reçu le nom de *Fleurons*. Si la corolle constitue un tube non fendu, le fleuron est dit tubuleux ; si la corolle est fendue latéralement dans sa longueur, le fleuron est dit ligulé ou en languette, on a aussi donné à ce fleuron le nom de *Demi-fleuron*. Dans la division des Chicoracées ou Liguliflores, tous les fleurons sont à corolle ligulée ; dans la division des tubuliflores, les fleurons sont : ou à corolle tubuleuse (dans la sous-division des Cynarocéphales ou Carduacées), ou (chez un grand nombre de plantes (Radiées) de la sous-division des Corymbifères) les fleurons du centre (disque) sont tubuleux, et les fleurons de la circonférence sont ligulés. Cette inflorescence est en général prise pour une fleur unique par les personnes étrangères à l'étude de la botanique : telle est l'inflorescence de la Reine-Marguerite, de la Pâquerette, du Séneçon, de la Laitue, de la Chicorée, du Bleuet, des Chardons, etc.—Chez les Composées, les fleurs ou *fleurons* sont *hermaphrodites*, *mâles*, *femelles*, ou *neutres* ; ces diverses sortes de fleurs occupent chez les différents genres des situations relatives diverses. Le *style* présente chez ces plantes des formes variées et fournit des caractères différentiels importants : il se termine par deux *branches* courtes ou allongées dont la face interne offre sur chaque bord une *ligne stigmatique* ; la face externe de ces branches ou la partie du style située au-dessous du point où elles commencent, et quelquefois ces deux parties, sont chargées de papilles qui ont reçu le nom de *Poils collecteurs*. Dans la division des Cynarocéphales, le style présente un renflement au-dessous de la naissance des deux branches ; ces deux branches sont quelquefois cohérentes dans toute leur longueur et se présentent sous la forme d'un cylindre ; plus fréquemment chez les Chicoracées (Liguliflores),

par exemple, les deux branches sont libres dans toute leur longueur et divergentes. Ces deux branches sont les extrémités
libres de deux styles dont la réunion dans une certaine étendue produit un ensemble désigné sous le nom de style indivis ;
l'ovaire des Composées résulte par conséquent de deux carpelles
soudés dont l'ensemble donne lieu à un ovaire uniloculaire
et uniovulé (par avortement), et plus tard à un fruit monosperme.

comprimé, *compressus* ; se dit d'un corps dont la forme semble
avoir été modifiée ou déterminée par une pression latérale.
Dans un grand nombre de cas, la forme comprimée est naturelle et primitive et n'est le résultat d'aucune pression : :
chez la gousse de l'Arbre-de-Judée (*Cercis siliquastrum*) par
exemple. Dans d'autres cas la forme comprimée peut être le
résultat de la pression qu'exercent mutuellement les uns sur
les autres des corps rapprochés, disposés en cercle, quand ils
grossissent simultanément. — Le mot *comprimé* s'oppose au
mot *déprimé* qui signifie : dont la forme semble avoir été modifiée par une pression agissant de haut en bas.

concatenatus ; on a donné cette épithète à des rameaux grêles
chargés de distance en distance d'inflorescences en glomérules
compactes sessiles ; l'axe qui porte plusieurs de ces glomérules
successifs étant comparé à une chaîne à laquelle ils seraient
fixés.

concave, *concavus* ; dont la surface offre une dépression profonde, qui présente une large cavité ouverte à l'extérieur : par
exemple le tube renflé et charnu qui renferme les carpelles chez
la fleur du Rosier. — Si la cavité ne présente point d'ouverture et qu'il s'agisse d'un corps cylindrique (l'entre-nœud d'une
tige de Graminée par exemple), on se sert du mot *fistuleux*. Si
le corps est de forme aussi large que longue, de forme globuleuse par exemple, on emploie le mot *creux*. — S'emploie par
opposition au mot *convexe*.

concentrique, *concentricus* ; des sphères ou des cercles de divers
diamètres s'emboîtant les uns dans les autres et ayant un
même centre sont dits concentriques.

Conceptacle, *Conceptaculum* ; on a désigné sous ce nom chez les plantes cryptogames des Réceptacles de diverses formes et de diverses natures, qui renferment soit des Spores, soit des Gemmes.

conchæformis, synonyme de *cochleatus*; en forme de coquille d'escargot.

concolore, *concolor*, mot latin passé dans la langue française, ainsi que les mots : bicolore, tricolore, multicolore, etc. — Se dit de deux parties, de deux objets, de deux surfaces, qui sont de la même couleur, exemple : feuille à faces concolores.

concretus : pili concreti, poils agglutinés.

condensatus, condensé; se dit d'organes rapprochés de telle sorte qu'ils forment une masse compacte, surtout lorsque ce rapprochement tient au raccourcissement des axes autant qu'à l'application des parties les unes sur les autres.

conducteur (*Tissu*), on a donné ce nom au tissu du style et du cordon placentaire à travers lequel pénètrent les boyaux polliniques pour arriver dans la cavité de l'ovaire et se mettre en rapport avec les ovules. — Au-dessous de la base du style, et au niveau du cordon placentaire, le tissu conducteur a reçu le nom de Cordon pistillaire.

conduplicantia (*Folia*); on a désigné par cette épithète les feuilles composées-pinnées à folioles opposées, chez lesquelles, pendant le sommeil, les folioles opposées s'appliquent par leurs faces supérieures, au-dessus du rachis. Les feuilles du Baguenaudier en fournissent un exemple.

condupliqué, *conduplicativus*, = *conduplicatus*; plié en double dans le sens longitudinal. — Les jeunes feuilles sont condupliquées chez le Cerisier, le Pêcher, l'Amandier, etc. ; les folioles des feuilles sont condupliquées chez les Papilionacées, le Rosier, etc. ; les folioles jeunes sont au contraire étalées chez le *Polemonium*. — Les feuilles condupliquées peuvent offrir entre elles des dispositions variées, elles sont appliquées par leurs faces latérales externes chez le Hêtre ; quand l'une emboîte complétement l'autre comme chez l'Iris, le Glayeul, etc., elles sont dites : équitantes (*equitativa*, ou *amplexa*); enfin quand elles chevauchent mutuellement de manière que la moitié longitudinale de l'une soit embrassée par la moitié lon-

gitudinale de l'autre, elles sont dites : *invicem equitantia*, ou
semi-*amplexa*, par exemple chez certaines Caryophyllées. a
feuilles larges, la Saponaire, le *Lychnis Chalcedonica*, le *Me*
landrium dioicum, etc. — Non seulement les feuilles foliacée.s
mais les feuilles modifiées peuvent être condupliquées ; les co
tylédons sont condupliqués chez les *Geranium*, les *Brassica*
les *Diplotaxis*, etc. Le pétale supérieur (étendard) est condu
pliqué dans le bouton chez les Papilionacées.

Cône, *Strobilus* ; on désigne sous ce nom le fruit agrégé des a
bres de la classe des Gymnospermes ; et spécialement de la fa
mille des Abiétinés ; le fruit des Cupressinées a été plus spé
cialement désigné sous le nom de Galbule (mot inusité). (Vo
les mots Fruit et Gymnospermes.) — Certains fruits agrég
appartenant à des végétaux de diverses familles (par exemp
ceux du Houblon et de l'Aulne) sont en forme de cônes, ma
ils diffèrent essentiellement, par leur structure, des cônes d
Gymnospermes. En effet, les écailles qui constituent les cône
de l'Aulne sont des bractées à l'aisselle desquelles sont situé
des carpelles complets ; tandis que chez les Gymnosperme
chez le Sapin par exemple, les écailles ligneuses sont considé
rées comme des feuilles carpellaires étalées portant à leur ba
des graines nues (c'est-à-dire recouvertes par la feuille carpe
laire, mais non renfermées dans cette feuille).

conferruminatus, soudé avec.

confertus, se dit de plusieurs organes rapprochés entre eux
rami conferti, rameaux pressés les uns contre les autres.

confluent, *confluens* ; deux ou plusieurs nervures qui se réuni
sent pour n'en constituer qu'une seule, sont dites confluentes

conforme, *conformis* = *similis* ; dont la forme est la même qu
celle des autres organes analogues. Se dit par exemple d
feuilles florales dont la forme est celle des feuilles caulinaires

congestus : *glomeruli congesti*, glomerules brièvement pédoncul
groupés en une masse compacte.

conglobatus = *conglomeratus* ; se dit d'objets groupés en un
masse sphérique.

conglutinatus ; se dit d'organes collés ensemble comme avec
la glu.

oo *congregatus* ; se dit d'objets très rapprochés les uns des autres dans tous les sens.

oo conique, *conicus* ; en forme de cône, (forme du pain-de-sucre ou de l'éteignoir) un cône est un solide formé par la révolution d'un triangle rectangle autour de l'un des côtés de l'angle droit. — Les réceptacles de certains capitules sont de forme conique.

oo conjugué, *conjugatus*, disposé par deux, disposé par paires. — *conjugato-pinnatus = bipinnatus*, bipinné ; par exemple la feuille de la Sensitive (*Mimosa pudica*).

oo *conjunctus* ; se dit de plusieurs objets qui sont réunis. —*conjunctim* (adv.) ensemble, étroitement.

oo conné, *connatus* ; se dit de deux feuilles opposées soudées entre elles par leur base, par exemple les feuilles du Chardon-à-foulon, *Dipsacus fullonum* et du *D. sylvestris*; les feuilles florales du Chèvrefeuille (*Lonicera Caprifolium*), etc. S'il s'agit d'une seule feuille dont les oreillettes sont soudées entre elles de manière à embrasser la tige, cette feuille est dite *perfoliée* (par exemple, chez le *Chlora perfoliata*). Dans le premier cas deux feuilles réunies, dans le second cas une seule feuille, semblent traversées par la tige.

O Connectif, *Connectivum = Connecticulum* ; on désigne sous le nom de connectif une partie de l'étamine, qui continue et termine le filet, et à laquelle partie sont fixées les loges de l'anthère. L'examen microscopique démontre que l'axe du filet est occupé par un faisceau de trachées, ce faisceau n'existe point au niveau du connectif qui est de structure entièrement cellulaire et d'apparence glanduleuse ; néanmoins cette structure ne prouve en rien que le connectif ne soit pas la continuation organique du filet (lequel n'est autre chose que le pétiole de la feuille staminale dont les lobes représentent le limbe) : en effet, on voit fréquemment un organe vasculaire se terminer par une extrémité entièrement cellulaire, le stigmate qui termine la feuille carpellaire en est un autre exemple. — Je crois donc être fondé à regarder le connectif comme représentant en réalité la nervure moyenne de la feuille staminale au niveau de son limbe ou partie anthérifère. Le connectif peut avoir exactement la longueur des loges de l'anthère et ces loges lui être adhérentes dans toute leur étendue, l'anthère est alors dite *adnée*. Dans certains cas, le connectif dépasse la longueur des anthères : chez le Laurier-rose il se prolonge en un long appendice barbu. Plus fréquemment, le connectif est plus court que les loges de l'anthère ; dans ce cas, si la partie libre des loges est située au-dessous de l'insertion, l'anthère est dite sagittée, ce cas est assez fréquent. Les loges de l'anthère peuvent être libres et divergentes au-dessus et au-dessous de l'adhérence au connectif ; l'anthère est alors en forme d'X : c'est le cas qui se présente dans la famille des Graminées. Le connectif est quelquefois en forme de filet horizontal, chacune des extrémités de ce filet placé en travers sur le filet principal, portant une des deux loges de l'anthère : cette forme singulière s'observe dans le genre Sauge (*Salvia*) ; ce connectif horizontal pourrait être considéré comme représentant deux pétiolules ou deux nervures latérales du limbe staminal terminées chacune par un lobe staminal. (Voir les mots Étamine et Anthère.)

connexus ; se dit d'organes qui sont en contact, qui sont unis entre eux.

connivent, *connivens*. Des organes sont dits connivents lorsque rapprochés par la base ils s'écartent d'abord puis se dirigent par leur sommet mutuellement les uns vers les autres, par suite d'une courbure. Les pétales sont connivents dans les corolles de forme globuleuse.

conoideus, qui se rapproche de la forme conique.

Consistance ; degré de mollesse ou de dureté des corps. Les mots tirés de la langue vulgaire étant insuffisants pour exprimer toutes les nuances des diverses consistances, on en caractérise un certain nombre par des adjectifs dérivés de noms d'objets dont la consistance est bien connue, par exemple : le liége (*suber*), consistance subéreuse ; le bois (*lignum*), c. ligneuse ; la corne, c. cornée ; etc. Voici les adjectifs qualificatifs les plus usités : c. aqueuse, calleuse, charnue, cornée, cotonneuse, dure, filamenteuse, glutineuse, huileuse, ligneuse, liquide, molle, osseuse, pâteuse, pierreuse, pulpeuse, visqueuse, sirupeuse, solide, subéreuse, etc. S'il s'agit d'un corps membraneux ou mince, on dit qu'il est de consistance : cartilagineuse, coriace, crustacée, foliacée, herbacée, membraneuse, papyracée, parcheminée, scarieuse, testacée, etc. — La consistance d'un corps varie selon qu'il présente ou non des cavités dont les parois fléchissent sous la pression du doigt; à ce point de vue, les corps sont dits : celluleux, creux, fistuleux, lacuneux, pleins, spongieux, vuides, etc. (Voir ces différents mots.) — Dans un sens plus restreint on dit qu'une substance acquiert de la consistance quand elle passe de l'état liquide à l'état pâteux, ou de l'état pâteux à l'état solide.

conspersus, qui est parsemé (de petites taches, de petites glandes, etc.).

conspicuus, se dit d'un objet visible sans le secours du microscope, bien que de très petite dimension.

constans, constant, qui ne manque jamais d'exister.

constipatus, se dit d'organes serrés ou pressés.

Constriction, *Constrictio*, action de serrer; une tige sarmenteuse étroitement enroulée autour d'une autre lui fait subir les effets de la constriction lorsque l'une et l'autre augmentent de volume. — *constrictus*, comprimé circulairement.

Contextus, = *Complexus*, Tissu : *C. cellulosus*, tissu cellulaire; *C. vascularis*, tissu vasculaire.

contigu, *contiguus*, = *adplicitus* ou *applicitus*; qui est en contact avec un autre objet sans lui être adhérent.

continu, *continuus*; se dit d'un organe soudé à un autre, et s'oppose alors à *contigu*. Se dit aussi d'un organe qui ne présente aucune interruption, et s'oppose à *interrompu* (une décurrence foliacée peut être continue ou interrompue); se dit encore d'un organe qui ne présente point d'articulation, et dans ce cas s'oppose à *articulé*.

contortiplicatus, entortillé, embrouillé, tordu irrégulièrement et dans plusieurs sens.

contourné, *contortus*, tordu régulièrement dans un même sens : *præfloratio contorta*, préfloraison tordue (telle est la préfloraison de la corolle chez les Malvacées.)

contracté, *contractus*; resserré, pelotonné; se dit de rameaux courts et rapprochés qui s'embrassent mutuellement, par exemple les rameaux de la plante dite Rose-de-Jéricho (*Anastatica Hierocuntica*) à l'état sec.

Contractilité, *Contractilitas*. On donne ce nom à un curieux phénomène vital qui se manifeste chez certains organes végétaux, et présente une analogie peu contestable avec la contractilité musculaire chez les animaux. Les mouvements qui s'opèrent au plus léger contact dans les diverses parties qui constituent les feuilles composées de la Sensitive (*Mimosa pudica*), le mouvement brusque par lequel les étamines se précipitent sur l'ovaire chez les *Berberis* lorsqu'on les stimule à la base par une légère titillation, s'opèrent sous l'influence du phénomène de la contractilité. On sait que l'éthérisation, ou état qui se manifeste sous l'influence de la respiration des vapeurs d'éther ou de chloroforme, consiste dans l'abolition momentanée chez les animaux, de la sensibilité et de la contractilité; de curieuses expériences qui viennent d'êtres faites sur les végétaux que j'ai mentionnés, ont démontré que l'éthérisation suspend chez les végétaux comme chez les animaux le phénomène de la contractilité.

contraire, *contrarius*, qui est dirigé dans un sens opposé à la direction d'un organe pris pour point de comparaison.

convergent, *convergens*, se dit d'organes qui se dirigent les uns vers les autres.

convexe, *convexus*, courbé ou relevé de manière à présenter une surface arrondie constituant une partie de sphère. Convexe s'oppose à concave.

convolutif, *convolutivus*, l'expression *Préfloraison convolutive* est synonyme de préfloraison imbriquée. (Voir le mot préfloraison.)

— l'expression *Préfoliaison convolutive* s'applique à l'enroulement en cornet de certaines feuilles lors du premier état de leur développement, chez l'Abricotier, le Bananier, la Tulipe, etc.

convolutus, roulé en cornet.

copiosus = *numerosus*, abondant, nombreux.

Coque, *Coccum*, on a donné ce nom à des fruits secs (ou capsules) pluriloculaires, de forme globuleuse, à loges ord. monospermes, s'ouvrant par des valves longitudinales susceptibles de se contracter sur elles-mêmes avec élasticité : tels sont les fruits des Euphorbiacées.

ɔ Coquille, on donne vulgairement ce nom à certains endocarpes ligneux ; à l'endocarpe du fruit de l'Amandier et du Cerisier

q par exemple.

ɔ *Corculum = Embryo.*

ɔ cordé, *cordatus,* en forme de cœur ; se dit du limbe d'une feuille, d'un pétale, etc., qui est ovale et dont la base est échancrée ; c'est la forme d'un cœur de carte à jouer. Le limbe d'un grand nombre de feuilles présente cette forme (*Viola odorata, Tamus communis,* etc.)—*obcordé* signifie en cœur renversé, c'est-à-dire dont la pointe occupe la base, et l'échancrure le sommet de la feuille.

ɔ cordiforme, *cordiformis,* qui a de l'analogie avec la forme d'un cœur, se dit surtout des organes qui ont une certaine épaisseur : l'embryon du *Trapa natans,* la capsule du *Polygala vulgaris,* etc.

ɔ Cordon ombilical, *Funiculus umbilicaris,* = Funicule = Podosperme. (Voir les mots Ovule et Funicule.)

ɔ Cordon pistillaire, *Chorda pistillaris, Styliscus* = tissu conducteur au-dessous de la base du style. (Voir le mot conducteur.)

ɔ Cordon suspenseur ; on désigne sous ce nom la partie supérieure vuide de la vésicule embryonnaire : cette partie supérieure, en forme de boyau ou de col étroit, suspend en effet l'embryon (qui se développe dans la partie inférieure de la vésicule embryonnaire) au milieu du sac embryonnaire. Le cordon suspenseur se retrouve sous la forme d'un filament desséché, encore adhérent à la pointe de la radicule, chez un certain nombre d'embryons à la maturité ; chez l'embryon des Cycadées ce cordon, qui est pelotonné et peut-être déroulé, est d'une grande longueur. Pour abréger on emploie souvent le mot suspenseur pour cordon suspenseur.

ɔ coriace, *coriaceus,* se dit d'une membrane sèche, et présentant quelque analogie de consistance avec du cuir ; les péricarpes secs et minces sont en général coriaces.

ɔ *cormus,* mot inusité qui a été employé pour désigner la partie épigée des végétaux cellulaires, moins la fructification.

41.

corné, *corneus*, qui a la dureté et l'aspect de la corne. La consistance d'un grand nombre de périsperme est cornée; pendant
la germination ces périspermes se ramollissent et se transforment en une substance laiteuse qui sert à la nourriture de
l'embryon en germination : tel est le périsperme du Dattier, de
l'Asperge, etc.

corniculé, *corniculatus*, en forme de cornet; par exemple les
pétales des Ancolies (*Aquilegia*). — *Corniculum*, cornet. — Les
feuilles enroulées en cornet sont dites convolutives.

corniger, qui porte un appendice en forme de corne.

cornis, dans les mots latins composés signifie corne : *bicornis*,
à deux cornes; *tricorne* (*Galium*), à trois cornes. — *Cornu*,
corne. — *cornutus*, cornu, qui est muni d'une corne, qui se
termine en corne.

Corolle, *Corolla*. Chez les végétaux dicotylédonés on donne ce
nom au rang (verticille) de pièces situé entre le Calice et les
étamines. C'est par conséquent le deuxième verticille de la
fleur si l'on considère le calice comme le premier, ou le pénultième si l'on considère le calice comme le dernier. Les pièces
ou folioles (feuilles modifiées) qui constituent la corolle se
nomment *Pétales*. Les pétales sont de petites feuilles qui n'ont
généralement aucun rapport de forme avec les feuilles de la
tige et dont la couleur est autre que le vert; à l'exception de
cette couleur et du noir foncé elles peuvent présenter toutes les
nuances; le tissu des pétales est en général mince, translucide
et délicat. Les pétales sont ordinairement sessiles, on les dit
alors à onglet court (chez la Rose par exemple), plus rarement
ils sont atténués en une partie pétiolaire dite *Onglet* qui peut
être plus longue que le limbe, cette disposition se présente
chez certaines Caryophyllées par exemple (OEillet, Lychnis, etc.)
où le calice constitue un tube au fond duquel sont insérés les
pétales. Les pétales se dessèchent ainsi que les étamines après
la floraison, et se détachent en général pendant la maturation
du fruit. Lorsque les pétales sont libres entre eux (ne sont
point soudés par leurs bords) la corolle est dite *Dialypétale*
(ou polypétale), comme chez la Giroflée, le Pavot, le Tilleul
et la Renoncule. Lorsque les pétales sont soudés entre eux par

leurs bords, la corolle est dite *Gamopétale* (ou monopétale), comme chez la Sauge, la Jusquiame, le Datura, etc. — Dans le langage descriptif (langage généralement peu exact, mais commode dans le cas dont il s'agit), la corolle gamopétale est considérée comme un organe simple et non comme une réunion de feuilles soudées, et lorsque les pétales ne sont pas soudés jusqu'à leur sommet, on dit que la corolle est divisée en lobes ou en dents, au lieu de dire, ce qui serait plus exact, que les pétales sont libres dans leur partie supérieure. Il serait plus régulier dans ce cas de remplacer les mots lobes et dents par les phrases : partie libre des pétales, extrémité libre des pétales. — Chez les plantes à corolle dialypétale les pétales peuvent être complétement indépendants des autres parties de la fleur, comme chez les genres *Ranunculus*, *Linum*, *Brassica*, etc. (chez ces plantes l'insertion des divers verticilles de la fleur relativement à l'ovaire est dite hypogyne).—Chez d'autres plantes à corolle dialypétale (et qui sont dites à insertion périgyne), le calice, la corolle et les étamines présentent des décurrences soudées entre elles, et l'on dit que, dans ce cas, l'insertion des pétales et des étamines se fait, en apparence, sur le calice ; je considère la partie en forme de coupe, qui est le résultat de ces décurrences soudées, comme un véritable axe creux, et par conséquent l'insertion des divers verticilles sur le bord de cet axe creux comme réelle et non pas seulement comme apparente. Cette disposition qui s'observe chez la fleur des Papilionacées, des Crassulacées, des Amygdalées, des Rosacées, etc., est surtout manifeste chez la fleur du Rosier. — Chez d'autres plantes à corolle dialypétale (et qui sont dites à insertion épigyne), non seulement, comme dans le cas précédent, le calice, la corolle et les étamines présentent des décurrences soudées entre elles, mais ces décurrences sont soudées avec les parois de l'ovaire entraîné par suite d'une dépression de l'axe dans le godet ou axe creux ; dans ce cas, ainsi que dans le précédent, l'insertion réelle des sépales, des pétales et des étamines a lieu sur le bord du tube, au-dessus du niveau apparent de l'ovaire, mais non au-dessus du niveau réel auquel l'ovaire est inséré, puisque dans tous les cas il occupe l'extrémité de l'axe, que cet axe soit allongé ou qu'il soit déprimé ; cette disposition s'observe chez les Pomacées, les Onagrariées, les Ombellifères, les Hédéracées, les Grossulariées, les Saxifragées, etc. — Les corolles gamopétales peuvent, comme les corolles dialypétales, être hypogynes ; dans ce cas les étamines sont ou également hypogynes (chez les Éricinées par exemple), ou elles naissent à une certaine hauteur sur la corolle (chez les Primulacées, les Gentianées, les Convolvulacées, les Borraginées, les Solanées, les Scrophularinées, les Labiées, etc.). — Les corolles gamopétales peuvent, comme les dialypétales, être épigynes, le calice et les étamines sont alors également épigynes ; quelquefois, dans ce cas, les étamines naissent au même niveau que la corolle (chez les Vacciniées, les Campanulacées, etc.), mais plus fréquemment les étamines sont insérées sur la corolle (chez les Caprifoliacées, les Rubiacées, les Valérianées, les Dipsacées, les Composées, etc.). Je suis amené, en poussant à ses dernières limites le principe d'après lequel je considère les tubes périgynes comme des axes creux, à voir un axe creux rudimentaire résulter de la soudure face à face de la corolle et des étamines dans toute l'étendue dans laquelle cette soudure a lieu (plusieurs des observations sur lesquelles je fonde cette théorie sont exposées à l'article Calice.) — Nous n'avons envisagé jusqu'ici la corolle que chez les Dicotylédones dialypétales et gamopétales ; dans un troisième groupe des Dicotylédones : les Apétales, la corolle manque complétement ; dans ce cas les étamines sont opposées aux sépales comme si le verticille des pétales existait (par exemple chez les Amaranthacées, les Chénopodées, les Urticées, les Daphnoïdées, etc.) ; dans un groupe nombreux de plantes apétales (les Amentacées), le calice lui-même cesse d'exister et est remplacé par des écailles bractéales. — Dans l'embranchement des Monocotylédonés, le calice étant fréquemment coloré comme la corolle, on a contracté l'habitude, à une époque où les connaissances organographiques étaient peu avancées, de considérer comme un même système d'organes le calice et la corolle, et l'on a donné à cet ensemble le nom de *Périanthe*. Or, tandis que chez les Dicotylédones les pièces de chaque verticille sont généralement en nombre quinaire (le nombre cinq), chez les Monocotylédones les pièces de chaque verticille sont généralement en nombre ternaire (le nombre trois) ; le périanthe est donc ordinairement composé de six pièces constituant deux verticilles, dont l'externe correspond au calice et l'interne à la corolle. Les types hypogyne, périgyne et épigyne, existent chez les Monocotylédones, mais leur importance est moindre au point de vue de la classification que chez les Dicotylédones, en raison des transitions qui existent dans un même groupe naturel entre le type hypogyne et le type périgyne. Comme exemples de Monocotylédones hypogynes nous citerons les genres : *Alisma, Butomus, Lilium, Tulipa, Paris, Ruscus* ; comme exemples de périgynes les genres : *Hyacinthus, Hemerocallis, Colchicum, Asparagus, Convallaria, Polygonatum*, etc. ; enfin, comme exemples d'épigynes, les familles des Dioscorées, des Iridées, des Amaryllidées, des Orchidées, etc. Chez certaines familles monocotylédonées, ainsi que certaines familles dicotylédonées, le périanthe peut être complétement nul ou remplacé par des feuilles bractéales ou même par des soies, par exemple chez les Cypéracées, les Aroïdées, les Typhacées, etc.

) *corollaceus*, qui a l'aspect d'une corolle.

) *corollatus*, muni d'une corolle.

) Corolliflores (plantes). De Candolle a désigné sous ce nom les Dicotylédones gamopétales hypogynes (par exemple les Primulacées, les Gentianées, les Solanées, les Labiées, etc.).

) *corollinus*, = *corollideus*, = *petaloideus* ; qui a la consistance et la couleur d'une corolle.

Corollula, diminutif de *Corolla* ; très petite corolle.

Corona, Couronne. On a donné ce nom aux appendices pétaloïdes dressés, disposés en cercle, qui existent à la gorge de la corolle chez les *Lychnis*, et à la gorge du périanthe chez les Narcisses. — On a aussi désigné sous le nom de *couronne* le limbe persistant du calice chez les fruits qui résultent d'un ovaire adhérent.

coronatus, se dit d'un fruit surmonté du limbe du calice.

coroniformis, en forme de couronne.

Coronula, petite couronne.

Corps cotylédonaire, *Corpus cotyledoneum*; chez les embryons dicotylédonés on a donné ce nom à l'ensemble des deux cotylédons, lorsqu'ils sont soudés ou qu'ils se séparent difficilement, par exemple chez la Capucine, les Cycadées, etc. — Cotylédon unique de certaines Monocotylédones.

Corps ligneux, *Corpus ligneum, Lignea portio*. Bois; partie de la tige, comprise chez les arbres dicotylédonés entre l'écorce et la moelle.

corrosus = ruminatus, rongé, corrodé, dont la surface semble avoir été labourée avec les dents.

corrugativus : Præfloratio corrugativa, préfloraison chiffonnée.

corrugatus, chiffonné, plissé irrégulièrement, froncé, fortement ridé : *petala corrugata*, pétales chiffonnés.

Cortex, Écorce (voir ce mot).

cortical, *corticalis*, de la nature de l'écorce.

corticatus, recouvert d'une écorce. — *corticosus*, qui a une écorce épaisse.

cortina, dans le genre *Agaricus* on a donné ce nom latin aux débris du *Voile* qui, chez certaines espèces, restent adhérents au bord du *chapeau* où ils constituent une couronne frangée : chez l'*A. araneosus*, par exemple. C'est ce même voile qui chez d'autres espèces reste attaché comme une bague au pédicule et constitue l'*Anneau*.

Corymbe, *corymbus*, inflorescence appartenant au type indéfini. Le corymbe diffère de la panicule par la direction de ses rameaux ; les rameaux ou pédoncules partiels du corymbe partent à peu près du même niveau ou du moins de niveaux peu distants, et leurs ramifications arrivent tous à peu près à la même hauteur, en raison de la direction de plus en plus horizontale des rameaux les plus longs qui sont les inférieurs et les externes. — Le corymbe diffère de l'ombelle par ses pédoncules partiels irrégulièrement rameux. L'inflorescence du Sureau commun (*Sambucus nigra*) est un corymbe.

corymbifère, *corymbiferus*; qui porte un corymbe.—On a désigné sous le nom de Corymbifères une des divisions de la famille des Composées. Chez cette division comme chez les autres divisions de la même famille, les capitules sont disposés en cyme corymbiforme et non en véritable corymbe.

ɔɔ*corymbosus*, se dit d'une plante dont l'ensemble présente, à l'époque de la floraison, l'aspect d'un vaste corymbe.

ɔɔ*corymbulus*, petit corymbe, ramuscule d'un corymbe.

ɔɔ*Costa*, Côte — *costalis*, qui appartient à une côte. — *costatus*; qui présente des côtes saillantes.

ɔɔCôte, *Costa* et *Pulvinus*; on désigne vulgairement sous le nom de côte, la nervure moyenne qui partage la feuille en deux moitiés longitudinales, et est la continuation directe du pétiole. On donne aussi le nom de côtes aux arêtes mousses, qui parcourent longitudinalement certains fruits et représentent des nervures ou des décurrences. — Chacun des deux carpelles qui constituent le fruit chez les Ombellifères offre ord. 5 côtes dites côtes primaires : 1 *dorsale*, 2 marginales ou *commissurales*, et 2 intermédiaires ou *latérales*. Des côtes dites secondaires existent quelquefois dans les intervalles qui séparent les côtes primaires.

ɔCotés, *Latera*; les parties latérales, ou qui sont situées à droite et à gauche de l'axe.

ɔCoton, *Gossypium*; on donne ce nom à des poils mous abondants et feutrés, qui sont analogues à ceux qui entourent la graine dans le genre *Gossypium* (Cotonnier).

ɔcotonneux, *tomentosus*; qui est chargé de poils mous abondants et feutrés.

ɔcotyliformis, = *cotyloideus*, = *scutellatus*, en forme d'écuelle.

ɔCotylédon, *Cotyledon*; = feuille cotylédonaire. *Chez les végétaux dicotylédonés*, on donne le nom de cotylédons ou feuilles cotylédonaires aux deux premières feuilles qui constituent, pour l'ordinaire, la majeure partie de la masse de l'embryon ou plante rudimentaire; ces deux feuilles, dites cotylédons, sont opposées, elles sont ordinairement épaisses et charnues (leur forme est hémisphérique dans le Pois par ex. où leur ensemble constitue une masse globuleuse). Lorsque la graine est dépourvue de périsperme, la provision de fécule qui doit servir à l'alimentation de la plante naissante est contenue dans le tissu des cotylédons, chez le haricot et la noix par exemple; les cotylédons jouent réellement dans ce cas le rôle de mamelles, relativement à la jeune plante dont ils sont les premières feuilles ; lorsque la graine est munie d'un périsperme, c'est à ce périsperme que le rôle de mamelles est réservé, c'est lui qui contient la fécule nutritive, et dans ce cas, les cotylédons sont souvent minces et membraneux. Pendant la germination, selon que la partie de l'axe située au-dessous des cotylédons s'allonge peu ou s'allonge beaucoup dans la direction ascendante, les cotylédons restent enfouis dans la terre et sont dits *hypogés* (chez les *Lathyrus* par ex.), ou s'élèvent au-dessus du sol et sont dits *épigés* (chez le Haricot par ex.). On a donné le nom de corps cotylédonaire à l'ensemble des deux cotylédons, lorsqu'ils sont agglutinés et ne deviennent pas libres, pendant la germination (ce cas s'observe chez le Marronnier-d'Inde et la Capucine, par exemple). Quelle que soit la forme des feuilles supérieures, les cotylédons sont généralement peu divisés ; chez certaines plantes (chez la Vigne, par exemple) ils sont cependant découpés et se rapprochent de la forme des feuilles supérieures. Chez un assez grand nombre de plantes les bourgeons restent latents à l'aisselle des cotylédons : j'ai déterminé le développement de ces bourgeons presque à volonté chez la plupart des espèces, en supprimant la partie de la jeune tige supérieure aux cotylédons. Les deux cotylédons sont égaux dans la grande majorité des cas, chez certaines plantes au contraire (la Cornuelle, *Trapa natans*, par ex.) ils sont d'un volume très inégal. Enfin, les cotylédons manquent complétement chez les espèces du genre *Cuscuta*, plantes chez lesquelles il n'existe d'autres feuilles que des bractées. — Les espèces du genre *Cyclamen* germent avec un seul cotylédon qui revêt complétement la forme des feuilles foliacées à limbe cordé qui se développent successivement ; aussi pourrait-on dire que cette première feuille appartient à la gemmule, et que chez ces plantes il n'existe point en réalité de cotylédon : j'ai étudié cette germination avec soin, et je me suis assuré qu'il n'existe point de cotylédons rudimentaires en dehors des feuilles foliacées qui se développent dans une succession alterne. Un observateur allemand (M. Bischoff) a fait connaître la curieuse germination du *Corydalis solida*; l'embryon de cette plante dicotylédonée est manifestement pourvu d'un seul cotylédon. J'ai trouvé de mon côté, en étudiant la germination des plantes bulbeuses et tubéreuses, que le *Bunium Bulbocastanum* et autres Ombellifères tubéreuses appartenant à la même section (notamment le *Biasolettia tuberosa*), germent avec un seul cotylédon ; et non seulement on ne trouve point de traces d'un deuxième cotylédon, mais la végétation de la plante, pour l'année où elle est entrée en germination, se borne, au point de vue de la tige et des feuilles, au développement de cet unique cotylédon en un limbe foliacé elliptique longuement pétiolé ; la gemmule ne se développe que l'année suivante. J'ai observé chez une autre Ombellifère tubéreuse (le *Cherophyllum bulbosum*) un mode de végétation tout autre, mais qui n'est pas moins digne d'intérêt : la plante germe avec deux cotylédons, mais ce n'est pas entre les deux feuilles cotylédonaires que se fait jour la plumule, comme cela a lieu chez les autres Dicotylédones, c'est à la base de l'axe ascendant qui porte ces deux feuilles, axe qui ne tarde pas à se détruire ; du reste, la plumule se développe chez cette plante la même année que les cotylédons. *Chez l'embryon des végétaux gymnospermes* (Conifères et Cycadées), les cotylédons sont au nombre de deux comme chez les Dicotylédones, ou en plus grand nombre, et dans ce cas ils sont disposés en verticille.— *Chez l'embryon des végétaux monocotylédonés*, les feuilles sont alternes et non opposées ; la première (la plus inférieure) de ces feuilles reçoit seule le nom de cotylédon. Chez la plupart des familles de plantes monocotylédonées, la détermination de la feuille qui constitue le cotylédon n'offre aucune difficulté ; en effet, chez les Liliacées et les Joncées par exemple, la feuille cotylédonaire ne différant pas par sa forme des feuilles suivantes, s'accroissant, et prenant la couleur verte, ne pouvait être un sujet de doute. Il n'en est point ainsi de l'organe qui doit être désigné sous le nom de cotylédon chez plusieurs familles où cet organe ne revêt point la forme des feuilles foliacées, chez les Graminées par exemple. Cl. Richard a donné, chez ces plantes, le nom d'hypoblaste à un organe qu'il regarde comme la radicule primordiale, organe dans lequel de nombreux observa-

teurs ont vu le véritable cotylédon, et que M. A. de Jussieu
considère comme un renflement de la tigelle, regardant, ainsi
que Cl. Richard, la première feuille foliacée comme le cotylédon. Le résultat de mes propres observations est de me faire
considérer l'hypoblaste comme représentant à la fois le cotylédon et la radicule primordiale. (Voir les mots Hypoblaste,
Coléorhize, Embryon.)

cotylédonaire, *cotyledonaris*, qui est de la nature des cotylédons;
qui appartient aux cotylédons. Les cotylédons sont souvent désignés sous le nom de feuilles cotylédonaires.

cotylédoné, *cotyledoneus*; se dit d'un embryon qui présente un,
deux, ou plusieurs cotylédons. Les végétaux ont été partagés en
deux grandes divisions selon que leur embryon est cotylédoné,
ou acotylédoné (dépourvu de cotylédon); les végétaux acotylédonés sont désignés généralement sous le nom de Cryptogames.
— Les végétaux cotylédonés ou Phanérogames, se divisent eux-
mêmes en trois grands groupes naturels ou embranchements,
désignés par les noms de Dicotylédonés, Monocotylédonés et
Gymnospermes. — Aux caractères tirés de la présence et du
nombre des cotylédons, sur lesquels sont fondées ces grandes
divisions du règne végétal, viennent se joindre les caractères
confirmatifs tirés de la structure de la fleur et des divers organes de la végétation. Quelques exceptions de détail n'infir-
ment en rien la règle générale : le *Bunium Bulbocastanum*, bien
que pourvu d'un seul cotylédon (voir le mot Cotylédon), n'en
est pas moins une véritable Dicotylédone.

couché, *procumbens* = *humifusus* = *supinatus*; se dit d'une
plante dont les rameaux sont étalés à la surface du sol sans
que ces rameaux émettent de racines; les rameaux de certaines
plantes sont couchés en raison de leur faiblesse, chez d'autres
cette direction est essentielle et indépendante du volume et de
la force des rameaux.

Couches corticales, *Strata corticalia* (voir le mot écorce).

Couches ligneuses, *Strata lignea* (voir le mot tige).

Coulant = Stolon, *Viticula, Flagellum, Stolo*; on désigne sous
ces différents noms les tiges filiformes couchées et rampantes
de certaines plantes herbacées. Ces tiges filiformes sont à en-

trenœuds très longs, et chacun se termine par une rosette de feuilles émettant d'une part des tiges aériennes et de nouveaux stolons, et d'autre part, des racines adventives qui font de chaque rosette une plante nouvelle vivant d'une vie individuelle. Le nom de *coulant* est principalement appliqué aux stolons, dont les entrenœuds se détruisent après l'enracinement des rosettes (chez le Fraisier, le *Potentilla reptans*, le *Ranunculus repens*, par ex.). On désigne plus particulièrement sous le nom de *stolon* les tiges rampantes dont les entrenœuds persistent plus longtemps, par exemple les tiges rampantes du *Carex arenaria.*

Couleur, *Color*. Toutes les nuances des diverses couleurs s'observent chez les végétaux. Voici la désignation des principales : couleur blanche, *albedo*; blanc, *albus* (et dans les composés grecs *leucos*), blanc pur, *candidus*; blanc de neige, *niveus*; argenté, *argenteus, argentatus*; blanc d'ivoire, *eburneus*; blanc de lait, *lacteus, galacites*; blanc de chaux, *calceus, gypseus*; blanchâtre, *albidus*; blanchissant, *albescens*; couvert d'un duvet blanc, *canus, incanus*; couvert d'un léger duvet blanc, *canescens, incanescens*. — La couleur grise est un mélange du blanc et du noir : blanc cendré, *cinerascens*; gris cendré, *cinereus*; gris, *griseus*; enfumé, *fumosus*; noirâtre, *nigrescens*; plombé, *plumbeus* (en grec *molybdos*). — Couleur noire, *nigredo* : noir, *niger, ater*; (et dans les composés grecs *melas* ou *melanos*;) noir et luisant comme du goudron, *piceus*; noir d'encre, *atramentarius*; qui semble noirci, *atratus, nigritus*; noircissant, *nigrescens*. — Les nuances de la couleur brune se désignent par les termes suivants : brun, *brunneus*; de couleur sombre *tristis, triste*; d'un brun terne, *pullus*; d'un brun foncé, *fuscus* (en grec *phaios*); couleur de rouille, ferrugineux, *ferrugineus*; brun rougeâtre, couleur du foie, *hepaticus*; d'un brun un peu luisant, *spadiceus*; d'un jaune brunâtre, *badius*; roux, *rufus*; couleur de tabac en poudre, *tabacinus*; fauve, *fulvus*; couleur des vaches fauves, *vaccinus*. — Le violet résulte du mélange du rouge et du bleu : violet, *violaceus*; lilas, *lilacinus*; livide, *lividus* (en grec *pelios*); pourpre noir, *atropurpureus*. — Couleur rouge, *rubor, rubedo* : rouge, *ruber*

(dans les composés grecs *erythros*) ; rouge pourpré, *purpureus,
sanguineus* (dans les composés grecs *aimatos*) ; rouge de la
fleur du Grenadier, *puniceus* ; couleur de minium, *miniatus* ;
couleur de cinabre, *cinabrinus* ; couleur de kermès, *chermesinus* ; rouge de coquelicot, *coccineus* ; rouge vermillon, *phœniceus* ; rougeâtre, *rubescens* ; tirant sur le rouge vif, *rubellus* ;
incarnat, rose foncé, *incarnatus* ; rose, *roseus* (dans les composés grecs *rhodos*); couleur de chair, *carneus*. — Les couleurs
orangées ou aurores résultent du mélange du rouge et du jaune :
safrané, couleur de safran, *croceus, crocatus* (dans les composés
grecs *crocos*); orangé, *aurantius, aurantiacus* ; couleur de la
flamme, *flammeus, igneus* ; couleur de jaune d'œuf, *vitellinus*.
— Couleur jaune, *flavedo* : jaune, *luteus* (dans les composés
grecs *xanthos*) ; jaune d'or, *aureus, auratus* (dans les composés
grecs *chrysos*); jaune-de-Naples, *flavus* (en grec *ochros*); jaune-
soufré, *sulfureus* ; d'un jaune blanchâtre, *ochroleucus* ; d'un
jaune clair, *luteolus* ; tirant sur le jaune, *lutescens* ; jaune-
paille, *helvolus* ; couleur de miel, *mellinus* ; jaunâtre, *flavidus,
flaveus* ; jaune d'ocre, *ochraceus* ; jaune d'abricot, *armenia-
ceus*. — Couleur verte, *viror, viredo* : vert, *viridis* ; d'un vert
clair, *viridulus* ; qui tire sur le vert, *viridescens, virescens* ;
d'un vert noirâtre, *atrovirens, atroviridis* ; d'un vert jaunâtre,
flavo-virens ; d'un vert grisâtre, glauque, *glaucus, glaucinus*
(et dans les composés grecs *glaucos*) ; vert de Poireau, *prasinus* ;
vert d'émeraude, *smaragdinus* ; d'un vert bleu, *œruginosus*.
— Couleur bleue : bleu, *cœruleus* ; bleu-de-Prusse, *cyanœus,
cyalinus* ; bleu de ciel, azuré, *azureus* ; tendant à devenir bleu,
cœrulescens. — Certaines couleurs mal décidées ont été désignées par des termes également mal définis. Tels sont : sale,
sordidus ; jaune sale, *luridus* ; cendré ? *gilvus* ; pâle, *pallidus*
(dans les composés grecs *achroos*.) — Relativement à la disposition des couleurs on emploie les termes suivants : unicolore,
bicolore, tricolore, qui présente une, deux ou trois couleurs ;
discolore, dont chacune des deux faces est de couleur différente. Concolore, de la même couleur que l'objet qui sert de
point de comparaison. Raie, *linea* (en grec *grammè*); rayé,
lineatus ; strié, *striatus* ; bande, *fascia* ; tache, *macula* ; taché,

maculatus; point, *punctum*; ponctué, *punctatus*; ocellé, *ocel-latus* (marqué de taches annulaires); peint, *pictus* (qui présente des dessins dont la couleur tranche sur la couleur du fond); bordé, *marginatus*; zoné, *zonatus*; raturé, *lituratus* (se dit de marques qui semblent mettre la couleur primitive à nu en enlevant une couleur superposée.) (J'ai puisé dans la *théorie élémentaire de la botanique* de P. de Candolle, la liste des termes énumérés dans cet article.)

Courbé, *curvus*; se dit d'un objet fléchi en arc; s'il est fléchi à angle droit, il est dit genouillé, *geniculatus*; à angle aigu : plié, *plicatus*. Si l'objet est courbé en dedans relativement à l'axe sur lequel il est porté, il est dit infléchi, *inflexus*, *introflexus*, *incurvus*; si l'objet est courbé en dehors, il est dit réfléchi, *reflexus*, *recurvus*, *recurvatus*.

Courbé (Ovule); on désigne sous ce nom les ovules de forme courbée et dont par conséquent l'extrémité supérieure (exostome et plus tard micropyle) tend à se rapprocher de la base (hile); cette courbure est le résultat de l'allongement inégal des deux côtés de l'ovule. — L'ovule courbé est dit *plié* lorsque les deux moitiés sont appliquées l'une contre l'autre. — L'ovule courbé a été désigné par l'épithète de *campulitrope* ou *campylotrope* (Mirb.); l'ovule plié, par l'épithète de *camptotrope* (Schleid.); l'ovule en partie courbé et en partie semi-réfléchi a reçu l'épithète d'*amphitrope* (Mirb.). (Voir le mot Ovule.)

Courbé (Embryon); l'embryon courbé appartient en général aux graines qui résultent d'un ovule courbé; le micropyle étant, dans ce cas, rapproché du hile (et la radicule étant, chez toutes les graines, dirigée vers le micropyle), cette radicule (si la graine est dépourvue de périsperme) est également rapprochée du hile. L'embryon courbé a reçu l'épithète d'*amphitrope*.

Couronne, *Corona*; on donne le nom de couronne à la réunion en cercle des écailles ou lamelles qui semblent naître de la face interne du sommet de l'onglet des pétales dans certaines corolles, et qui existent, par exemple, chez les *Lychnis* parmi les Dialipétales, et chez le Laurier-rose (*Nerium Oleander*) parmi les Gamopétales. Les écailles qui sont opposées aux pétales résultent d'un dédoublement normal de ces organes. — Dans

le genre *Narcissus* il existe une couronne pétaloïde très deve-
loppée et de même apparence que celle dont il vient d'être
question ; mais elle résulte non d'un dédoublement, mais d'une
multiplication des pétales, car les éléments de cette couronne,
au nombre de six, continuent l'ordre d'alternance des six autres pièces du périanthe, au lieu d'être opposés comme dans
le cas précédent ; cette couronne a reçu le nom de *paracorolle*
(Link). — Les fruits qui résultent d'un ovaire adhérent
sont terminés par une couronne qui n'est autre chose que
le calice marcescent ou accrescent ; si le calice est caduc, cette
couronne est réduite à une cicatrice rugueuse ordinairement
brune. Chez le fruit du Grenadier (*Punica granatum*) la couronne est entière ; chez le Groseillier rouge elle est réduite à
une cicatrice. Chez le fruit des Composées l'aigrette (calice accrescent) a la forme d'une coupe membraneuse ou d'une couronne (dans les akènes de la circonférence du capitule chez les
espèces du genre *Thrincia* par exemple); cette sorte d'aigrette est dite *pappus membranaceus*. —COURONNÉ, *coronatus*,
surmonté d'une couronne.

COURT, *brevis* (et dans les composés grecs *brachys*); se dit d'un
objet qui est moins long qu'un objet analogue servant de
point de comparaison ; un même objet pouvant être considéré
comme court ou comme long, selon l'organe auquel on le compare.

CRAMPONS, *Fulcra*; nom donné à des racines adventives qui
naissent dans toute la longueur de certaines tiges grimpantes ;
ce nom a été surtout appliqué aux racines adventives (du Lierre,
Hedera Helix, par ex.) qui servent à fixer la tige lorsqu'elle
grimpe contre une muraille ou contre un arbre. On a voulu
voir dans ces crampons un organe particulier et différent des
racines, parce qu'ils servent à fixer la plante et non à la nourrir; en effet, si l'on coupe la plante au-dessus du niveau du
sol, les racines dites crampons n'absorbant pas de nourriture
et ne pouvant suppléer aux racines enfoncées dans la terre,
cette plante ne tarde pas à périr. — Ayant remarqué que chez
la variété du Lierre qui rampe dans les bois à la surface du
sol, les crampons sont remplacés par de véritables racines qui

s'enfoncent dans la terre et nourrissent la plante, j'ai couché sur le sol des rameaux de Lierre détachés d'une muraille, et j'ai vu les crampons passer à l'état de racine. Les crampons du Lierre sont donc de véritables racines; quand ces organes s'appliquent contre une écorce, ils n'y puisent aucune nourriture (n'ayant point la structure des racines dites suçoirs des plantes vraiment parasites), mais ils prennent l'aspect et jouent le rôle des véritables racines lorsqu'ils se développent en contact avec le sol. — Un grand nombre de plantes grimpantes s'accrochent aux corps voisins non par des crampons, mais par des vrilles (voir ce mot). — Muni de crampons, *fulcratus, adligatus, alligatus.*

ɔ *crassus*, épais, se dit des feuilles charnues, par ex. celles des Crassulacées, etc. — *crassiusculus*, un peu épais.

ɔ cratériforme, *crateriformis;* en forme de tasse hémisphérique.

ɔ *creber*, nombreux, abondant, qui foisonne; se dit d'étamines en nombre indéfini, etc.

ɔ Crémocarpe, *Cremocarpus,* = Diakène (fruit des Ombellifères, par exemple) = polakène (mots inusités).

ɔ *Crena*, Crénelure. — *Crenatura*, série de crénelures; — *Crenula*, petite crénelure.

ɔ *crenatus*, largement crénelé. — *crenulatus*, finement crénelé.

ɔ crénelé, *crenatus, crenulatus;* qui présente des crénelures.

ɔ Crénelure, *Crena, Crenatura;* dents arrondies et obtuses que présentent certaines feuilles à leur circonférence, certains fruits sur leurs côtés ou leurs angles, etc. Les feuilles du Lierre terrestre (*Glechoma hederacea*) sont crénelées.

ɔ crépu, *crispus, crispatus,* = crispé, ondulé; on donne cette qualification aux feuilles fortement ondulées, à ondulations elles-mêmes ondulées, découpées ou non en lanières courtes et frisées; cette forme, qui est normale chez le *Rumex crispus,* le *Malva crispa,* etc., résulte de l'ampleur de la partie extérieure du limbe trop considérable relativement à l'étendue de la partie centrale du limbe; les feuilles des *Nymphœa* développées sous l'eau sont souvent ondulées-crépues, j'ai rencontré le *Phyteuma spicata* à feuilles accidentellement crépues. On a obtenu par la culture un grand nombre de variétés à feuilles crépues chez les plantes potagères ; je citerai : le Chou frisé (*Brassica oleracea*, var.), la Chicorée frisée (*Cichorium Endivia*, var.), le Céleri frisé (*Apium graveolens*, var.), le Cerfeuil frisé (*Anthriscus Cerefolium*, var.) et le Cresson-alénois frisé (*Lepidium sativum*, var.).

crescenti-lobatus, ...*-pinnatus* ...*-pinnatisectus* ; se dit des feuilles lobées, pinnées, pinnatiséquées, dont les lobes ou les divisions inférieures sont de très petite taille, les intermédiaires de moyenne taille, et les terminaux très amples. La feuille lobée du Chêne et du *Sorbus Aria*, et la feuille pinnatiséquée du *Potentilla anserina* présentent ce caractère. Plus rarement on observe la disposition inverse (*folium decrescenti-lobatum*), ou les lobes du sommet sont les moins grands que ceux de la base (par exemple chez le *Sorbus latifolia*).

cretaceus, qui habite les terrains crayeux.

Crête, *Crista*. On désigne sous le nom de crête des appendices charnus de diverses natures et pouvant appartenir aux organes les plus différents. Des fruits, des graines, etc., peuvent présenter des appendices en forme de crête ; des fleurs, des inflorescences peuvent présenter l'aspect d'une crête, etc. Le lobe moyen du pétale inférieur des *Polygala* est découpé en crête.

crevassé, *rimosus* ; se dit de certaines écorces, de certains fruits, de certaines graines, dont la surface présente des fissures béantes ou des éraillures, soit par suite de déchirures résultant du phénomène de l'accroissement, soit par suite de l'isolement de certaines parties laissant des intervalles entre elles.

cribrosus, percé de trous comme un crible.

crinitus, présentant des appendices en forme de crins. — *criniformis*, en forme de crin.

crispé, *crispus*, *crispatus*, = crépu, = ondulé (voir le mot crépu).

Crista, Crête. — *cristatus*, qui présente une crête.

Cristaux ; on désigne sous le nom de *Raphides* les cristaux de différents sels que l'on rencontre fréquemment dans les tissus végétaux.

crocatus, = *croceus*, de couleur de safran (*Crocus*), safrané ;

d'un rouge orangé : les stigmates du Safran fournissent une matière colorante de cette couleur.

crochu, *aduncus*, recourbé en crochet.

croisées (Feuilles), *Folia decussata*; se dit de feuilles opposées dont les paires se croisent alternativement à angle droit, de telle sorte que la tige présente quatre rangs de feuilles, bien qu'il ne se trouve que deux feuilles à un même niveau, comme par exemple chez l'*Euphorbia Lathyris*.

croissant (en forme de), *lunulatus*; qui a la forme que présente la lune dans son premier quartier. Les lobes externes de l'involucre chez certaines espèces d'*Euphorbia* sont en forme de croissant (par exemple chez les *E. Lathyris, Peplus*, etc.).

Crosse (préfoliaison en); feuilles roulées en crosse, *folia circinalia*; feuilles dont la partie supérieure est enroulée de haut en bas selon la nervure moyenne, telles sont les jeunes feuilles chez les Fougères et chez les *Drosera*. — Les rameaux florifères sont enroulés en crosse chez les *Myosotis*, les *Heliotropium*, etc.; cette sorte d'inflorescence est dite scorpioïde.

cruciatim (adv.), en forme de croix. — *cruciatus*, se dit d'organes disposés en forme de croix.

cruciforme, *cruciformis*, qui a la forme d'une croix; qui est disposé en forme de croix. Se dit de la disposition de quatre feuilles, de quatre pétales placés sur un même plan (constituant un même verticille) et opposés en croix. La corolle des Crucifères est cruciforme.

Crura (jambes). On a désigné sous le nom de *crura* les deux branches qui terminent le style chez les plantes de la famille des Composées; chacune de ces branches correspond à la partie libre de l'un des deux styles qui constituent par leur réunion le style indivis.

crustacé, *crustaceus*; une membrane épaisse, dure et fragile, est dite de consistance crustacée, tel est le testa de la graine du Ricin (*Ricinus Palma-Christi*).

cryptogame, *cryptogamus*; on a donné cette qualification aux plantes dont les organes reproducteurs ne sont point constitués par des étamines et des ovules.

Cryptogames (Embranchement des) = Acotylédonés (voir ce

mot). Les Cryptogames ou Acotylédones se divisent en *Acrogènes* et *Amphigènes*. — La division des Acrogènes renferme les classes : des Filicinées, Fougères, Marsiléacées, Équisétacées, Lycopodiacées, et Isoétidées. La division des Amphigènes renferme les classes des Lichénées, des Champignons et des Algues.

Cryptogamie, *Cryptogamia*. Nom donné par Linné à la classe qui dans son système comprend les plantes cryptogames. — Ensemble des familles cryptogames. — Partie de la science botanique qui a pour objet la connaissance des plantes cryptogames.

cubitalis, la longueur d'une coudée. — *Cubitus*, Coudée, ancienne mesure de longueur.

cucullatus, en forme de capuchon, par exemple les pétales de l'Ancolie (*Aquilegia vulgaris*). — *Cucullus*, capuchon.

cuculliforme, ...*mis*, *cucullatus*, en forme de capuchon.

Culmus, Chaume; nom donné à la tige, dans la famille des Graminées. — *culmeus*, se dit d'une tige qui par sa structure a de l'analogie avec un Chaume (voir ce mot).

cultus, cultivé. S'oppose à *sylvestris* et à *spontaneus*; sauvage, sylvestre, spontané.

cumulatus, = *aggregatus*, aggloméré.

cunéiforme, *cuneiformis*, *cuneatus*, en forme de coin à fendre le bois; se dit de divers organes, de feuilles par exemple, de forme triangulaire étroite, le sommet du triangle constituant la base de la feuille : telle est la forme des folioles des feuilles composées chez certaines Papilionacées.

cuniculatus, creusé en forme de conduit ouvert au dehors.

Cuniculus, cavité profonde.

cupreus, couleur de cuivre, cuivré.

Cupule, *Cupula*. Organe en forme de coupe. On a donné le nom de cupule à des organes de natures diverses, mais particulièrement à l'involucre du fruit dans la famille des Juglandées (chez le Chêne, le Châtaignier, le Hêtre, le Noisetier, etc.); ces involucres sont le résultat de plusieurs folioles soudées. — Des calices épigynes, des arilles, sont en forme de cupule.

cupuliforme,... *mis*, en forme de cupule.

cupularis, de la nature de la cupule, qui appartient à la cupule.

ɔ *cupulátus*, muni d'une cupule. — *cupulifer*, qui est surmonté d'une cupule.

ɔ *curvatus*, = *curvus* = *incurvatus*, courbé.

ɔ curvinerviées (Feuilles), *Folia curvinervia*; feuilles dont les nervures d'abord parallèles ou divergentes se rapprochent par leur sommet : telles sont les feuilles qui sont réduites à des pétioles foliacés et que l'on désigne sous le nom de phyllodes ; telles sont aussi les feuilles chez un grand nombre de Monocotylédones.

ɔ curvisériées (Feuilles) : *folia curviseriata*. (Voir le mot Phyllotaxie.)

ɔ cuspidé, *cuspidatus*, prolongé en une pointe longue et aiguë.

ɔ *cuspidigerus*, qui se termine par une pointe cuspidée.

ɔ *Cuspis*, longue pointe large à la base et insensiblement atténuée.

ɔ Cuticule, *Cuticula*; le mot cuticule signifie membrane mince : on désigne sous le nom de *Cuticule épidermique* la membrane externe de l'épiderme. (Voir les mots Écorce et Épiderme.)

ɔ *cyaneus*, d'un bleu intense mais pur, par exemple les fleurons du Bleuet (*Centaurea Cyanus*). — Dans les mots composés grecs *cyanos* signifie bleu.

ɔ *cyathiformis*, en forme de gobelet ou de coupe profonde. — *Cyathus*, Verre-à-boire en forme de cône renversé ; cette forme est prise comme point de comparaison pour décrire des objets de forme semblable.

ɔ Cycle, *Cyclus*. (Voir le mot Phyllotaxie.)

ɔ cyclospermé ; se dit d'une plante dont l'embryon est courbé en anneau autour d'un périsperme central. (Tel est l'embryon chez les Chénopodées.)

ɔ cylindracé, *cylindraceus*, qui se rapproche de la forme du cylindre.

ɔ cylindrique, *cylindricus*, qui a la forme d'un cylindre, un grand nombre de tiges : les tiges des Graminées par ex. sont cylindriques ; d'autres tiges, celles des Labiées par ex., sont au contraire prismatiques. — *Cylindrus*, Cylindre ; un cylindre est un corps solide dont la coupe horizontale offre à toutes les hauteurs un cercle de même diamètre.

ɔ *cymbœformis*, en forme de nacelle.

Cytoblaste, *Cytoblastus* — *nucleus*; ce nom a été donné (Schleiden) à un amas de corpuscules constituant une petite masse granuleuse de forme lenticulaire que l'on observe dans les cellules. M. Schleiden considère ces corpuscules granuleux comme destinés à produire en grossissant de nouvelles cellules, la cellule mère se trouvant ainsi remplacée par de nombreuses cellules qui en produiront d'autres à leur tour. Une partie des granules qui réunis constituent le Cytoblaste deviennent en grossissant les grains de fécule. — La substance de la *Chlorophylle* ne me paraît pas différer de la substance du Cytoblaste ; d'après ma manière de voir le cytoblaste serait le résultat d'une agglomération de chlorophylle. (Voir ce mot.)

Cymatium, = *Apothecium*.

Cyme, *Cyma*. On donne dans la classification actuelle des inflorescences, le nom général de Cyme, aux inflorescences définies, c'est-à-dire qui se composent d'axes terminaux aboutissant chacun à une seule fleur. — Chez les plantes à feuilles opposées la cyme est dichotome lorsque, chaque axe constituant un pédoncule uniflore, les 2 feuilles opposées qui occupent sa base fournissent chacune un rameau axillaire qui porte une paire de feuilles fournissant des rameaux semblables et se termine à son tour par une seule fleur ; et ainsi de suite pour les rameaux axillaires de générations successives : le *Cerastium triviale* présente le type de ce genre d'inflorescence. — On nomme cymes scorpioïdes les inflorescences en forme de crosse qui résultent d'une inflorescence dichotome dont une des deux branches de la dichotomie avorte constamment d'un même côté. — Les cymes dont les fleurs sont petites et les pédicelles courts et rapprochés constituent l'inflorescence en forme de têtes ou petits faisceaux à laquelle on a donné le nom de *Glomérule* : telle est l'inflorescence chez le *Statice Armeria*. (Voir le mot Inflorescence.)

cymosus, en forme de cyme. — *cymifer*, qui porte une inflorescence en cyme.

Cyphela, — *Cyphella*; sorte d'*Apothecium*.

Cystide, *Cystidium*; dans la classe des Champignons, on donne le nom de cystide (Léveillé) à des cellules saillantes, qui se trouvent sur le réceptacle (*hymenium*) mêlées soit aux basides, soit aux thèques. Ces cellules dites *cystides*, sont de formes diverses ; dans les différents groupes elles sont : ovoïdes ou filiformes, simples ou rameuses, aiguës, obtuses ou renflées en massue. Les Cystides ne paraissent contenir qu'un liquide dans lequel on n'observe rien d'analogue aux corps renfermés dans les *anthéridies*, organes auxquels on les avait, avec doute, assimilées.

D

Dædaleus, — *labyrinthiformis* ; se dit d'organes qui présentent des sillons tortueux.

Dauciforme, *dauciformis*, en forme de racine de *Daucus*, forme type de la racine pivotante ; se dit d'une racine constituée par un axe descendant simple, et dont le diamètre va en s'amincissant du collet de la plante à la pointe de la racine.

Débile, *debilis*, grêle, faible ; se dit d'une tige de petit diamètre relativement à sa longueur, et se couchant sur le sol quand elle ne trouve pas de point d'appui pour s'élever.

Deca-, dans les composés grecs *dix* (en latin *decem*).—*Decagynus*, se dit d'une fleur à dix styles — *decandrus*, se dit d'une fleur pourvue de dix étamines.

Decem, dix. — *decemnervius* à dix nervures, se dit, par ex. d'un calice gamosépale composé de cinq sépales, dont les cinq nervures moyennes et les cinq sutures sont saillantes.

Deciduus, tombant, décidu, très caduc ; on donne l'épithète de *deciduus* aux organes qui se détachent de bonne heure, ou par le moindre contact, ou la plus légère secousse ; tels sont les deux sépales des Pavots lors de l'épanouissement de la fleur, les pétales des *Helianthemum*, etc. Les organes qui se détachent seulement après l'achèvement de la floraison sont dits caducs ; ceux qui se sèchent sans tomber : marcescents.

Décimètre, *Decimetrum* ; mesure de longueur. La dixième partie du mètre ; dix centimètres.

Décliné, *declinatus* ; qui retombe en se courbant en arc, soit en vertu d'une direction naturelle, soit par faiblesse.

decolor, décoloré ; qui semble avoir perdu sa couleur.

décombant, *decumbens* ; qui retombe par son propre poids.

décomposé, *decompositus* ; se dit d'un organe profondément divisé à divisions elles-mêmes divisées. Les feuilles composées dont le rachis porte des rachis de second ordre, sont dites décomposées.

décortiqué, *decorticatus* ; privé de son écorce, dont l'écorce s'est détachée.

découpé, *incisus* : feuille découpée en lobes arrondis, en lanières étroites, etc., le mot découpé s'applique aux découpures qui atteignent le milieu du limbe ou plus profondément.

décroissant, *decrescens* ; se dit d'une série d'organes dont la taille va en décroissant à partir de ceux qui occupent la base jusqu'à ceux qui occupent le sommet.

decumbens, décombant ; se dit d'une tige qui retombe par le poids de sa partie supérieure.

Décurrence, *Decurrentia* ; on nomme décurrences les parties adhérentes à la tige de certaines feuilles saillantes au-dessous du niveau de leur insertion. La nervure moyenne des feuilles ou le limbe lui-même peuvent être décurrents. La décurrence du limbe est manifeste chez certains *Cirsium*, *Verbascum*, etc. La décurrence de la nervure moyenne est encore plus fréquente — J'ai été conduit par l'étude de l'organe, connu sous le nom de Coléorhize (voir ce mot), à considérer l'écorce de la tige et de la racine comme consistant, dans tous les cas, en la décurrence de la partie celluleuse des feuilles ; lors donc que cette décurrence n'est pas mise en évidence par la continuation sur la tige des diverses parties de la feuille au-dessous de son insertion, je regarde cette décurrence, au point de vue organographique, comme n'existant pas moins que lorsqu'elle est évidente.

décurrent, *decurrens* ; se dit d'une feuille qui présente une décurrence manifeste. — Les tiges dont les feuilles sont décurrentes dans toute la longueur des entrenœuds sont dites ailées, par exemple celles de l'*Onopordon Acanthium*, du *Genista sagittalis*, etc.

décursive, *decursivus* ; la nervure décurrente de certaines feuilles a été dite décursive, que le limbe de ces feuilles soit ou non décurrent.

décussé, *decussatus : folia decussata*, se dit de feuilles opposées dont les paires se croisent à angle droit.

Dédoublement, *Diremptio ;* on a donné ce nom à un phénomène encore peu étudié, et qui se manifeste dans l'ordre des faits organographiques normaux, et dans l'ordre des faits tératologiques. Ce phénomène consiste en la production d'appendices que présentent certaines feuilles, soit latéralement, soit parallèlement à leur face ; il semble que les éléments de ces feuilles soient dissociés et s'épanouissent isolément. — On a considéré jusqu'à ce jour comme résultant de la soudure de deux feuilles les feuilles accidentellement fourchues (dont la nervure moyenne est bifurquée). J'ai démontré qu'il s'agit au contraire du dédoublement latéral médian d'une même feuille ; or, ce dédoublement peut être tellement profond qu'il atteigne la base de la feuille, et dans ce cas les deux moitiés ont la forme de feuilles complètes, et donnent lieu, sur la tige, à des verticilles de plusieurs feuilles, dus au dédoublement d'une ou de deux feuilles (si les feuilles sont opposées à l'état normal) ; un curieux exemple de dédoublement antéro-postérieur est fourni par une variété cultivée du Chou commun *Brassica-oleracea*, les nervures se détachent de la face antérieure de la feuille et se prolongent en processus rameux irrégulièrement foliacés. — Il y a lieu de supposer que chez les fleurs doubles, la multiplicité des pétales est fréquemment le résultat de dédoublements latéraux ou antérieurs. — Les appendices que présentent certains pétales au niveau de la gorge de la corolle sont probablement le résultat d'un dédoublement dans un grand nombre de cas.

deficiens, = *nullus ;* qui est absent, qui manque, qui est nul.

défini, *definitus*, = terminé, = centrifuge. On donne ces diverses épithètes aux axes (tiges ou rameaux) qui se terminent par une fleur. Des rameaux axillaires, susceptibles d'être eux-mêmes définis, mais qui donnent naissance à leur tour à d'autres rameaux axillaires, continuent la végétation de la plante. En vertu de cette disposition, les inflorescences définies, c'est-à-dire qui résultent d'une série de générations d'axes définis, sont composées de fleurs qui s'épanouissent, à commencer par celle du centre ou du sommet, et successivement, de dedans en dehors ou de haut en bas, en finissant par celles de la circonférence. — La disposition inverse est dite *indéfinie*, indéterminée, ou centripète. — Les tiges et les rameaux indéfinis sont ceux dont le bourgeon terminal s'allonge indéfiniment. (Voir le mot Inflorescence.) — d'une manière définie, *definite* (adv.).

deflexus, qui retombe en se courbant en arc.

defloratus, défleuri; dont la période de floraison est terminée.

Defoliatio, chute des feuilles.

Déformation, *Deformatio*; on donne le nom de déformation à divers accidents tératologiques, dans lesquels la forme des divers organes se trouve modifiée et altérée : telles sont les déformations : par torsion, par enroulement, par aplatissement, par élongation, par raccourcissement, par crispation, etc. — qui est déformé, *deformis*.

defossus; se dit d'un organe ord. aérien qui s'enfonce dans la terre, par exemple les capitules fructifères chez le *Trifolium subterraneum*, les gousses chez l'*Arachis hypogœa*.

Dégénérescence; passage de l'état considéré comme normal à un autre état : c'est par dégénérescence que, dans certaines anomalies, les feuilles deviennent pétaloïdes, ou les pétales foliacés, etc. — En horticulture, on désigne sous le nom de dégénérescence le retour des plantes modifiées par la culture à la forme sauvage ou spontanée; au point de vue physiologique c'est régénérescence qu'il faudrait dire.

degener; qui est le siége ou l'objet d'une dégénérescence.

Déhiscence, *Dehiscentia*; manière dont les fruits s'ouvrent à la maturité pour que les graines deviennent libres; dans un sens plus général, on donne le nom de déhiscence à l'état du fruit après l'ouverture du péricarpe, quel que soit le mode de déhiscence d'après lequel cette ouverture se produise. — Le cas le plus simple est celui dans lequel le fruit se compose d'un seul carpelle ou de plusieurs carpelles libres (chacun d'eux se comportant comme un carpelle isolé); *si le carpelle libre est à une seule graine* (monosperme) et que le péricarpe soit charnu, ce péricarpe se détruit après la maturité par putréfaction et la graine se trouve ainsi mise à nu; dans certains cas cependant (chez les fruits désignés sous le nom de *Drupe*) la couche extérieure du péricarpe est seule charnue et la couche interne est ligneuse (noyau), la partie extérieure (sarcocarpe) se détruit seule alors par putréfaction, et la graine renfermée dans le noyau (qui diffère peu d'un véritable akène) ne devient libre qu'à l'instant de la germination, époque à laquelle le noyau cède à la pression interne exercée sur lui par la graine gonflée, et s'ouvre par la déhiscence de la suture et par la rupture de la nervure. — Si le péricarpe est complétement sec et coriace (*Akène*), la graine y reste en général renfermée jusqu'à l'instant de la germination, époque à laquelle la feuille carpellaire cède aux efforts de l'embryon en germination, et s'ouvre par sa suture pour lui donner issue (chez les *Ranunculus* et les *Potentilla* par exemple); quelquefois cependant le carpelle monosperme laisse échapper la graine dès l'instant de la maturité, j'ai trouvé un exemple de cette déhiscence chez l'akène du *Ficaria ranunculoides*. — *Si le carpelle libre est à plusieurs graines* (polysperme) et sec (chez les *Aquilegia* par exemple), la déhiscence se fait comme dans le cas où il est monosperme, c'est-à-dire par la suture dite ventrale, mais dès l'époque de la maturité. (Cette suture, qui est le résultat du rapprochement des deux bords de la feuille carpellaire, est la véritable suture; la suture dite dorsale n'est point une suture et devrait conserver le nom de nervure dorsale.) Je propose de désigner cette déhiscence du carpelle libre, soit monosperme, soit polysperme, par l'épithète de *suturale carpellaire*. La distinction que l'on a établie entre les carpelles libres polyspermes secs, s'ouvrant par leur suture et par leur nervure dorsale (et qui ont été désignés sous le nom de *Gousse* ou *Légume*), et les carpelles libres polyspermes secs·chez lesquels la déhiscence est seulement suturale (et que l'on a désignés sous le nom de *Follicules* : les carpelles des *Aquilegia* et des *Helleborus* par exemple) est d'une faible valeur organographique. — Chez certains genres les carpelles libres polyspermes présentent une articulation transversale entre chaque graine et se rompent naturellement au moindre choc (en autant de pièces qu'il y a de graines) à la maturité, ces fragments constituent chacun un véritable fruit monosperme ou akène et se comportent comme les akènes (par exemple chez les genres *Coronilla*, *Hedysarum*, *Hyppocrepis*, etc.). — La connaissance du mode de déhiscence chez les carpelles libres va nous aider à acquérir des idées justes sur la déhiscence des fruits qui sont le résultat de plusieurs carpelles soudés entre eux. Chez ces fruits, ainsi que chez les précédents, l'adhérence ou la non-adhérence de l'ovaire au tube qui le renferme quelquefois (tube considéré comme appartenant au calice, et qui selon moi résulte d'une dépression de l'axe) ne paraît pas avoir d'influence marquée sur le mode de déhiscence de l'ovaire; en effet ce tube qui enveloppe l'ovaire lui constitue une couche externe supplémentaire qui est rompue au point où se fait la déhiscence de l'ovaire, comme si elle faisait partie intégrante des feuilles carpellaires elles-mêmes. — Les fruits qui résultent de la soudure de plusieurs carpelles constituant un même verticille peuvent se répartir en deux divisions : 1° ceux qui résultent du rapprochement face à face de feuilles carpellaires fermées et analogues aux carpelles isolés dont nous venons de parler; 2° ceux qui résultent du rapprochement bord à bord de feuilles carpellaires ouvertes ou à limbe étalé. — Les fruits qui sont le résultat du rapprochement et de la soudure de carpelles fermés, placés en cercle ou en verticille, peuvent présenter plusieurs sortes de déhiscence. Il peut arriver que les carpelles se désagrègent en se dessoudant et constituent dès lors des carpelles libres; ces carpelles devenus libres s'ouvrent par leur suture (ou peuvent se partager complétement en deux pièces, en s'ouvrant par leur suture et se fendant selon leur nervure dorsale, par exemple dans le genre *Euphorbia*). Cette déhiscence qui commence par la dessoudure des parois adossées des carpelles, parois adossées auxquelles on a donné le nom de *cloisons*, est dite déhiscence septicide; on voit que ce que l'on nomme déhiscence septicide n'est réellement point dans ce cas une déhiscence, mais que le phénomène consiste seulement dans la désagrégation des carpelles qui, devenus libres, s'ouvrent selon la déhiscence *suturale*, et même selon la déhiscence *dorsale* (que l'on a nommée *loculicide*) et dont nous allons nous occuper. Lorsque les carpelles fermés et soudés en cercle (constituant un fruit pluriloculaire) ne se désagrégent pas, il arrive fréquemment que la déhiscence se fait par une fente longitudinale de la partie moyenne de chaque carpelle, c'est-à-dire par une sorte de rupture de sa nervure dorsale en deux moitiés parallèles ; il résulte de cette déhiscence que chaque pièce du fruit (valve) est composée de deux moitiés de carpelles soudés, et que cette valve présente à sa partie moyenne la cloison qui résulte de l'adossement des deux moitiés de carpelles dont elle se compose, ainsi que les lignes ou cordons placentaires qui constituent le bord de cette cloison et auxquels sont fixées les graines ; cette déhiscence que je nomme *dorsale* a été désignée sous le nom de *loculicide* (elle n'est pas rare dans l'embranchement des Monocotylédones : chez les genres *Tulipa*, *Iris*, etc.). Dans un troisième genre de déhiscence connu sous le nom de déhiscence *septifrage*, et qui pourrait être mieux caractérisé par l'épithète de *latérale* : Les carpelles ne se désagrégent pas, et la nervure moyenne restant intacte, la rupture a lieu pour chaque carpelle, selon deux lignes latérales correspondant au niveau où commence la soudure avec les carpelles voisins ; il résulte de cette déhiscence que toutes les cloisons continuent à former un même ensemble aboutissant à un axe central constitué par les placentas et portant par conséquent les graines, tandis que la partie dorsale de chaque carpelle constitue une sorte de valve qui se détache des cloisons comme une fenêtre de son encadrement. Le fruit chez les Crucifères présente ce genre de déhiscence avec cette particularité notable que les graines sont insérées, non pas à l'extrémité des cloisons (au centre du fruit), mais près de la ligne où commence la soudure des carpelles. — Les fruits qui sont le résultat du rapprochement et de la soudure bord à bord d'un verticille de feuilles carpellaires ouvertes ou à limbe étalé, et qui par conséquent sont à une seule loge, bien que composés de plusieurs carpelles, présentent exactement les mêmes genres de déhiscence que les fruits pluriloculaires chez lesquels nous venons de faire connaître les trois principaux genres de déhiscence; avec la différence qui résulte du manque de cloisons, puisque les carpelles sont adhérents bord à bord et non face contre face. Par conséquent, chez les fruits pluri-carpellaires-uniloculaires, le premier genre de déhiscence (déhiscence septicide ou disjonction des carpelles) constitue une véritable déhiscence, puisque les feuilles carpellaires étalées à l'avance n'ont point à éprouver de déhiscence suturale carpellaire; mais la désignation de septicide (qui signifie cloison partagée) est impropre, puisque la cloison est réduite à une suture bord à bord et n'existe par conséquent pas; je propose pour ce mode de déhiscence (exemples : genres *Viola* et *Helianthemum*) l'expression de déhiscence *suturale inter-carpellaire*. Dans ce genre de déhiscence, chaque valve représente une feuille carpellaire complète étalée, et porte par conséquent, dans le cas où les carpelles sont pluriovulés, des ovules sur ses deux bords (en exceptant le cas particulier où le placenta est central et paraît indépendant des feuilles carpellaires). Le deuxième genre de déhiscence (déhiscence loculicide ou *dorsale*) s'observe dans le genre *Drosera* par exemple. Les graines sont insérées sur la ligne moyenne de chaque valve représentant deux moitiés soudées de carpelles, ainsi que dans le cas où l'ovaire est multiloculaire; la seule différence est que la cloison, qui dans le cas d'ovaire multiloculaire porte les graines, est réduite ici à une double ligne saillante. Le troisième genre de déhiscence (déhiscence septifrage ou *latérale*) s'observe chez le genre *Chelidonium*, chez les plantes de la famille des Orchidées, etc. : la partie dorsale de chacun des carpelles ne laisse persister en se détachant que les sutures inter-carpellaires, qui constituent alors une sorte d'encadrement sans panneaux. Mais la désignation de septifrage (qui signifie cloison rompue) est impropre, puisque les cloisons sont réduites à des sutures bord à bord et n'existent par conséquent pas; je propose pour ce mode de déhiscence l'expression de *déhiscence marginale* (c'est-à-dire, se faisant près du bord des feuilles carpellaires). — Il me reste à parler des déhiscences incomplètes et des fruits indéhiscents. Je désigne sous le nom de *déhiscences incomplètes* des déhiscences susceptibles d'appartenir aux divers genres de déhiscence qui viennent d'être mentionnés, mais qui n'ont lieu que dans une certaine étendue de la longueur des valves ; quand ces déhiscences partielles ont lieu par l'extrémité supérieure du fruit, il présente l'aspect d'une urne dentée (tel est le fruit chez un grand nombre de genres de la famille des Caryophyllées). Ces déhiscences peuvent être fort compliquées, participant en même temps au type septifrage ou latéral (en vertu duquel le placenta devient libre dans ce cas à l'ouverture du fruit) et au type loculicide ou dorsal ; or le fruit étant à cinq carpelles, la division septifrage ou latérale donne lieu à cinq valves, qui se trouvant subdivisées chacune en deux moitiés en vertu de la déhiscence loculicide ou dorsale produisent dix valves auxquelles on donne le nom de dents en raison de leur forme triangulaire ; ces valves ne correspondent qu'à la pointe de valves qui restent soudées. — Lorsque la déhiscence incomplète se fait au-dessous du sommet du fruit, il en résulte des trous que l'on nomme pores, ou de petites valves soulevées en manière de vasistas (déhiscence porricide), chez les Pavots par exemple, où la déhiscence me parait ne différer de celle des siliques des *Chelidonium* et des Crucifères, que parce que la valve (partie dorsale d'une feuille carpellaire) ne se détache qu'à son extrémité supérieure seulement, l'extrémité du fruit du Pavot au niveau des trous de la déhiscence représentant la partie supérieure d'une silique qui serait composée de carpelles nombreux. Enfin, il est un genre de déhiscence sans analogie avec les précédents, et qui consiste dans la rupture *transversale* d'un fruit composé de plusieurs carpelles soudés, selon une articulation circulaire dont la partie supérieure se détache en manière de couvercle à la maturité (pyxide) ; si le fruit est à plusieurs loges, on comprend que cette déhiscence doit se lier avec le type septifrage (ou latéral), tel est le cas chez les *Hyoscyamus* par exemple ; si le fruit est uniloculaire, la déhiscence consiste uniquement dans cette rupture transversale, dont nous avons vu des exemples chez la gousse (carpelle polysperme sec isolé), avec cette différence que les fruits à plusieurs carpelles ne présentent qu'une seule articulation, tandis que les gousses articulées présentent autant d'articles qu'elles contiennent de graines. — Les fruits indéhiscents, composés de plusieurs carpelles, peuvent être rangés dans deux catégories : 1° les fruits charnus ; 2° les fruits secs monospermes (à une seule graine). Les fruits charnus ne laissent leurs graines à nu que lorsque leur péricarpe se détruit par putréfaction, tels sont les fruits dans les genres *Pyrus* (Poirier), *Sorbus* (Sorbier), etc. ; dans d'autres cas où les carpelles sont monospermes, la couche extérieure du péricarpe seule est charnue, et la couche interne de chaque loge est dure et ligneuse (les fruits qui présentent cette structure sont le résultat de véritables drupes soudées en cercle), dans ce cas la putréfaction agit comme chez les drupes isolées en détruisant la couche extérieure charnue, et chaque graine renfermée dans une enveloppe ligneuse constitue un véritable akène qui ne s'ouvre qu'à l'époque de la germination (tel est le cas pour les genres *Mespilus* et *Cratægus* par exemple). Quant aux fruits secs résultant de plusieurs carpelles soudés constituant une seule loge à une seule graine (capsules monospermes), ils se comportent aussi comme des akènes et ne s'ouvrent qu'à la germination, tel est le fruit dans le genre *Tilia* (Tilleul) et chez les Cupulifères (*Corylus, Castanea, Quercus*, etc.). (Voir le mot Fruit.)

Déhiscence de l'anthère. Chacune des deux loges de l'anthère s'ouvre ordinairement par une fente longitudinale qui prend quelquefois l'apparence transversale ; plus rarement, par un pore terminal (fente incomplète), ou par des valvules en forme de store. (Voir le mot Anthère.)

déhiscent, *dehiscens* ; se dit des organes qui constituent une cavité s'ouvrant à une époque déterminée : les anthères, la plupart des fruits, etc.

déliquescent, *deliquescens* ; qui tombe en *deliquium*, qui se résout en un liquide aqueux. Certains *Agaricus* de la section des *Coprinus* sont déliquescents après l'époque de la maturité.

deltoïde, *deltoideus* ; en forme de la lettre grecque majuscule nommée delta (Δ), c'est-à-dire en forme de triangle ; on a donné cette épithète à des feuilles, et à d'autres organes.

Demersus, = *submersus*, submergé. Se dit de plantes ou d'organes qui se développent complétement submergés dans l'eau ; par exemple les *Ceratophyllum*, les *Naias*, etc.

Demi-fleuron, *Semi-flosculus*, = Fleuron ligulé ou en languette, = Ligule ; on a désigné sous ces différents noms les fleurs à tube fendu et étalé en limbe plan, dans la famille des Composées, par opposition au mot fleuron qui désigne chez ces plantes une fleur dont la corolle constitue un tube en forme de cornet non fendu. (Voir le mot Composées.)

Demissus (*Caulis*) ; se dit d'une tige basse et grêle.

Denarius, au nombre de dix.

Dendroideus ; ayant l'aspect d'un petit arbre. — *Dendron*, mot grec : arbre.

Dens, Dent. — *dentatus*, denté. — *denticulatus*, finement denté. (Voir le mot Dent.)

dense (adv.), d'une manière dense, serrée, compacte. — *densus*, dense, serré, compacte ; se dit d'une plante ou d'une inflorescence à rameaux rameux rapprochés entre eux. — *densiflorus*, à fleurs rapprochées en une masse compacte.

Dent, *Dens*. On nomme Dents les divisions courtes et triangulaires qui résultent des incisions qui existent à la circonférence d'un grand nombre de feuilles. Ces divisions sont causées par le manque de parenchyme dans l'espace qui sépare l'extrémité des nervures. — On donne également le nom de Dents aux extrémités triangulaires libres des pièces qui constituent un verticille à feuilles soudées entre elles : chez les calices gamosépales, les corolles gamopétales, les fruits déhiscents par l'extrémité seulement des valves, etc.

denté, *dentatus* ; qui présente soit des découpures, soit des parties libres triangulaires et en forme de dents.

dentelé, *serratus* ; qui présente une suite de dents très fines.

Dentelures, *Serraturæ*, dents fines et serrées.

denticulus, dent très fine, isolée.

dénudé, *denudatus*, dépouillé de l'épiderme ou de l'écorce.

denus, = *denarius*, qui est au nombre de dix.

deoperculatus ; dont l'opercule ou couvercle s'est détaché.

depauperatus, appauvri ; se dit d'épis grêles, soit en raison de l'avortement d'un certain nombre de fleurs, soit en raison du petit nombre et de l'espacement des fleurs.

dependens, suspendu et pendant : *Folia dependentia*, feuilles à limbe pendant.

depressus, déprimé ; — *depresso-globosus*, globuleux-déprimé.

déprimé, *depressus* ; se dit d'un corps globuleux, ovoïde, etc., qui semble avoir été aplati par une pression de haut en bas.

deregularis ; on a donné cette épithète à des organes qui s'éloignent plus ou moins de la forme régulière, ou de la forme normale chez l'espèce, ou chez le groupe.

derma, dans les mots composés tirés du grec : écorce ; en latin, *cortex*.

descendant, *descendens* ; se dit d'organes, soit souterrains (hypogés), soit aériens (épigés), qui se dirigent de haut en bas dans la direction verticale.

Désinence, *Desinentia* ; manière dont se termine un organe quelconque. La terminaison ou désinence est : acuminée, aiguë, apiculée, en bec, en crochet, cuspidée, émoussée, mucronée, obtuse, tronquée, etc. (Voir ces mots.)

desmos, dans les mots composés dérivés du grec signifie : faisceau ; en latin, *Fasciculus*.

déterminé, *determinatus*, = défini, = centrifuge. (Voir les mots défini et Inflorescence.)

dextrorsus, qui se dirige à droite ; *dextrorsum volubilis*, qui s'enroule en spirale de gauche à droite et de bas en haut.

di, mot employé dans les composés grecs : deux ; en latin *bi*.

dicoccus, à deux coques.

diadelphe, *diadelphus* ; on appelle étamines diadelphes celles qui sont soudées par leurs filets en deux faisceaux. — Diadelphie, *Diadelphia* ; dans le système de Linné, classe de plantes caractérisée par les étamines diadelphes.

Diagnose, *Diagnosis* ; on donne ce nom à une phrase descriptive substantielle et concise, renfermant les principaux caractères distinctifs d'un genre, d'une espèce, etc.

Diakène, *Diachenium* = Crémocarpe ; nom donné aux fruits composés de deux akènes rapprochés ou soudés, chez la famille des Ombellifères et chez les *Galium* par exemple.

dialycarpelle (gynécée, ovaire, fruit) dont les carpelles ne sont pas soudés entre eux.

dialypétale, *dialypetalus*, = polypétale; se dit d'une corolle à pétales soudés par leurs bords au moins dans leur partie inférieure, de telle sorte que l'ensemble représente un tube ou une coupe. —Dialypétales, plantes dont la corolle est dialypétale. (Voir le mot Corolle.)

dialysépale, *dialysepalus*, = monosépale; se dit d'un calice à sépales soudés par leurs bords au moins dans leur partie inférieure, de telle sorte que l'ensemble représente un tube ou une coupe. (Voir le mot Calice.)

diandre, *diandrus*, à deux étamines.— Diandrie, *Diandria*; dans le système de Linné, classe de plantes caractérisée par des fleurs diandres.

dialystaminé (Androcée); à étamines non soudées entre elles.

dianthus, mot dérivé du grec, est synonyme du mot latin *biflorus*, à deux fleurs (inusité).

diaphane, *diaphanus*, pellucide; se dit d'un organe demi-transparent.

Diaphragme, *Diaphragma*; cloison transversale qui partage une cavité en deux étages. Les tiges fistuleuses des Graminées et de certaines Ombellifères présentent des diaphragmes au niveau des nœuds ou insertions des feuilles.

dicephalus = *bicephalus*, à deux têtes, à deux capitules.

dichotome, *dichotomus*; se dit d'une tige qui donne naissance au-dessous de son sommet ou à son sommet à deux branches opposées, chacune de celles-ci a deux autres branches, et ainsi de suite; en général, les axes dichotomes se terminent successivement chacun par une fleur ou par une inflorescence, après avoir donné naissance aux deux feuilles opposées qui émettent les branches de la bifurcation; la plupart des espèces du genre *Cerastium* et du genre *Valerianella*, présentent des tiges ou des inflorescences dichotomes. (Voir le mot Inflorescence.)

Dichotomie, *Dichotomia*; bifurcation appartenant à une tige dichotome.

dicline, *diclinicus*; dont les fleurs sont unisexuelles, que la plante soit unisexuelle ou qu'elle soit dioïque.

dicotylédoné, *dicotyledoneus*, = dicotylé, *dicotyleus* ; se dit d'un embryon qui présente deux cotylédons. (Voir le mot Embryon.)

dicotylédonés (Végétaux); nom donné à un embranchement des végétaux phanérogames dont les caractères sont : Embryon à deux cotylédons opposés. Enveloppes de la fleur à parties ord. en nombre quinaire, rarement nulles. Tige séparable en deux zones : l'une extérieure corticale; l'autre intérieure ligneuse, s'accroissant par des couches concentriques, à solidité augmentant de la circonférence vers le centre; cette zone étant constituée par des faisceaux fibro-vasculaires qui forment un cylindre creux autour d'une colonne centrale de tissu cellulaire (moelle). Feuilles entières ou divisées, quelquefois composées de plusieurs folioles, à nervures ord. très ramifiées.

dicyclus, qui constitue deux cycles ; qui constitue deux cercles.

didyme, *didymus ;* se dit de la réunion de deux organes globuleux soudés entre eux. Un ovaire ou un fruit didyme est composé de deux carpelles subglobuleux soudés latéralement entre eux par leur suture : tel est le fruit chez les *Galium.* Une anthère didyme résulte de deux lobes globuleux, unis entre eux par un connectif très court : telle est l'anthère dans le genre *Euphorbia.*

didyname, *didynamus*. Lorsque dans une fleur il y a quatre étamines dont deux plus courtes que les deux autres, ainsi que cela a lieu chez la plupart des espèces de la famille des Labiées, des Scrophularinées, etc., les étamines sont dites didynames : *Stamina didynama.*—Didynamie, *Didynamia*, dans le système de Linné, classe de plante caractérisée par des étamines didynames.

Diérésile, *Dieresilis,*=*Synochorium* =*Sterigmum.* Mots (inusités) proposés pour désigner les fruits composés de carpelles rangés circulairement autour d'un axe.

diffluens = *deliquescens* ; qui finit par se résoudre en eau.

diffus, *diffusus ;* se dit de tiges rameuses dès la base, à branches et à rameaux étalés et entrecroisés. — Couleur diffuse : couleur répandue uniformément sur une autre teinte et se fondant insensiblement dans la teinte sous-jacente vers la circonférence.

digitaliformis, en forme de dé à coudre. —*digitalis* de la longueur du doigt (mesure inusitée).

digité, *digitatus*; se dit d'une feuille composée, à plusieurs folioles disposées en éventail à l'extrémité du pétiole (rachis); par exemple chez les Lupins, le Marronnier-d'Inde, etc.

digiti-nervié, *digiti-nervius*, = palmati-nervié; on donne ces épithètes aux feuilles dont les nervures partent du sommet du pétiole en divergeant, ou même en rayonnant dans tous les sens. Cette disposition des nervures donne lieu, chez les feuilles entières, aux formes: peltée, orbiculaire et sub-orbiculaire, par ex. chez la Capucine, l'*Hydrocotyle*, la mauve, etc.; et chez les feuilles à limbe divisé : aux formes : palmée, palmatipartite, palmatiséquée (chez les feuilles simples) et digitée (chez les feuilles composées).

Digité-pinné = conjugué-pinné; — digitipalmé = conjugué-palmé; ces expressions s'emploient pour désigner des feuilles doublement composées dont le rachis porte à son extrémité, des rachis secondaires à folioles, soit pinnées, soit digitées.

digyne, *digynus*; se dit d'un ovaire composé de deux carpelles principalement dans le cas ou ils ne sont pas soudés entre eux.

dilaté, *dilatatus*, qui est élargi, aplati, amplifié latéralement. Certaines étamines à filet membraneux-pétaloïde sont dites à filet dilaté. La gorge d'une corolle gamopétale est dite dilatée lorsqu'elle est beaucoup plus large que la partie inférieure du tube.

dimidiatus, qui est partagé en deux moitiés; par exemple, les étamines du *Salix rubra*.

dimère, *dimerus*, qui est composé de deux pièces.

dioïque, *dioicus*; se dit d'une plante à fleurs unisexuelles, dont les fleurs à étamines (fleurs mâles), et les fleurs à ovaires (fleurs femelles), sont produites par deux individus distincts : le Chanvre, la Mercuriale, les Saules, les Peupliers, sont des végétaux dioïques. — Linné avait groupé les végétaux dioïques en une classe nommée Diœcie.

dipetalus, à deux pétales. — *diphyllus* à deux feuilles.

diploperistoma (*Capsula*), urne à péristome double; se dit de la capsule ou urne des Mousses, quand son ouverture (ou péristome) présente deux rangées de dents.

diplostémone (fleur); à étamines en nombre double des pétales.

dipterus, qui présente deux membranes en forme d'ailes.

Diremptio, Dédoublement. (Voir ce mot.)

disciformis, disciforme, et mieux discoïde.

discoïde, *discoideus*, = *disciformis* ; qui a la forme d'un disque ou sphère aplatie.

discolor ; se dit d'une feuille dont les deux faces sont de couleur différente, par exemple la face supérieure étant verte et l'inférieure blanche. (Telle est la couleur des feuilles chez la variété discolore du *Rubus fruticosus*, du *Spiræa Ulmaria*, etc.)

discretus, distinct, séparé, qui n'est pas soudé.

disepalus ; se dit d'un calice à deux sépales : par exemple, dans les genres *Papaver*, *Chelidonium*, *Fumaria*, etc.

Disjonctions ; anomalies consistant dans la séparation d'organes soudés entre eux à l'état normal, lorsque, par ex., une corolle dialypétale remplace une corolle gamopétale.—Le nom de *divisions* doit être réservé aux anomalies qui consistent dans le partage d'un même organe en plusieurs lambeaux ou laciniures, par suite de fentes ou de déchirures. — Il est quelquefois difficile au premier aspect de décider si un organe qui paraît double est le résultat de la soudure de deux organes simples, ou de la division d'un organe simple unique. — Il ne faut pas confondre les disjonctions et les divisions qui sont le résultat de déchirures postérieures au développement de l'organe avec les fentes qui existent dès le développement d'un organe, et qui constituent un vice de conformation congénial.

disjunctus disjoint, séparé, dessoudé ; se dit d'organes soudés entre eux dans l'état normal et accidentellement disjoints.

dispansus ; se dit d'une plante dont les rameaux sont largement étalés dans tous les sens.

dispar, inégal ; dont l'un est beaucoup plus volumineux ou d'une autre forme que l'autre.

dispermus, à deux graines ; se dit d'un fruit ou d'une loge.

disrumpens = *rumpens* ; qui se partage en deux ou plusieurs pièces, qui se déchire.

Disposition, *Dispositio* ; arrangement. La disposition des fleurs sur la tige se nomme Inflorescence.

Disque, *Discus* ; on donne ce nom à un verticille d'organes appendiculaires rudimentaires, de nature cellulaire et glanduleuse qui appartient à la fleur d'un grand nombre de plantes, et se présente sous des formes variées ; tantôt il se compose de pièces distinctes qui ont l'aspect de petits cônes ou de petites lamelles charnues (et que l'on désigne souvent sous le nom de glandes); tantôt il constitue une couronne ou un cercle non interrompu, par la fusion des pièces constituantes entre elles ; ces pièces sont distinctes dans leur partie supérieure chez les disques lobés. Le disque n'a pas été jusqu'à ce jour étudié assez rigoureusement au point de vue de la symétrie de la fleur ; on ne s'est pas encore rendu compte dans un grand nombre de cas de la situation des pièces qui le constituent relativement à la situation des autres organes de la fleur ; cette étude rigoureuse est du reste assez difficile, vu les nuances qui existent entre un disque composé de pièces distinctes, un disque constituant une couronne lobée ou non lobée, et un disque réduit à certaines couches glanduleuses qui revêtent diverses parties de la fleur. Il est d'ailleurs très difficile, dans bien des cas, de décider avec certitude si le disque représente un verticille de pétales ou d'étamines demi-avorté et continuant l'alternance des autres verticilles de la fleur, ou s'il résulte du dédoublement de l'un des verticilles, ou enfin s'il n'est pas seulement une surface de sécrétion appartenant à un organe privé d'épiderme à ce point (surfaces sécrétantes désignées sous le nom de Nectaire). L'insertion du disque est généralement la même que celle des étamines que l'on décrit souvent comme naissant du disque même ; cette insertion est par conséquent susceptible d'être hypogyne, périgyne ou épigyne. Lorsque le disque est hypogyne et qu'il est en forme d'anneau, il embrasse ordinairement la base de l'ovaire, de telle sorte que l'ovaire paraît reposer sur lui, ce qui a pu faire penser, à une époque où l'on se contentait d'étudier les apparences, que dans ce cas l'ovaire est inséré sur le disque même. Le disque périgyne paraît souvent ne consister qu'en une surface glanduleuse qui tapisse la base du tube au-dessous de l'insertion des étamines. Enfin, lorsque le disque est épigyne, il constitue un bour-

relet qui entoure le sommet de l'ovaire et quelquefois embrasse
la base du style. (Voir les mots *Perigynium* et Phycostème.)

Disque (des Fleurs composées) ; on désigne sous le nom de disque
chez les plantes de la famille des Composées de la section des
Corymbifères, l'ensemble des fleurons tubuleux rapprochés
dont les sommets constituent une surface plane circulaire entourée comme d'une couronne par les fleurons ligulés qui occupent la circonférence du capitule ; les fleurons du disque sont
généralement de couleur jaune. Les fleurons ligulés de la circonférence sont souvent de la même couleur ; souvent aussi ils
sont d'une couleur différente (le blanc par exemple) qui tranche sur la couleur jaune du disque.

dissectus, disséqué, divisé en lanières très étroites. Les feuilles
ainsi divisées et réduites pour ainsi dire à des nervures ramifiées sont dites multiséquées ; par exemple, les feuilles du Fenouil, les feuilles submergées du *Ranunculus fluitans*, etc.

Dissémination, *Disseminatio* ; on désigne sous ce nom les divers
procédés mis en œuvre par la Nature pour répandre au loin les
graines des plantes et les transporter dans les lieux où elles sont
susceptibles de germer et de se développer. — Ces procédés
sont nombreux et adaptés d'une manière merveilleuse aux be-
soins de chacune des espèces végétales. Peu de sujets présentent plus d'intérêt dans la série d'études que nous offre l'observation des *mœurs* chez les végétaux. — Tantôt nous voyons
des graines lourdes, et qui tomberaient au pied même de la
plante mère, être lancées au loin par le péricarpe, dont les
valves encore vivantes s'enroulent sur elles-mêmes avec l'élasticité d'un ressort (chez les *Impatiens Balsamina* et *Noli-tan-
gere*, etc., par ex.), ou bien sont lancées avec un jet de liquide,
comme par une pompe foulante, par l'ouverture qui résulte de
la séparation du fruit de son pédicelle (chez le *Momordica Ela-
terium*, vulgairement Concombre-d'eau). D'autres fois (chez
les gousses d'un grand nombre de Légumineuses, le Pois-à-
fleurs, *Lathyrus odoratus*, par exemple) les valves lancent au
loin les graines en s'enroulant sur elles-mêmes par le fait de
leur dessiccation. — Certains fruits très légers sont pourvus

d'une aigrette dont les soies, étalées en parachute, permettent aux vents de les transporter au loin (les fruits de la plupart des Composées sont dans ce cas). Chez d'autres familles, les Asclépiadées, les Salicinées, et chez les *Epilobium*, par exemple, ce sont les graines elles-mêmes qui sont pourvues d'une aigrette soyeuse. Dans d'autres cas, les fruits ou les graines présentent des expansions membraneuses en forme d'ailes, et sont transportés dans des tourbillons à d'assez grandes distances, ou, s'ils tombent dans des courants d'eau, restent à la surface et sont déposés accidentellement sur des rives plus ou moins éloignées. Les oiseaux sont eux-mêmes au nombre des agents employés par la nature pour le transport de certaines graines qu'ils disséminent sans les avoir digérées, ou, si ce sont des oiseaux aquatiques, qu'ils emportent attachées à leurs plumes d'un lieu aquatique dans un autre. Ces moyens de dissémination sont si nombreux et mis en œuvre sur une si grande échelle, que l'on a lieu de s'étonner qu'il n'apparaisse pas fréquemment, dans les divers pays, des plantes appartenant à des contrées plus ou moins éloignées.

Dissepimentum, Cloison. (Voir ce mot.)

dissiliens; se dit d'un fruit qui éclate avec élasticité et lance ses graines au loin.

dissimilis, dissemblable; dans les mots composés grecs *heteros*; se dit d'organes de même nature, appartenant à un même verticille, par exemple, et qui sont de formes différentes entre eux. — S'oppose à *conformis*.

dissitus, dispersé, répandu çà et là; se dit d'objets très espacés.

distant, *distans*, qui est séparé d'un autre objet par un intervalle manifeste.

distichus, distique. (Voir ce mot.)

distinct, *distinctus*; ce mot est employé dans deux sens très différents; d'une part il signifie visible, apparent; et d'autre part il signifie séparé d'un autre objet, et s'oppose au mot soudé; pour éviter la confusion, il serait bon de n'attribuer à ce mot que ce dernier sens; et que *distinct*, dans le sens de apparent, fût remplacé par le mot *visible*.

Distinctio, synonyme inusité de *Dissepimentum*, Cloison.

distique, *distichus*; se dit de feuilles, de rameaux, d'épillets, etc.,
alternés sur la tige ou l'axe et disposés sur deux faces opposées
seulement. En examinant avec attention la disposition des
feuilles distiques, on voit qu'elles décrivent sur l'axe des lignes
non pas droites, mais un peu courbes , et dont la continuation
donnerait lieu à une spirale.

distortus, tordu, contourné, roulé en spirale.

ditrope, *ditropus*; qui fait deux tours sur lui-même. Qualification
donnée à certains ovules réfléchis dont le funicule décrit un tour
de spire plaçant l'ovule dans la position d'un ovule droit.

diurne, *diurnus*; qui a lieu pendant le jour : *Flores diurni*,
fleurs qui s'épanouissent et se ferment dans la même journée.

divariqué, *divaricatus*; on donne la qualification de divariqués
aux rameaux qui s'écartent de la tige à angle droit. On dit :
panicule divariquée pour panicule à rameaux divariqués. —
Squarreux, *squarrosus*, a à peu près le même sens que divariqué ; néanmoins, divariqué s'applique surtout à la direction
de divisions de l'axe, et squarreux à la direction de feuilles et
autres organes appendiculaires.

divergent, *divergens*; se dit d'objets qui se dirigent dans des sens
différents, et tendent à s'écarter l'un de l'autre : Styles divergents, *Styli divergentes*; Nervures divergentes, *Nervi divergentes*. — On dit qu'un organe diverge d'un autre auquel il est
inséré lorsqu'il s'en écarte, surtout si c'est à angle droit.

diversiformis; se dit d'organes de même nature et de formes
différentes entre eux.

diversus, se dit d'objets qui sont de différentes sortes.

divisé, *divisus*; qui présente des divisions.

Division *Divisura*, Segment; quand on se sert de l'expression :
les divisions d'une feuille, l'expression est exacte. En effet,
une feuille est un organe simple, bien que souvent découpé ou
divisé. — Il n'en est pas de même de l'expression : *les divisions
du calice, de la corolle, du périanthe*; en effet, un calice n'est
pas un organe simple, ce n'est autre chose qu'une réunion de
petites feuilles (sépales) qui peuvent ou non être soudées entre
elles de la base au sommet, entièrement ou dans une étendue
variable; l'étendue dans laquelle cette soudure n'a pas lieu,

n'a rien de commun avec une division. Cependant, il a été convenu jusqu'ici de considérer dans les descriptions le calice gamosépale comme un organe simple, et la partie libre des sépales qui le constituent comme des divisions, des lobes, des dents de cet organe. Ce langage est vicieux, il faudrait dire : sépales soudés en tube dans la plus grande partie de leur longueur (ou dans leur tiers, leur moitié, leurs deux tiers inférieurs, etc.), libres supérieurement, à partie libre triangulaire, lancéolée, etc.; dans les calices irréguliers, décrire la forme et le degré de soudure de chacun des sépales, et, comme conséquence seulement, indiquer la forme générale que présente l'ensemble. Des descriptions faites d'après ces principes ne seraient pas plus difficiles à comprendre et seraient beaucoup plus instructives; non seulement elles conduiraient au nom des plantes comme les descriptions actuelles, mais elles feraient connaître la structure réelle des organes. Le descripteur devrait toujours alors joindre au talent d'un bon observateur la science exacte d'un anatomiste et d'un organographe. Hâtons-nous d'ajouter que les botanistes les plus capables de notre époque sentent le besoin de réformes de cette nature, et donnent à leurs ouvrages descriptifs une tendance organographique de plus en plus marquée.

Divisura, *Segmentum*, Division, Découpure.

dodeca, dans les composés grecs : douze, en latin *duodecim*. Dodécandrie, Dodécagynie, groupes composés de plantes à douze étamines, à douze styles.

Dodrans, l'Empan. Ancienne mesure aujourd'hui inusitée, espace compris entre l'extrémité du pouce et l'extrémité du petit doigt, ces deux doigts étant le plus écartés possible; cet espace est de neuf pouces environ ou deux décimètres cinq centimètres.— *dodrantalis*, qui a neuf à dix pouces de longueur. — L'espace compris entre le pouce et l'index écartés le plus possible, et qui est environ de sept pouces ou deux décimètres, se nommait *spithama*, en français *petit empan*.

dolabriformis, en forme de doloire; inusité. — La doloire est un outil qui sert à polir le bois, et qui est allongé, comprimé, à dos convexe et à angles obtus.

doré, *auratus* d'un jaune d'or; dans les mots composés grecs *xanthos*; d'un jaune pur, intense et luisant. La fleur des *Ranunculus acris, repens* et *auricomus,* est d'un jaune d'or.

dorsal, *dorsalis*; qui appartient au dos, qui est du côté du dos.

Dos, *Dorsum.* La face inférieure des feuilles est aussi appelée le dos ou la face dorsale ; par opposition la face supérieure s'appelle le ventre ou la face ventrale. Le dos d'un carpelle est surtout la partie qui correspond à la face externe de la nervure moyenne de la feuille carpellaire et avoisine cette nervure. Le dos d'une graine courbée est la partie qui regarde le côté opposé au hile.

double, *duplex*; se dit d'un verticille, par exemple, qui se dédouble, et donne lieu à deux verticilles de même nature. On emploie quelquefois l'expression : un double rang, pour signifier deux rangs ; c'est dans ce sens qu'on désigne sous le nom de *périanthe double,* un périanthe composé d'un calice et d'une corolle.

double (Fleur) *Flos plenus, Flos semiplenus ;* on donne le nom de fleurs doubles à celles chez lesquelles le verticille de la corolle est accidentellement représenté par plusieurs verticilles de pièces plus ou moins semblables aux pétales normaux. Cette augmentation, dans le nombre des pétales, est fréquemment le résultat de la transformation des étamines (c'est ce qui a lieu chez les Rosacées et les Malvacées par exemple) ; quelquefois il est le résultat de la transformation des étamines et des carpelles : chez les Renoncules et les Anémones par exemple. Quelquefois enfin, la multiplication des pétales ne s'explique que par la subdivision ou le dédoublement de divers organes de la fleur (voir le mot dédoublement). On donne à tort le nom de fleurs doubles, à certaines déformations obtenues par la culture chez les plantes de la famille des Composées à capitules radiés : les Dahlias, par exemple ; il s'agit dans ce cas, non pas de l'addition de pétales nouveaux ou même de la transformation d'organes divers en pétales, mais simplement de la déformation et de l'amplification des corolles tubuleuses ou fleurons, qui s'accroissent et prennent souvent de nouvelles couleurs, et qui fréquemment se fendent latéralement et revêtent la forme ligulée des demi-fleurons (fleurons de la circonférence).

b doublement crénelé, *duplicato crenatus*; se dit de feuilles à dents denticulées. — Doublement crénelé, *duplicato crenatus*.

b douteux, qui est un sujet de doute, *anceps*.

d Drageon, *Surculus*; on nomme ainsi les jeunes tiges encore cachées sous le sol ou à peine sorties de terre, qui sont émises chaque année par la plupart des plantes vivaces herbacées ou ligneuses. Ces jeunes tiges sont un des moyens de multiplication les plus actifs qui soient mis en œuvre par la nature. Les horticulteurs les séparent avec un fragment de la souche enracinée pour en constituer autant d'individus distincts.

b dressé, *erectus*; dont la direction est perpendiculaire au sol ou se rapproche beaucoup de la ligne perpendiculaire; une tige dressée est celle qui s'élève verticalement vers le ciel, qu'elle soit droite ou qu'elle présente dans sa longueur des flexuosités. — Il ne faut pas confondre *dressé* et *ascendant* ; ascendant signifie dont la partie inférieure est couchée et dont la partie supérieure est redressée à angle droit.

b droit, *rectus* ; se dit d'un organe qui, dans sa longueur, ne présente ni angle ni courbure ; une ligne droite peut avoir une direction quelconque. On doit donc se garder de confondre les mots *droit* et *dressé*.

b droit (Ovule), = orthotrope = homotrope = atrope. L'ovule droit est celui dont le développement a lieu avec une intensité égale sur tous les points de sa périphérie, qui ne présente ni courbure ni raphé, et chez lequel l'exostome (qui devient plus tard le micropyle) occupe l'extrémité de l'ovule opposée à la chalaze qui se confond avec le hile ; les ovules droits sont beaucoup moins fréquents dans le règne végétal que les ovules réfléchis et courbés. L'ovule est droit dans le genre *Urtica*, chez les Polygonées, les Cistinées, etc. (Voir le mot Ovule.)

b drupacé, *drupaceus* ; se dit d'un fruit qui se rapproche de la drupe par sa consistance et sa structure.

d Drupe, *Drupa* ; on désigne sous le nom de Drupe le fruit qui est composé d'un seul carpelle monosperme, et dont la feuille carpellaire devient charnue dans sa paroi externe, et ligneuse dans sa paroi interne qui prend le nom de noyau. Tel est le fruit du

Pêcher, du Prunier, du Cerisier, etc. Des drupes soudées en cercle et renfermées dans un tube extérieur adhérent, constituent le fruit chez le Néflier. (Voir les mots Fruit et Déhiscence.)

Drupéole, *Drupeola*; petite drupe. Le fruit des *Rubus* est constitué par une réunion de drupéoles.

dulcis, doux; d'une saveur douce, fade ou un peu sucrée.

Dumetum, lieu parsemé de buissons, pâturages incultes des lieux montueux; — *dumus*, buisson, s'emploie aussi comme synonyme de *dumetum*.

duodecim, douze; dans les mots composés grecs : *déca*.

duplicato-dentatus; *d.-serratus*; *d.-crenatus*; *d.-pinnatus*; doublement denté, serré, crénelé, pinné; c'est-à-dire, à dents denticulées, à divisions pinnées, etc.

dur, *durus*; qui résiste à la pression, qui ne se laisse pas entamer facilement.

dynamis; dans les mots composés grecs : puissance. Linné a désigné par ce mot la longueur de certaines étamines relativement à d'autres appartenant à la même fleur. *Didyname* signifie : qui a deux étamines plus longues; *tétradyname :* qui a quatre étamines plus longues.

E

e ou *ex*, préposition privative, qui fait partie de certains mots latins composés; correspond à l'α privatif des Grecs. Exemples : *ebracteatus*, dépourvu de bractée; *ecalcaratus*, dépourvu d'éperon; *ecarinatus*, non caréné; *eglandulatus*, non glanduleux; *exaristatus*, sans arête.

eburneus, = *eborinus*; d'un blanc d'ivoire.

Écaille, Squama; on désigne sous le nom d'écailles divers organes appendiculaires (feuilles, bractées, sépales, etc.), qui n'ont d'analogie ni par leur usage ni par leur situation, mais qui présentent certains caractères communs, savoir : une forme triangulaire, ovale ou lancéolée, une couleur souvent blanchâtre ou brunâtre, et une consistance soit charnue, soit coriace. En général, les écailles sont des feuilles réduites à leur

partie pétiolaire élargie, amincie et raccourcie ; on nomme
ainsi : 1° les feuilles rudimentaires qui naissent sur les rhizomes
ou les tiges souterraines et sont en général membraneuses et
décolorées ; 2° les feuilles rudimentaires des tiges aériennes de
certaines plantes : par exemple, les Orobanches, le *Limodorum
abortivum*, le *Neottia Nidus-avis*, le *Monotropa Hypopithys*, etc.; 3° les tuniques charnues étroites de certains bulbes
(dans le genre *Lilium* et chez le *Scilla Lilio-Hyacinthus* par ex.);
4° les bractées (nommées aussi feuilles ou folioles) de l'involucre,
chez les plantes de la famille des Composées ; 5° les paillettes
ou écailles du réceptacle chez certains genres de la famille des
Composées, lamelles coriaces souvent divisées en filaments ou
soies, et à l'aisselle desquelles sont insérés les fleurons (chez les
Anthemis par ex.) : ces écailles ne sont autre chose que des bractées plus rudimentaires que celles de l'involucre ; 6° on a donné
le nom d'écailles aux parties constituantes du *disque* ou *nectaire* quand ces parties sont distinctes entre elles (voir le mot
Disque) ; 7° les paillettes scarieuses dont se compose le calice
accrescent qui surmonte l'akène chez certaines plantes de la famille des Composées; 8° enfin, Linné a donné le nom d'écailles
aux *glumellules* ou pièces constituantes du verticille interne
du périanthe des Graminées. — Chez certaines Renoncules on
a nommé écailles des lamelles situées au-dessus de l'onglet
des pétales et qui paraissent être le résultat d'un dédoublement de ces organes.

Écailleux, *squamosus* ; qui a la forme et la consistance d'une
écaille : *pappus squamosus*, aigrette composée de paillettes
écailleuses.

Écalyculatus, sans calice. — *ecalyculatus*, dépourvu de calicule.
(Voir *acalyculatus*. La construction des mots *acalycatus* et *acalyculatus* est vicieuse).

Écarté, *remotus*. Des organes sont dits écartés lorsqu'ils sont séparés par un intervalle plus grand que dans les cas ordinaires.

Écaudatus, qui est dépourvu de queue ; on donne l'épithète de
caudatus aux anthères dont les lobes se terminent inférieurement chacun en un appendice en forme de queue.

Échancré, *emarginatus*, se dit d'une feuille, d'un pétale, etc., qui présente au sommet une échancrure en forme de croissant. — Échancrure, *Emarginatura*, incision superficielle semblable à celle qui serait faite avec des ciseaux à lames courbes au bord d'un corps mince, d'une feuille par exemple.

echinatus, couvert de pointes fines et roides comme un hérisson (*echinus*).

Echinus, Pointe ; s'emploie pour désigner des pointes nombreuses et rapprochées comme les piquants du hérisson.

Écorce, *Cortex*. Chez les végétaux phanérogames, on désigne sous le nom d'écorce la couche extérieure de la tige qui enveloppe comme d'un étui le bois ou corps ligneux. Le bois forme un cylindre constitué chez les Dicotylédones par des faisceaux fibro-vasculaires disposés en cercles ou couches concentriques autour de la moelle qui occupe le canal central : et chez les Monocotylédones par des faisceaux ligneux fibro-vasculaires qui semblent dispersés isolément dans une masse de tissu cellulaire. — Chez les Dicotylédones l'écorce se compose en général, pendant la première année de la tige ou du rameau, des couches suivantes que nous énumérons de l'extérieur à l'intérieur : 1° *épiderme*, 2° *enveloppe subéreuse*, 3° *couche herbacée*, 4° *liber*, ou *fibres corticales*. L'épiderme se divise lui-même en deux couches secondaires, l'*épiderme proprement dit*, et la *cuticule épidermique* ; l'épiderme proprement dit se compose d'une couche formée d'un seul rang ou de plusieurs rangs de cellules de formes variées, mais en général fortement adhérentes entre elles et peu adhérentes à l'enveloppe sous-jacente ; l'épiderme présente à sa surface l'ouverture des petits appareils respiratoires nommés *stomates*, et donne lieu à la production des organes connus sous le nom de *lenticelles* (voir les mots Stomate et Lenticelle). La *cuticule épidermique* est une sorte de vernis qui recouvre d'une mince pellicule continue la surface de l'épiderme ; cette couche revêt d'une gaine plus ou moins distincte les poils qui naissent de l'épiderme, et présente des ouvertures au niveau des stomates ; les avis sont partagés relativement à la nature de la cuticule épidermique : des anatomistes habiles ont cru y voir un épanchement de la matière intercellulaire ; d'autres la regardent simplement comme le résultat de l'épaississement de la paroi externe des cellules de l'épiderme. Quoi qu'il en soit, cette cuticule, bien que n'étant pas toujours également distincte, est susceptible, dans un grand nombre de cas, d'être isolée de l'épiderme par la macération. — L'enveloppe subéreuse est immédiatement située sous l'épiderme; elle se compose d'une ou de plusieurs couches de cellules ordinairement incolores de forme tabulaire. Cette enveloppe est susceptible d'acquérir un développement considérable. — La couche herbacée se compose de cellules peu adhérentes entre elles et colorées en vert par la chlorophylle qu'elles renferment. — Le liber est la couche externe de l'anneau constitué par les faisceaux ligneux; chez les tiges vivaces il se trouve séparé de la partie centrale ou véritablement ligneuse de ces faisceaux par une couche liquide-gélatineuse (séve élaborée) connue sous le nom de *cambium*; c'est dans l'épaisseur de cette couche gélatineuse que se développe un nouvel anneau de faisceaux ligneux qui sépare le cylindre ligneux de la tige du fourreau constitué par l'écorce (y compris le liber de la première année). Le nouvel anneau de faisceaux ligneux qui s'est établi entre le bois et le liber de la première année est partagé lui-même à son tour l'année suivante par une couche gélatineuse en une zone ligneuse qui s'applique à la surface du cylindre ligneux et une couche de liber qui s'applique à la face interne du liber de la première année, et dans l'intervalle de ces deux couches se développe un nouvel anneau de faisceaux ligneux. Chacune des années suivantes, ce phénomène (de la formation d'un nouvel anneau de faisceaux ligneux qui se partage en une couche de bois et une couche de liber) se renouvelle; il en résulte que le cylindre ligneux s'accroît par sa périphérie externe ou de dedans en dehors, tandis que le liber s'accroît par sa périphérie interne, c'est-à-dire de dehors en dedans. Quant à la manière dont s'organise chaque année le nouveau cercle de faisceaux qui se partagent entre le bois et l'écorce, c'est un point sur lequel les physiologistes professent des opinions différentes : les uns admettent que la couche s'organise simultanément sur place, du haut en bas, aux dépens de la séve élaborée nommée cambium, et quelques uns même admettent que l'or-

ganisation marche de bas en haut et du centre vers la circonférence ; d'autres se croient fondés à regarder la formation de
la nouvelle couche comme le résultat de la prolongation de la
base des feuilles ou des bourgeons. Une suite d'observations sur
le développement de l'organe désigné sous le nom de *Coléorhize*
auxquelles je me suis livré et dont j'ai déjà indiqué les principaux résultats, tendent à démontrer que chez les végétaux phanérogames l'écorce qui recouvre une racine ou une branche
pendant la première année est due en partie du moins à la décurrence de la partie celluleuse des feuilles, et il est difficile de
contester que dans l'accroissement ou le renouvellement de la
couche profonde de l'écorce pendant les années suivantes, les
feuilles ne jouent un rôle analogue à celui qui leur est dévolu
dans la formation de l'écorce pendant la première année. —
Le liber est fréquemment désigné sous le nom de fibres corticales. Les fibres qui constituent le liber sont plus grêles
et plus allongées que celles du bois : elles sont réunies en faisceaux généralement très résistants à la traction ; ce sont ces
fibres qui fournissent la matière textile que l'on retire de
l'écorce du Chanvre et du Lin (dont on détruit les parties
cellulaires par macération). — L'écorce ne renferme ni trachées ni vaisseaux ponctués, mais elle renferme dans l'épaisseur du liber des vaisseaux laticifères qui se reconnaissent
sur la coupe de la tige fraîche aux liquides colorés qu'ils renferment souvent. — A partir de la première année, à mesure que la plante vieillit et que la tige grossit, l'écorce,
distendue, par l'accroissement du cylindre central, tend à se
fendre et à se déchirer. L'épiderme ne tarde généralement pas
à se détruire pour ne plus être remplacé ; il peut en être de
même de la couche subéreuse : la paroi externe de l'écorce est
alors constituée par la couche herbacée ; enfin cette couche
herbacée peut elle-même se détruire et ne pas être reproduite.
La paroi externe de l'écorce est constituée dans ce dernier cas,
par le liber (c'est ce qui arrive chez la Vigne) ; la surface de
l'écorce est, comme on le voit chez un tronc d'arbre ou même
une branche, susceptible d'appartenir à des couches très différentes : on a proposé, pour désigner la couche externe de

l'écorce après la première année, quelle que soit la nature de cette couche, le nom de *périderme*. — Il est à remarquer que, tandis que le tissu cellulaire de la tige est en quelque sorte inerte et même desséché, le tissu cellulaire de l'écorce est doué généralement d'une remarquable vitalité. L'accroissement rapide de la couche subéreuse, qui, chez certaines espèces, se renouvelle incessamment, constitue le liége que l'on peut détacher de la surface de l'écorce de l'arbre qui le produit, sans nuire à sa végétation. — Chez les tiges ou les rameaux des Monocotylédones (pendant la première année), l'écorce se compose de l'épiderme revêtu de sa cuticule épidermique, et reposant sur la couche herbacée qui enveloppe immédiatement le cylindre médullaire dans lequel sont dispersées les fibres ; le liber (que nous avons vu résulter, chez les Dicotylédones, de la partie extérieure des faisceaux ligneux rangés en cercle), ne pouvant exister chez les Monocotylédones, où ces faisceaux sont isolément plongés dans la substance médullaire. (Chez les Monocotylédones ligneuses, les Palmiers, par exemple, l'écorce n'est autre chose que la base persistante des feuilles, et ne peut ni se renouveler ni s'accroître.) (Voir les mots Tige, Collet, Coléorhize, etc.)

Écrasé = déprimé, *depressus*, = tronqué par le sommet, *retusus*.

Écusson, *Scutum* ; on a donné ce nom aux *Apothecium* de certains Lichens. — L'embryon des Graminées détermine à la base du périsperme, contre laquelle il est appliqué, une tache elliptique visible à travers les téguments du caryopse, et qui a été désignée sous le nom d'écusson.

Écostatus, se dit d'un fruit qui ne présente pas de côtes saillantes.

Édentatus, qui est dépourvu d'appendices en forme de dents ou de dentelures.

Effilé, *attenuatus*, longuement atténué en une tige étroite ; = *virgatus*, se dit d'un rameau droit, grêle et allongé.

Efflorescence, *Efflorescentia*. Sorte de poussière glauque, qui résulte de la sécrétion d'une matière résineuse, gommeuse, etc., desséchée à la surface de l'organe qui l'a produite : le fruit est couvert d'une efflorescence chez les Pruniers, la Vigne, etc.;

certaines feuilles, celles des *Atriplex*, par exemple, sont couvertes d'une poussière dont l'origine est analogue.

effœtus = *effetus*, épuisé : *antheræ effœtæ*, anthères ne contenant point de pollen.

effusus, diffus; se dit d'une inflorescence à rameaux grêles et flexibles étalés dans tous les sens autour de l'axe, par ex. la panicule de certaines Graminées.

égal, *æqualis*; qui est de la même longueur. Dans les mots composés dérivés du grec : *isos*. On ne doit pas dire ombelle égale, mais ombelle à rayons égaux.

eglandulosus, qui n'est pas glanduleux; se dit par opposition à *glandulosus*.

élancé, *exaltatus*; se dit d'une tige droite et élevée.

élargi, *ampliatus*, s'emploie souvent pour large, *latus*; se dit d'organes qui offrent une largeur remarquable à un point quelconque de leur longueur : élargi à la base, à la partie moyenne, au sommet; se dit aussi d'un organe dilaté accidentellement.

Élasticité, *Elasticitas*; on donne ce nom à la propriété que possèdent certains organes végétaux de se détendre ou de se contracter brusquement comme un ressort : les étamines dans le genre *Urtica* (Ortie) se détendent avec élasticité lors de la déhiscence de l'anthère, et cette brusque secousse détermine l'émission du pollen. Lors de la déhiscence de la capsule charnue des Balsamines (*Impatiens*) les valves se contractent en s'enroulant en dedans sur elles-mêmes, et par ce brusque mouvement lancent au loin les graines. — On dit aussi, en parlant d'un tissu, qu'il a de l'élasticité s'il reprend naturellement et instantanément sa forme affaissée par la compression qu'on lui fait subir; la substance où cette faculté est le plus développée, est l'espèce de gomme-résine connue sous le nom de caóutchouc ou gomme-élastique : cette substance est le suc concrété de plusieurs Figuiers (*Ficus*), on en extrait aussi de certaines Euphorbiacées.

Élatère, *Elater*. Dans la famille des Hépatiques on nomme ainsi de petits tubes qui résultent chacun d'une cellule découpée en spirale, et qui se déroulant avec élasticité à l'époque de la maturité du fruit, concourent à produire l'écartement des valves

de la capsule, en même temps qu'ils projettent les spores au
dehors.

Élaterium ; nom inusité donné au fruit chez les plantes de la famille des Euphorbiacées. Ce fruit se compose de trois ou d'un plus
grand nombre de carpelles, qui s'ouvrent souvent avec élasticité.

Élatus, = *procerus,* élevé ; se dit de tiges de haute taille, comparativement aux tiges d'individus appartenant à la même espèce,
ou d'espèces appartenant à un même genre.

Élegans, élégant ; dont les formes ont beaucoup de grâce et les
couleurs beaucoup d'harmonie.

Élevatus, relevé en une saillie obtuse ; se dit des nervures saillantes,
des bords redressés, etc

Élevé, *elatus, procerus.* (Voir le mot *elatus.*)

Ellipsoïde, *ellipsoideus* ; se dit d'un corps solide dont la coupe
longitudinale est de forme elliptique.

Elliptique, *ellipticus* ; dont le contour est en forme d'ellipse. Une
ellipse est une figure courbe régulière plus longue que large et
allant en se rétrécissant du milieu vers les deux extrémités ;
l'ellipse peut être plus ou moins étroite et plus ou moins allongée. Un grand nombre de feuilles et de folioles sont de forme
elliptique.

Élongation, *Elongatio,* allongement ; se dit des phénomènes physiologiques en vertu desquels les tiges et les racines s'accroissent en longueur. — Qui est plus long et plus étroit que dans
d'autres cas analogues.—L'élongation accidentelle des organes
axiles et des organes appendiculaires constitue une classe d'a-
nomalies.

Élongatus, allongé ; qui est plus long que dans le cas normal, ou
chez la plupart des espèces du même genre. — *Contextus elongatus,* tissu allongé ou fibreux.

Emarcidus, marcescent ; se dit d'organes qui se flétrissent sans
tomber, tels sont certains calices, certaines corolles, certains
styles, etc.

Emarginature, *Emarginatura,* échancrure très superficielle et
terminale. — émarginé, *emarginatus,* échancré.

Embrassant, *amplectens.* Les feuilles embrassantes : *folia am=*

plectentia sont celles dont la base embrasse la circonférence de la tige.

embriqué *imbricatus*. (Voir le mot imbriqué.)

Embryon, *Embryo*. Chez les végétaux phanérogames on désigne sous le nom d'embryon la plante rudimentaire encore renfermée dans la graine. Un embryon se compose de plusieurs parties ou organes distincts, savoir, chez les végétaux dicotylédonés : 1° De deux feuilles opposées, souvent charnues et de forme discoïde que l'on nomme cotylédons; 2° d'un axe qui selon une théorie nouvelle émane de ces deux feuilles accolées, et qui selon une théorie plus généralement admise est le point de départ des cotylédons qui sont dits insérés sur lui; cet axe se termine inférieurement par une partie qui a reçu le nom de *radicule*, et supérieurement par la partie de la jeune tige qui a reçu le nom de *tigelle*; l'extrémité de cette partie supérieure est un bourgeon désigné sous le nom de *gemmule*. Chez les végétaux monocotylédonés, l'embryon se compose d'un bourgeon de feuilles rudimentaires, qui sont emboîtées les plus intérieures dans les plus extérieures ; la plus extérieure de ces feuilles a reçu le nom de cotylédon par analogie avec les cotylédons des Dicotylédones. Néanmoins, chez certaines familles, les Graminées par ex., l'organe extérieur et charnu qui est considéré par plusieurs observateurs (telle est mon opinion personnelle) comme le cotylédon, est considéré par d'autres botanistes comme un organe exceptionnel indépendant du cotylédon; dans cette manière de voir, la seconde feuille est regardée comme représentant le cotylédon. Enfin, dans un groupe particulier (les Gymnospermes), l'embryon est soit à deux cotylédons, soit à plusieurs cotylédons verticillés. — Nous parlerons de l'origine de l'embryon à l'article Ovule, nous nous contenterons de dire ici que l'embryon se développe dans la cavité de la membrane qui a reçu le nom de vésicule embryonnaire et qui est renfermée dans le sac embryonnaire, sac qui revêt les parois de la cavité du nucelle. — La situation de l'embryon, relativement aux téguments de la graine, présente des différences qui fournissent à la classification des plantes en familles, des caractères importants en raison de leur fixité. La radicule de l'embryon est dirigée dans tous les cas vers le micropyle (point qui n'est autre chose que l'exostome ou ouverture de la membrane externe de l'ovule, à l'époque où l'ovule est devenu graine). La situation du micropyle (devenu souvent indistinct à la maturité de la graine) est donc toujours facile à constater par la direction de la radicule ; on détermine par ce moyen chez la graine quelle est la forme de l'ovule qui la représentait à l'époque de la floraison. — Les situations principales de l'embryon, relativement aux téguments de la graine, sont au nombre de quatre : 1° Radicule dirigée vers le point diamétralement opposé au hile ; dans ce cas la graine résulte d'un ovule *droit*, et l'embryon est dit *antitrope*. 2° Radicule rapprochée du hile par suite d'une courbure de l'embryon ; dans ce cas la graine résulte d'un ovule *courbé* ou *plié*, et l'embryon qui est plié lui-même est dit *amphitrope*. 3° Radicule dirigée vers le hile ; dans ce cas la graine résulte d'un ovule *réfléchi*, et l'embryon est dit *orthotrope* ou *homotrope*. 4° Radicule plus ou moins éloignée du hile ; dans ce cas la graine résulte d'un ovule *semi-réfléchi*, et l'embryon est dit *hétérotrope*. — Lorsqu'il existe un périsperme (organe qui résulte de l'accroissement et de la solidification du tissu du nucelle, ou du tissu qui se forme dans le sac embryonnaire, et dans certains cas de l'un et de l'autre), l'embryon est susceptible de présenter diverses situations relativement à cet organe : il peut occuper le centre du périsperme, un des points de sa périphérie, être appliqué contre lui en dehors, ou même l'entourer comme un anneau. — On considère aussi la position de l'embryon, relativement au péricarpe ou à la loge du fruit qui renferme la graine ; la connaissance de ces rapports résulte implicitement de la connaissance des rapports de l'embryon avec les téguments de la graine, et de la direction de la graine relativement à la loge du fruit ; aussi la connaissance préalable de ces faits rend-elle presque inutile l'indication de la situation de l'embryon relativement au péricarpe, et rend superflus les mots : *radicule supère, infère, centrifuge, centripète, ventrale et dorsale*, qui ont été employés pour désigner les rapports de situation de la radicule relativement à la loge du fruit; c'est ainsi que la phrase : graine suspendue, embryon à radicule dirigée vers le hile, indique très suffisamment que la radicule est supère ou dirigée vers le sommet du péricarpe. — Enfin, on étudie l'embryon sous le rapport de sa forme et de ses courbures; l'embryon peut être : ovoïde, cylindrique, globuleux, comprimé, en forme de clou ou de massue, etc.; il peut être : droit, courbé, plié une ou plusieurs fois sur lui-même, etc. Les embryons affectent des formes souvent bizarres : chez les plantes monocotylédones on a désigné sous le nom d'embryons *macropodes* ceux qui présentent, sur un point de leur étendue, une masse charnue qui a été considérée tantôt comme la véritable radicule, tantôt comme une dépendance de la tigelle, ou enfin comme représentant le cotylédon. (Voir le mot Coléorhize, etc.)

Embryon-fixe = Embryon-gemme. Dupetit-Thouars donne cette dénomination aux bourgeons; et donne aux ovules fécondés le nom d'Embryons mobiles ou Embryons-graines.

embryonalis (*Sacculus*), Sac embryonnaire. (Voir le mot Ovule.)

embryonés (Végétaux), dont la graine est composée d'enveloppes qui renferment un embryon à parties distinctes; = végétaux cotylédonés ou phanérogames.

Embryotége, *Embryotegium*; on a donné ce nom (inusité) à la partie des téguments qui se détache régulièrement de certaines graines au commencement de la germination, en cédant aux efforts de la radicule à laquelle elle livre passage.

émergé, *emersus*; une plante est dite émergée quand elle croît sous l'eau et que sa sommité seulement se développe à l'air libre. Tels sont la plupart des *Potamogeton*, les *Myriophyllum*, l'*Hottonia palustris*, etc.

émoussé, *hebetatus*; se dit d'une pointe obtuse et non piquante.

emphysémateux, ...*osus*; se dit d'un tissu compressible dont les aréoles ou mailles sont distendues par de l'air ou différents gaz.

endeca, dans les mots dérivés du grec signifie onze; en latin *undecim*.

Endocarpe, *Endocarpium*. On nomme ainsi la couche interne des feuilles carpellaires (que l'on désigne sous le nom de péricarpe). L'endocarpe est membraneux, coriace, dans le fruit du Pommier (c'est la membrane parcheminée qui enveloppe immédiatement les graines ou pepins). Chez les drupes, la pêche et la cerise, par exemple, l'endocarpe n'est autre chose que le noyau qui n'est point, comme on l'a pensé, une dépendance du sarcocarpe. (Voir le mot Fruit.)

Endogènes (Végétaux) = Monocotylédones. L'un des embranchements des végétaux phanérogames, plantes dont la tige est composée de faisceaux ligneux plongés isolément dans un cylindre de tissu cellulaire, et non disposés par couches concentriques.

Endogonium; on désigne sous ce nom le sac sporifère des Mousses à l'époque de la floraison. L'*endogonium* recouvert par l'*epigonium*, constitue l'*archegonium* ou *pistillidium*. A la maturité, l'*endogonium*, dont la base s'est allongée en pédicelle, constitue la *capsule* ou *urne*, et l'*epigonium* constitue la *coiffe*. (Voir le mot Archégone.)

Endophlœum; nom donné au *liber* par opposition au mot *mesophlœum* par lequel on désigne l'enveloppe cellulaire ou couche herbacée.

Endoplèvre, *Endoplevra* ; nom sous lequel on désigne la membrane interne de l'épisperme ou peau de la graine, et qui recouvre immédiatement l'amande, que l'amande soit constituée par l'embryon seulement, ou par l'embryon accompagné d'un périsperme. L'origine de l'endoplèvre est loin d'être la même dans tous les cas ; pour constater la nature du tégument qui devient l'endoplèvre, il faut suivre le développement de la graine à partir de l'état d'ovule.

Endorhize (Radicule); radicule renfermée dans une coléorhize à travers laquelle elle se fait jour pendant la période de la germination. — On nomme embryons endorhizes ceux dont la radicule est endorhize. (Voir le mot Coléorhize.)

endos, dans les mots composés tirés du grec signifie : dans; en latin *intra*.

Endosmose; on désigne sous ce nom un phénomène physique qui consiste dans la tendance qui existe entre deux liquides d'inégale densité et à se mélanger et à se mettre en équilibre de densité ; cette action physique s'opère non seulement entre deux liquides en contact, mais entre deux liquides séparés par une membrane organique mince, quelle que soit la densité de cette membrane.

Endosperme, *Endospermium*, = *Albumen*, = Périsperme. Le mot endosperme est employé par plusieurs botanistes comme synonyme du mot périsperme ; on a proposé de le réserver pour désigner le dépôt qui se forme quelquefois dans le sac embryonnaire, et de nommer exclusivement périsperme l'organe qui résulte de l'accroissement du nucelle. Il serait à désirer que la connaissance du développement des graines dans les différentes familles et les différents genres fût assez avancée pour que l'on pût appliquer avec certitude ces dénominations distinctives ; en attendant que l'on puisse faire mieux, on emploie le mot périsperme, quelle que soit la nature de l'organe, et s'il existe deux périspermes par le développement simultané du sac embryonnaire et du nucelle, on se sert de l'expression périsperme double, ou périsperme interne et périsperme externe.

endospermique, *endospermicus*, = périspermique.

Endostome, *Endostoma* ; on désigne sous ce nom l'ouverture de la membrane de l'ovule placée sous le testa (la secondine, membrane interne ou *tegmen*) ; cette ouverture est située sur la même ligne que l'ouverture du testa (exostome) et l'ouverture du nucelle.

enervis, qui est dépourvu de nervures apparentes.

ennea, dans les mots composés tirés du grec : neuf ; en latin *novem* : ennéandrie, ennéagynie, groupes de plantes à neuf étamines, à neuf ovaires terminés en autant de styles.

enodis, qui ne présente pas de nœuds.

Enroulements. Certains organes se contournent normalement en spirale, telles sont les vrilles de diverses natures qui servent à fixer les tiges sarmenteuses aux corps étrangers voisins. — D'autres enroulements peuvent se manifester accidentellement et constituer des faits tératologiques, des feuilles par ex. s'enroulent fréquemment sur elles-mêmes. Les enroulements sont l'exagération d'une courbure, et résultent d'une inégalité de développement entre les deux faces ou les deux côtés d'un même organe, la face courte tendant la face longue comme la corde tend l'arc.

ensiforme, *ensiformis, ensatus*, en forme de glaive ; par exemple les feuilles chez les *Iris* et les *Gladiolus*.

entier, *integer* ; se dit d'un organe simple, une feuille, par ex., dont la circonférence ou les bords ne présentent aucune division ni aucune découpure. — On se sert quelquefois du superlatif *integerrimus* pour indiquer qu'il n'existe pas la plus petite denticulation ; l'expression *sub-integer* s'emploie pour désigner des feuilles entières qui accidentellement présentent quelques incisures ; on emploie même le mot *sub-integerrimus* pour désigner des feuilles entières qui accidentellement peuvent présenter quelque légère émarginature, ou quelque dent à peine indiquée.

Entonnoir (en forme d'), *infundibuliformis*.

entortillé, = volubile, *volubilis*.

Entrenœud, *Internodium*. Chez les plantes à feuilles opposées ou verticillées, on donne le nom d'entrenœud à chacun des tronçons de tige compris entre l'insertion d'un verticille de feuilles et l'insertion du verticille situé soit au-dessus soit au-dessous. Quand il existe une articulation au niveau de chaque nœud (ou point correspondant à l'insertion d'un verticille de feuilles), on désigne quelquefois les entrenœuds sous le nom d'Article, *Articulus*. Chez les plantes à feuilles alternes et presque distiques, chez les Graminées par exemple, l'intervalle qui sépare chaque feuille constitue un entrenœud franchement indiqué par les nœuds (ou points correspondants à l'insertion des feuilles). Chez les plantes à feuilles disposées en spirale et chez lesquelles les décurrences qui s'observent à un même niveau sur la tige partent de points différents et descendent par conséquent aussi à des niveaux différents, il n'existe point, à proprement parler, d'entrenœud. (Voir le mot mérithalle.)

Enveloppes florales, *Integumenta floralia*, *Perigynanda*. On désigne sous ce nom les verticilles qui entourent les étamines et les ovaires, c'est-à-dire le calice et la corolle, ou le périanthe. (Voir les mots Fleur, Calice, Corolle, Périanthe.)

Enveloppes de l'embryon, = téguments de la graine. (Voir les mots Graine et Embryon.)

épais, *crassus*; se dit d'un organe dont l'épaisseur est plus grande que dans le cas le plus ordinaire chez les autres plantes pour des organes de même nature, par exemple les feuilles des *Sedum* et des *Aloès*.

épaissi, *incrassatus*, signifie renflé à une extrémité comme les pédoncules de certaines plantes de la famille des Composées : du *Hyoseris minima* par exemple.

épars, *sparsus*; se dit d'organes disposés en apparence sans ordre. Les feuilles dites éparses sont en réalité disposées selon une ligne spirale parfaitement régulière (voir le mot Phyllotaxie), mais les tours de spire étant quelquefois nombreux et rapprochés pour un espace très limité, et d'ailleurs la régularité de la disposition se trouvant fréquemment altérée et masquée par des torsions accidentelles de la tige, on se sert fréquemment dans les descriptions d'espèces, pour indiquer l'aspect qui résulte de la disposition des feuilles dans ces différents cas, de l'expression *feuilles éparses* qui indique seulement que les feuilles ne sont ni distiques, ni opposées, ni verticillées.

Éperon, *Calcar*; on désigne en général sous ce nom un prolongement tubuleux qui existe chez certaines feuilles de la fleur; l'éperon est ordinairement situé près de la base (ou point d'insertion) de la feuille; la forme des éperons est en général celle d'un doigt de gant. Il arrive fréquemment chez les fleurs que la paroi interne de l'éperon est remplie d'un liquide sucré; ce liquide peut avoir été sécrété non par les parois de l'éperon, mais par les organes glanduleux qui constituent le disque, et avoir coulé dans l'éperon situé au-dessous de ces organes comme dans un réservoir. Dans le genre *Aquilegia* (Ancolie), chacun des cinq pétales est prolongé en éperon; la même disposition s'observe dans de plus petites proportions chez le *Myosurus*; chez les Violettes (*Viola*) et les *Linaria* le pétale inférieur seul est prolongé en éperon; chez les *Orchis*, c'est le labelle (pièce moyenne du verticille intérieur) qui est prolongé en éperon; chez les *Delphinium*, c'est une des pièces du calice, le sépale supérieur, qui est prolongé en éperon; chez les *Impatiens* (Balsamine) et les *Tropæolum* (Capucine), c'est le sépale inférieur. — On observe souvent des anomalies chez lesquelles la régularité des fleurs pourvues d'un seul éperon se se rétablit accidentellement, soit par la disparition de l'éperon, comme cela arrive dans une variété du *Viola odorata* à fleurs doubles (Violette-de-Parme) et chez la Capucine à fleurs doubles, soit au contraire par l'apparition d'un éperon chez toutes les pièces du verticille; j'ai observé cette régularisation à tous les degrés chez le *Linaria vulgaris*, où j'ai trouvé des fleurs à deux, à trois, à quatre et à cinq éperons, et d'autres sans éperon. Lorsque cette fleur se régularise par la présence de cinq éperons, son limbe se régularise en même temps, et au lieu d'être, comme à l'état normal, en forme de gueule et à deux lèvres, la corolle est en forme d'étoile, en raison de la forme semblable de chacun des cinq pétales qui la composent (chacun de ces cinq pétales étant munis d'un palais saillant, l'entrée du tube de la corolle est complétement fermée par ces palais qui se trouvent régulièrement contigus). Linné a donné le nom de *pélorie* à ce genre d'anomalie où la forme irrégulière normale est remplacée par une forme régulière accidentelle. J'ai aussi rencontré des tendances à la régularisation par production d'éperons chez les Violettes, les Balsamines, etc. — Les éperons ne sont pas nécessairement tubuleux, les parois de l'expansion qui le constitue pouvant être en contact et adhérentes par la face qui correspond à la cavité. — Non seulement les feuilles qui entrent dans la composition de la fleur, mais les feuilles de la tige peuvent être prolongées en éperon : cette structure s'observe chez certaines espèces du genre *Sedum*, etc. Ces éperons ne sont pas creux. — J'ai fait connaître chez les plantes bulbeuses un organe qui n'est autre chose qu'un éperon, soit de l'une des feuilles du bulbe mère chez le *Gagea villosa*, par exemple, soit de la feuille extérieure du cayeu ou bulbe axillaire chez le *Gagea stenopetala*, par exemple. C'est dans l'extrémité dilatée d'un éperon de cette nature, éperon qui atteint un à deux décimètres de longueur, que se trouve logé le cayeu chez le *Tulipa sylvestris* et les autres espèces du même genre. Le bulbe, dit pédicellé, de la Tulipe avait été étudié en Allemagne avant que je l'aie observé en France; mais j'ai eu la satisfaction de comprendre et de décrire le premier la structure des cayeux pédicellés chez les *Allium* (*A. vineale, sphœrocephalum, multiflorum, magicum*) et chez les Orchidées (voir le mot Bulbe). Dans ces différents cas, c'est toujours une feuille extérieure du bulbe dilatée en un éperon tubuleux ou solide, plus ou moins long, et qui entraîne par distension la base du bourgeon bulbeux plus ou moins loin de son point de départ, en constituant par ce tiraillement une sorte de raphé et de chalaze, qui m'ont semblé complétement analogues au raphé et à la chalaze des ovules dits réfléchis.

éphémère, *ephemerus*; se dit des fleurs qui s'épanouissent et se flétrissent dans la même journée.

Épi, *Spica*. On nomme épi une inflorescence du type indéfini. Un épi se compose de fleurs rapprochées, disposées le long d'un axe indéfini. Cet axe se termine par épuisement après avoir produit des fleurs dans toute sa longueur à partir du niveau inférieur où est située la première fleur (le développement et l'épanouissement des fleurs se faisant chez les épis de bas en haut ou de l'extérieur vers le centre). Les fleurs sont disposées en épi chez les *Plantago* (Plantains), les *Polygonum orientale, Hydropiper, Persicaria*, etc., chez les *Typha*, le *Mibora minima*, etc. — On désigne aussi sous le nom d'épi, dans le langage vulgaire et souvent même dans le langage descriptif, des *panicules spiciformes* ou *épis composés*, qui ne sont autre chose que des panicules à rameaux courts dressés et apprimés contre l'axe. Tels sont les épis des céréales : le Froment, le Seigle et l'Orge, les épis cylindriques des *Alopecurus* et des *Phlœum*, etc. Les épis simples sont désignés dans la famille des Cypéracées sous le nom d'*Épillets*.

epi-, dans les mots composés grecs, signifie dessus, sur; en latin *supra*. Le mot *hypo*, dessous (*sub*), s'oppose à *epi*.

Épiblaste, *Epiblastus*. Dans la famille des Graminées, l'embryon présente chez certains genres une petite écaille membraneuse située du côté opposé au cotylédon (organe désigné sous le nom d'*Hypoblaste*). C'est cette petite écaille (que je considère comme la deuxième feuille de l'embryon) que l'on a désignée sous le nom d'épiblaste; l'épiblaste existe chez le Froment, l'Orge, l'Avoine, etc., il n'existe pas chez le Maïs, le Riz, etc. Cet organe, qui représente une feuille, est réduit, quand il existe, à un état si rudimentaire que l'on peut sans étonnement le voir disparaître complétement chez certains genres, tandis qu'il est plus ou moins manifeste chez d'autres.

Épicarpe, *Epicarpium*; on a donné ce nom à la couche externe du péricarpe sans se préoccuper de la nature de cet organe. Il est évident que chez les fruits qui résultent d'un ovaire libre et chez ceux qui résultent d'un ovaire adhérent, l'épicarpe n'appartient point au même organe, et que dans le premier cas (chez la Pêche, par ex.) il représente la couche externe de la feuille carpellaire, et dans le second cas (chez la Pomme, par ex.) la couche externe de l'organe tubuleux qui est soudé avec les feuilles carpellaires et les recouvre.

Épiderme, *Epidermis, Epiderma*; on désigne sous ce nom la couche extérieure de l'écorce qui revêt toute la surface d'une plante ou d'une partie de plante, au moins pendant la première période de son développement. L'épiderme se compose d'une et quelquefois de plusieurs couches de cellules en général aplaties, soudées intimement entre elles, et lâchement adhérentes à la couche d'écorce située immédiatement au-dessous. On reconnaît dans l'épiderme deux parties distinctes, l'épiderme proprement dit et la pellicule épidermique, membrane continue non celluleuse qui recouvre, comme une mince couche de vernis, toute la surface de l'épiderme, et est susceptible d'en être isolée par la macération. L'épiderme présente à sa surface les ouvertures des petits organes respiratoires connus sous le nom de *stomates*. (Voir les mots Écorce et Stomate.)

épigé, *epigœus*, qui est situé au-dessus du sol; on nomme épigés les cotylédons qui sont entraînés hors de terre pendant la germination (par l'élongation de la partie de l'axe située au-dessous de leur insertion). Les cotylédons qui restent enfoncés dans la terre sont dits par opposition *hypogés*.

Épigénèse (Théorie de l'); selon cette théorie, le germe de l'embryon serait déposé dans l'ovule pendant l'instant où la fécon-

46.

dation s'opère; et par conséquent l'ovule ne fournirait pas l'embryon, il n'en serait que le berceau et en même temps la nourrice. (Voir le mot Évolution.)

Epigonium; on a donné ce nom à la couche membraneuse qui recouvre l'*endogonium* chez l'Archégone ou jeune Sporange, chez les Mousses et les Hépatiques. L'*epigonium* est une enveloppe celluleuse qui se termine en un-col évasé au sommet, et a la forme d'un carpelle ou d'une petite bouteille. Lorsque l'*endogonium* passe à l'état de capsule, l'*epigonium*, déchiré chez les Mousses circulairement au-dessus de sa base, est entraîné par la capsule ou urne et constitue la coiffe (*calyptra*); chez les Hépatiques il est ordinairement déchiré vers son sommet qui livre passage à la capsule, et il constitue une gaîne à la base du pédicelle.

épigyne, *épigynus*; se dit des organes de la fleur insérés au sommet d'un tube soudé avec l'ovaire, de telle sorte qu'ils paraissent naître du sommet de l'ovaire lui-même. (Voir les mots Insertion, Calice, Corolle, Disque, Étamines.)

Épillet, *Spicula*, = *Locusta*; dans la famille des Cypéracées on désigne sous ce nom de véritables épis simples, ceux du *Carex dioica*, par exemple; on nomme aussi épillets, chez cette famille et chez celle des Graminées, les petits épis dont se composent les panicules. Chez les Graminées, l'épillet est ordinairement muni à sa base de deux bractées scarieuses appelées *Glumes*.

epimenus (inusité) = *superus*, supère, supérieur.

Épine, *Spina*; on donne ce nom à divers organes axiles ou appendiculaires qui se terminent en pointe piquante; certains rameaux, dont la partie supérieure avorte, se terminent en épine : telle est la nature des épines chez le *Prunus spinosa*. Les feuilles de l'involucre chez les Chardons (*Carduus* et *Cirsium*), chez le *Cynara Carduncellus*, etc., sont terminées en épine par la prolongation de la nervure moyenne. Dans d'autres cas (chez les feuilles de l'involucre du *Centaurea Calcitrapa* par exemple, et chez les feuilles du *Berberis vulgaris*, à l'aisselle desquelles naissent les nouveaux fascicules de feuille), les nervures latérales se terminent elles-mêmes en épine, et la feuille ainsi modifiée constitue une épine rameuse. (Voir le mot Aiguillon.)

Épineux, *spinosus* ; qui présente des épines : la tige du *Cirsium palustre* est épineuse.—Terminé en épine, s'exprime par le mot spinescent *spinescens* : bractée spinescente.

Épipétalus, qui semble inséré sur un pétale ; se dit de l'insertion des étamines sur la corolle.

Épiphragme, *Epiphragma* ; dans le genre *Polytrichum* (famille des Mousses), on a donné ce nom à la membrane qui ferme l'*urne* après la chute de son *opercule*. Cette membrane n'est autre chose que la paroi supérieure du sac qui remplit la cavité de l'urne, et qui est considéré comme le *sporange* proprement dit : c'est cette même membrane qui chez un grand nombre de Mousses se partage en dents régulières, et est désignée sous le nom de *péristome intérieur* ; quant à la rangée externe de dents désignée sous le nom de *péristome extérieur*, elle est formée aux dépens des parois de l'urne elle-même.

Épiphylle, *epiphyllus* ; se dit des organes qui semblent insérés sur une feuille ou sur une bractée. Cette insertion n'est qu'apparente ; ainsi le pédoncule du Tilleul est décrit comme naissant sur une bractée, tandis qu'il s'agit en réalité d'une bractée dont le limbe est largement décurrent sur le pétiole au-dessous de sa propre insertion. — On a, par erreur, donné l'épithète d'épiphylles à des fleurs qui naissent sur des rameaux aplatis et colorés en vert qui ont été pris pour des feuilles ; ces rameaux, dont la forme dissimule la nature, naissent à l'aisselle d'écailles qui sont les véritables feuilles ; dans le Petit-Houx la fleur naît d'un rameau de cette sorte, ce rameau s'étant dilaté latéralement, la fleur est placée sur la ligne moyenne. Dans le genre *Xylophylla*, appartenant à la famille des Euphorbiacées, les fleurs sont rejetées sur les bords du rameau aplati, la dilatation du rameau s'étant faite du centre à la circonférence.— Dans l'état normal, les feuilles ne donnent naissance ni à des feuilles ni à des fleurs ; néanmoins il arrive accidentellement, ou sous l'influence de procédés artificiels, que les feuilles produisent des bourgeons ou des bulbilles qui, dans ce cas, sont réellement *épiphylles.*

épiphyte (Plante); on désigne sous le nom d'épiphytes les végétaux qui vivent en faux parasites sur les arbres; tels sont les Orchidées dites fausses parasites, qui sont fixées sur des écorces souvent réduites en terreau, mais qui n'empruntent point de séve à l'arbre qui leur sert de terrain ou de support.

epirhyzus, qui naît sur les racines; se dit de certaines plantes parasites sur les racines ou les rhizomes de divers végétaux, des Orobanches et des *Lathræa*, par exemple.

Épisperme, *Epispermium*, = Spermoderme. Enveloppe composée de deux ou plusieurs membranes et qui entoure l'amande (l'embryon, et le périsperme quand cet organe existe). L'épisperme est vulgairement nommé : peau de la graine.

Épispermique,... *cus*, qui appartient à l'épisperme.

Episporium, nom donné à l'enveloppe des spores chez les Urédinées.

équinoxial, *equinoxialis*; on appelle fleurs équinoxiales, diurnes ou tropiques, *Flores tropici* (ces appellations sont peu usitées), celles qui s'ouvrent et se ferment plusieurs jours de suite à des heures déterminées, par exemple, l'*Ornithogalum umbellatum*. On nomme plus particulièrement *fleurs météoriques* (*Flores meteorici*) celles qui s'ouvrent et se ferment selon l'état de l'atmosphère; c'est ainsi que les fleurons d'un grand nombre d'espèces de la famille des *Chicoracées*, étalés horizontalement pendant le beau temps, se redressent et se rapprochent pendant la pluie et s'étalent de nouveau lorsque le soleil reparaît.

équitant, *equitans*; se dit de feuilles pliées longitudinalement et l'une à cheval sur l'autre, c'est-à-dire dont l'inférieure ou extérieure embrasse la supérieure ou intérieure (chez les Iris, par exemple). Les feuilles qui, pliées longitudinalement s'emboîtent mutuellement (de telle sorte que l'une des moitiés longitudinales de chaque feuille soit embrassée par l'autre feuille), sont dites doublement-équitantes (*incitem equitantia*, ou *semi-amplexa*). — Les cotylédons sont équitants ou condupliqués, chez les Crucifères, par exemple, dont la radicule est incluse.

erectus, dressé (voir ce mot). — *erectiusculus*, un peu dressé.

Erème, nom (inusité) donné au fruit qui résulte de carpelles écartés entre eux, mais qui se terminent par un seul style composé et indivis, chez les Labiées, par exemple.

ericetinus, qui croît dans les bruyères (*ericeta*).

erostratus, qui est dépourvu de bec (*rostrum*).

erion; dans les mots composés tirés du grec : laine, duvet (en latin : *lana, lanugo*).

erosus, rongé, érodé; se dit d'une feuille ou de tout autre organe irrégulièrement denté et comme mordu.

erythros, mot grec : rouge; en latin *ruber*.

escens, la désinence latine *escens* indique une tendance (de l'organe qualifié) à se modifier dans le sens du mot qui présente cette terminaison; ainsi *cœrulescens* signifie une couleur qui tend au bleu, *nigrescens*, *albescens*, qui tend au noir, au blanc; *spinescens* se dit de certaines parties qui tendent à se transformer en épines ou constituent presque des épines.

Espèce, *Species* (voir page 85, livre IIe, chapitre I, intitulé : De l'Espèce, de la Variété et des Hybrides).

erumpens, qui s'ouvre par une déchirure.

essentiel, *essentialis*; se dit des organes indispensables à la reproduction de l'espèce, les étamines et les ovules, par exemple. — On nomme caractères essentiels ceux qui caractérisent d'une manière absolue, soit une espèce, soit un groupe d'espèces.

estival, *æstivalis*; qui fleurit pendant l'été.

esuturatus, qui est dépourvu de sutures; qui ne présente pas de suture apparente. On désigne sous le nom de suture la réunion et la soudure des bords, soit d'une même feuille pliée longitudinalement, soit des bords de deux feuilles différentes, mais appartenant à un même verticille. (Voir le mot Carpelle.)

Étairion (Mirb.) — Plopocarpe (Desv.), mots (inusités) créés pour désigner les fruits qui résultent d'un verticille de carpelles polyspermes déhiscents (follicules), libres entre eux, par ex., chez les *Aquilegia*, les Crassulacées, etc.

étagé, *tabulatus*, = *interrupte-superpositus*; se dit d'objets ou de cavités placés par couches superposées.

étalé, *patens, patulus*; se dit d'un rameau qui s'écarte de la tige à angle droit; des pétales d'une corolle très ouverte, etc.

Étamine, *Stamina*. L'étamine est un des organes les plus importants de la fleur chez les plantes phanérogames. Les étamines constituent un ou plusieurs verticilles successifs (que l'on désigne sous le nom d'*Androcée*), situés entre le verticille des pétales (corolle) et le verticille des carpelles (gynécée). Les étamines sont (comme les sépales et les pétales, et comme les carpelles) des feuilles modifiées. On distingue chez l'étamine trois parties principales : 1° le *filet* (qui correspond au pétiole de la feuille ou à l'onglet du pétale), le *connectif* (qui correspond à la nervure moyenne) et les deux lobes de l'*anthère* qui correspondent aux deux moitiés du limbe de la feuille. L'anthère est la partie la plus importante de l'étamine au point de vue des fonctions de cet organe. L'étamine est susceptible d'être réduite à un filet stérile (c'est-à-dire dépourvu d'anthère), elle est également susceptible d'être réduite à une anthère sessile. L'anthère est la partie de l'étamine qui renferme le *Pollen* ou corpuscules reproducteurs mâles qui, par imprégnation, déterminent dans l'ovule la formation de l'embryon. Nous avons longuement traité déjà les faits relatifs à la structure de l'*anthère* (voir ce mot), nous n'y reviendrons pas. Les étamines peuvent être libres entre elles; elles peuvent être soudées par leurs filets et constituer un tube qui engaîne l'ovaire (chez les Malvacées, par exemple). Chez les Papilionacées, un des filets échappe à la soudure, et les étamines sont dites diadelphes (disposées en deux faisceaux); si les étamines sont disposées en plusieurs faisceaux, elles sont dites polyadelphes. Les étamines peuvent, les filets restant libres, être soudées en cercle par les anthères : c'est cette disposition que l'on observe dans la famille des Composées, et qui a valu à ce vaste groupe la désignation de Synanthérées. — L'insertion des étamines peut être (comme l'insertion de la corolle) : hypogyne, c'est-à-dire avoir lieu sur le réceptacle de la fleur, à la base de l'ovaire; périgyne, c'est-à-dire naître avec les pétales sur un tube qui entoure l'ovaire, ou être épigyne, c'est-à-dire naître au sommet d'un tube soudé avec l'ovaire, de telle sorte que les étamines paraissent insérées sur l'ovaire lui-même. Dans le cas où la corolle est gamopétale, les étamines s'insèrent au même niveau qu'elle dans un certain nombre de cas, tant chez les gamopétales hypogynes (les Éricinées, par exemple) que chez les gamopétales épigynes (les Vaccinées, les Campanulacées et les Lobéliacées, par exemple); mais dans un bien plus grand nombre de cas les étamines sont insérées chez les gamopétales sur la corolle elle-même, soit chez les gamopétales hypogynes (les Primulacées, Apocynées, Gentianées, Convolvulacées, Borraginées, Solanées, Labiées, Scrophularinées, etc.), soit chez les gamopétales épigynes (les Caprifoliacées, Rubiacées, Valérianées, Dipsacées, Composées, etc.). Chez les Monocotylédones on retrouve les mêmes insertions que chez les Dicotylédones. (Voir les mots Anthère, Calice, Corolle, Insertion.)

Étendard, *Vexillum*; on a donné ce nom au pétale supérieur de la fleur chez les Papilionacées.

Étoilé, *stellatus, stelliformis, stellulatus*; dont les parties, disposées sur un plan horizontal, divergent régulièrement comme les rayons d'une étoile. — Les Rubiacées indigènes sont dites *Stellatæ* (étoilées) à cause de la disposition de leurs feuilles en verticilles.

Étoupe, *Stupa*; certains flocons filamenteux ont été comparés à de l'étoupe.

Étroit, *angustus*; dont la longueur l'emporte de beaucoup sur la largeur; est l'opposé de large, *latus*.

Étui médullaire, rangée interne de fibres qui entoure la moelle et constitue la paroi du canal médullaire chez les tiges des Dicotylédones.

Euphylle (Dunal), organe appendiculaire en général; la feuille prise à un point de vue théorique et comme organe générateur des dérivés : pétale, étamine, carpelle, etc.

evalvis, qui ne se partage point en valves.

evanescens, = *evanidus*, fugace; qui se détruit rapidement sans laisser à peine de traces : se dit de certaines corolles, de certains végétaux cryptogames, etc.

evanidinervius, dont les nervures disparaissent après un certain trajet.

evenius, = *avénius*, sans veines ou nervures.

evidens, évident ; qui n'est pas contestable, qui est visible à l'œil nu.

evittatus, sans *vitta* ; dépourvu de bandelettes, ou canaux-résini-fères, se dit du fruit de certaines Ombellifères.

Évolution, *Evolutio* ; on désigne par ce mot le développement d'un organe depuis sa première apparition sous la forme d'un mamelon cellulaire, jusqu'à ce qu'il soit parvenu à son état parfait.

Évolution (Théorie de l'). Selon cette théorie, l'ovule fournit lui-même les matériaux de l'embryon, et ne reçoit de la substance pollinique qu'une sorte d'action stimulante qui détermine la formation de l'embryon. Cette théorie est l'inverse de la théorie de l'épigénèse (voir ce mot). — Le curieux phénomène que l'on observe chez les Algues, dites Conjuguées, peut servir de base à une troisième théorie qui pourrait être nommée théorie de la *conjugaison* ; cette théorie n'est peut-être pas la plus éloignée de la vérité. (Chez ces Algues, les cavités des deux tubes s'ouvrent l'une dans l'autre, puis le contenu de l'une passe dans la cavité de l'autre, et du mélange des deux substances résulte la formation du corps reproducteur ou spore.)

ex, préposition latine privative. (Voir *e* et *a*.)

ex, *exo* ; dans les mots dérivés du grec : signifie dehors ; en latin, *extra*.

exalatus ; qui est dépourvu d'aile = *apterus*.

exalbuminosus ; se dit d'une graine dépourvue de périsperme (*Albumen*).

exaltatus, élancé ; se dit des tiges droites et vigoureuses.

exannulatus, sans anneau. — *exapophysatus*, sans apophyse.

exappendiculatus, sans appendice.

exaratus, non sillonné ; (*aratus*, labouré, sillonné avec la charrue).

exareolatus, sans aréole. — *exarillatus*, dépourvu d'arille.

exaristatus, dépourvu d'arête.

exasperatus, dont la surface est âpre, ou chargée d'aspérités ou de bosselures.

exauriculatus, se dit d'une feuille sans oreillettes.

excavato-punctatus ; marqué à la surface de ponctuations enfoncées comme celles qui résulteraient de l'impression de la pointe ou de la tête d'une épingle.

excavatus, creusé. — *Excavatio*, dépression profonde.

excedens = *superans* ; se dit d'un organe qui dépasse les autres ou d'une partie d'organe qui dépasse la partie essentielle de l'organe lui-même ; par exemple, d'une nervure moyenne qui se prolonge au delà du limbe d'une feuille.

excentrique, *excentricus* ; dans les graines pourvues d'un périsperme, on appelle *embryon excentrique* celui qui est situé en dehors de l'axe du périsperme.

Excipulum ; dans la famille des Lichens, on désigne sous le nom d'*Excipulum* le réceptacle qui contient la masse fructifère ou *Thalamium* ; l'ensemble de l'*excipulum* et du *thalamium* constitue l'*apothecium*, organe fructifère des Lichens (voir le mot *Apothecium*). — *excipulatus*, muni d'un *excipulum* ; — *excipularis*, qui appartient à l'*excipulum*.

Excisura, Incisure, se dit d'une entaille faite comme d'un coup de ciseaux. — *excisus*, qui est incisé. — *sinuato-excisus*, découpé dans sa longueur de manière à présenter un bord sinueux.

Excitabilité. On donne ce nom à la propriété physiologique en vertu de laquelle certains organes végétaux éprouvent des mouvements qui semblent spontanés sous l'influence d'un contact étranger. (Voir le mot Contractilité.)

excréteurs (Poils), poils terminés par une extrémité glanduleuse-visqueuse.

Excrétion, *Excretio* ; fonction physiologique en vertu de laquelle certains liquides, ordinairement de nature résineuse ou gommeuse, et susceptibles de se concréter, sont excrétés par des organes de nature glanduleuse, ou par des fissures accidentelles.

excrétoires (Glandes) : dont la surface laisse suinter un liquide.

excurrens, se dit d'un tronc d'arbre continu depuis la base jusqu'à l'extrémité de la tige, comme cela arrive chez les Sapins, les Mélèzes, etc.

exembryonnatus, qui ne renferme point d'embryon.

exigu, *exiguus*, de très petite taille.

exilis, grêle; se dit d'une tige très mince, mais dont la petite taille est proportionnée à la finesse.

exindusiatus, privé d'*indusium*; — *exinvolucratus*, dépourvu d'involucre.

exo-; dans les mots composés tirés du grec: dehors, *extra*.

Exogènes (Végétaux) = Dicotylédones. L'un des embranchements des végétaux phanérogames. Plantes dont la tige est composée de faisceaux disposés par couches concentriques (voir le mot Dicotylédones). — S'oppose au mot Endogènes.

Exostome, *Exostoma*; on désigne sous ce nom l'ouverture ou bord libre de la membrane externe de l'ovule (testa ou primine). Cette ouverture, dont les bords finissent par se rapprocher complétement, est désignée sous le nom de *Micropyle* chez la graine mûre.

Exostose; on désigne sous ce nom des masses ligneuses qui se développent latéralement sur le tronc de certains arbres, et qui constituent une sorte de maladie locale. Ces masses sont dues à du tissu ligneux détourné accidentellement de sa direction normale.

explanatus, aplani. — *explicatus*, étalé, déroulé, épanoui.

excapus, dont la tige est très courte; qui semble dépourvu de tige.

exculptus, ciselé; qui présente des lignes sinueuses en creux ou en relief.

exsertus, exsert. On appelle étamines exsertes celles qui, chez les fleurs à corolle gamopétale dépassent plus ou moins longuement le tube; par opposition, on dit les étamines *incluses*, lorsqu'elles ne dépassent pas le tube de la corolle. — On se sert également des expressions exsert et inclus, relativement au style.

exstipulatus, qui manque de stipules.

exsuccus; se dit d'un fruit un peu charnu, mais non succulent.

extensus, élargi; qui semble dilaté transversalement.

extérieur, *exterior*, = externe, *externus*; qui est situé en dehors, du côté le plus éloigné du centre ou de l'axe; — *externe* (adv.), extérieurement.

extra-axillaire,.... *aris*; se dit d'un bourgeon qui paraît situé en dehors de l'aisselle de la feuille, ou au-dessus de l'aisselle.

◦ *extra-foliaceus*, en dehors des feuilles.

◦ *extraneus*, = *exoticus*, étranger, exotique; qui n'appartient point à l'Europe (relativement aux Européens).

◦ *extrarius* (*Embryo*), embryon situé en dehors du périsperme.

◦ extrorse, *extrorsus*; les étamines sont dites extrorses lorsque les fentes de l'anthère regardent en dehors au lieu de regarder en dedans de la fleur (par ex. chez les *Anemone* et les *Clematis*).

◦ *extrorsum*, = *exterius* (adv.), en dehors.

◦ *exunguiculatus*, se dit d'un pétale qui n'est point atténué en onglet.

F

◦ Face, *Pagina*; se dit des surfaces des objets plats ou prismatiques. On entend par *face supérieure* ou *interne* d'une feuille, d'un pétale, etc., la face qui regarde le ciel quand la feuille est étalée et qui, lorsque la feuille est dressée, s'applique contre la partie de l'axe supérieure à l'insertion. La face opposée est dite *face inférieure* ou *externe*.—Les faces peuvent être planes ou convexes, unies ou présentant des élevures, etc. —Relativement aux feuilles carpellaires pliées longitudinalement et fermées, et qui ne laissent voir que leur face externe (la face interne constituant la cavité qui renferme les graines), on admet chez la face externe deux faces secondaires : la *face dorsale* qui regarde en dehors et est parcourue longitudinalement par la nervure moyenne (dite improprement suture dorsale), et la *face ventrale* qui regarde l'axe de la fleur et est parcourue longitudinalement par la suture des deux bords de la feuille carpellaire (dite suture ventrale). On nomme *faces commissurales* les faces par lesquelles deux carpelles soudés sont en contact.

◦ *Facies* = *Habitus*. Port, aspect général que présente une plante à la première vue, avant que l'on ait pénétré dans le détail de son organisation. Le mot *facies* a passé dans le langage descriptif français.

◦ fade, *subinsipidus*; d'une saveur presque nulle.

Faisceaux fibro-vasculaires; on désigne sous ce nom les faisceaux composés de tissus fibreux (clostres) et de vaisseaux qui constituent la partie ligneuse des tiges et qui chez les Monocotylédones sont isolés, et chez les Dicotylédones constituent des cylindres ou zones concentriques qui emboîtent la colonne médullaire centrale (moelle).

falcatus, courbé sur le tranchant; en forme de fer de faux.

falsinerves (Feuilles); *folia falsinervia*; on donne cette qualification aux feuilles des plantes cryptogames cellulaires, des *Fucus* par ex. qui présentent des nervures, ces nervures étant composées de tissu cellulaire allongé et ne contenant pas de vaisseaux.

Famille, *Familia*, *Ordo*. Groupe naturel de plantes formé par l'agglomération d'un certain nombre de genres; quelquefois même par un seul genre, si la structure des plantes que ce genre renferme présente des caractères tels qu'il doive rester en dehors des familles déjà établies.

farctus, plein; s'oppose à *vacuus*, vuide, creux.

farineux, *farinosus*, *amylaceus*; qui renferme de la fécule, qui a l'aspect de la farine.

farinaceus, farineux; qui est saupoudré d'une poussière semblable à de la farine; les feuilles de certains *Atriplex*, par ex.

farius, *bifarius* : *aculei unifarii*, *bifarii*, *trifarii*, aiguillons disposés sur un, deux, trois rangs; *uni*, *bi*, *trifariam aculeatus* présente la même signification.

Fasciation, *Fasciatio* (*fascia*, bandelette); on désigne sous le nom de fasciation un phénomène de tératologie végétale signalé par les plus anciens botanistes chez les tiges et les rameaux. Jusqu'à ce jour on a considéré ce phénomène comme consistant essentiellement dans la forme aplatie ou rubanée substituée à la forme cylindrique ou prismatique des tiges normales. Il résulte de mes propres observations que la forme aplatie ou rubanée n'est que le premier degré de ce phénomène tératologique, et que dans un degré plus complet ou plus avancé, le phénomène consiste dans la séparation verticale ou partition (*partitio*) d'un même axe en deux ou plusieurs parties qui, étant isolées dès l'état naissant, constituent autant d'axes com-

plets qui ne diffèrent que par leur origine d'un axe normal ;
telle est aussi l'opinion de M. Link, et M. A. de Saint-Hilaire
adopte, bien qu'avec doute, cette manière de voir. — Des faits
que j'ai été à même d'observer et d'étudier, il résulte que non
seulement les phénomènes de la fasciation et de la partition
constituent un même phénomène, mais que le phénomène
désigné sous le nom de *dédoublement* (*diremptio*) (et qui consiste dans la multiplication, soit parallèle, soit latérale, des
organes appendiculaires) est aux organes appendiculaires ce
que le phénomène de la partition est aux organes axiles ; et
que, si la partition est un degré avancé de la fasciation chez les
axes (tiges, rameaux et pédicelles), le dédoublement n'est de
même qu'un degré avancé de la fasciation appliquée aux organes appendiculaires (feuilles de la tige ou de la fleur). Le
dédoublement avait été signalé seulement chez les pétales et
les étamines, je l'ai fait connaître chez les feuilles où il était
confondu avec le phénomène de la soudure.—Il existe donc un
important phénomène entrevu seulement dans plusieurs de ses
manifestations considérées comme autant de phénomènes isolés,
mais dont je crois avoir le premier indiqué le lien commun ;
ces phénomènes sont : 1° la *fasciation*, aplatissement et tendance à la séparation des parties constituantes (admise avant
moi chez les axes exclusivement); 2° la *partition*, ou degré dans
lequel un même axe est divisé en plusieurs ; 3° le *dédoublement*,
ou degré dans lequel une même feuille est divisée en plusieurs.
Je propose d'appliquer au phénomène général dont ces trois
phénomènes ne sont que des manifestations à des degrés plus
ou moins avancés, et portant soit sur des axes, soit sur des
feuilles, le nom collectif de *diruption* (*diruptio*). Il faut se
garder de confondre avec le phénomène de la *diruption* ou
épanouissement et désagrégation des parties constituantes d'un
organe simple, le phénomène de la *disjonction* (*disjunctio*) que
je limiterai au défaut accidentel d'union entre des organes
simples ordinairement et normalement soudés entre eux, par
exemple dans le cas où une corolle gamopétale devient dialypétale par la désunion des pétales entre eux. J'insiste en outre
sur ce fait que, soit dans les diruptions, soit dans les disjonc-

tions, la séparation des parties n'a pas lieu chez des organes ou des réunions d'organes adultes, ou même déjà constitués, cette séparation n'a lieu qu'à l'état naissant de l'organe, et alors qu'il n'est représenté que par une masse de tissu cellulaire. Un même axe cylindrique à sa base peut bien, à mesure qu'il s'allonge, être plat dans la partie formée ultérieurement au développement de sa partie inférieure, et même se terminer (par partition) en deux ou plusieurs branches résultant d'une diruption poussée à ses extrêmes limites, mais, même dans ce cas qui est fréquent, la séparation ne s'opère que pendant la période où l'organe est à l'état de tissu cellulaire, et jamais dans la partie de cet organe déjà formée et passée à l'état de tissu fibro-vasculaire. — Il faut se garder aussi de confondre certains organes qui paraissent composés de plusieurs, en vertu du phénomène de la diruption dont ils sont le siége, avec les organes entre lesquels des soudures ont pu s'opérer, en raison de greffes accidentelles; ces soudures ou greffes sont beaucoup plus rares que les diruptions. J'ai observé des cas de diruption (fasciation à tous les degrés, partitions et dédoublements) chez les tiges herbacées ou ligneuses, florifères ou non florifères; sur des pédoncules terminés par diverses inflorescences, des capitules par exemple; sur des pédicelles terminés par une fleur, soit à ovaire libre, soit à ovaire adhérent; enfin, sur les organes appendiculaires à l'état de feuille foliacée, de sépale, de pétale, d'étamine, et de carpelle. (Ces nombreuses observations, que j'ai figurées avec soin, font partie du *Traité de tératologie végétale* dont je réunis les matériaux depuis plusieurs années.) — Chez la tige et les rameaux, le premier degré de la diruption connu sous le nom de fasciation, consiste dans l'aplatissement de l'axe du bourgeon dès son apparition, c'est-à-dire dès sa formation à l'aisselle de la feuille; la tendance à l'aplatissement va en général en augmentant d'intensité à mesure que l'axe s'allonge, les fibres de cet axe étant écartées comme les branches d'un éventail; mais, ainsi que je l'ai dit, cet écartement a lieu à l'extrémité celluleuse du bourgeon à mesure que ce bourgeon terminal s'éloigne de son point de départ par l'accroissement de la branche ou de la tige dont

il est la terminaison ; en aucun cas, la fasciation d'une branche n'est postérieure à la formation des mérithalles qui la
constituent, soit chez les végétaux ligneux, soit chez les végétaux herbacés. (Je ne saurais partager l'opinion de M. Moquin-
Tandon qui, si je l'ai bien compris, considère la fasciation
comme une altération qui déforme ultérieurement un rameau
normal dans l'origine, et admet que si les rameaux ligneux ne
se déforment pas quand ils sont adultes, c'est à cause de la
résistance qu'offre à la déformation la solidité de leurs tissus).
— J'ai observé la fasciation chez plusieurs plantes Cryptogames. Divers *Agaricus*, le *Scolopendrium officinale* et l'*Asple-
nium Trichomanes*. Chez les Phanérogames (vu la proportion
relativement plus petite des Monocotylédones que des Dicotylédones, et, chez ces dernières, des végétaux ligneux que des
végétaux herbacés), j'ai rencontré, dans les divers groupes, des
exemples de fasciation (aplatissement) ou de partition (division
en plusieurs branches terminales) également nombreux. Parmi
les végétaux ligneux je citerai : le Frêne (*Fraxinus excelsior*),
le Sureau (*Sambucus nigra*) (les tiges et les fleurs sont fasciées),
le Cerisier (*Cerasus vulgaris*), le Poirier (*Pyrus communis*), le
Chèvrefeuille (*Lonicera Caprifolium*), l'Acacia (*Robinia Pseudo-
Acacia*) et un *Fuchsia*. Les végétaux ligneux qui présentent des
rameaux fasciés à l'état herbacé n'en présentent que rarement
à l'état ligneux par une raison bien simple, c'est que les branches affectées de fasciation périssent et se dessèchent au moins
dans leur partie supérieure (qui est celle où le phénomène a sa
plus grande intensité) avant la seconde année, et par conséquent sont détruites avant de pouvoir être revêtues des couches
ligneuses dont un accroissement prolongé les aurait pourvues ;
en effet, l'extrémité d'une branche fasciée est généralement
molle et pulpeuse, et est atteinte facilement par la gelée, d'autres branches fasciées périssent par épuisement et par le seul
fait du changement de température, lorsque des journées
chaudes et sèches succèdent brusquement à un temps humide
et pluvieux. Les rameaux fasciés, lorsqu'ils continuent à vivre,
tendent à perdre à l'extérieur leur forme aplatie ; en effet, la
partie formée la première année (c'est-à-dire le canal médul-

laire et le premier anneau de bois) conserve bien sa forme primitive aplatie, mais cette forme est masquée à l'extérieur par les couches de bois qui descendent les années suivantes des rameaux situés sur la branche fasciée, tellement que cette branche prend une forme irrégulièrement prismatique, et que sa forme primitive ne peut être constatée que par une coupe transversale qui met à jour la formation de la première année. —Des branches normales peuvent émettre des rameaux fasciés, et réciproquement, des rameaux fasciés peuvent émettre, soit des rameaux fasciés, soit des rameaux cylindriques ; les bourgeons qui naissent sur les branches fasciées sont en général très nombreux et disposés en lignes spirales irrégulières. — Il arrive fréquemment qu'une *torsion* plus ou moins marquée coïncide avec le phénomène de la fasciation ; l'*enroulement* de haut en bas est un accident qui est surtout très fréquent, soit que l'enroulement se fasse selon l'une des faces plates ou selon un des côtés étroits de la tige fasciée. Je trouve l'explication de cet enroulement dans le développement inégalement rapide des deux faces ou des deux côtés opposés du rameau ; on conçoit que la face qui se développe le moins, bride en quelque sorte celle qui se développe le plus et l'oblige à se courber de son côté ; or, d'une série d'inclinaisons successives entées les unes sur les autres doit résulter un enroulement. — J'ai rencontré sur un même individu de chèvrefeuille (*Lonicera Caprifolium*), avec des rameaux cylindriques à feuilles normalement opposées, des rameaux cylindriques à feuilles ternées et à feuilles disposées en spirale ; et enfin, des rameaux fasciés et tordus selon leur axe, à feuilles également en spirale. Toutes les transitions de forme et de disposition entre ces différents types existaient chez les rameaux d'une même tige, et l'observation de ce fait a contribué à me démontrer que la disposition des feuilles accidentellement ternée, quaternée, en verticille ou en spirale, se rattache essentiellement au phénomène de la fasciation. — J'ai dit que la fasciation est susceptible d'atteindre toutes les parties du végétal ; j'ai recueilli des exemples d'inflorescences fasciées chez des capitules de *Dahlia* et chez les involucelles gamophylles du *Scabiosa atropurpurea*, chez l'inflorescence de l'*Iberis umbellata*, du *Cheiranthus Cheiri*, de l'*impatiens Bal-samina*, du *Campanula Medium*, de l'*OEnothœra suaveolens*, du *Tulipa Gesneriana* et du *Hyacinthus orientalis*, etc. (Dans ces divers cas, la fleur de l'Onagre et celle de la Jacinthe participaient seules à la fasciation.) — Enfin les pédicelles et la fleur qui les termine (et qui constitue réellement leur bourgeon terminal) sont fréquemment fasciés ; et, de même que chez les tiges et chez les axes d'inflorescence, la fasciation peut être portée jusqu'à une division complète (chaque branche de la division peut produire une fleur en apparence normale, ou une fleur plus ou moins anormale). Parmi les fleurs à ovaire libre, chez lesquelles j'ai observé la fasciation, je citerai le Pavot, le Coquelicot, un *Pelargonium*, un Fraisier, le Cerisier, la Vigne, le *Primula elatior*, le *Primula Auricula*, la Tomate, le Sureau, la Tulipe et la Jacinthe ; les fleurs à ovaire adhérent chez lesquelles j'ai observé la fasciation appartiennent aux espèces suivantes : le Poirier, le Pommier, le Groseillier rouge, un *Fuschia*, l'*OEnothera suaveolens*, la fleur centrale de l'ombelle de la Carotte sauvage et le *Lonicera Periclyme-num*. — Il me reste à parler des organes appendiculaires (feuilles) fasciés. Les feuilles (surtout celles qui appartiennent à des tiges offrant une tendance à la fasciation) présentent quelquefois un curieux phénomène : les unes sont légèrement échancrées à leur sommet ; d'autres sont bifides, d'autres sont bipartites ; enfin la division, chez d'autres, est si complète, que, sans les feuilles voisines, qui indiquent le passage d'une feuille entière à deux feuilles par la division longitudinale d'une seule feuille, on ne saurait remonter à l'origine de ce nombre supplémentaire. Ces feuilles, anormalement bifides, ne sont pas, comme les feuilles normalement bifides, le résultat de l'arrêt de développement de la nervure moyenne au-dessous du niveau qu'atteignent deux nervures latérales secondaires. La bifidité des feuilles anormales en question résulte de l'épanouissement et de la bifurcation de la nervure moyenne ; ces feuilles sont donc individuellement le siége d'une véritable fasciation. Un fait extrêmement remarquable est que les deux moitiés qui résultent de la bifurcation de la feuille ont la forme régulière d'une feuille complète, le côté de la demi-feuille correspondant à la bifurcation de la nervure émettant des nervures secondaires et un parenchyme aussi développé que celui du côté extérieur qui est normal. Ces feuilles bifides ont été jusqu'à ce jour considérées par les tératologues comme résultant de la soudure de deux feuilles, lorsque la feuille qu'ils ont observée était profondément bipartite ou bifide, et comme une fissure lorsque la feuille n'était qu'échancrée. Des faits identiques se trouvent même, dans les ouvrages de tératologie, rapportés sous des titres différents à ces deux causes opposées. Il est souvent facile de constater d'une manière directe que ces feuilles bifides représentent une seule feuille fendue, par la position qu'occupe cette feuille sur la tige, lorsque la fasciation de la tige étant presque nulle ou peu considérable, les feuilles ont conservé leur position normale. — Ce phénomène a été désigné, ainsi que je l'ai déjà dit, lorsqu'il a été observé chez les fleurs, sous le nom de *dédoublement* ; en effet, non seulement les feuilles caulinaires, mais aussi les feuilles modifiées qui constituent la fleur peuvent subir la fasciation ; cette fasciation, poussée jusqu'à la complète partition, constitue un véritable dédoublement latéral qui augmente le nombre des pièces des différents verticilles de la fleur. Cette anomalie coïncide ordinairement avec la fasciation de l'axe même de la fleur. Je rapporte à ce phénomène les cas de bifidité que j'ai observés chez les étamines du *Gentiana lutea*, du *Campanula Medium* et du *Scabiosa atropurpurea*. — Enfin j'ai trouvé des folioles terminales bifides ou remplacées par deux chez la feuille composée du *Phaseolus vulgaris*. — De l'ensemble des faits que je viens d'exposer il résulte que la fasciation existe chez les feuilles comme chez les axes, et peut être simultanée ou exister isolément chez ces deux ordres d'organes. Il résulte, en outre, que la fasciation peut exister chez les fleurs à tous les degrés, depuis la partition d'un seul de ses éléments, ou l'addition par dédoublement d'un seul élément, jusqu'au nombre double, triple ou plus considérable des parties qui constituent chaque verticille à l'état normal. A mesure que le nombre des parties surnuméraires augmente et que l'axe de la fleur est fascié à un degré plus avancé, l'ensemble prend une forme elliptique; dans un degré plus avancé encore, un rétrécissement se manifeste à la partie moyenne de l'ellipse ; enfin, dans un degré plus complet encore, il existe deux fleurs plus ou moins complétement séparées à l'extrémité d'un même pédicelle, souvent lui-même bifurqué. Chez les plantes à ovaire adhérent, la bifidité peut se prolonger jusqu'à la base de l'ovaire, y compris le tube qui le recouvre, et même plus bas. — Les fruits qui résultent de ces fleurs à ovaires fasciés arrivent à la maturité comme les fruits normaux ; ils sont très remarquables par la singularité de leur forme, et ont de tout temps attiré l'attention des personnes qui les ont rencontrés. Il était naturel *à priori* de les considérer comme le résultat de la soudure de deux ou plusieurs fruits, et cette opinion a régné à peu près sans contestation parmi les botanistes jusqu'à ce jour. On vient de voir qu'il s'agit au contraire d'un phénomène de division ou partition, et que ces faits intéressants sont un des résultats les plus curieux du phénomène si varié dans ses manifestations que je désigne sous le nom de *Diruption*.

Fasciculé, *fasciculatus*, se dit de plusieurs organes réunis en faisceau.

Fascie, *Fascia*. On désigne sous ce nom une tige ou un rameau déformé accidentellement sous l'influence du phénomène de la fasciation ou diruption, et dont la forme est rubanée.

Fascié, *fasciatus* ; qui est déformé sous l'influence du phénomène de la fasciation ou diruption.

Fastigié, *fastigiatus* ; se dit d'une tige ou d'une inflorescence dont les rameaux sont dressés et appliqués les uns sur les autres.

Fatuus, = *cassus*, creux, vide, stérile.

Fausses-cloisons, *Septa spuria*. (Voir le mot Cloison.)

Fausses parasites ; qualification donnée aux plantes dites épiphytes, qui vivent sur d'autres végétaux sans se nourrir de leur séve, mais en étant alimentées par l'humidité de l'air et par les débris de l'écorce des vieux arbres et l'eau que ces débris conservent à la manière des éponges.

Fausses-trachées ; vaisseaux qui présentent une ligne spirale, mais qui ne sont pas susceptibles d'être déroulés.

fauve, *fulvus*; couleur d'un jaune rougeâtre. — *alutaceus*, couleur de cuir tanné.

faux, *spurius*; qui ressemble, par l'aspect et non par la structure, à un autre objet, et peut être confondu avec lui au premier coup d'œil. Dans les mots composés dérivés du grec *pseudo-*.

Faux, Gorge; ouverture du tube des calices ou des corolles gamophylles. La gorge de la corolle est dite dilatée, rétrécie, etc., elle peut être pourvue de poils, d'appendices variés, etc.

faveolatus, alvéolé; qui présente des fossettes en forme d'alvéoles; qui présente de petites alvéoles.

favosus, dont la surface est entièrement couverte d'alvéoles; qui présente de grandes alvéoles.

Fécondation, *Fecundatio*. Chez les plantes phanérogames, c'est-à-dire pourvues d'étamines et d'ovules, on donne ce nom à la fonction en vertu de laquelle les ovules ayant reçu l'imprégnation de la substance contenue dans les grains de pollen, il se développe dans leur cavité un embryon, lequel s'accroît en même temps que l'ovule qui le nourrit; l'ovule et l'embryon qu'il renferme constituant par leur ensemble, à la maturité, l'organe désigné sous le nom de graine. — Les procédés que la nature met en usage dans le phénomène de la fécondation sont des plus difficiles à étudier en raison de la ténuité extrême des organes qui concourent à cet important résultat, et de l'opacité du tissu des organes environnants, opacité qui paralyse jusqu'à un certain point les moyens d'étude si précieux fournis par le microscope. Ces difficultés d'observation expliquent comment des observateurs du plus grand mérite diffèrent d'opinion sur les points les plus essentiels de cette intéressante question. Tous sont d'accord sur la manière dont le *grain de pollen* déposé sur le *stigmate* émet un ou plusieurs prolongements (boyaux polliniques) résultant de l'extension de la tunique interne qui se fait jour à travers l'externe, et sur la manière dont ce boyau chemine à travers le tissu du style que l'on désigne sous le nom de *tissu conducteur*, jusqu'à ce qu'il arrive en contact avec l'*ovule*, et pénètre à travers son *exostome* et son *endostome* (*micropyle*) pour se mettre en contact avec le *sac embryonnaire* qui déborde le *nucelle*; là commence la divergence d'opinion entre les divers observateurs qui ont étudié cette question. Les uns (MM. Scheiden et Endlicher) ont cru voir le boyau pollinique refouler devant lui le sac embryonnaire dont la paroi refoulée constituerait la vésicule embryonnaire, puis l'embryon être constitué par la substance granuleuse (fovilla) contenue dans l'extrémité du boyau pollinique, invaginé dans la vésicule embryonnaire dont la base constituerait le suspenseur. Dans cette théorie (que nous avons déjà mentionnée sous le nom de théorie de l'*épigénèse*, l'embryon serait, comme on voit, fourni par le grain de pollen, et trouverait seulement dans l'ovule des sucs nutritifs et une enveloppe protectrice. — D'autres observateurs (MM. de Mirbel, Brongniart, Meyen, et Tulasne) ont cru voir le boyau pollinique s'accoler au sac embryonnaire sans refouler ses parois et sans y pénétrer, puis, sur un autre point du sac embryonnaire et à sa face interne, apparaître la vésicule embryonnaire, cette vésicule s'allonger en tube, et l'embryon se développer dans la partie inférieure de cette vésicule. Dans cette manière de voir (qui rentre dans la théorie dite de l'*évolution*), l'embryon est fourni par l'ovule lui-même, et le boyau pollinique contribue à lui donner l'excitation nécessaire à son développement, sans doute en cédant *par endosmose* la substance qu'il renferme. (Voir les mots Pollen, Ovule, Évolution, etc.)

Fécule, *Amylum*. On a donné ce nom à des granules qui se développent dans les cellules de certains végétaux, et qui se reconnaissent à la propriété qu'ils ont d'être colorés en bleu par la teinture d'iode, tandis que d'autres granules qui sont azotés (la fécule ne contient pas d'azote) sont colorés en jaune ou en brun par la teinture d'iode. Les grains de fécule se composent de couches de plus en plus larges superposées latéralement et dont les bords dessinent des lignes visibles au microscope; la première couche, qui est la plus étroite et qui s'observe à une des extrémités du grain, a été désignée sous le nom de *hile*: c'est par ce point que le grain de fécule adhérait aux parois de la cellule dans laquelle il s'est développé. On connaît les propriétés nutritives des organes végétaux qui renferment de la fécule en grande proportion : tels sont les graines des céréales, des Légumineuses, etc., les tubercules de la Pomme de terre, etc.

felleus, qui a la saveur amère du fiel.

femelle, *fœmineus*. On donne cette épithète aux fleurs qui sont pourvues d'un ovaire et ne possèdent point d'étamines, soit chez les plantes dioïques, soit chez les plantes monoïques ou polygames. (Voir ces mots.)

Fenestra. On a désigné sous ce nom la cicatrice que présente la graine, après sa chute, au niveau du hile, à la maturité.

Fascicule, *Fasciculus*, faisceau. Se dit de plusieurs organes de forme allongée groupés. — Sorte d'inflorescence indéfinie.

fenestratus, qui présente une ouverture ou des ouvertures que l'on a comparées à une fenêtre.

fendu, *fissus*. Ce mot devrait toujours indiquer la division en deux parties d'un organe simple ; mais on l'emploie fréquemment pour signifier la désunion dans une certaine étendue de deux organes soudés inférieurement.

ferrugineux, *ferruginosus*, *ferrugineus*. Couleur de fer un peu oxydé, d'un noir roussâtre. — Couleur de rouille, d'un brun rougeâtre, s'exprime par le mot *rubiginosus*.

fertile, *fertilis* : se dit d'un ovaire dont les ovules sont fécondés et susceptibles de parvenir à l'état de graine ; se dit aussi des étamines qui renferment du pollen bien constitué. S'oppose à stérile, *sterilis*, *cassus*, *fatuus*.

ferulaceus ; dont la tige est droite, fistuleuse et noueuse comme celle de certaines Ombellifères.

fétide, *fœtidus*, = *fœtens* ; infect, dont l'odeur est repoussante.

Feuille, *Folium*. — Chez les végétaux phanérogames, on donne le nom de feuilles aux organes membraneux, ordinairement de couleur verte, qui sont insérés sur les tiges et leurs divisions ou rameaux. A un point de vue plus général, les feuilles sont désignées sous le nom d'*organes appendiculaires*, et comprennent non seulement les feuilles proprement dites, mais aussi les feuilles modifiées (*sépales*, *pétales*, *étamines*, et *feuilles carpellaires*), dont l'ensemble constitue la fleur. — Les feuilles proprement dites, selon la partie de la tige où elles sont insérées, sont nommées *feuilles séminales, f. cotylédonaires* ou *Cotylédons*; *f. primordiales*; *f. radicales*; *f. caulinaires*; *f. raméales*; *f. florales* ou *bractéales*, et *Bractées*. Les feuilles rudimentaires nées sur les rhizomes et qui restent souterraines, reçoivent souvent le nom d'*Écailles*; enfin des feuilles accessoires qui sont en réalité des divisions de la feuille au niveau de son insertion, et sont fréquemment adhérentes à sa base, sont désignées sous le nom de *Stipules*. — Les feuilles sont des appareils qui modifient les liquides (désignés sous le nom de séve ascendante) absorbés par les racines, et transforment ces liquides en une substance (à laquelle on a donné les noms de séve élaborée, séve descendante ou Cambium) aux dépens de laquelle s'organisent les tissus qui déterminent l'accroissement des tiges. Cette importante modification de la séve ascendante s'opère au moyen de petits organes connus sous le nom de *Stomates*, et dont l'ensemble constitue un véritable appareil respiratoire. (Voir le mot Stomate.) — Selon une théorie sur laquelle est fixée l'attention des observateurs, une feuille, y compris sa décurrence, constitue un individu végétal élémentaire complet. Cette théorie, encore dans le domaine de la discussion, mais à l'appui de laquelle un physiologiste éminent (M. Gaudichaux) a apporté des preuves d'une grande valeur, tirées d'observations très nombreuses sur le mode d'accroissement des tiges, cette théorie, dis-je, est confirmée par mes études : 1° *sur la nature des coléorhizes*; 2° *sur la germination de certaines dicotylédones anomales*; 3° *sur la structure du tube* (antérieurement attribué au calice) *chez les fleurs à insertion périgyne et à insertion épigyne* (voir les mots Calice, Corolle, Coléorhize, Collet, Tige, etc.). — La forme des feuilles est variée à l'infini dans la série du règne végétal ; non seulement il n'existe pas deux espèces dont les feuilles aient absolument la même forme; mais cette forme varie dans des limites extrêmes, pour une même espèce, selon le point de la tige où les feuilles sont insérées. En général, les feuilles qui occupent la partie moyenne d'une tige ou d'un rameau sont les plus amples et les plus complètes. Celles de la base des tiges sont quelquefois réduites à de courtes membranes désignées sous le nom d'écailles. Celles de l'extrémité du rameau (c'est-à-dire les plus voisines de la fleur) sont aussi souvent réduites à de très petites dimensions, on les désigne sous le nom de bractées; les bractées, ainsi que les écailles, sont en général indivises, même chez les plantes à feuilles profondément divisées, et chez les plantes à feuilles composées; elles représentent dans ce cas la partie inférieure, qui a reçu, chez les feuilles complètes le nom de pétiole ou de rachis. — Une *feuille complète* se compose de deux parties essentielles; l'une de ces parties, qui constitue la *feuille proprement dite*, est indépendante de l'axe sur lequel elle est insérée; l'autre partie, qui est connue sous le nom de *décurrence de la feuille*, fait partie constituante de l'axe auquel elle paraît dans certains cas accolée, et à la surface duquel elle détermine à peine, dans d'autres cas, une saillie appréciable. — La feuille proprement dite se compose en général de deux parties plus ou moins distinctes entre elles : le *Pétiole* et le *Limbe*. On désigne sous le nom de pétiole le support, ordinairement de forme cylindrique, qui constitue la base d'un grand nombre de feuilles (chez la Vigne, le Tilleul, le Peuplier, le Lilas, etc.); il se compose, en général, de faisceaux fibro-vasculaires entourés par une écorce cellulaire qui présente la même structure que celle de la jeune tige. Le limbe, ou partie plane de la feuille, se compose des mêmes éléments anatomiques. Dans certaines feuilles, surtout chez les plantes monocotylédonées (les Graminées et les Cypéracées par ex.), les faisceaux fibro-vasculaires du limbe des feuilles sont parallèles, comme au niveau du pétiole; mais ces faisceaux sont distants entre eux et disposés sur un même plan; ils convergent seulement au sommet. Chez un grand nombre d'autres feuilles, surtout chez les plantes Dicotylédonées, les faisceaux fibro-vasculaires du pétiole se dissocient et divergent à partir de la base du limbe, dans l'étendue duquel ils se distribuent et se ramifient, et où ils reçoivent le nom de *nervures*. Néanmoins, le pétiole se continue manifestement dans toute la longueur du limbe par une nervure (dite nervure médiane, ou côte) qui partage la feuille en deux moitiés égales. Si le pétiole se partage, dès la base du limbe, en un certain nombre de nervures à peu près égales entre elles, la feuille est dite *digitinerviée*; si, au contraire, le pétiole parcourt le limbe en constituant une côte moyenne saillante, et n'émet que successivement à droite et à gauche des nervures secondaires disposées comme les barbes d'une plume, la feuille est dite *penninerviée*. — Si le tissu cellulaire qui existe entre les faisceaux fibro-vasculaires (qui constituent les nervures du limbe) et l'épiderme (qui constitue les deux faces de la feuille) s'étend jusqu'à l'extrémité des nervures, et comble complétement les intervalles qui les séparent, la feuille, quelle que soit sa circonscription (ovale, elliptique, etc.), est dite entière ou indivise. Si, au contraire, l'espace qui sépare les nervures n'est pas comblé dans toute son étendue, la feuille est dite divisée. Ces divisions, combinées à la disposition, à la longueur relative, et à la ramification plus ou moins considérable des nervures, donnent lieu à un nombre illimité de formes dont les principaux types ont été qualifiés par des adjectifs dont je présente la liste à la fin de cet article. Les feuilles finement dentées sont dites *serrées*, à dents moins fines *dentées*, à dents obtuses *crénelées*, à divisions larges et peu profondes *lobées*, à divisions atteignant le milieu du limbe *partites*, à divisions atteignant la nervure moyenne *séquées* (si la feuille est digitinerviée, elle est dite dans ce cas *palmatiséquée*; si elle est penninerviée, elle est dite *pinnatiséquée*). Les feuilles palmatiséquées ou pinnatiséquées dont les divisions sont articulées sur la nervure ou sur le pétiole sont dites *feuilles composées*, et les divisions de ces feuilles reçoivent le nom de *Folioles*. Les feuilles composées digitinerviées sont dites *digitées* (par ex. celles du Lupin); les feuilles composées penninerviées sont dites *pinnées* ou *pennées*. Le pétiole des feuilles composées et sa prolongation en nervure moyenne est désigné sous le nom de *Rachis* (voir le mot : composées...Feuilles). Toutes les feuilles, à beaucoup près, ne présentent point un pétiole distinct; chez un certain nombre, le limbe s'atténue insensiblement en pétiole; chez d'autres, le limbe s'insère directement sur la tige (feuilles sessiles); chez d'autres, enfin, le limbe se continue manifestement sur la tige au-dessus du niveau de l'insertion (feuilles décurrentes par ex.: chez le *Symphitum officinale*, grande-Consoude, et le *Cirsium palustre*). Quand la base d'une feuille s'insère dans toute la circonférence de la tige, cette feuille, où au moins sa base est dite *embrassante*. Quand le pétiole lui-même est plan et constitue autour de la tige une gaîne qui l'enveloppe, ce pétiole reçoit le nom de *gaîne*, et la feuille est dite *engaînante*. Lorsque les deux bords du pétiole engaînant sont libres (comme chez les Graminées, la gaîne a été dite *fendue* ; lorsque les bords sont soudés (comme chez les Cypéracées), la gaîne a été dite *complète*. Les feuilles (soit les feuilles foliacées, soit les feuilles dont se composent les divers verticilles) considérées isolément, sont, dans le plus grand nombre des cas, symétriques, c'est-à-dire que les deux moitiés latérales du limbe, séparées par la nervure moyenne, sont de même dimension et de même forme ; mais il existe des feuilles de forme non symétrique et par conséquent irrégulière ; elles sont dites *inéquilatérales* (à côtés inégaux). Il peut même arriver que l'un des deux côtés du limbe manque presque complétement ; ces feuilles ont souvent alors (en raison de l'accroissement inégal de leurs deux côtés), la forme d'un croissant ou d'une faux, et sont dites *semi-lunaires* ou *falciformes*. — Certaines feuilles ne se composent que de la partie pétiolaire, telles sont les feuilles dans le genre *Buplevrum* (famille des Ombellifères), et dans certains genres de la famille des Légumineuses, où, chez une même plante, le pétiole porte ou ne porte pas de limbe. Les pétioles, qui compensent l'absence du limbe par leur développement en forme de membrane foliacée, ont reçu le nom de *Phyllodes*. Chez certaines plantes aquatiques (le *Sagittaria sagittœfolia* par ex.), les pétioles des feuilles submergées qui s'allongent (surtout dans les eaux courantes) en longs rubans membraneux et sont dépourvus de limbe, constituent de véritables phyllodes ; les feuilles à limbe sagitté se nuancent chez cette plante par des passages insensibles avec les feuilles où le limbe est complétement effacé. — Les feuilles sont disposées sur la tige selon des lois régulières dont nous donnerons l'exposé au mot Phyllotaxie. — Suivant leur mode d'insertion sur la tige, les feuilles sont dites : articulées, pétiolées, sessiles, amplexicaules, décurrentes, vaginantes. — Relativement à leur forme, elles sont dites : capillaires, linéaires, cylindracées, ovoïdes, triquètres, comprimées, aciculaires, prismatiques, obliques, inégales, dimidiées, tubuleuses, fistuleuses; planes, peltées, ovales, oblongues, elliptiques, spatulées, lancéolées, cordées, hastées, sagittées, rhomboïdales, perfoliées, squamiformes, réniformes, linguiformes, ensiformes, acinaciformes, flabelliformes, dolabriformes, panduriformes, cunéiformes, en godet, en capuchon, à éperon; entières, indivises, très entières, sinuées, dentées, serrées, crénelées, anguleuses, triangulaires, deltoïdes, lobées, bilobées, trilobées, quinquélobées, laciniées, roncinées, lyrées, auriculées, partites, dichotomes, pédalées, pinnatifides, multifides, simples; composées, décomposées, supra-décomposées, pinnées, digitées, imparipinnées, paripinnées, trifoliées, bipinnées, biternées, digitipinnées, etc. — Relativement aux nervures : sans nervures (*folium enervium*, *avenosum*), à nervures (*f. nervosum*, *venosum*, *costatum*), veinées réticulées, trinerviées, quinquénerviées, septemnerviées, multinerviées. De Candolle classe les feuilles selon la disposition des nervures, en : rectinerves, curvinerves, ruptinerves, penniformes, palmiformes, penninerves, pédalinerves, palminerves, peltinerves, triplinerves, quintuplinerves, vaginerves, rectinerves, falsinerves, nullinerves.—Relativement à la manière dont elles se terminent, elles sont dites : obtuses, rétuses, tronquées, émarginées, mucronées, acuminées, aiguës, cuspidées, subulées, acérées, piquantes. — Relativement aux accidents de leur surface, elles sont dites : ondulées, crépues, crispées, pliées, carénées, sillonnées, convexes, concaves, rudes, rugueuses, bulleuses. — Relativement à la pubescence, aux glandes, aux sécrétions, etc., elles sont dites : lisses, glauques, glabres, glutineuses, visqueuses, farineuses, ponctuées, ponctuées-pellucides, glanduleuses, scabres, soyeuses, poilues, pubescentes, velues, laineuses, tomenteuses, hispides, papilleuses, muriquées, ciliées, chargées d'aiguillons, épineuses.—Selon leur consistance : charnues, membraneuses, coriaces, scarieuses, pétaloïdes, foliacées. — Selon leur direction : dressées, étalées, horizontales, apprimées, imbriquées, pendantes, réfléchies. — Selon leur situation sur la tige et leurs rapports entre elles, elles sont dites : éloignées, distantes, rapprochées, fasciculées, éparses, opposées, décussées, alternes, distiques, en spirale, verticillées, étoilées, ternées, quaternées, quinées, géminées, bigéminées, trigéminées, conjuguées, connées. — Selon le milieu où elles vivent : aériennes, hypogées, submergées, nageantes, émergées. — Selon leur mode de préfoliaison, elles sont dites : étalées, réclinées, condupliquées, pliées, convolutives, révolutives, involutives, roulées en crosse, embrassantes ou équitantes, semi-équitantes, apprimées et indupliquées. (Voir la signification de ces mots à leur place alphabétique.) — Dans la langue allemande, les feuilles squamiformes du rhizome sont désignées sous le nom de *niederblatt*; les feuilles situées à la partie inférieure de la tige aérienne et constituant la transition des écailles aux feuilles foliacées, *vorblatt*; les feuilles foliacées parfaites occupant la partie moyenne de l'axe ou même rapprochées de sa base si cet axe est condensé inférieurement, *laublatt*; les feuilles bractéales ou se rapprochant des bractées, *hochblatt*; enfin les bractées, *deckblatt*.

feuillé, *foliatus*; qui présente des feuilles.

Feuillet, *Lamella*. Chez les espèces du genre *Agaricus*, on donne le nom de feuillets aux lames qui sont disposées en rayonnant du sommet du pédicule à la circonférence du chapeau dont ils revêtent la face inférieure. Les spores sont situées sur des basides (supports) insérées sur les feuillets.

feuillu, *foliosus*, très feuillé; se dit d'une tige dont les feuilles sont nombreuses, amples et rapprochées.

Fibre, *Fibra*, = Clostre (Dutrochet). On donne le nom de fibres ou de clostres, à des organes élémentaires dont la forme est intermédiaire entre celle des cellules et celle des vaisseaux, et qui ont été désignés tantôt sous le nom de *cellules allongées*, tantôt sous le nom de *vaisseaux fibreux*. Les fibres peuvent en effet être considérées comme des cellules très allongées, ordinairement atténuées aux deux extrémités et appliquées les unes contre les autres assez étroitement pour ne laisser entre elles aucun intervalle analogue aux méats intercellulaires que l'on observe entre les cellules de forme plus ou moins globuleuse. Les parois des fibres s'épaississent comme celles des cellules par le dépôt de couches successives qui tapissent leur cavité et finissent par la réduire à un canal très étroit ; ces couches laissent néanmoins, comme chez les cellules, de petits espaces libres, où elles ne se déposent pas. Il en résulte des petits canaux perpendiculaires aux parois, terminés en cul-de-sac par la membrane primitive de la fibre, et communiquant avec la cavité centrale. Les extrémités de ces petits canaux constituent des ponctuations analogues à celles des cellules et des vaisseaux dits ponctués. Chez les végétaux de la classe des Conifères , les ponctuations des fibres sont entourées d'une aréole qui résulte d'une dépression des parois de la fibre au niveau de chaque ponctuation. Les fibres constituent chez les végétaux : les couches corticales désignées sous le nom de liber, les nervures des feuilles, et la plus grande partie du bois où elles sont associées aux vaisseaux. Le tissu qui résulte de la réunion des fibres a reçu le nom de *prosenchyme* ou de *tissu fibreux*. On désigne sous le nom de tissu *fibro-vasculaire* le tissu ligneux qui résulte de l'association des fibres et des vaisseaux.

†Fibre, = faisceau fibreux, = faisceau fibro-vasculaire. On désigne quelquefois sous le nom de fibre la réunion d'un certain nombre de fibres, ou de fibres et de vaisseaux, constituant un faisceau ou une petite colonne grêle. Ces faisceaux sont isolés dans les tiges des Monocotylédones ; ils constituent, par leur réunion , des cylindres concentriques dans les tiges des Dicotylédones. — Les faisceaux fibreux ou fibro-vasculaires , qui constituent les nervures des feuilles, persistent quelquefois sur les tiges après la destruction de la partie cellulaire des feuilles. Telle est l'origine des filaments desséchés , roides ou feutrés , que présente le collet chez certaines Ombellifères à souche vivace.

†Fibres radicales. On désigne sous ce nom les radicelles ou divisions les plus ténues des racines, et les racines adventives qui naissent sur les tiges souterraines ou rhizomes.

†Fibreux, *fibrosus*; qui est composé de tissu fibreux.

Fibrille, *Fibrilla*, = *Fimbrilla*. Petit faisceau fibreux isolé. — fibrilleux, qui présente des fibres isolées.

fibro-vasculaire (Faisceau, Tissu); qui est composé de fibres et de vaisseaux.

-fide, -*fidus* ; terminaison qui indique que l'organe qualifié est fendu. On est convenu d'appliquer cette terminaison aux adjectifs destinés à caractériser les feuilles divisées jusqu'à la nervure moyenne, mais dont les divisions ou segments qui résultent de cette découpure profonde ne sont pas articulés. La feuille est dite *palmatifide* quand toutes ses divisions partent du sommet du pétiole comme les branches d'un éventail ; elle est dite *pinnatifide* quand les divisions partent, à droite et à gauche, de toute la longueur de la nervure moyenne, et sont disposées comme les barbes d'une plume. *Bipinnatifide*, dont les divisions sont elles-mêmes pinnatifides ; *tripinnatifide*, se dit d'une feuille bipinnatifide à divisions de second ordre elles-mêmes pinnatifides. — Dans le style descriptif, on considère quelquefois comme un organe simple un organe qui résulte de la soudure de plusieurs organes entre eux ; si la soudure est incomplète, cet organe composé est quelquefois dit fendu : c'est dans ce sens que le style des plantes de la famille des Composés est dit bifide.

Fila adductoria, Prophyses ; Archégones stériles (voir le mot Archégone (inusité).

Fila succulenta, Paraphyses ; filets cloisonnés mêlés aux archégones chez les Mousses (inusité).

Filament, *Filamentum*. Nom vague donné à des organes de diverses natures ayant l'apparence d'un fil. — Filamenteux, *filamentosus*, qui est chargé de filaments.

Filet, *Filamentum*, = *Pediculus*. On désigne sous ce nom la partie de l'étamine qui supporte l'anthère. L'étamine chez laquelle le filet n'existe pas, et qui est réduite à l'anthère, est dite sessile. (Voir les mots Étamine et Anthère.)

filiforme, *filiformis* ; qui a la forme d'un fil.

filipendulus ; qui semble suspendu à un fil.

Fimbria, Frange ; — *fimbriatus*, frangé. Irrégulièrement lacinié à la circonférence.

Fimbrilla, = *Fibrilla*, Fibrille. — *fimbrillatus*, fibrilleux.

Filicinées. Nom donné à une classe de l'embranchement des végétaux *Acotylédones* (Cryptogames) de la division des *Acrogènes*. Cette division renferme les familles suivantes : Équisétacées, Fougères, Salviniacées, Marsiléacées, Isoétidées et Lycopodiacées. (Les Characées peuvent être *ad libitum* placées dans cette classe ou dans celle des Phycées.) Le plan de cet ouvrage ne me permet pas de décrire les caractères de ces groupes intéressants. Je dois seulement ici dire que, dans la *famille des Fougères*, les granules reproducteurs connus sous le nom de *Spores* sont renfermés en grand nombre dans chaque *Sporange*. Le spórange est membraneux, quelquefois atténué en *pédicelle* et entouré ordinairement d'un rebord articuleux désigné sous le nom d'*Anneau élastique*; les sporanges sont ordinairement disposés en groupes arrondis ou linéaires : ces groupes ont reçu le nom de *Sores*. Les sorès sont situés à la face inférieure des feuilles ou près de leur bord ; quelquefois ils sont disposés en épis ou en panicules et s'insèrent dans toute l'étendue de la partie supérieure de feuilles modifiées et contractées. Les sores sont quelquefois nus ; plus ordinairement ils sont en partie couverts par un prolongement de l'épiderme de la feuille, auquel on donne le nom d'*Indusium*.— On a longtemps regardé les spores des Fougères comme de véritables fructifications consistant en un embryon homogène. Des observations récentes ont démontré qu'une spore de Fougère est l'analogue d'une inflorescence rudimentaire qui se détache de la plante mère pour se développer et fructifier sur le sol. En effet, la spore en contact avec la terre humide, se développe en une petite fronde munie de radicelles et dont la face inférieure se couvre de vésicules transparentes remplies de petites cellules qui renferment chacune un fil roulé en spirale et muni de cils doués de mouvement; ce fil n'est autre chose qu'un *Spermatozoaire*. Les vésicules transparentes sont par conséquent des *Anthéridies*. (Ce fait si remarquable a été observé pour la première fois par M. Negeli. Depuis, un autre observateur, M. L. Suminski, a décrit et figuré des organes qu'il regarde comme des ovules et qu'il a observés dans le voisinage des anthéridies. M. G. Thuret a confirmé et complété les observations de M. Negeli relatives à l'anthéridie et aux spermatozoaïres ; il a , de plus, découvert chez les *Equisetum*, pendant la période de la germination, des anthéridies analogues à celles des Fougères.

fimetarius, se dit des végétaux qui croissent sur les fumiers.

Fissura, Fissure; fente étroite résultant d'une déchirure ou de l'écartement de deux bords.

fissus, fendu. Dans les mots composés, *fidus*. (Voir ce mot.)

fistuleux , *fistulosus* ; se dit d'un organe cylindrique (d'une tige par exemple) creux à l'intérieur. Les entrenœuds de la tige, chez la plupart des Graminées, sont fistuleux ; les tiges de plusieurs Ombellifères sont également fistuleuses. La cavité interne de la tige résulte chez ces plantes de la déchirure de la moelle par suite de l'accroissement rapide du diamètre de la tige.

fixus , fixé ; — *basifixus*, fixé par la base.

flabellatus, disposé en éventail ; — *flabelliformis*, en forme d'éventail : dont les parties partant d'un même point divergent sur un seul plan.

flaccidus, flasque , flétri , fané.

Flagellum , Coulant ; stolon filiforme annuel.

flammeus, couleur de feu ; ex. : la corolle de l'*Adonis flammea*.

Flavedo, couleur jaune ; — *flavescens* , *flavidus* : d'un jaune pâle ; tirant sur le jaune ; — *flavo-virens*, d'un jaune verdâtre ; — *flavus*, d'un jaune blanchâtre.

fléchi , *flexus* ; qui est courbé mais accidentellement, par ex. sous le poids de la partie terminale, et est susceptible de reprendre naturellement la direction droite.

Fleur, *Flos*. Dans le langage botanique, on donne le nom de *Fleur* à l'ensemble des organes de la fécondation chez les Phanérogames (*Étamines* et *Ovaire* ou *Pistils*) groupés à l'extrémité d'un même axe nommé *Pédicelle* (quand cet axe est très court la fleur est dite sessile) ; on donne même le nom de fleur à un seul de ces organes (étamine ou ovaire) chez les végétaux où ils se trouvent isolés, qu'ils soient ou non entourés d'*enveloppes florales* (*Corolle* et *Calice*, organes désignés dans certains cas sous le nom général de *périanthe*). — Par extension, on donne le nom de *Fleurs stériles* à celles qui sont réduites aux enveloppes florales (soit en raison d'avortements naturels, comme cela a lieu chez certaines plantes à inflorescence dite *polygame*, soit en raison de la transformation des organes de la fécondation en enveloppes florales, transformation souvent provoquée par la culture, comme cela a lieu chez la plupart des plantes dites à fleurs doubles cultivées dans les jardins). — Chez certaines familles cryptogames, les Mousses par exemple, on désigne quelquefois sous le nom de *fleur* le premier état des organes de la fructification (voir les mots *Archégone* et *Anthéridie*. — Chez les plantes phanérogames, la fleur *complète* se compose de plusieurs verticilles ou cercles de feuilles modifiées. Les feuilles dont ces verticilles concentriques et successifs se composent sont ord. disposées dans un ordre alterne ou quinconcial. En procédant de la base au sommet, ou de l'extérieur à l'intérieur de la fleur, les verticilles successifs qui se présentent constituent : 1° le *Calice*; 2° la *Corolle*; 3° l'*Androcée* (les étamines); 4° le *Gynécée* (l'ovaire ou pistil). Le calice ne se compose jamais que du verticille extérieur; mais chacun des systèmes d'organes suivants (corolle, androcée et gynécée) est susceptible de se composer de plusieurs verticilles successifs ou d'une spirale indéfinie. — Les feuilles dont se compose le calice se nomment *Sépales*; les feuilles dont se compose la corolle se nomment *Pétales*; les feuilles très modifiées dont se compose l'androcée se nomment *Étamines*; les feuilles très modifiées dont se compose le gynécée se nomment *Feuilles carpellaires* ou *Carpelles*. — Les sépales sont fréquemment de couleur verte et se rapprochent plus ou moins de la forme des feuilles supérieures de la tige. Les pétales sont de couleurs variées et d'une texture plus délicate que les sépales; ils sont encore plus éloignés de la forme des feuilles que les sépales. Les étamines ne rappellent plus la forme des feuilles, mais les transitions fréquentes qui existent soit dans des cas normaux, soit dans des cas anormaux, entre la forme des étamines et la forme des pétales, et, d'une autre part, leur disposition analogue à celle des pétales et des sépales, indiquent suffisamment que ces organes sont des feuilles modifiées. L'étamine se compose d'un support analogue au pétiole de la feuille, et qui a reçu le nom de *Filet*, et d'une partie analogue au limbe de la feuille, et qui a reçu le nom d'*Anthère*. L'anthère est divisée longitudinalement en deux lobes analogues aux deux moitiés latérales du limbe. C'est dans la cavité de ces deux lobes (les *Loges*) qu'est contenue la substance granuleuse qui est désignée sous le nom de *Pollen*. Les feuilles carpellaires ou carpelles sont des feuilles qui renferment isolément, ou dans une cavité qui résulte de leur réunion, de petits organes nommés *Ovules* qui ne sont autre chose que le premier état des graines; chacune des feuilles carpellaires s'atténue au sommet en une partie étroite qui a reçu le nom de *Style* et se termine en un corps glanduleux nommé *Stigmate* (le style peut être très court ou nul ; dans ce cas, le stigmate est dit sessile). — Les pièces qui constituent chacun des verticilles de la fleur peuvent être libres entre elles ou soudées par leurs bords. Le calice à sépales libres entre eux est dit *dialysépale* (polysépale). Lorsque les sépales sont soudés entre eux par leurs bords, au moins dans leur partie inférieure, en un ensemble tubuleux, le calice est dit *gamosépale* (monosépale). D'après la même nomenclature, la corolle à pétales libres est dite *dialypétale* (polypétale), et la corolle à pétales soudés entre eux par leurs bords, au moins dans leur partie inférieure, est dite *gamopétale* (monopétale. L'androcée à étamines libres pourrait être dit *dialystaminé*. L'androcée à étamines soudées en un cercle complet dans l'étendue du filet est dit *monadelphe;* si les étamines, au lieu d'être soudées en un cercle complet, sont soudées en plusieurs faisceaux, l'androcée est dit *polyadelphe*. Dans d'autres cas, les filets restant libres, les étamines peuvent être soudées en cercle par les anthères (chez la famille des Composées), l'androcée qui présente ce caractère est dit *synanthéré*. Le gynécée à carpelles libres pourrait être dit *dialycarpellé;* il est constitué : par un seul carpelle (exemple : famille des Papilionacées), par un verticille complet (exemple : genres *Helleborus*, *Caltha*, *Aquilegia*, etc.), ou par une spirale indéfinie (exemple : genres *Myosurus*, *Adonis*, *Anemone*, *Fragaria*, etc.). Le gynécée, composé d'un verticille de carpelles soudés entre eux, est désigné, si chaque feuille carpellaire est fermée pour son propre compte (comme chez les carpelles libres), sous le nom d'*Ovaire pluriloculaire* ou *multiloculaire* ; dans ce cas les carpelles sont adossés et soudés par leurs faces latérales (cet adossement de deux parois a reçu le nom de *Cloison*), et la cavité de chaque carpelle est désignée sous le nom de *Loge*. Si les feuilles carpellaires sont ouvertes et soudées entre elles par leurs bords, le gynécée est nommé *Ovaire composé uniloculaire*. — Non seulement les pièces qui constituent un même verticille peuvent être soudées entre elles bord à bord, mais on admet aussi que les divers verticilles peuvent être soudés entre eux face à face. Lorsque ces soudures n'ont pas lieu, on dit que les insertions sont immédiates, et on les désigne sous le nom d'*Insertions hypogynes*. Lorsque ces soudures ont lieu, on dit que les insertions des organes (pétales et étamines) insérés au-dessus du niveau de la base du calice et de l'ovaire ont une insertion médiate. Si alors l'ovaire n'est pas compris dans la soudure, l'insertion est dite *périgyne*, et si l'ovaire est compris dans la soudure, l'insertion est dite *épigyne*. (J'ai exposé à l'article Calice comment j'ai été conduit à considérer le tube de la fleur dans les cas d'insertion périgyne et épigyne, non comme le résultat de l'accolement des verticilles, mais comme le résultat des décurrences des pièces qui les composent et qui constituent un véritable axe tubuleux, et comment, par conséquent, les insertions, dans ces différents cas, ne sont pas seulement apparentes, mais réelles, puisqu'elles ont lieu sur un organe qui est une véritable dépendance du système axile. — Les fleurs sont dites *régulières* lorsque toutes les feuilles de chaque verticille sont semblables par leur forme et leur dimension et ont une direction relative semblable (par ex. : chez les genres *Rosa, Ranunculus, Tulipa*, etc.); elles sont dites *irrégulières* si toutes les pièces appartenant à un même verticille ne sont pas de la même forme et de la même dimension, ou si une ou plusieurs pièces d'un même verticille ont une direction dissemblable relativement à l'axe de la fleur (par ex. : chez les genres *Viola, Genista, Linaria, Salvia*, etc.). Les fleurs, même les plus irrégulières, sont toujours symétriques, c'est-à-dire qu'elles sont susceptibles d'être partagées en deux moitiés semblables, que les pièces des verticilles soient en nombre impair, ce qui est le cas le plus fréquent, ou que les verticilles se composent de pièces en nombre pair.—Les fleurs sont dites *incomplètes*, lorsqu'elles manquent d'un ou de plusieurs des quatre systèmes d'organes qui constituent une fleur complète (le calice, la corolle, l'androcée et le gynécée). Lorsque les enveloppes florales (le calice et la corolle) sont réduites à un seul verticille, c'est le verticille le plus extérieur (le calice) qui persiste et la corolle qui disparaît. Les plantes dont la fleur présente cette structure constituent dans l'embranchement des Dicotylédones le groupe des *apétales* ; lorsque le calice et la corolle n'existent ni l'un ni l'autre, la fleur, réduite aux organes sexuels, est dite fleur *nue*. — Les fleurs complètes sont *hermaphrodites*, c'est-à-dire qu'elles renferment en même temps un androcée (étamines) et un gynécée (ovaire).—Les étamines et l'ovaire étant indispensables à la reproduction de l'espèce, ces organes ne manquent jamais complétement, mais ils ne sont pas toujours réunis dans la même fleur. Les fleurs incomplètes, qui ne renferment qu'un seul de ces deux systèmes d'organes, sont dites *fleurs unisexuelles :* celles qui renferment l'androcée sont dites *fleurs mâles*, et celles qui renferment le gynécée sont dites *fleurs femelles*.—Les fleurs mâles et les fleurs femelles peuvent se développer isolément chez deux individus différents : dans ce cas la plante est dite *dioïque*. Elles peuvent se développer chez un même individu : dans ce cas la plante est dite *monoïque*. Si, chez les plantes monoïques, les fleurs mâles et les fleurs femelles sont groupées sur les mêmes pédoncules, l'inflorescence est dite *androgyne*. Enfin, si un même individu porte des fleurs hermaphrodites, des fleurs mâles, et des fleurs femelles, la plante ou l'inflorescence est dite *polygame*. — On désigne sous le nom d'*inflorescence* (voir ce mot) l'arrangement ou disposition des fleurs sur la tige ou les rameaux ; certaines inflorescences (les inflorescences en capitule chez la famille des Composées par exemple) présentent une telle régularité, qu'un groupe de fleurs prend l'aspect d'une seule fleur. On observe, du reste, de véritables transitions entre les fleurs et les inflorescences.

Fleuraison, == Floraison, *Floratio, Florescentia, Anthesis.* Période pendant laquelle les fleurs sont épanouies. — Épanouissement de la fleur.

¶ Fleuron, *Flosculus*. Nom donné aux fleurs gamopétales qui constituent par leur ensemble l'inflorescence désignée sous le nom de *Capitule* ou *Anthode* (famille des Composées). Les fleurs tubuleuses sont, dans ce cas, désignées spécialement sous le nom de *Fleurons*, et les fleurs dont le tube est fendu latéralement et le limbe étalé en languette sont désignées sous le nom de *demi-fleurons*, et mieux *fleurons ligulés*. Le limbe de la corolle des fleurons ligulés est désigné sous le nom de *Ligule*. (Voir les mots Fleur, Inflorescence, Ligule.)

ſ *flexilis*, flexible ; qui est susceptible d'être plié sans être rompu.

ſ flexueux, *flexuosus* ; se dit d'un organe qui présente des courbures alternatives dans des sens opposés.

ſ *floccosus*, floconneux ; qui présente des flocons de poils.— *Floccus*, poils ou filaments pelotonnés ou ramassés en flocon.

¶ Floraison, *Floratio*, *Florescentia*, *Anthesis*. (Voir le mot Fleuraison.)

ſ floral, *floralis* ; qui est relatif à la fleur. On nomme feuilles florales les feuilles qui avoisinent les fleurs, et les bractées foliacées qui ont la forme ou la dimension des feuilles caulinaires.

¶ Flore, *Flora*. On désigne par ce mot l'ensemble des espèces végétales d'une contrée. — Ouvrage dans lequel sont décrites et classées les espèces végétales d'une contrée.

ſ florifère, *florifer*, *floriferus* ; qui porte des fleurs, qui se termine par une fleur ou par des fleurs : *gemmæ floriferæ*, bourgeons à fleurs.

ſ *florus*, remplace *flos* (fleur) dans les mots composés ; exemple : *multiflorus* (multiflore), qui porte un grand nombre de fleurs ; *pauciflorus* (pauciflore), qui porte un petit nombre de fleurs.

¶ *Flos*, Fleur. Dans les mots composés grecs, *anthos*. (Voir le mot Fleur.)

ſ flosculeux, *flosculosus* ; se dit d'un capitule dont les fleurons sont tubuleux et à cinq lobes égaux.

¶ *Flosculus*, Fleuron. (Voir ce mot et le mot Composées... fleurs.)

ſ flottant, *fluitans*. Se dit des plantes qui vivent dans les eaux courantes et se soutiennent entre deux eaux (les fleurs étant seules émergées), couchées dans la direction du courant : tel est le *Ranunculus fluitans*. — Se dit aussi des plantes aquatiques dont la racine n'est pas fixée à la terre et plonge seulement dans l'eau, de telle-sorte qu'elles puissent voguer ou flotter librement au gré des vents : telles sont les espèces du genre *Lemna*. Ces plantes habitent les eaux dormantes. (Voir le mot : aquatique.)

fluvial, *fluvialis*, = fluviatile, *fluviatilis*. Se dit des plantes qui habitent le bord des rivières ou des ruisseaux, ou qui habitent dans les eaux courantes même.

fœdatus, sali, gâté, souillé. Se dit d'un organe dont la couleur semble tachée par une autre couleur superposée.

fœmineus, femelle (Fleur). Fleur pourvue d'un ovaire et dépourvue d'étamines. (Voir le mot Fleur.)

fœtidus, = *fetidus*, dont l'odeur est fétide.

foliacé, *foliaceus*, qui a la couleur et la consistance des feuilles.

foliaris, qui appartient à la feuille. Les vrilles foliaires sont celles qui terminent les feuilles, dans le genre *Lathyrus* par exemple.

Foliatio, Feuillaison. Phénomène du développement des feuilles.

foliatus, feuillé, qui est muni de feuilles. Une tige composée d'un seul entrenœud très allongé entre la souche et les fleurs ne saurait être feuillée; ces tiges ou pédoncules radicaux *nus* ont été dits : *hampes* chez les Monocotylédones, *scapes* chez les Dicotylédones. — On nomme *tiges feuillées* celles qui ne portent que des feuilles, par opposition à l'expression tige florifère.

foliiformis, qui a la forme d'une feuille, bien que n'étant point de la nature des feuilles, par exemple les rameaux aplatis du *Ruscus aculeatus*.

Foliole, *Foliolum*, petite feuille. On donne ce nom aux divisions articulées des feuilles composées. Les folioles ont la forme de petites feuilles ; elles sont insérées sur la nervure moyenne (rachis) de la feuille composée, ou sur des divisions de cette nervure. (Voir le mot Feuille.) — On désigne aussi sous le nom de foliole les bractées dont se compose l'involucre du capitule dans la famille des Composées. — foliolé, *foliolatus*, qui se compose de folioles, qui présente des folioles.

foliosus, feuillu. Se dit d'une tige chargée de feuilles amples et rapprochées.

Folium, Feuille. (Voir ce mot.)

Follicule, *Folliculus*. On désigne sous ce nom les fruits constitués par un seul carpelle libre, polysperme, et de consistance membraneuse. Le follicule diffère de la gousse ou légume par sa déhiscence qui a lieu seulement par la suture ventrale, tandis que chez la gousse la déhiscence a lieu à la fois par la suture ventrale et par la suture dorsale (nervure dorsale). La gousse (fruit du groupe des Légumineuses) constitue à elle seule tout le fruit; les follicules sont disposés, en général, en un verticille dont l'ensemble donne lieu à un fruit composé (par exemple dans les genres *Eranthis*, *Helleborus*, *Caltha*, *Aquilegia*, etc.).

fontinalis, qui se plaît dans le voisinage des sources.

Foramen, très petit trou, pore, pertuis. — *foraminulosus*, criblé de pores. — *foratus*, perforé.

Formes, sous-variétés. On donne le nom de formes à des sous-variétés qui résultent en général de l'influence exercée par le lieu plus ou moins sec ou humide, plus ou moins ombragé ou aéré, etc., dans lequel une plante s'est développée. C'est ainsi que, dans un lieu humide, une plante des lieux secs devient de plus grande taille, présente des feuilles plus amples et produit un moins grand nombre de fleurs.

forme, *-formis*. Terminaison qui signifie : en forme de ; exemple : *Squamiforme*, en forme d'écaille.

fornicatus, voûté, en forme de voûte ; par exemple le pétale supérieur de la fleur des *Aconitum*. — *Fornix*, voûte. On a désigné sous le nom de *fornices* les écailles courbées en voûte qui ferment la gorge de certaines corolles tubuleuses.

fougères, *Filices*. (Voir le mot Filicinées.)

fourchu, *furcatus*; dans les mots composés : ... furqué, qui se termine par une fourche, c'est-à-dire par deux branches ou furcations s'écartant à angle aigu. bifurqué, *bifurcatus*, s'emploie dans le même sens, et signifie : qui se termine par deux branches ; trifurqué : qui se termine par trois branches.

Fovea, Fossette ; — *foveatus*, creusé de fossettes ; — *foveolatus*, creusé de très petites fossettes; comme celles qui seraient faites sur de la cire avec la tête d'une épingle.

Fovilla, Fovilla. On donne ce nom à la substance demi-liquide, demi-granuleuse, qui est contenue dans le grain de pollen et qui descend jusqu'à l'ovule au moyen de processus ou boyaux polliniques émis par le grain de pollen déposé sur le stigmate. . (Voir les mots Pollen, Ovule, Fécondation.)

fragile, *fragilis* ; qui se brise facilement.

fragrans, qui exhale une odeur pénétrante. S'emploie surtout pour désigner les odeurs suaves : celles du Lis, du Jasmin, de la Tubéreuse, du *Tussilago fragrans*, etc.

Frange, *Fimbria* ; — frangé, *fimbriatus* ; déchiqueté sur les bords.

friable, *friabilis* ; qui se résout en poussière quand on l'écrase.

frigidus ; qui croît dans des stations froides.

Fronde, *Frons*. On désigne sous ce nom les feuilles des Fougères. Ces feuilles portent les fructifications à leur face inférieure. Les frondes jeunes sont roulées en crosse. On a aussi désigné sous le nom de frondes les tallus foliacés de certains Lichens et de certaines Hépatiques.

frondosus. Se dit de plantes cryptogames (les Lichens par ex.) qui présentent des expansions foliacées.

fructifère, *fructifer*. Qui porte un fruit ou des fruits. Le calice persistant ou accrescent est dit calice fructifère à la maturité du fruit. Tige fructifère s'oppose à tige stérile et à tige florifère.

Fructification, *Fructificatio*. Phénomène du développement des fruits.

Fructifications. On désigne sous ce nom les fruits et les inflorescences des végétaux cryptogames.

Fruit, *Fructus*. Dans le langage botanique on donne le nom de fruit à l'ovaire fécondé lorsqu'il a atteint sa maturité, c'est-à-dire lorsque, par suite des progrès de la végétation, l'ovule ou les ovules qu'il renferme (pendant la période de la fleuraison) sont passés à l'état de graines mûres susceptibles de germer et de reproduire la plante. — Le fruit mûr se compose d'un ou de plusieurs carpelles libres ou soudés entre eux, non renfermés dans un tube, ou renfermés dans un tube aux parois duquel ils sont ou non adhérents. Un carpelle se compose d'une feuille carpellaire renfermant un ou plusieurs ovules; la feuille carpellaire, à la maturité du fruit, reçoit le nom de *péricarpe*; sa couche extérieure est dite *épicarpe*, sa couche moyenne *mésocarpe* (*sarcocarpe* quand elle est charnue), et sa couche interne *endocarpe* (cet endocarpe est cartilagineux chez la pomme et ligneux chez la cerise). L'ovule prend, à la maturité, le nom de *graine*. La graine est fixée au moyen de son *funicule* sur le *placenta* qui est pariétal, axile ou central libre. (Les articles Carpelle, Déhiscence et Ovule, qui sont traités longuement dans cet ouvrage, et auxquels nous renvoyons, nous dispensent de donner à l'article Fruit toute l'extension dont il serait susceptible s'il était traité isolément.) — Malgré l'impossibilité réelle de faire rentrer dans un cadre régulier toutes les nuances de structure et de forme que présentent les fruits, et de signaler dans une classification méthodique présentée sommairement les exceptions nombreuses qui peuvent échapper à la règle, je vais exposer une classification qui me semble propre à faire pénétrer dans la connaissance de la structure exacte des fruits et à les grouper naturellement. — Je divise les fruits en *monocarpellés* (constitués par un seul carpelle) et *polycarpellés* (composés de deux ou plusieurs carpelles). — Je divise les monocarpellés en *achlamydés* (non renfermés dans un tube), par exemple le fruit des Papilionacées (gousse, légume), et le fruit des Amygdalées (drupes); et en *chlamydés* (renfermés dans un tube provenant, selon moi, d'une dépression de l'axe; suivant l'opinion antérieure, de la partie tubuleuse du calice), et je subdivise les chlamydés en *libres* (par exemple les fruits de l'*Alchemilla* et de l'*Agrimonia* var. à fruits monocarpellés), et en adhérents (par exemple le fruit de l'*Hippuris vulgaris*). — Les fruits polycarpellés présentent, en raison du nombre, de la disposition et de la liberté ou de la soudure de leurs carpelles entre eux, des combinaisons bien plus nombreuses. Je les divise en *cyclocarpes* (carpelles rangés en cercle ou verticille), et en *spirocarpes* (carpelles rangés en une spirale indéfinie). — La division des spirocarpes se subdivise en *achlamydés* (non renfermés dans un tube), par exemple : le fruit des genres *Anémone, Myosurus, Fragaria, Alisma*, etc., et en *chlamydés* (renfermés dans un tube), par exemple, le fruit chez le genre *Rosa*. En général, les fruits de la division des spirocarpes ne sont ni soudés entre eux, ni (dans la section des chlamydés) soudés au tube qui les renferme. — La division des cyclocarpes est celle qui renferme le plus grand nombre de fruits et, par conséquent, qui nécessite le plus grand nombre de sections. Cette division se partage, comme la précédente, en *achlamydés* et en *chlamydés*. Je divise les *cyclocarpes achlamydés* en deux sections : les *dialycarpelles* (à carpelles libres entre eux) et les *gamocarpelles* (à carpelles soudés entre eux. Je citerai comme exemple de fruits *cyclocarpes achlamydés dialycarpelles* à carpelles *monospermes* (à une seule graine) le fruit chez le genre *Geranium*, chez les Labiées et les Borraginées ; et comme exemple de fruits à carpelles *polyspermes* (à plusieurs graines) dans la même section, les genres *Caltha* et *Aquilegia*. — Les fruits *cyclocarpes achlamydés gamocarpelles* présentent les formes les plus variées. Ces fruits peuvent être *monospermes*, que les carpelles dont ils se composent soient, dans l'origine, à un seul ovule ou à plusieurs ovules, tous les ovules ayant avorté moins un ; le nombre originaire des carpelles qui constituent ces fruits monospermes se reconnaît soit au nombre des loges qui persistent vides chez le fruit (par exemple chez les *Valerianella*), ou qui disparaissent chez le fruit, mais qui sont manifestes quand le fruit est à l'état d'ovaire (par ex. chez les Cupulifères). Dans certains cas (par ex. chez les Polygonées, les Cypéracées et les Graminées), le nombre des carpelles n'est indiqué, même chez l'ovaire, que par le nombre des stigmates. Dans le plus grand nombre des cas, les fruits cyclocarpes achlamydés gamocarpelles sont à plusieurs graines, que les carpelles qui les constituent soient monospermes ou qu'ils soient polyspermes. Ce serait ici le lieu de parler de la *placentation* et de la *déhiscence*, si je n'avais traité ces questions aux articles spéciaux qui leur sont consacrés, ainsi qu'à l'article Carpelle. Je rappellerai seulement que les fruits composés de carpelles groupés en cercle et soudés entre eux peuvent être constitués par des carpelles fermés et accolés par leurs faces latérales, et que, dans ce cas, la coupe transversale du fruit présente des cavités correspondantes à chaque carpelle et que l'on nomme *loges*, et des *cloisons* qui sont le résultat de l'adossement des parois des carpelles ; et que les lignes placentaires occupant généralement alors la suture ventrale des carpelles, ces lignes se trouvent groupées au centre du fruit en une colonne autour de laquelle sont situées les loges ; on dit dans ce cas que les graines sont insérées à l'angle interne des loges. Je citerai comme exemples, pour le cas où les loges sont monospermes, le genre *Euphorbia* et le genre *Polygala* ; et pour le cas fréquent où les loges sont poly-spermes : les familles des Linées, des Solanées, des Scrophula-rinées et des Colchicacées. Un autre mode d'agrégation des carpelles chez les fruits cyclocarpes achlamydés gamocarpelles consiste dans l'accolement bord à bord des feuilles carpellaires étalées ; il en résulte un ovaire composé uniloculaire. Chez ces fruits, les lignes placentaires occupent en général les su-tures intercarpellaires et la placentation est dite pariétale (ex. Violariées, Cistinées, Liliacées, etc.) ; dans des cas moins nom-breux, il existe une masse placentaire unique indépendante, du moins en apparence, des feuilles carpellaires et qui est dite placenta central (chez les Primulacées et les Lentibulariées). — je divise les fruits *cyclocarpes chlamydés* en *libres* et en *adhérents* ; je citerai comme exemple de cyclocarpes chlamydés à carpelles libres, le genre *Poterium*. Les cyclocarpes chla-mydés adhérents sont très nombreux (les fruits de la plupart des plantes à insertion dite épigyne rentrent dans cette section) ; au point de vue de la placentation et de la déhiscence, ils pré-sentent les mêmes modifications que les fruits cyclocarpes achlamydés ; je citerai : parmi les cyclocarpes chlamydés mo-nospermes, le fruit chez la famille des Composées ; parmi les cyclocarpes chlamydés à placentation axile, le fruit chez les familles des Ombellifères, des Rubiacées, des Pomacées, des Aurantiacées et des Myrtacées. Le fruit du Grenadier (*Pu-nica granatum*) appartient aussi à cette section, mais il pré-sente la remarquable particularité de deux verticilles de carpelles superposés : le verticille supérieur à placentation franchement axile, et le verticille inférieur à placentation semblant pariétale ; M. Le Maout regarde cette disposition du verticille inférieur comme apparente et non réelle ; il pense qu'elle est due à l'entraînement ou au soulèvement de la base des carpelles dont le sommet reste fixe, cet entraînement (qui produit un renversement de bas en haut et d'avant en arrière) étant le résultat de l'accroissement de la partie intérieure du péricarpe au point où les carpelles sont insérés. Parmi les fruits cyclocarpes chlamydés à placentation pariétale, je citerai : le fruit chez les Orchidées, les Amaryllidées, et les Iridées. — Dans la classification dont je viens d'exposer le tableau, je n'ai point fait entrer les considérations tirées de la consistance du fruit à la maturité, parce que les fruits, quelle que soit leur structure, peuvent offrir les consistances les plus opposées, c'est-à-dire la *consistance charnue ou pulpeuse*, ou la *consistance ligneuse ou scarieuse ;* ces différences doivent, dans chacune des divisions que j'ai établies, constituer des divisions secondaires. — M. A. de Jussieu désigne sous le nom d'*anthocarpés* les fruits environnés : par un calice libre accrescent (par exemple le fruit de la Belle-de-nuit, *Mirabilis Jalapa,* et celui du *Physalis Alkekengi* en le regardant comme composé de la baie et du calice vésiculeux), ou par un involucelle gamophille accrescent (chez les Dipsacées : les *Scabiosa* et les *Dipsacus* par exemple). — Les fruits dits *agrégés* sont à proprement parler des *inflorescences fructifères*, ils résultent du rapprochement de fruits disposés en spirale, et dont la réunion constitue un ensemble compacte d'une forme régulière se détachant en une seule pièce et ayant l'apparence d'un seul fruit ; tels sont, chez les Angiospermes, les fruits du Mûrier, de l'Ananas, du Houblon, du Bouleau et de l'Aulne ; et chez les Gymnospermes, les fruits des Pins et des Mélèzes (ces fruits ont reçu le nom de *cône* ou *strobyle* chez les Abiétinées et les Cycadées, et de *galbule* chez les Cupressinées). Lorsqu'ils sont disposés dans la cavité d'un axe renversé en lui-même (comme cela arrive chez le Figuier) ; ils ont reçu le nom de *sycône.* — Il nous reste à passer en revue les expressions généralement admises dans les ouvrages descriptifs pour désigner les différents genres de fruits appartenant à des groupes de plantes représentés par de nombreuses espèces; ces expressions indiquent la forme générale du fruit et sa consistance, mais groupent souvent des fruits sans analogie par leur structure. — L'*akène* ou *achaine*, est un fruit sec monosperme et indéhiscent, qu'il doive son origine à un seul carpelle comme ceux dont l'ensemble constitue le fruit composé chez les Renoncules, les Potentilles et les *Potamogeton*, qu'il soit le résultat de plusieurs carpelles soudés (comme chez les *Polygonum* et les *Cypéracées*), et que ces carpelles résultent d'un ovaire libre, ou d'un ovaire adhérent (comme dans la famille des Composées). — Chez les Graminées où la graine est intimement soudée au péricarpe, l'akène a reçu le nom de *caryopse*. — Les akènes dont le péricarpe est pincé en une aile circulaire ou latérale (chez l'Érable par ex.) sont désignés sous le nom de *samare*. — L'*utricule* est un akène à péricarpe membraneux. — La *drupe* est un akène dont la couche extérieure du péricarpe est charnue, et la couche intérieure ligneuse (tel est le fruit du Cerisier); le fruit de la Ronce et du Framboisier est constitué par une réunion de petites drupes. — Le *follicule* est un carpelle, sec, polysperme et déhiscent, qui ne s'ouvre que par sa suture ventrale; le fruit de l'Ancolie (*Aquilegia*) par ex., est composé d'un verticille de follicules. — La *gousse* ou le *légume* est un carpelle sec et polysperme qui s'ouvre par la suture ventrale et se fend en même temps par la nervure dorsale (tel est le fruit chez les Papilionacées). On donne l'épithète de *lomentacées* aux gousses ou légumes qui se partagent à la maturité en articles transversaux renfermant chacun une graine. — La *coque* diffère de la gousse parce qu'elle est oligosperme (c'est-à-dire renferme un petit nombre de graines).— Les différents fruits monocarpellés que nous venons d'énumérer sont susceptibles d'exister isolément ou d'être groupés, soit en cercle, soit en spirale, de manière à constituer des fruits composés à carpelles libres: c'est ainsi que chez le *Myosurus* les akènes sont disposés sur un axe allongé en une spirale indéfinie. — La *baie* est un fruit mou et succulent composé de plusieurs carpelles soudés; elle provient soit d'un ovaire libre (comme chez la Vigne), soit d'un ovaire adhérent (comme chez le Groseillier), elle peut offrir diverses placentations.—La *nuculaine* résulte de plusieurs drupes soudées appartenant à un ovaire adhérent. — La *pomme* est une baie provenant d'un ovaire adhérent et dont la chair est ferme.—L'*hespéridie* (fruit de l'Oranger) est une baie libre dont les loges sont remplies de filaments vésiculeux gorgés de suc à la maturité, —La *péponide* (fruit des Cucurbitacées) est une baie volumineuse (provenant d'un ovaire adhérent) offrant une cavité centrale et une placentation d'apparence pariétale. — La *balauste* est le fruit du Grenadier (nous en avons déjà parlé). — On désigne d'une manière générale tous les fruits mous et succulents sous le nom de *fruits bacciformes* (en forme de baie), et les fruits secs polycarpellés, polyspermes et déhiscents, sous le nom de *capsules* ou *fruits capsulaires*. Les capsules présentent les formes les plus variées, on les distingue selon leur mode de déhiscence, en capsules septicides, loculicides, septifrages et porricides. (Voir le mot Déhiscence.) On désigne sous le nom de *silique* (voir ce mot) la capsule des Crucifères; et l'on donne le nom de *pyxide* aux fruits qui s'ouvrent circulairement en manière de boîte à savonnette (par ex. le fruit des *Anagallis*, des *Hyosciamus* et des *Utricularia*).

frutescent, *frutescens*; se dit d'une plante ligneuse, très rameuse dès la base. — Sous-frutescent *sous-frutescens*, se dit d'une plante dont la partie inférieure des tiges est ligneuse et résiste seule à la gelée, et dont les branches périssent tous les ans.

Frutex; Arbrisseau; arbre de petite dimension et rameux dès la base. — *Suffrutex*, Sous-arbrisseau; plante ligneuse de très petite dimension, et dont l'extrémité des tiges ne résiste pas à la gelée.

Fruticetum, Taillis; lieu planté d'arbrisseaux.

fruticulosus, frutiqueux; se dit d'une plante herbacée qui tend à devenir frutescente.— *Fruticulus* =*Suffrutex*, plante ligneuse de petite dimension.

fugace, *fugax*, *fugacissimus*, = *evanidus*; qui se détruit rapidement, et dont il reste à peine des traces.

Fulcra, pluriel de *fulcrum*, Crampons. Linné désignait sous le nom de *fulcra* non seulement les racines nommées crampons, mais les vrilles, et d'autres organes de natures très diverses.

Fulcracé, *fulcraceus* (Bourgeon); on a donné cette épithète aux bourgeons dont les écailles sont formées par des stipules pétiolaires, le limbe des feuilles étant avorté.

fuligineus, couleur de suie.

fumosus, couleur de fumée, noirâtre.

fulvus, de couleur fauve, d'un brun rougeâtre.

fungiformis, fongiforme; qui ressemble à un Champignon.

funiculaire, *funicularis*; qui appartient au funicule.

funiculatus, se dit d'une graine munie d'un long funicule.

Funicule, *Funiculus*, *Funiculus umbilicalis* = Podosperme, Cordon ombilical. On désigne sous le nom de funicule le support de l'*Ovule*. Le funicule est en quelque sorte une atténuation en forme de pédicelle de la base de l'ovule; la décurrence des funicules constitue le cordon placentaire; on donne le nom de *Placenta* à la réunion des *Cordons placentaires*. Le point d'attache du funicule à l'ovule est désigné sous le nom de *Hile*, c'est à ce point que la graine se sépare du funicule à la maturité. Chez les ovules dits réfléchis, on admet que l'ovule se soude avec le funicule sur lequel il est réfléchi comme la lame d'un couteau sur le manche, on donne chez ces ovules le nom de *raphé* à la partie du funicule ainsi soudée avec l'ovule. On nomme *hile apparent* le point où commence cette soudure, et l'on nomme *hile interne* ou *chalaze* le point auquel le raphé se termine, ce point étant considéré comme la base organique de l'ovule. Je n'admets point que les choses se passent ainsi, et je me crois fondé à regarder le raphé comme résultant d'un développement extrême de l'ovule au niveau du hile et selon une seule des faces de l'ovule, tandis que l'autre face ne participe qu'à peine au développement. (Voir les mots Chalaze et Ovule.)

funiformis, en forme de corde; se dit d'un corps en forme de cordon tordu.

furcatus, fourchu, bifurqué, qui se termine par deux branches.

fuscus, d'un brun verdâtre.

fusiforme, *fusiformis*; en forme de fuseau. Se dit d'un corps

étroit, renflé vers le milieu de sa longueur et atténué par les
deux bouts; certaines racines ou fibres radicales présentent
cette forme, il ne faut pas confondre le sens de fusiforme avec
le sens de *dauciforme*, épithète qui doit être appliquée aux
racines pivotantes (analogues à celle de la Carotte, *Daucus*) qui
sont plus ou moins larges à leur naissance et vont en s'atténuant de ce point vers l'extrémité inférieure qui se termine en
pointe grêle.

G

Gaîne, *Vagina*. On donne le nom de gaîne à la partie pétiolaire
des feuilles lorsque cette partie est élargie en une membrane
qui embrasse complétement la tige. Si les deux bords de la
gaîne ne sont point soudés entre eux (ainsi que cela a lieu chez
les Graminées par ex.), la gaîne est dite *fendue*; si les bords
de la gaîne sont soudés (comme cela a lieu chez les Cypéracées)
la gaîne est dite *entière*. Les feuilles dont le pétiole est élargi
en gaîne sont dites engaînantes ou mieux à pétiole engaînant.
Dans la famille des Polygonées, le pétiole ne constitue une
gaîne que dans sa partie inférieure, il est étroit dans le reste
de son étendue; la gaîne à laquelle il donne lieu a été désignée
(Willd.) sous le nom d'*ochrea* (littéralement : guêtre).

gala, dans les mots composés tirés du grec signifie : lait; — *galactites* d'un blanc de lait; s'exprime en latin par *lacteus.*

Galbule, *Galbulus*, (Gaertn.) nom donné au fruit agrégé dans la
famille des Cupressinées; par ex. le fruit du Cyprès, du Thuya,
du Genévrier. (Voir le mot Cône.)

Galea, Casque; on a donné ce nom à diverses parties (de certaines
fleurs) qui ressemblent à un casque, soit par leur forme, soit
en raison de leur disposition. Le pétale supérieur des Aconits
est concave et *courbé en forme de casque*; dans un grand nombre d'*Orchis* les divisions du périanthe (à l'exception d'une, le
labelle) sont *conniventes en casque* : cette disposition est remarquable chez les *Orchis fusca, galeata*, etc.

galeatus, qui a la forme d'un casque.

gamopétale, *gamopetalus*, = monopétale; se dit d'une corolle dont les pétales sont soudés entre eux par leurs bords, au moins dans leur partie inférieure (voir le mot Corolle). — Gamopétales, plantes de l'embranchement des Dycotylédones, à corolle gamopétale.

gamos, dans les mots composés dérivés du grec signifie : Soudé avec; en latin *adhærens*.

gamosépale, *gamosepalus*, = monosépale; se dit d'un calice dont les sépales sont soudés entre eux par leurs bords, au moins dans leur partie inférieure (Voir le mot Calice).

Gaz, substances gazeuses ou aériformes; on en rencontre surtout dans les intervalles intercellulaires connus sous le nom de *lacunes*.

Géantisme; on a désigné sous ce nom une anomalie par augmentation de taille dans des proportions considérables; mais on a à tort considéré comme appartenant à une anomalie de ce genre la taille de certains arbres qui acquièrent naturellement avec l'âge d'énormes proportions.

gélatineux, *gelatinosus*, qui a la consistance de la gélatine unie à l'eau, c'est-à-dire, à l'état de gelée. Certains végétaux cryptogames cellulaires présentent cette consistance : les Tremelles, les Nostocs, etc.

géminé, *geminatus*, = *geminus*, *gemellus*. Se dit d'objets rapprochés deux par deux. — *geminiflorus*, qui porte deux fleurs géminées.

Gemma, Bourgeon. — *gemmæ foliiferæ*, bourgeons à feuilles; *g. fructiferæ*, bourgeons à fruits; *g. mixtæ*, bourgeons mixtes. (Voir le mot Bourgeon.)

Gemmatio, = *Gemmificatio*; développement des bourgeons chez un arbre.

gemmatus, qui présente des bourgeons. — *gemmiformis*, en forme de bourgeon. — *unigemmis*, à un seul bourgeon.

gemmifère, *gemmifer*; qui porte un ou plusieurs bourgeons.

gemmipare (reproduction); se dit du mode de reproduction par les bourgeons qui se détachent préalablement de la plantemère. S'oppose à *ovipare* (reproduction par les graines). La reproduction par bouture est dite *fissipare*.

Gemmule, *Gemmula* (Rich.), = Plumule, *Plumula* (Link); premier bourgeon qui termine la jeune tige ou tigelle lors de la germination de la graine. — On a (Link) donné le nom de Gemmules aux bourgeons dont les feuilles sont, non des écailles, mais de très petites feuilles bien conformées (inusité). — Enfin plusieurs botanistes allemands (Schleiden, Endlicher) désignent l'ovule sous le nom de *gemmula*. Le nom d'ovule, *Ovulum*, qui est antérieur et n'a qu'un seul sens, doit être préféré.

Genera plantarum, titre des ouvrages dans lesquels on trouve exposé dans un ordre méthodique les caractères des genres. Les *Genera* de Tournefort, de Linné, de A.-L. de Jussieu, et de S. Endlicher, font époque dans la science.

générique, *genericus*, qui appartient au genre : caractères génériques, noms génériques.

geniculatus, genouillé, coudé; c'est-à-dire plié et non courbé.

Geniculum, Genou ; ce mot a été employé comme synonyme de *nodus*, nœud.

Genitalia, organes de la reproduction, étamines et carpelles ou pistils.

Genou, *Geniculum*; pli anguleux chez un organe cylindrique : une tige, une arête, etc.

genouillé, *geniculatus*, = *genuflexus*; plié en faisant un angle. Se dit surtout des tiges couchées, redressées au niveau d'un nœud : par ex., celles de l'*Alopecurus geniculatus*.

Genre, *Genus*; groupe naturel d'espèces. Les familles sont subdivisées en genres; les genres se composent d'une réunion d'espèces rapprochées par des caractères communs et éloignées des autres genres par un ou plusieurs caractères différentiels.

Genuflexura, Articulation genouillée.

géométrique, *geometricus*; chez les fruits et les graines, le sommet géométrique (*apex geometricus*) doit être distingué du sommet organique. Si le fruit ou la graine sont droits, ces deux points n'en font qu'un; mais si le fruit ou la graine sont courbés, le sommet organique se trouve au-dessous du sommet géométrique.

Germe, *Germen*; on donne vulgairement le nom de germe à la partie de l'embryon située au-dessus de la naissance du ou des cotylédons, et qui, à l'époque de la germination, s'allonge pour constituer la jeune tige ou tigelle terminée par la gemmule ou premier bourgeon. — Linné désignait et Endlicher désigne aujourd'hui l'ovaire (*ovarium*) sous le nom de *germen*; le nom d'ovaire, qni ne prête pas à l'amphibologie et rappelle le nom des ovules qu'il renferme, doit être préféré. — Link a désigné sous le nom de *germen* les carpelles isolés réunis par un style composé ou indivis : par exemple, ceux des Labiées.— Le mot *germen* a été employé pour désigner l'embryon tout entier. — Quelques botanistes emploient le mot *germen* comme synonyme d'*Archegonium* (capsule des Mousses à l'époque de la floraison). — Enfin on désigne souvent sous le nom de germe l'état rudimentaire d'un organe quelconque.

Germination, *Germinatio*; première période de la végétation chez l'embryon d'une graine mûre. Un embryon ou plante rudimentaire constitue la partie essentielle de la graine ; l'usage des tuniques de la graine est de protéger l'embryon du contact des corps extérieurs et d'en empêcher le dessèchement et l'altération jusqu'à l'instant où la graine confiée à la terre soit dans des conditions telles que l'embryon puisse *germer*, c'est-à-dire végéter. L'embryon trouve alors dans la graine, si elle est munie d'un périsperme, le premier aliment qui convient à la délicatesse de son organisation. Dans le cas où le périsperme manque, l'embryon se trouve pourvu (en général dans l'épaisseur de ses premières feuilles dites cotylédons) d'un dépôt de substance nutritive qui, sous l'influence de la chaleur et de l'humidité, se transforme en une matière laiteuse assimilable qui ne diffère pas de celle que le périsperme fournit chez d'autres graines. Les enveloppes extérieures ou téguments de la graine ont donc, pour l'embryon chez les plantes, les usages protecteurs que la coquille de l'œuf a pour l'embryon des animaux ovipares, et le périsperme ou les cotylédons sont chargés du rôle nourricier qui appartient chez l'œuf au *vitellus*. Les parties qui constituent l'embryon, manifestes déjà avant la germination, deviennent de plus en plus distinctes par suite des progrès de la végétation. Chez un embryon en germination on distingue sans difficulté dans les Dicotylédones (à part quelques exceptions) un axe et deux feuilles opposées qui sont nommées *cotylédons*; l'axe se termine au-dessus du niveau de l'insertion des cotylédons par un bourgeon que l'on nomme *gemmule*, et se termine inférieurement par une pointe mousse celluleuse qui est l'extrémité de la *radicule*. Si l'on examine avec soin la manière dont s'opère l'allongement de l'axe, on verra qu'à un niveau situé à une certaine distance au-dessous de la base ou insertion des cotylédons, l'accroissement s'opère dans deux sens opposés et par des procédés différents. La partie située au-dessous de ce niveau s'accroît de haut en bas et par le développement d'un nouveau tissu à son extrémité seulement (à peu près, organisation à part, de la même manière que s'allongent les stalactites) : cette partie est la *racine* (que l'on nomme *radicule* lorsqu'elle commence à se développer). Au contraire, la partie de l'axe qui est située au-dessus de ce niveau, s'allonge non pas précisément de bas en haut, mais par tous les points à la fois de son étendue, de sorte que le résultat général est l'élongation d'une partie qui existait déjà tout entière ; cette élongation par tous les points simultanément est analogue à celle qui a lieu pour chaque membre d'un animal lorsqu'il passe de l'état jeune à l'état adulte ; cette partie qui s'allonge ainsi par tous ses points à la fois constitue la partie inférieure de la *tige* dont le bourgeon terminal s'allonge ord. indéfiniment par le même procédé. Si l'on veut acquérir la preuve de la marche différente de la tige et de la racine et du procédé d'élongation différent que la nature met en usage pour l'accroissement de ces deux parties, il suffit de faire des marques à des distances égales (avec une substance colorée) dans toute la longueur de l'axe, ou, si la jeune plante est assez robuste pour résister à ce traitement, de traverser l'axe à des distances égales avec plusieurs aiguilles très fines (je me suis servi plus avantageusement encore de petits fragments de crin), on verra bientôt que les marques faites sur la racine restent à la même distance, et que la racine s'allonge au delà, tandis que les marques faites sur la tige s'éloignent entre elles, ce qui prouve qu'à ce niveau l'axe s'allonge par tous les points à la fois. Je nomme le point qui sépare la racine (ou axe descendant) de la tige (ou axe ascendant) *mésophyte* ou *collet organique*. La partie de la tige qui s'étend entre l'insertion des cotylédons et le mésophyte n'est autre chose que le premier mérithalle de la tige ; ce premier mérithalle est analogue à celui qui s'étend de la base de la deuxième paire de feuilles à l'insertion des cotylédons : le premier mérithalle offre seulement cette particularité, que chez un certain nombre de plantes il se renfle et prend une consistance charnue ; le renflement se continue sur la racine elle-même, et au bout d'un certain temps il est quelquefois assez difficile de préciser la ligne de démarcation qui sépare l'axe ascendant de l'axe descendant, mais cette ligne peut toujours être précisée pendant la première période de la germination. Du reste, le premier mérithalle de la tige n'est pas le seul qui chez certaines plantes soit susceptible de devenir charnu, les renflements successifs charnus et bulbiformes de chaque entrenœud de la tige souterraine de l'*Arrhenatherum elatius*, des *Crocus* et des *Gladiolus*, etc., sont à mes yeux de la même nature que le renflement unique qui constitue la souche du *Cyclamen* par exemple : la seule différence est que le premier renflement produit persiste chez le *Cyclamen* et qu'il ne s'en développe ultérieurement pas d'autre, tandis que chez les *Gladiolus*, les *Crocus* et l'*Arrhenatherum*, il se produit une série indéfinie de mérithalles ou de portions de tiges renflées, et qu'au fur et à mesure du développement de ces nouveaux renflements les plus anciens se détruisent. — Chez les plantes monocotylédonées la germination ne diffère pas de celle des dicotylédonées au point de vue du mode d'élongation des parties, la différence consiste seulement en ce que l'embryon, au lieu de présenter deux feuilles cotylédonaires opposées, présente une seule feuille cotylédonaire (souvent peu différente par sa forme des feuilles suivantes, quelquefois aussi d'une forme très éloignée de la forme des autres feuilles) ; en outre la gemmule ou bourgeon terminal se développe en général plus tardivement chez les Monocotylédones que chez les Dicotylédones, et est même quelquefois à peine visible pendant la première période de la germination. Enfin chez les Monocotylédones bulbeuses, plantes chez lesquelles tous les entrenœuds de la tige non florifère sont très courts, la jeune plante est composée d'une rosette de feuilles charnues (écailles), ou à base charnue, insérées sur une tige conique dont la longueur est à peine appréciable.

Gibbosité, *Gibbositas*, Bosse. — *gibbus*, *gibbosus*; bossu, gibbeux.

gigantesque, *giganteus*; d'une taille extrêmement élevée, ou de dimension considérable comparativement aux individus de la même espèce; se dit aussi en parlant des dimensions d'un organe.

glabratus, glabrescent ; — *glabriusculus*, presque glabre.

glabre, *glaber*; se dit d'un organe (tige, feuille, etc.) complétement dépourvu de poils. — Glabrescent, *glabratus*, qui tend à être glabre, qui devient glabre par la chute ou la destruction des poils.

Glabrescence, *Glabrities*; état d'un organe dépourvu de poils.

Glabrisme; état d'une plante pubescente à l'état normal, lorsque par suite de circonstances accidentelles provoquées ou non par la culture elle se développe glabre.

glacialis, qui croît dans le voisinage des glaciers.

gladiatus, en forme de glaive à deux tranchants; par exemple les feuilles d'Iris, de Glayeul, etc.

Gland, *Glans*; nom donné au fruit dans le genre Chêne (*Quercus*). Le gland résulte du développement d'une fleur femelle composée d'un ovaire soudé avec le calice et entourée d'un involucre. Cet ovaire est à 3-4 loges dont chacune contient deux ovules, une seule des loges se développe, les autres s'atrophient; des deux ovules que contenait cette loge un seul se développe, l'autre s'atrophie. A sa maturité le gland est un fruit uniloculaire indéhiscent contenant une seule graine. Le péricarpe est coriace et assez mince, il est surmonté des restes du limbe du calice et du style; la graine est dépourvue de périsperme, les cotylédons sont volumineux. Le fruit est entouré à sa base d'une cupule ligneuse, résultant de l'accrescence de l'involucre composé de folioles imbriquées qui renfermait la fleur. — La structure de la *noisette* a beaucoup d'analogie avec celle du *gland*.

Glandes, *Glandulæ*. Les glandes sont des organes de nature cel-

luleuse doués de la propriété de sécréter des liquides particuliers qui ne se rencontrent point dans les autres parties de la
plante. Certaines glandes font saillie à la surface de l'épiderme,
les unes sont sessiles, d'autres dites glandes pédicellées ou
poils glanduleux constituent la partie terminale de véritables
poils; si le poil se compose d'une seule cellule, sa partie terminale se dilate en une petite ampoule où se dépose le produit
de la sécrétion; s'il se compose de plusieurs cellules, les cellules terminales sont en général celles où se dépose le liquide
sécrété. Chez les poils de l'Ortie, qui sont dits *poils urticants*,
la partie glanduleuse est située à la base du poil et le produit
de la sécrétion remplit la cavité du poil en entier; c'est ce liquide qui, versé dans la petite plaie faite par la piqûre du
poil (dont l'extrémité qui se casse reste fixée dans la peau),
cause le sentiment de brûlure et détermine le gonflement et
l'élevure de la peau au niveau du point blessé. — D'autres
glandes dites *vésiculaires* ne dépassent point ordinairement le
niveau de l'épiderme et contiennent généralement des huiles
volatiles ou des substances résineuses incolores. Ces glandes,
dont sont criblées certaines feuilles, ont l'aspect de ponctuations transparentes comme celles qui résulteraient de piqûres
d'épingles (telles sont les glandes des feuilles du Millepertuis,
de la Rue, de l'Oranger, etc.). Ces glandes se composent d'un
groupe de cellules qui laissent quelquefois entre elles une lacune où le liquide se réunit. M. A. de Jussieu fait judicieuse-
ment remarquer (*Cours élém. de botanique*) que ces glandes
ne sont pas sans analogie avec les réservoirs des sucs propres
situés plus profondément dans les divers organes des végétaux.

glanduleux; *glandulosus*, de la nature des glandes; on nomme
surfaces glanduleuses celles qui sécrètent des liquides; le stigmate est de nature glanduleuse; les disques présentent souvent
une surface glanduleuse. — On emploie à tort le mot glanduleux comme synonyme de glandulifère.

glandulifère, *glandulifer*; qui porte une glande ou des glandes;
qui est revêtu ou chargé de glandes, ou de poils glanduleux.

glanduloso-pilosus; chargé de poils glanduleux.

glareosus, qui habite les grèves ; (*glarea*, grève.)

glaucescens, d'une couleur glauque. — *glaucus* glauque.

glauque, *glaucus*, *pruinosus*, *glaucinus*, *cæsius* ; (dans les composés grecs *glaucos*.) Se dit des organes qui sont recouverts d'une matière pulvérulente blanche ou blanchâtre (*pruina*), qui est le produit d'une sécrétion ou excrétion normale propre à quelques parties (l'épiderme de la feuille, de la tige, du fruit, etc.) chez certaines plantes. La couleur réelle de l'organe ne se trouve pas complétement dissimulée par cette couche de poussière, elle n'est que modifiée ; les feuilles vertes recouvertes d'une couche de cette sécrétion ont une teinte blanchâtre (par ex. les feuilles de l'Œillet des jardins, du Chou, (*Brassica oleracea*, etc.). Le fruit du raisin noir, du Prunier épineux, du *Rubus cæsius*, etc., ont en raison de cette sécrétion une teinte d'un bleu blanchâtre ; si par un léger frottement on enlève la poussière glauque (ce qu'on appelle vulgairement la *fleur* du fruit), la couleur d'un bleu noir foncée et luisante du fruit est mise à nu. — La matière glauque ou *efflorescence* paraît être de la nature de la cire ; elle est insoluble dans l'eau qui roule en gouttelettes sur les surfaces qui en sont revêtues ; cette matière se présente ordinairement sous la forme de granules impalpables, cependant les granules peuvent aussi être assez volumineux : la famille des Chénopodées offre des exemples nombreux d'une sécrétion de gouttelettes gommeuses qui se dessèchent en granules blanchâtres et couvrent la surface des jeunes feuilles d'une poussière d'apparence farineuse ; cette sécrétion cesse lorsque la feuille devient adulte, et les granules tombés ne sont pas remplacés par d'autres. Les *Chenopodium album* et *Bonus-henricus*, l'*Atriplex hortensis*, etc., présentent sur leurs jeunes feuilles une abondante sécrétion de cette nature. — *folia glauca*, feuilles d'un vert glauque ; — *fructus cæsio-pruinosi*, fruits d'un bleu noir couverts d'une efflorescence glauque.

globatus, *globosus*, *globulatus*, globuleux, de forme globuleuse.

Globule, *Globulus* ; on a désigné sous le nom de globules diverses parties de la fructification chez les plantes cryptogames, sans que ces parties aient entre elles d'autre analogie que celle de la forme. C'est ainsi que l'on a désigné sous ce nom la capsule fructifère de diverses plantes de la famille des Hépatiques, l'involucre capsuliforme du *Pilularia globulifera*, etc., et que d'autre part on a donné le nom de *globules rouges* aux anthéridies dans la famille des Characées. On doit dire involucres globuleux, capsules et anthéridies globuleuses.— Les grains de pollen (*grana pollinis*) sont fréquemment désignés sous le nom de globules de pollen.

globuleux, *globosus, globatus* ; de forme globuleuse ou sphérique. La forme globuleuse appartient à certains fruits, graines, loges d'anthères, grains de pollen, capitules, bulbes, tubercules, etc.

glochidé, *glochidiatus* ; on a nommé poils glochidés (*pili glochidiati*) ceux qui à leur sommet se divisent en branches courtes et recourbées en hameçon.

glomérés, *glomerati* ; se dit d'organes courts et rameux qui sont rapprochés en une masse compacte.

Glomérule, *Glomerulus* ; sorte d'inflorescence du type défini. Un glomérule est une cyme chez laquelle tous les axes étant très courts, les fleurs se trouvent rapprochées en tête comme dans un capitule. Mais, tandis que dans le capitule, qui appartient aux inflorescences du type indéfini, les fleurs s'épanouissent de la circonférence vers le centre, dans le glomérule la première fleur qui s'épanouit est celle du centre, et les suivantes s'épanouissent dans un ordre irrégulier en apparence, mais qui en réalité correspond à celui qui existe chez une cyme. L'inflorescence constitue un glomérule terminal chez le Gazon-d'olympe (*Statice Armeria*), chez certaines Valérianelles, etc. (Voir le mot Inflorescence.)

Glossologie = Terminologie ; partie de la science qui a pour objet l'étude de la signification des termes employés pour désigner les organes et leurs diverses manières d'être.

glumacé, *glumaceus*, de la nature des glumes. Fleur glumacée, fleur munie de glumes, ou composée de folioles scarieuses analogues à des glumes.

glumæformis, en forme de glume ; se dit de bractées scarieuses.

Glume, *Gluma*. Chez les plantes de la famille des Graminées, on désigne sous le nom de *glumes* les bractées stériles qui sont situées à la base de l'épillet (ces glumes ou bractées stériles sont ordinairement au nombre de deux). Ces deux bractées constituent une sorte d'involucre (quelques auteurs donnent à l'involucre le nom collectif de glume, et désignent ses bractées constituantes, que nous nommons les glumes, sous le nom de valves de la glume). On nomme *épillet* une inflorescence partielle constituée par un *axe* (pédoncule de l'épillet), un *involucre* (les glumes), et des *fleurs* plus ou moins nombreuses échelonnées sur l'axe au-dessus du niveau de l'insertion des glumes. — Des opinions très différentes ont été émises par les botanistes sur la nature des diverses parties de la fleur chez les Graminées; les uns regardent les folioles scarieuses situées en dehors de l'ovaire et des étamines comme constituant une corolle et un calice; d'autres considèrent ces folioles scarieuses comme une succession de bractées ne constituant, à proprement parler, ni calice ni corolle. Mais la plupart des botanistes admettent que ces feuilles scarieuses sont toutes insérées sur l'axe de la fleur (pédicelle), et non sur l'axe de l'épillet (pédoncule). Une anomalie (état dit prolifère) fréquente chez certaines Graminées (surtout chez les espèces du genre *Poa* : *P. bulbosa, P. alpina*, etc.), et que jai étudiée avec soin, m'a démontré que, contrairement à l'idée admise, la foliole scarieuse inférieure attribuée à chaque fleur est une bractée insérée, non pas sur le pédicelle (ou axe de la fleur), mais sur le pédoncule (ou axe de l'épillet); que chaque bractée porte une fleur à son aisselle, et que la série de ces bractées est la continuation de la spirale commencée à la base de l'épillet par les deux bractées stériles ou glumes. La seule différence qui existe entre les bractées inférieures et les bractées supérieures est que les deux inférieures (désignées sous le nom de glumes) ne présentent pas de fleurs à leur aisselle, tandis que les supérieures (désignées sous le nom de glumelles unicarénées) émettent chacune une fleur à leur aisselle. — Chez les épillets dits prolifères, les deux bractées inférieures restent scarieuses, mais les bractées supérieures sont d'autant plus foliacées qu'elles sont situées plus haut: les dernières sont de véritables feuilles; et si l'épillet (qui émet à sa base des racines adventives) est planté dans la terre, son axe s'accroît indéfiniment et il devient une tige qui ne diffère en rien de la tige d'une plante provenue de graine; or il est facile de s'assurer que les feuilles de la jeune tige, dans sa partie inférieure, ne sont autre chose que les bractées scarieuses de l'épillet (les glumes stériles et les glumelles unicarénées), car les fleurs de cet épillet manquent de cette glumelle unicarénée (que l'on regarde dans les descriptions comme appartenant au même verticille que la glumelle bicarénée). On voit manifestement alors que ces bractées qui deviennent foliacées sont insérées sur l'axe principal; les entrenœuds de cet axe, en s'allongeant, ne laissent aucun doute possible à ce sujet, car on peut suivre aisément la disposition en spirale de la série des bractées (devenues feuilles) superposées; et toutes les nuances existent entre la forme scarieuse des bractées ou glumes de la base et la forme foliacée des bractées du sommet. — L'axe de l'épillet chez les Graminées est donc pourvu d'une série de bractées superposées et alternes-distiques (ou en spirale comprimée) : les deux inférieures stériles, connues sous le nom de glumes (je propose de les nommer *bractées involucrales* ou *glumes stériles*), et les supérieures fertiles, connues sous le nom de glumelles unicarénées ou imparinerviées et regardées à tort comme appartenant à l'axe de la fleur (je propose de les nommer *bractées florales* ou *glumes fertiles*). — La fleur, ainsi isolée d'une pièce qui lui était étrangère, est constituée en dehors du gynécée (ou ovaire) et de l'androcée (ou étamines), en procédant de l'intérieur à l'extérieur : 1° par un verticille de petites feuilles membraneuses qui alternent avec les étamines et qui constituent une véritable corolle; les pétales de cette corolle sont généralement au nombre de deux (la place de celui qui compléterait le nombre ternaire reste vacante (ce troisième pétale existe dans certains genres; quelquefois au contraire les trois pétales manquent complétement); les pétales de cette corolle sont désignés sous le nom de *glumellules*. 2° En dehors du verticille de la corolle il existe une pièce scarieuse bifide à deux plis principaux ou carènes et que l'on désigne sous le nom de *glumelle bicarénée* ou *pari-*

nerviée; cette pièce munie de deux nervures principales et parallèles représente (de l'avis de la plupart des botanistes) deux feuilles; elle constitue à elle seule, selon moi, le calice ou verticille externe de la fleur : ce calice se compose par conséquent de deux sépales soudés entre eux par un de leurs bords; le troisième sépale manque, de même que le troisième pétale manque ord. aussi à la corolle. Quant à la pièce désignée sous le nom de *glumelle unicarénée* ou *imparinerviée*, c'est celle que je regarde comme n'appartenant point à l'axe de la fleur (mais comme étant insérée sur l'axe de l'épillet et comme émettant la fleur à son aisselle), et que je désigne sous le nom de glume fertile ou bractée florale. — Non seulement la confusion qui a régné dans les idées admises sur les bractées du pédoncule et sur les parties de la fleur chez les Graminées a rendu les descriptions inexactes et l'étude difficile, mais de nombreuses expressions synonymes pour chacune de ces parties sont venues ajouter l'obscurité du langage à l'inexactitude des idées. Celles de ces expressions qui ont généralement prévalu sont les noms de : *glumes* (pour les bractées involucrales ou glumes stériles), de *glumelles* (pour la bractée florale ou glume fertile et pour la pièce qui représente le calice), et de *glumellules* (pour les folioles qui représentent la corolle); ces expressions sont inutiles et pourraient être avantageusement remplacées par les mots *bractées*, *sépales* (ou divisions externes du périanthe) et *pétales* (ou divisions internes du périanthe). — Les Glumes (bractées stériles constituant l'involucre) ont été désignées sous le nom collectif de *glume* et de *lépicène*, et les deux pièces sous le nom de *valve supérieure* et *valve inférieure*. Les Glumelles (bractée fertile, représentée par la glumelle unicarénée; et calice, représenté par la glumelle bicarénée) ont été désignées sous le nom collectif de *bale*, de *glume* (Rich.) et de *calice* (Lin.), et les deux pièces sous le nom de paillettes. Les Glumellules ont été désignées sous le nom collectif de *corolle* (Linné), et les deux ou les trois pièces sous le nom de *paléoles* (Rich.), *squamules*, et *lodicules*. — L'épillet ne naît pas lui-même, non plus que les axes principaux d'une même inflorescence, à l'aisselle de bractées; toutes les bractées appartiennent chez les Graminées à l'axe même de l'épillet, axe pénultième qui donne naissance au dernier axe, c'est-à-dire à celui de la fleur; quant aux tiges ou rameaux florifères, ils naissent sur la souche ou sur une même tige à l'aisselle de feuilles squamiformes ou foliacées; chez le Maïs, les épis femelles qui peuvent être considérés comme des rameaux très courts terminés par une longue inflorescence, naissent à l'aisselle des feuilles de la tige. — Chez les inflorescences à épillets disposés en panicules, il est facile de voir que l'axe de l'épillet ne naît pas à l'aisselle d'une bractée; l'épillet ne naît pas davantage à l'aisselle d'une bractée chez les inflorescences en épis simples, c'est-à-dire dont les épillets sont insérés directement sur la tige. Quand les épillets sont manifestement pédicellés, chez le genre *Mibora*, par exemple, l'absence de bractée est d'une complète évidence; mais quand les épillets sont sessiles, chez le genre *Lolium*, par exemple, on pourrait au premier coup d'œil penser que la bractée stérile (glume) s'insère sur l'axe de l'épi; ce n'est qu'en regardant avec attention que l'on verra que la bractée stérile naît chez les *Lolium*, comme chez les autres genres, sur l'axe de l'épillet. Les deux bractées inférieures de l'épillet, bien que stériles l'une et l'autre chez presque tous les genres, ne le sont pas dans tous les cas; de l'idée que les deux glumes sont toujours stériles est résultée une idée erronée relative à la structure de l'épillet chez le genre *Lolium*; en effet, on regarde l'épillet dans le genre *Lolium* comme privé de la glume supérieure : or, loin d'être privé d'un organe, l'épillet des *Lolium* est plus riche en organes que les autres genres, cet épillet possède parfaitement ses deux glumes, et sa glume supérieure ou interne n'a été méconnue que parce qu'elle porte à son aisselle une fleur qui ne se développe pas chez les autres genres; l'alternance régulière des bractées de l'épillet, de la base au sommet, chez le genre *Lolium*, prouve jusqu'à l'évidence qu'il ne manque aucun organe à la spirale, et je ne conserve pas le moindre doute à cet égard. — Les bractées inférieures ou involucrales de l'épillet (glumes) peuvent être l'une et l'autre ou l'une sans l'autre, acuminées ou même terminées en arête. Mais ce sont

51.

principalement les bractées supérieures fertiles ou florales
(anciennes glumelles externes) dont la nervure moyenne, souvent détachée au-dessous du sommet, se prolonge en arête ;
cette arête est d'une longueur considérable dans le genre
Stipa ; dans le genre *Corynephorus* (*Aira canescens*) la bractée aristée représente une feuille complète : la partie de l'arête
située au-dessous du genou appartient à la gaîne de la feuille,
la couronne de poils à une seule cellule qui entoure le genou
est probablement le rudiment d'une ligule, et la partie de
l'arête supérieure au genou et qui est transparente et denticulée
est le limbe rudimentaire de la feuille. Cette structure se retrouve, bien que plus obscure, chez les genres où l'arête est
seulement genouillée sans présenter d'anneau de poils ni sans
offrir de changement de consistance dans sa partie supérieure.
— Les écailles ou feuilles qui appartiennent à la fleur ne présentent pas d'arête ; le calice se composant de deux sépales soudés (ancienne glumelle bicarénée), ce ne serait pas une arête,
mais deux qu'il présenterait si les sépales étaient aristés.

Glumelles, *Glumellæ*. — Glumellules, *Glumellulæ*. (Voir l'article
Glume.)

Gluten, on donne ce nom à une substance qui empâte les grains
de fécule dont sont remplies les cellules qui constituent la plus
grande partie de la masse de la graine chez certâines céréales,
le Froment par exemple. La fécule ou farine qui est associée au
gluten a des propriétés nutritives très supérieures à celle qui
en est dépourvue.

glutineux, *glutinosus* ; qui a la consistance de la glu ou de la
poix. Ce mot est presque synonyme du mot *visqueux* (*viscosus,
viscidus*) que l'on emploie souvent indifféremment ; cependant
le mot visqueux entraîne l'idée d'une consistancé demi-liquide
et comme *sirupeuse*, tandis que le mot glutineux peut se dire
d'une surface presque sèche, mais seulement un peu gluante.
Le mot *gluant* est tout à fait synonyme du mot glutineux qui
est le mot latin francisé, mais il est peu usité dans les descriptions botaniques. Le mot *poisseux* a aussi la même signification
mais il entraîne une idée de malpropreté, il n'est pas employé.
— Les écailles des bourgeons du Peuplier-d'Italie, du Marron-

nier-d'Inde, et le rétinacle des masses polliniques, sont glutineux. La surface du chapeau de l'*Agaricus psittacinus*, de
l'*Agaricus eburneus*, etc., est visqueuse.

Godet, d'après le sens attribué à ce mot (vase ayant la forme d'un dé à coudre), il devrait être traduit en latin par le mot *calyculus*; mais le nom de calicule ayant en botanique un sens déterminé (calice accessoire composé de bractées), on traduit godet par *urceolum*; néanmoins l'adjectif *urceolatus* caractérise un organe en forme de vase globuleux, et par conséquent à ouverture plus étroite que le ventre. — En forme de godet profond ou de dé à coudre, *digitaliformis*.

Gongylaire. On nomme reproduction gongylaire ou scissipare, celle qui a lieu par des gemmes ou corpuscules reproducteurs qui n'ont pas été soumis à l'influence d'une fécondation. Chez les Cryptogames la reproduction est dite gongylaire quand elle a lieu au moyen de gemmes qui diffèrent des véritables spores.

Gongyle, *Gongylus*. Chez les Cryptogames on désigne sous le nom de *gongyles* des corps reproducteurs, qui sont autres que les spores et ne sont pas sans analogie avec les bulbilles des Phanérogames. — Les gongyles ont reçu différents noms chez diverses familles; chez les Lichens l'écorce du *thallus* est contituée en grande partie par des cellules vertes qui forment une couche sous-épidermique dans laquelle la force végétative de la plante paraît résider; ces cellules qui ont reçu le nom de *gonidies*, *conidies* ou *sorédies*, font souvent irruption à l'extérieur, et se groupent en des corps reproducteurs ou gemmes qui sont de véritables *gongyles*. — Chez les Hépatiques, il existe des *gonidies* ou *sorédies* analogues à celles des Lichens; on y rencontre en outre chez certaines espèces, à part les véritables *spores* contenues dans les capsules, des corps reproducteurs nommés *gemmes prolifiques*, *propagules* ou *propagines*, renfermés dans des conceptacles particuliers, et qui constituent encore une autre sorte de *gongyles*.

Gonidie, *Gonidium*, = Conidie, *Conidium* (κονις, poussière), = Sorédie. On désigne sous ce nom des corpuscules reproducteurs qui se développent dans l'épaisseur du *thallus* des Lichens et de la fronde des Hépatiques. (Voir le mot Gongyle.) — Kutzing a employé le mot *conidie* comme synonyme de *zoospore* ou *sporozoïde* (spore animée de mouvements spontanés) chez les Algues zoosporées.

gonimique, *gonimicus*, qui est relatif aux gonidies. Couche gonimique, *stratum gonimicum* : couche constituée par des gonidies.

gonoi, mot grec; en latin *genitalia :* les organes de la reproduction; de là : *périgone*, enveloppe florale qui entoure les étamines et l'ovaire.

Gonophore, *Gonophorum ;* entrenœud qui, chez certaines fleurs, élève les étamines au-dessus du niveau du réceptacle.

gonu, mot grec; en latin *genu*, genou. — *-gonus*, dans un mot composé dérivé du grec, signifie angle: trigone, *trigonus*, signifie à trois faces dont les points de jonction constituent trois angles ou arêtes; tétragone, *tetragonus*, à quatre angles. Les expressions trigone, tétragone, etc., s'appliquent surtout à des corps prismatiques; les expressions triangulaire, quadrangulaire, s'appliquent surtout à des corps minces ou à des surfaces.

Gorge, *Faux*. On désigne sous le nom de gorge, l'entrée du tube du calice ou de la corolle chez les calices gamosépales ou les corolles gamopétales; la gorge peut être dilatée (*ampliata*), rétrécie (*angustata*), barbue (*barbata*), munie d'appendices (*appendiculata*), fermée par des écailles courbées en voûte (*fornicibus clausa*), nue (*nuda*), prismatique (*prismatica*), etc.; les étamines peuvent être insérées à la gorge de la corolle.

Gousse, = Légume, *Legumen ;* on donne ce nom au fruit des Légumineuses (Papilionacées), etc. Ce fruit est un carpelle libre et isolé, ordinairement sec, coriace, ou membraneux, polysperme, rarement monosperme. Ce carpelle s'ouvre à la maturité par l'écartement des bords de la suture et la déchirure de la nervure dorsale, de manière à constituer deux pièces longitudinales, pièces qui se tordent quelquefois avec élasticité et lancent au loin les graines. Certaines gousses dites *lomentacées* présentent des articulations transversales qui isolent chaque graine; ces gousses se partagent à la maturité en autant de pièces ou articles qu'elles contiennent de graines : tel est le fruit des *Coronilla*, des *Hyppocrepis*, des *Hedysarum*, etc.

gracilis, grêle; se dit d'une tige, d'un pédoncule, pédicelle, etc., de taille mince et allongée.

Graine, *Granum*; on désigne sous le nom de graine, un ovule fécondé (renfermant un embryon) arrivé à l'époque de la maturité. La maturité est caractérisée chez une graine par la faculté que possède l'embryon qu'elle renferme de germer, c'est-à-dire de végéter lorsque la graine est séparée de la plante mère, et se trouve placée dans des conditions de chaleur et d'humidité convenables. — On retrouve dans la graine la plupart des parties qui la constituaient à l'état d'ovule. Le *testa* ou primine s'est épaissi, a pris de la consistance et constitue souvent une enveloppe dure et crustacée. Le *tegmen* ou secondine se retrouve sous le testa, c'est une mince pellicule qui enveloppe l'*amande* (embryon accompagné ou non d'un périsperme); ces deux membranes ont reçu le nom d'*épisperme*. Le *nucelle* ou tercine, constitue souvent une masse charnue qui accompagne l'embryon, et à laquelle on donne le nom de *périsperme* ou d'endosperme; dans d'autres cas, le nucelle est résorbé et a complétement disparu à l'époque de la maturité. Dans un petit nombre de cas, le *sac embryonnaire* constitue un second périsperme ou *périsperme interne*; en général, le sac embryonnaire a disparu à la maturité. Dans certains cas, on retrouve, à l'extrémité radiculaire de l'embryon, des débris du cordon suspenseur ou partie supérieure de la *vésicule embryonnaire*. Enfin l'*embryon* qui constitue la partie essentielle de la graine est entouré et protégé par les enveloppes ou tuniques que nous venons d'énumérer; l'embryon se compose d'un axe dont l'une des deux extrémités appartient au système descendant ou racine, et a reçu le nom de *radicule*, et dont l'autre extrémité est un bourgeon qui appartient au système ascendant ou tige, et qui a reçu le nom de plumule ou *gemmule*; une, deux, ou plusieurs feuilles, plus développées que celles du bourgeon terminal ou gemmule, sont situées au-dessous de ce bourgeon et ont reçu le nom de *cotylédons*. — Le point au niveau duquel la graine est fixée au funicule reçoit, ainsi que chez l'ovule, le nom de *hile*; chez les graines qui résultent d'un ovule réfléchi, le *raphé* et la *chalaze* (ou hile interne) conservent la même situation et portent les mêmes noms. L'ouverture ou bord supérieur des tuniques de l'ovule désigné chez l'ovule sous les noms d'*exostome* (pour le testa), et d'*endostome* pour le tegmen, porte chez la graine le nom collectif de *micropyle*. Le micropyle est souvent peu distinct chez la graine mûre, on détermine sa situation par celle de la radicule dont la pointe se trouve toujours dirigée vers lui. En effet, l'embryon se trouve renversé dans l'ovule et par suite dans la graine; il y est placé comme s'il y eût pénétré par son sommet c'est-à-dire par sa gemmule ou par l'extrémité supérieure des cotylédons rapprochés, et que la radicule fût restée près de l'ouverture par laquelle il y serait entré. Cette situation relative à l'ouverture de l'ovule ou exostome, et chez la graine au micropyle, ne se trouve pas modifiée par suite des courbures de l'ovule ou de ses inégalités de développement, le micropyle et la radicule se trouvant déviés simultanément et dans le même sens, par suite de ces courbures ou de ces développements inégaux. Lors donc que l'*ovule* est *droit*, c'est-à-dire n'éprouve aucune courbure, il en résulte une graine dont le micropyle (ou sommet organique) et la radicule, sont situés au point *diamétralement opposé* au *hile* (ou base de la graine). Lorsque l'ovule est *courbé* ou *plié*, il en résulte une graine dont le micropyle et la radicule sont *rapprochés du hile*, par suite de la courbure. Lorsque l'ovule est *réfléchi*, il en résulte une graine dont le micropyle et la radicule sont *dirigés vers le hile*. — Selon leur insertion, au sommet ou à la base de la loge et selon leur direction, les graines comme les ovules sont dites pendantes ou suspendues, dressées ou ascendantes, ou enfin horizontales. — Les graines sont souvent pourvues d'appendices de différentes natures, de formes variées, et de consistances diverses; il en est en forme d'aile membraneuse, en forme d'aigrette, en forme de crête et d'enveloppe charnue, etc. : ces derniers appendices ont été désignés sous le nom d'*arilles,* de *strophioles* ou de *caroncules.* — En général, la graine est libre dans le péricarpe, que le péricarpe renferme plusieurs graines ou une seule graine ; dans certains cas cependant, ou le fruit est monosperme (à une seule graine), chez les *Graminées* par ex., la paroi externe de la graine est soudée à la paroi interne du péricarpe. Les fruits monospermes étaient autrefois désignés sous le nom de semences que l'on appliquait aussi à des graines détachées du péricarpe ; ces fruits étaient désignés sous le nom de *graines nues*, à une époque où on les croyait dépourvus de péricarpe : on a reconnu que les graines ne sont réellement nues que dans le groupe des *gymnospermes* (Conifères et Cycadées), et encore les graines y sont-elles étroitement recouvertes par des écailles imbriquées, mais elles ne sont pas situées dans des carpelles fermés. — A l'époque de la *germination* l'embryon se fait jour àt ravers les parois ramollies de la graine, c'est la radicule qui sort en premier lieu. L'embryon, pendant la première période de la germination, se nourrit soit aux dépens des matériaux nutritifs accumulés dans l'épaisseur du cotylédon ou des cotylédons, soit aux dépens du périsperme. Quand il existe un périsperme, cette nutrition se fait par toute la surface de la partie de l'embryon encore plongée dans le périsperme ou accolée à ses parois. (Voir pour plus de développements les articles consacrés aux diverses parties constituantes de la graine à leur place alphabétique, les mots : Ovule, Testa, Tegmen, Périsperme, Embryon, Radicule, Cotylédon, Hile, Raphé, Chalaze, Micropyle, Arille, Germination, etc.)

graminées. (Voir pour les noms donnés aux organes de la fleur, dans la famille des Graminées, l'article Glume.)

gramineo-viridis, vert-pré ; couleur verte du gazon.

gramineus, qui ressemble à une feuille de Graminée.

graminosi (*Loci*) ; lieux fertiles en Graminées, pâturages.

gramme, unité de poids ; décigramme, la dixième partie du gramme ; centigramme, la centième partie du gramme ; milligramme, la millième partie du gramme. — décagramme, dix grammes ; hectogramme, cent grammes ; kilogramme, mille grammes (une livre équivaut à cinq cents grammes ou un demi-kilogramme).

grammè, mot grec; en latin *linea* : ligne, raie, rayure.

grand, *grandis, magnus* ; qui présente des proportions supérieures aux objets de même nature ou aux individus de même espèce. S'oppose à petit, *parvus, parvulus, exiguus.* — On emploie le mot *ample*, lorsqu'il est question de corps dont l'épaisseur est peu considérable relativement aux autres dimensions (la largeur et la longueur), dans la description des feuilles par exemple.

granifère, *granifer* ; qui porte un grain ou granule, par exemple les trois divisions internes du calice chez certains *Rumex* (ce granule n'est autre chose qu'un épaississement de la nervure dorsale).

granulé, *granulatus* ; qui se compose de granules. *Pollen granulé* s'oppose à masse pollinique compacte.

granuleux, *granulosus*, chagriné; dont la surface est couverte de saillies ou rugosités en forme de granules.

Granum pollinis, Grain de pollen.

gratus, agréable; se dit d'une odeur, d'une saveur, etc. On emploie par opposition le mot *ingratus.*

Grappe; les grappes dites simples sont des *épis* ordinairement pendants, dont les fleurs ou les fruits sont en général espacés. Les grappes dites composées sont de véritables *panicules.*

graveolens, qui exhale une odeur forte et désagréable; par exemple, la Rue (*Ruta graveolens*), les feuilles fraîches de la Coriandre (*Coriandrum sativum*), etc.

gravis (Odor), odeur forte, odeur aromatique pénétrante.

Greffe, *Inosculatio* ; opération qui consiste à placer un bourgeon fraîchement détaché (y compris le lambeau d'écorce auquel il adhère) ou un jeune rameau, en contact avec l'aubier d'un autre arbre du même genre ou de la même famille, et à le maintenir dans cette situation par une ligature qui le préserve en même temps du dessèchement. Le bourgeon ainsi appliqué absorbe les sucs charriés par l'arbre étranger et se soude avec lui en l'enveloppant ultérieurement d'une couche de bois. Le bourgeon greffé se développe avec les caractères de l'arbre duquel il a été détaché, et ne participe en rien de l'arbre étranger (que l'on nomme *sujet*) qui lui sert de support et joue, relativement à lui, le rôle de *terrain*. La greffe est le moyen que l'on emploie pour propager indéfiniment les variétés d'arbres fruitiers obtenus accidentellement de semis, et qui ne sauraient se reproduire de graine. Les procédés de greffe sont très nombreux; leur description appartient aux traités d'horticulture. — On donne le nom de *Greffe* au bourgeon ou au rameau que l'on place sur le sujet.

Grégarius; se dit d'espèces dont les individus croissent spontanément en grand nombre dans le même lieu, et couvrent à elles seules de grandes étendues de terrain; par exemple certaines Bruyères, certaines Mousses, etc. (*greges*, troupeaux).

Grêle, *gracilis*, = *exilis*; et dans les mots composés grecs, *leptos*. Se dit d'une tige d'un très petit diamètre relativement à sa longueur; se dit également d'un rameau, d'un pédoncule, d'un pétiole, d'un style et autres organes cylindriques qui présentent des proportions analogues.

Grelot; en forme de grelot, *urceolatus*, *urceolaris*. *Urceolus* était chez les Romains une petite cruche ventrue à étroite ouverture et ressemblant, par sa forme, à un grelot. Le mot latin qui correspond littéralement au mot grelot est *cymbalum*; il n'est pas employé dans le langage botanique. — Un grand nombre de corolles gamopétales sont en grelot ou de forme urcéolée; telle est la forme de la corolle chez le Muguet (*Convallaria maialis*).

Grenu, *granosus*; = granulé, *granulatus*. Les corps susceptibles de se réduire en petits grains, par suite de la désagrégation des parties constituantes de leur tissu, sont dits de structure grenue; la cassure de ces corps est rude.

Griffe; en horticulture on désigne sous ce nom certaines souches dites fasciculées ou grumeuses, et qui se composent d'un court rhizome émettant un faisceau de fibres radicales courtes, épaisses et charnues.

Grimpant, *scandens*; on désigne sous le nom de plantes grimpantes celles dont les tiges grêles cherchent un appui sur les plantes voisines. Les unes se roulent en spirale autour des tiges de ces plantes et sont dites *volubiles* : tels sont le Houblon, le Haricot, le Liseron-des-haies, le Chèvrefeuille, etc.; d'autres, comme le Lierre, s'accrochent par de courtes racines dites *crampons*; les espèces du genre *Cuscuta* se fixent par de petits organes nommés *suçoirs*; le plus grand nombre se fixent par des *vrilles* (voir ce mot) qui sont tantôt des axes d'inflorescence avortés comme chez la Vigne, tantôt le prolongement du pétiole ou rachis d'une feuille composée, comme chez un grand nombre de Papilionacées : le Pois-à-fleurs (*Lathyrus odoratus*) par exemple; d'autres enfin, comme le *Clematis Vitalba* et certaines espèces du genre *Fumaria*, se soutiennent par des pétioles ou des pétiolules qui se tordent à la manière des vrilles et sont dits : *pétioles tortiles*.

gris, *griseus*, qui est de couleur grise. Cette couleur résulte du mélange du noir et du blanc; quand le blanc est à peine altéré par la teinte contraire, la couleur est dite d'un *blanc sale*, *albidus*; gris clair s'exprime par le mot *cinerascens*; gris cendré, *cinereus*; d'un gris plus foncé que celui de la cendre, *griseus*; d'un gris ou le noir domine, *fumosus*; noirâtre, *nigrescens*. — Dans la couleur *gris de plomb*, il entre un peu de bleu; dans la couleur *gris de lin*, il entre un peu de violet.

gros, *grossus*; se dit des organes volumineux.

Graviditas, état de l'ovaire pendant la maturation des graines.

Groupe, *Agglomeratio, Glomeratio*; se dit de plusieurs organes de même nature rapprochés entre eux.

grumelé, grumeux, grumeleux, *grumosus*; se dit d'une substance divisée en petites masses inégales et irrégulièrement arrondies. — On a donné le nom de racines grumeuses aux souches dont les fibres radicales sont de forme ovoïde; par exemple celles du *Ranunculus Chœrophyllos* et du *R. hortensis*.

Gueule (fleur en), *Corolla personata*; se dit d'une corolle gamopétale divisée en deux lèvres, la lèvre supérieure ordinairement bifide, la lèvre inférieure ordinairement trilobée et présentant un *palais* saillant qui ferme l'entrée de la gorge de la corolle; telle est la corolle chez les genres *Antirrhinum, Linaria, Utricularia*, etc. — Chez la famille des Scrophularinées, des Orobanchées, etc., la corolle à tube non fermé par un palais saillant, et à divisions inégales mais non séparées en deux lèvres (chez la Digitale par exemple), est dite : *corolla ringens* ; si la corolle présente deux lèvres distinctes écartées l'une de l'autre, comme chez la Sauge (et la plupart des Labiées), chez les *Euphrasia*, etc., la corolle est dite bilabiée. Des formes intermédiaires nombreuses nuancent ces diverses formes et doivent être décrites.

guttatus, qui est marqué de taches semblables à celles qui seraient produites par les gouttes d'un liquide coloré.

gymnocarpe, *gymnocarpus* (inusité). M. de Mirbel a désigné sous le nom de gymnocarpes les fruits résultant d'un ovaire libre ou adhérent, qui ne sont ni soudés à diverses parties de la fleur, ou à d'autres fruits, ni renfermés dans une enveloppe commune ; par exemple, le fruit des Amygdalées, des Pomacées, des Ombellifères, des Liliacées, etc.; et il a désigné sous le nom de fruits *angiocarpes* ceux qui présentent des adhérences avec des parties étrangères ou sont renfermés dans une enveloppe commune ; cette dernière division comprend les fruits anthocarpés (A. de Juss.) et les fruits agrégés.

gymnos, mot grec qui fait partie de certains mots composés ; en latin *nudus*, nu. Signifie dépourvu d'enveloppes ; les fleurs réduites aux étamines et aux carpelles sont dites nues. — Le mot grec *angios* : enveloppé, s'oppose à *gymnos*.

gymnospermie. Linné a divisé la classe qu'il nomme *didynamie* en deux ordres : la gymnospermie (renfermant des plantes dont la graine était considérée comme nue) et l'angiospermie (plantes dont la graine ou les graines sont renfermées dans un péricarpe). Cette division était fondée sur une fausse appréciation de la structure de certains fruits mal connus à cette époque ; c'est ainsi que le fruit, chez la famille des Labiées, qui appartenait à la gymnospermie, se compose de quatre akènes et non de quatre graines nues ou dépourvues de péricarpe.

gymnospermes. Nom donné à un embranchement des végétaux dicotylédonés, dont la graine n'est point renfermée dans un péricarpe, mais est située à la base d'une feuille carpellaire étalée. En général, ces feuilles carpellaires sont étroitement imbriquées, et se recouvrant complétement les unes les autres protégent les graines qui ne sont point renfermées dans une cavité spéciale. La classe des Conifères (arbres verts) et celle des Cycadées appartiennent à l'embranchement des Gymnospermes.

gymnostome, *gymnostomus*; dans la famille des Mousses les capsules dépourvues de dents sont dites gymnostomes (par ex. chez les genres *Sphagnum* et *Gymnostomum*).

gynandre, *gynander*, *gynandrus*, se dit d'une fleur dont les étamines et la partie supérieure du pistil (style) sont soudées en un seul corps, ainsi que cela a lieu dans la famille des Orchidées par exemple.

-gyne, -*gynus* (γονος, femelle), dans les mots composés grecs, signifie ovaire.

Gynécée, *Gyneceum*; ce mot désigne l'ensemble des carpelles, que cet ensemble se compose d'un seul verticille, ou d'une spirale indéfinie, ou enfin d'un seul carpelle. Il est analogue aux mots *calice* et *corolle* qui désignent l'ensemble des sépales et l'ensemble des pétales. Selon la même nomenclature, l'ensemble des étamines est désigné par le mot *androcée*. (Voir les mots Fleur, Carpelle, Ovaire, Pistil, Fruit.)

Gynisus (Cl. Rich.) surface visqueuse du stigmate chez les Orchidées (inusité).

Gynocydium (Nek.), renflement situé à la base du pédicelle de la capsule chez les Mousses.

Gynobase, *Gynobasis*; ce nom a été donné à l'organe charnu sur lequel l'ovaire paraît inséré chez les Labiées et les Borraginées, et que l'on désigne sous le nom de disque.—On nomme ovaires ou fruits *gynobasiques* ceux qui sont insérés sur un gynobase. Chez les Labiées, en raison d'une forte courbure de la partie dorsale du carpelle, le style paraît naître de la base de l'ovaire (les styles des divers carpelles se soudent en un style indivis, bifide au sommet); on est porté à croire que chez ces plantes l'ovaire se compose non de quatre carpelles, mais de deux carpelles biovulés et bifides.

Gynophore, *Gynophorum*, organe qui résulte de l'élongation d'un ou de plusieurs des entrenœuds qui constituent l'axe de la fleur, et élèvent l'ovaire ou gynécée au-dessus de l'insertion du calice, soit isolément, soit avec l'androcée, ou même avec la corolle (comme chez les *Lychnis*). Chez le fruit mûr le gynophore prend le nom de carpophore. (Voir ce mot.)

꠸ Gynopode, *Gynopodium*, = Podogyne. Sorte de *gynophore* qui consiste non dans une élongation de l'axe de la fleur, mais dans une atténuation de la base de l'ovaire.

꠸ Gynostème, *Gynostemium*. Nom donné, chez les Orchidées, à la *colonne* qui résulte de la soudure des étamines avec le style.

꠸ *Gyroma*, = *Gyrus*; noms donnés à l'*anneau élastique* du sporange des Fougères.

꠸ Gyrome, *Trica*; sorte d'*apothecium* orbiculaire sessile, renfermant des thèques à huit spores.

H

H *Habitat*; mot latin quelquefois employé en français comme synonyme de Station (voir ce mot).

H *Habitus*, *Facies*, port d'une plante; aspect général que présente une plante. Le mot latin Faciès est souvent employé en français comme synonyme du mot port.

H *hamatus*, *hamosus*, = *uncinatus*; courbé en hameçon. (Hameçon, *Hamus*.)

H *hamulosus* diminutif de *hamosus*; un peu courbé à la pointe.

H Hampe, *Scapus*; pédoncule radical ord. constitué par un seul entrenœud très allongé, par exemple le pédoncule du *Primula officinalis*.

H hasté, *hastatus* en forme de fer de hallebarde. Se dit d'une feuille à limbe oblong aigu ou lancéolé se prolongeant à la base en deux lobes aigus et divergents. Les feuilles sont hastées chez le *Rumex Acetosella*. — Le limbe d'une feuille est dit *sagitté* (en forme de fer de flèche), lorsque les deux lobes de la base sont parallèles et non divergents, par exemple le limbe de la feuille du *Rumex Acetosa*. Chez le *Sagittaria sagittæfolia*, le limbe des feuilles présente tantôt l'une, tantôt l'autre de ces formes et souvent une forme intermédiaire.

H *Haustorium* (Dec.) Suçoir; on a donné ce nom aux racines adventives en forme de mamelon qui se développent sur la tige des

Cuscutes, et servent à la plante parasite à absorber la séve de la tige vivante à laquelle elle s'est attachée et qu'elle finit par épuiser. La plante victime succombe alors que la Cuscute qui est annuelle cesse d'avoir besoin d'elle. Les extrémités des racines parasites chez les Orobanches et les *Lathræa*, etc., sont de véritables suçoirs.

hebetatus, obtus, émoussé, qui se termine en pointe mousse.

helvus, helvolus, helveolus; d'un jaune pâle tirant sur le rose.

hemi, dans les mots dérivés du grec : demi ; en latin, *semi*.

hemi-anatrope (Ovule); (voir semi-anatrope).

hémisphérique, *hemisphæricus*, en forme de demi-sphère.

hemitrichus, velu dans la moitié de son étendue.

hepaticus, d'un brun rougeâtre, couleur de foie.

Hépatiques (voir le mot Muscinées).

hepta ; mot grec, en latin *septem*, sept. — *heptandrus* à sept étamines.

herbacé, *herbaceus* ; qui a la consistance des feuilles molles. On désigne sous le nom de plantes herbacées les plantes annuelles ou à tiges annuelles, et qui ne vivent point assez longtemps pour devenir ligneuses ; certaines espèces qui sont annuelles et herbacées dans les contrées où elles sont frappées de mort par la gelée, sont vivaces et deviennent ligneuses sous des climats plus chauds.

Herbe, *Herba* ; plante herbacée; plante à tiges annuelles. S'oppose à plante ligneuse. (Voir le mot : annuel.)

herbidus, herbeux ; se dit des prairies, des pâturages, etc.

Herbier, *Herbarium* ; collection de plantes sèches préparées et classées pour l'étude. (Voir le troisième livre de cet ouvrage.)

hérissé, *hirtus, hirsutus*; couvert de poils roides et presque piquants; on dit aussi : hérissé d'épines.

hermaphrodite, *hermaphroditus*. Se dit d'une fleur pourvue d'un androcée (étamines) et d'un gynécée (ovaire). Cette qualification s'applique également à la plante dont les fleurs sont hermaphrodites. (Voir les mots : dioïque, monoïque et polygame.)

Hespéridie, *Hesperidium*, nom (inusité) donné au fruit des arbres de la famille des Aurantiacées. (Voir le mot Fruit.)

hétérocarpiens (Desv.) épithète donnée aux fruits dont la forme est plus ou moins dissimulée par des organes qui se sont accrus en même temps que lui (inusité).

heterogamus, synonyme de *androgynus* et de *polygamus.*

heteromorphus, = *heteroideus,* = *diversiformis* ; qui se présente sous des formes différentes.

Hétérophylle, *heterophyllus* ; se dit d'une plante qui présente des feuilles de deux formes très différentes ; par exemple, la variété nageante du *Ranunculus aquatilis* dont les feuilles submergées sont divisées en segments filiformes, et dont les feuilles nageantes sont suborbiculaires-crénelées.

heteros, dans les mots dérivés du grec signifie : dissemblable; en latin *dissimilis.*

Hétérotrope, *heterotropus* (Embryon); embryon à radicule éloignée du hile sans lui être diamétralement opposée; ces embryons appartiennent à des graines provenant d'un ovule semi-réfléchi. (Voir les mots Embryon et Ovule.)

hexa, dans les mots dérivés du grec signifie : six ; en latin *sex.* — *hexapetalus* à six pétales.

hians, béant; se dit des fruits qui s'entrouvrent à la maturité; et de certaines corolles à limbe étalé, par opposition à celles où les pétales sont connivents.

Hibernacle, *Hibernaculum* ; Linné a donné ce nom aux écailles coriaces qui protégent les bourgeons de certains arbres contre les rigueurs du froid, et les préservent du contact de l'eau pendant l'hiver. Ces écailles sont quelquefois couvertes en dehors d'un enduit résineux, et tapissées en dedans d'une bourre cotonneuse. (Voir le mot Bourgeon.)

Hibernal, *hibernalis, hibernus* ; qui végète pendant l'hiver ; se dit aussi d'un phénomène qui se passe pendant l'hiver ; la floraison de l'*Helleborus niger* est hibernale.

Hile, *Hilus, Hilum* = Hyle, *Hylus, Hylum.* = Ombilic, Cicatricule. — Chez l'ovule, on désigne sous le nom de *hile* le point où le funicule devient adhérent au *testa.* Après la maturation, on donne le nom de hile à la cicatrice qui existe au point où la graine s'est détachée du *funicule.* — On a désigné la *chalaze* (point auquel se termine le raphé) sous le nom de *hile interne* (voir le mot chalaze). — On désigne quelquefois sous le nom de

hile du fruit, *hilum carpicum*, la cicatrice qui existe au niveau
où le fruit s'est détaché de son pédicelle, dans les cas où cette
séparation a lieu. (Voir les mots Ovule et Graine.)

Hile des grains de fécule. On a désigné sous le nom de hile, chez
les grains de fécule, la petite surface par laquelle les dépôts
successifs qui constituent ce grain ont commencé; cette surface
est recouverte d'un seul côté par un dépôt plus large et plus
épais, cette seconde lame par une troisième, et ainsi de suite.

hircinus; qui exhale une odeur de bouc, par ex. les fleurs du
Loroglossum hircinum.

Hirsuties; on donne ce nom à la villosité qui résulte de la présence de poils roides, longs et abondants.

hirsutus, hérissé; couvert de poils longs et roides.

hirtus; couvert de poils courts et roides.

hispide, *hispidus*; couvert de poils longs très roides et presque
piquants, ou d'aiguillons très fins, sétacés ou subulés.

holosericeus, velutinus, velouté; se dit d'une surface couverte
d'un duvet court, et doux au toucher comme du velours.

homos, homoios; dans les mots dérivés du grec signifie : semblable, en latin *similis*. — S'oppose à *heteros* (*dissimilis*). —
homogame, *homogamus*. Se dit d'une plante ou d'un capitule
dont toutes les fleurs sont analogues relativement au sexe,
qu'elles soient toutes hermaphrodites (*homogamus monoclinicus*); ou d'un seul sexe : la plante étant dioïque, ou monoïque
(*homogamus diclinicus*).

homotrope, *homotropus*, = orthotrope, *orthotropus*. — Se dit de
l'*Ovule droit*, c'est-à-dire qui n'a éprouvé aucune courbure et
dont par conséquent le micropyle est situé à l'extrémité diamétralement opposée au hile. — Se dit aussi de l'*embryon dont
la radicule est dirigée vers le hile*; ces embryons appartiennent
à des graines qui résultent d'*ovules réfléchis*. (Voir les mots
Ovule, Graine, et Embryon.)

horarius, qui dure l'espace d'une heure.

horizontal, *horizontalis*; parallèle à l'horizon. Se dit des branches écartées à angle droit d'une tige verticale, des racines ou
des rhizomes qui s'étendent à la surface du sol, etc.

Horloge de Flore, *Horologium Floræ*. Certaines fleurs s'épa-

nouissent et se ferment à des heures différentes du jour. Les
divers épanouissements observés sous ce rapport forment ce
que Linné a nommé l'*Horloge de flore*. Cette *horloge* avance ou
retarde souvent en raison de l'état variable de l'atmosphère.

hornotinus, *hornus*; qui est de l'année.

hortensis; qui croît spontanément dans les jardins; qui est cultivé de temps immémorial dans les jardins.

Hortus, Jardin. Cette expression a été employée autrefois à désigner les ouvrages qui renferment la description méthodique
de toutes les plantes d'un pays. Ce nom a été remplacé par celui de Flore. — *Hortus siccus*; on donnait jadis ce nom aux
herbiers.

Houppe, *Barba*, et dans les mots composés tirés du grec *pogon*.
Se dit d'une touffe de poils isolée. Le mot latin *apex*, traduit
exactement les mots houppe et huppe, mais il signifie aussi
sommet, et c'est dans ce sens qu'il est employé dans le langage
botanique.

humble, *humilis*; se dit d'une plante grêle qui s'élève peu au-
dessus de la surface du sol.

humifusus, couché, étalé sur le sol (voir le mot couché).

Humor, *Limpha*, *Alimonia*. Suc aqueux, lymphe, séve non élaborée.— *Succus*, s'entend des sucs en général, élaborés ou non.
— *Cambium*, est la séve élaborée qui doit servir à la nutrition.

hyalin, *hyalinus*; se dit des organes membraneux qui sont blanchâtres et transparents comme du verre; les glumellules (verticille interne du périanthe des Graminées) sont hyalines.

hybride, *hybridus*; plante qui provient d'une graine résultant
de la fécondation d'une espèce par une autre espèce du même
genre. (Voir le chapitre 1er du livre II de cet ouvrage.)— Hy-
bridation, *Hybridatio*; phénomène qui donne lieu aux plantes
hybrides.

Hybridité, *Hybriditas*; état d'une plante provenue d'une fécondation hybride.

hyemalis; qui végète et fleurit pendant l'hiver.

Hygrométricité, *...citas*, = Hygroscopicité. Phénomène qui consiste dans l'action diverse de l'air sec ou de l'air humide sur les

tissus. Certains organes, qui ont la propriété d'absorber facilement l'humidité de l'air, se déroulent ou s'épanouissent sous cette influence, et s'enroulent ou se contractent lorsqu'ils sont placés dans un air sec et chaud. C'est ainsi que les fruits à péricarpe coriace de certaines Papilionacées s'ouvrent avec élasticité lorsqu'ils sont parvenus au maximum de la dessiccation.

hymen, dans les mots composés dérivés du grec, signifie *membrane (membrana)*.

Hymenium (Pers. Fries, etc.), nom donné à la membrane fructifère des Champignons, particulièrement chez les *Agaricus*, les *Boletus*, et les genres voisins. M. Léveillé donne à cette expression un sens plus général; il définit l'*hymenium* : couche membraneuse et superficielle sur laquelle reposent immédiatement les organes de la fructification chez les diverses espèces de la famille des Champignons. — L'*hymenium* tapisse les *lames* chez les Agarics, les *tubes* chez les Bolets, la face inférieure du *chapeau* chez les Helvelles, la périphérie des ramifications chez les Clavaires, etc. — Divers auteurs ont donné différents noms à l'*hymenium* chez certains groupes : l'*hymenium* des Tremelles a été appelé *callus* (Fries), celui des Pezizes, *discus* (Pers. et Fries), celui des *Clathrus*, *pulpa* (Corda), etc.

Hypanthode, *Hypanthodium*, = *Cœnanthium*, = *Amphanthium*, = Sycône. On a donné les noms précédents (peu usités, on emploie ord. le mot Figue) au genre d'inflorescence que présente le Figuier (*Ficus*). — Pour se faire une idée exacte de ce genre d'inflorescence, il faut commencer par bien comprendre ce que c'est qu'une inflorescence indéfinie (se développant de là base de l'axe vers le sommet, ou de la circonférence vers le centre); l'*épi* est le type des inflorescences indéfinies (par exemple l'épi du grand-Plantain, *Plantago major*); le *capitule* est un épi dont l'axe est très court et dont par conséquent les bractées et les fleurs se trouvent très rapprochées; l'axe du capitule peut être conique comme chez le *Bellis perennis* (la Pâquerette); très fréquemment aussi il est entièrement déprimé, et plan, convexe ou un peu concave, comme chez le Soleil (*Helianthus an-*

nuus). On conçoit que les fleurs qui occupent la base de l'épi et s'épanouissent les premières correspondent dans le capitule à celles qui occupent la circonférence, et celles du sommet de l'épi à celles du centre du capitule; seulement l'axe, au lieu d'être cylindrique comme dans l'épi, est transformé dans le capitule en un plateau (nommé *réceptacle*), et les bractées, au lieu d'être superposées en spirale, se trouvent sur une surface plane disposées en quinconce (sous le nom de folioles de l'involucre pour les extérieures, et sous le nom d'écailles ou de paillettes pour celles à l'aisselle desquelles naissent les fleurs). — Que l'on suppose maintenant un capitule dont le réceptacle, au lieu d'être plan, soit d'abord déprimé, puis profondément excavé par suite de l'élévation de ses bords; qu'enfin les bords se rapprochent tellement qu'ils ferment la cavité occupée par les fleurs, et l'on aura l'inflorescence du Figuier, inflorescence dans laquelle le fond du réceptacle creux correspond réellement au sommet de l'axe, et dans lequel les bords qui ferment l'ouverture correspondent à la base de l'axe. Ces bords, qui portent des bractées ou écailles, représentent la base d'un épi qui serait en quelque sorte renfoncé en lui-même comme un doigt de gant; chez la figue, dont les fleurs sont unisexuelles, les fleurs mâles sont situées sur les limites de ce bord (analogue à la circonférence d'un capitule ou à la base d'un épi), et les fleurs femelles occupent tout le reste de l'étendue du réceptacle (correspondant au centre d'un capitule ou à la partie supérieure d'un épi). — L'inflorescence du Figuier est à la maturité pulpeuse et comestible (on la connaît sous le nom de figue, *ficus*); elle a reçu à cet état le nom de *Sycône* (Mirb.), et est placée au nombre des fruits agrégés, composés ou synanthocarpés. (Voir le mot Inflorescence.)

Hymenodes = *membranaceus*, membraneux, = *membraniferus*, muni d'une membrane.

Hyperboreus, qui croît dans les régions hyperboréales.

Hypertrophie, *Hypertrophia*; phénomène en vertu duquel un organe subit un excès de développement et acquiert un volume considérable et anormal. Les travaux horticoles ont fréquemment pour but de déterminer des hypertrophies chez les

divers organes des plantes alimentaires, fruits, racines, etc.
Le Chou-fléur est le résultat d'une hypertrophie de l'axe chez
le Chou commun. L'hypertrophie se fait d'ordinaire par le
développement exagéré du tissu cellulaire seulement; il en
résulte que les organes hypertrophiés sont en général d'une
consistance pulpeuse et succulente.

hypo, dans les mots dérivés du grec, signifie *dessous, sous;* en
latin *sub.*

Hypoblaste, *Hypoblastus*, = *Blastophorus.* Chez l'embryon des
Graminées, Cl. Richard a donné ce nom à l'organe nommé
Vitellus par Gaertner. — Deux opinions principales partagent
les botanistes relativement à la structure de l'embryon chez les
Graminées. Les uns veulent que l'organe charnu qui constitue
un volumineux appendice latéral et qui est désigné sous le
nom d'*hypoblaste*, soit le cotylédon de l'embryon ; cette opinion, qui est la plus ancienne, est celle de A. L. de Jussieu, de
MM. de Mirbel, Kunth, Endlicher et Auguste de Saint-Hilaire.
D'autres observateurs au contraire, regardent ce corps comme
appartenant à l'axe de l'embryon : pour Cl. Richard il constitue la radicule même (ce que les autres appellent radicule
étant pour lui une radicule secondaire ou radicelle, et la coléorhize de cette radicule secondaire étant un appendice de la
tigelle); pour M. Ad. de Jussieu, la radicule secondaire de
Cl. Richard est la véritable radicule primaire (ainsi que pour
ceux qui considèrent l'hypoblaste comme un cotylédon); mais
l'hypoblaste n'est pas le cotylédon, et comme il n'est pas non
plus la radicule et qu'il est situé dans l'intervalle qui sépare ces
deux organes, intervalle appartenant à la tigelle, c'est une protubérance ou expansion latérale de la tigelle. En présence des
opinions divergentes professées simultanément par des observateurs d'un si haut mérite, je me suis livré à des recherches
assidues sur l'embryon des Monocotylédones et particulièrement des Graminées, et je suis parvenu à reconnaître que
l'hyplobaste est un corps composé d'une partie qui correspond
à une feuille ou cotylédon, et d'une partie que l'ensemble des
faits que j'ai été à même d'observer me porte à considérer
comme une tigelle et une radicule. Ce résultat explique com-

ment les partisans de l'une et de l'autre opinion qui divisaient les physiologistes pouvaient de part et d'autre appuyer leur sentiment sur de bonnes observations sans pour cela parvenir à porter la conviction dans l'esprit de leurs adversaires.—Établissons d'abord que la partie libre étalée ou engaînante de l'hypoblaste constitue la première feuille de l'embryon (première feuille dite cotylédon). Une des premières objections faites à cette opinion est que la forme en écusson ou disque étalé de l'hypoblaste chez la plupart des Graminées (le Froment, par exemple), s'éloigne de la forme du cotylédon engaînant de la plupart des Monocotylédones. Il me suffira à ce sujet de faire remarquer que la plupart des organes végétaux sont susceptibles de revêtir les formes les plus bizarres sans que, pour cela, leur nature puisse être méconue, et, en second lieu, que chez le Maïs, par exemple, l'hypoblaste embrasse le bourgeon (dit gemmule) aussi complétement que cela a lieu chez les Liliacées, par exemple. — Une seconde objection, au premier abord plus sérieuse, est que, chez le Maïs, la feuille qui paraît la seconde dans l'ordre de superposition et de développement des feuilles de l'embryon a ses bords dirigés du même côté que les bords du cotylédon lui-même; or, chez des plantes à feuilles distiques on ne peut admettre deux feuilles successives situées immédiatement l'une au-dessus de l'autre et par conséquent à bords dirigés du même côté. Cette difficulté serait peut-être insoluble si les embryons de toutes les Graminées étaient semblables à celui du Maïs, mais il est loin d'en être ainsi; en effet, chez l'Orge, le Froment, l'Avoine, le Seigle, et autres genres de la famille des Graminées, il existe un organe (l'*épiblaste* de Cl. Richard) qui alterne avec le cotylédon et n'est autre chose qu'une véritable feuille (comme l'admet M. Lindley); l'alternance de cette feuille avec le cotylédon et la feuille foliacée située plus haut fait tomber l'objection précédente ou du moins la réduit au Maïs et aux genres dont l'embryon est analogue à celui du Maïs. Or, cette feuille intermédiaire (ou épiblaste) est si rudimentaire chez quelques genres, que souvent on a assez de peine à la bien voir : pourquoi n'admettrait-on pas que chez le Maïs elle avorte complétement sans que pour cela la feuille située au-dessous et la feuille située au-dessus doivent être modifiées dans leur situation? Si l'on m'objecte qu'il est singulier que cette deuxième feuille soit moins développée que celle qui la précède et celle qui la suit, je rappellerai que chez l'embryon du *Trapa*, l'un des deux cotylédons est énorme, tandis que l'autre est d'une petitesse relativement extrême; dans le genre *Albrandia* (famille des Morées) et dans les genres *Anthiaris* et *Conocephalus* (famille des Artocarpées) les deux premières feuilles de l'embryon ou cotylédons sont aussi d'une grande inégalité de volume. — La troisième objection est plus facile encore à résoudre que les précédentes. Le cotylédon des Monocotylédones, lorsqu'il est embrassant, présente à sa partie antérieure une petite fente qui a été particulièrement démontrée par M. Ad. de Jussieu, et qui indique les deux bords rapprochés de cette feuille; il en résulte que, chez les Graminées chez lesquelles le cotylédon est étalé (le Froment, par exemple), ce cotylédon ne peut présenter de fente, puisque ses bords sont complétement écartés; or, on a trouvé une fente sur la feuille qui suit l'épiblaste et qui est la première dont le limbe soit enroulé, et l'on en a conclu que cette feuille enroulée est le cotylédon. Je ne saurais admettre cette conclusion, puisque chacune des jeunes feuilles roulées ayant sa fente, cette fente ne saurait servir de caractère distinctif pour la feuille cotylédonaire.—Ayant démontré que l'hypoblaste des Graminées constitue, au moins dans sa partie libre, une véritable feuille cotylédonaire, il me reste à établir qu'une partie de cet hypoblaste constitue la première tigelle, y compris la radicule. Pour cela je placerai dans la même position un embryon de Graminée (celui du Maïs), et celui d'une Liliacée, d'un Ail, l'*Allium Cepa*, par ex. (ces deux embryons sont de formes très différentes, le premier étant irrégulièrement hémisphérique, et le second étant longuement cylindrique). Si je dirige en haut la gaîne des deux embryons, il en résulte que l'embryon du Maïs a sa convexité dirigée en bas, et celui de l'*Allium* celle de ses extrémités qui s'échappe la première de la graine pendant la germination; or, si cette extrémité dirigée en bas est regardée chez l'*Allium* comme la radicule primordiale, pourquoi chez le Maïs la partie située au même point ne serait-elle pas considérée comme le même organe et ne prendrait-elle pas le même nom? Ce qui fait que chez le Maïs cette partie inférieure du cotylédon n'a pas été considérée comme la première radicule (excepté cependant par Cl. Richard qui voyait une radicule dans l'hypoblaste tout entier), c'est que cette radicule n'est pas destinée à s'accroître, la nature en a fait seulement un magasin de substance nutritive ainsi que de la partie limbaire du cotylédon ; on a été d'autant plus éloigné de voir dans cet organe une radicule, que l'on a vu, à côté de cette masse inerte, sortir une radicule entourée d'une coléorhize, et que l'on admettait par erreur, ainsi que je l'ai démontré ailleurs, que le caractère essentiel de la radicule chez les Monocotylédones est d'être entourée d'une coléorhize ; cette radicule coléorhizée existe à côté de ce tubercule que j'appelle la radicule primitive, parce que la première feuille de l'embryon étant, chez les Graminées, détournée de la forme et des fonctions qu'elle présente chez les autres Monocotylédones, c'est la seconde ou la troisième feuille qui emprunte la forme et les fonctions de la première. En raison de ce changement de fonctions et de formes du cotylédon, la gemmule ne pouvait se comporter chez les Graminées comme chez la plupart des autres Monocotylédones ; en effet, elle prend une direction oblique et presque transversale, et la racine coléorhizée glisse à la surface du cotylédon (comme chez le Froment), ou en traverse le limbe (comme chez le Maïs, qui présente par conséquent une double coléorhize).

hypocratériforme,... *formis,* = **hypocratérimorphe,...** *morphus* (DC.), en forme de coupe large, peu profonde et portée sur un pied ; se dit d'une corolle à tube étroit brusquement dilatée en un limbe large et peu concave.

hypogé, *hypogœus,* qui est situé au-dessous de la surface du sol ; se dit de certaines tiges souterraines ou rhizomes. Les feuilles des tiges hypogées peuvent elles-mêmes être hypogées, ou s'élever au-dessus du sol ; dans ce dernier cas, elles sont dites *épigées.* La Truffe est un Champignon hypogé.

hypogyne, *hypogynus.* L'insertion des divers verticilles de la fleur qui entourent l'ovaire est dite hypogyne lorsqu'elle a lieu sur le réceptacle de la fleur au même niveau que l'insertion de l'ovaire lui-même. Lorsque la corolle et le calice (ou même les étamines, la corolle et le calice) paraissent soudés entre eux dans une certaine étendue et constituent un tube au centre duquel l'ovaire reste libre, l'insertion est dite *périgyne*; si l'ovaire est lui-même compris dans la soudure, l'insertion est dite *épigyne*. (Voir les mots Insertion, Calice, Corolle, etc.)

hypomenus (Nek.), qui est situé au-dessous; ce mot est synonyme d'*inferus*.

hypophyllus, qui est situé ou inséré sous la feuille.

Hypophyllium (Link), nom (inadmis) donné aux feuilles squamiformes chez les genres, *Ilex*, *Asparagus*, etc.; à l'aisselle de ces feuilles naissent des rameaux qui ont quelquefois l'aspect de véritables feuilles.

hysterantheæ (Viv.). On a désigné par ce mot les plantes dont les feuilles se développent après les fleurs.

I

Iconographie végétale; art de représenter les végétaux et les détails de leur organisation par le dessin et la gravure (voir les chapitres 19, 23 et 24 du livre Ier de cet ouvrage). — *Icones*, figures dessinées, planches gravées.

icos, dans les mots composés tirés du grec, signifie vingt, *viginti*. — *icosandrus*; se dit d'une fleur à vingt étamines.

icosimerus; se dit d'une fleur qui présente vingt pièces dans son ensemble (inusité); se dit aussi d'organes de même nature au nombre de vingt; ex. : *Stamina icosimera*.

idiogynus, qui n'a point d'organe femelle; les fleurs stériles et les fleurs mâles sont dans ce cas (inusité).

igneus, = *flammeus* (dans les mots composés tirés du grec πυῤῥός): couleur de feu, d'un rouge orangé vif et éclatant; par exemple, les fruits du *Cratægus pyracantha* (Buisson-ardent), de l'*Adonis flammea*, etc.

illinitus, enduit (d'une couche visqueuse); par exemple les tiges du *Lychnis Viscaria*, au-dessous du niveau de leurs articulations ; les tiges du *Silene Otites*, etc.

imberbis ; dépourvu de houppe de poils ; s'oppose à *barbatus*.

imbricativa (*Præfloratio*), préfloraison imbricative ou imbriquée (voir les mots préfloraison et préfoliaison). — *imbricatim* (adv.), d'une manière imbriquée.

imbriqué, *imbricatus* ; se dit de feuilles, de bractées, etc., disposées en une spirale à tours rapprochés, de telle sorte que chacune des feuilles appartenant à l'un des tours de spire soit située au niveau de l'intervalle qui sépare deux feuilles chez le tour précédent et chez le tour suivant. Il résulte de cette disposition (dite en quinconce), analogue à la disposition des tuiles qui recouvrent un toit, que le sommet de chaque pièce recouvre en partie la base de deux des pièces du verticille ou du tour de spire situé au-dessus ; cette disposition est facile à étudier chez les bractées (dites écailles) qui constituent l'involucre du capitule, chez la plupart des genres de la famille des Composées. — Préfloraison imbriquée (voir le mot Préfloraison).

immaculatus, qui ne présente point de taches ; s'oppose à *maculatus*.

immarginatus, qui ne présente point un rebord distinct du reste de la surface ; s'oppose à *marginatus*.

immaturatus, non encore mûr ; se dit de l'ovaire avant qu'il ait passé complétement à l'état de fruit mûr.

immersus, plongé ; se dit d'un organe enfoncé dans un tissu qui l'enveloppe complétement.

immédiate (Insertion) ; se dit des insertions des diverses parties de la fleur qui ont lieu franchement sur l'axe ; ces insertions sont dites *hypogynes*. On désigne sous le nom d'insertions *médiates* les insertions *périgynes* et *épigynes*, dans la pensée que ces insertions se font en réalité au même point que les insertions hypogynes ; et que l'insertion apparente au-dessus de ce niveau est le résultat de la soudure de plusieurs organes entre eux dans une certaine étendue de leur partie inférieure (voir le mot Insertion).

immobile, *immobilis* ; se dit des anthères qui sont fixées au filet,

de manière à ne pouvoir se renverser dans divers sens. Dans
le cas contraire, l'anthère est dite *mobile* ou *vacillante.*

imparfait, *imperfectus*; se dit d'organes qui, normalement ou
anormalement, subissent un arrêt de développement dans
quelques unes de leurs parties.

impar, impair, qui se compose de pièces en nombre impair.

imparipinné, *imparipinnatus*; se dit d'une feuille composée-
pinnée présentant une foliole terminale impaire. — Chez les
feuilles *paripinnées*, le rachis se termine brusquement ou se
prolonge en pointe ou en vrille.

impellucidus, non pellucide, opaque. — *imperforatus*, non perforé. — *impervius*, fermé.

implexus = *implicatus, intertextus*; entrelacé, constituant une
trame.

impositus, situé sur; qui semble surajouté au sommet, au bord,
ou à la surface d'un organe.

impressus, dont la surface est marquée de points ou de lignes
enfoncées, comme celles qui seraient produites par la pression
de parties en relief sur une substance molle.

impuber, qui n'est point encore adulte.

imus = *infimus*, situé dans le fond; *imo calyce*, au fond du
calice.

inæqualis (dans les mots composés tirés du grec *anisos*); se dit
d'objets inégaux en grandeur.

inæquilateralis, = *inæquilaterus*, inéquilatéral.

inæquilongus; se dit d'objets de longueur inégale.

inanis, qui est creux, vide, stérile; se dit des loges d'un fruit
dont les ovules ont avorté.

inapertus, fermé, qui ne s'ouvre pas; se dit de certains fruits.

inappendiculé, ... *atus*, qui ne présente point d'appendice; s'oppose à appendiculé.

incanescens, devenant blanchâtre.

incanus, paraissant blanc en raison de la pubescence.

incarnat, *incarnatus*, d'un rose de carmin vif, mais peu foncé.

incisé, *incisus*; qui présente des incisures ou découpures qui
n'atteignent pas au delà de la partie moyenne.

Incisure, *Incisura*. On nomme incisures des découpures souvent irrégulières chez un organe simple, une feuille par exemple, lorsque ces découpures n'atteignent pas au delà de la partie moyenne du limbe.

incliné, *inclinatus*, penché, courbé par son propre poids.

inclus, *inclusus*; renfermé. — La radicule de certains embryons dicotylédonés est réfléchie sur le dos de l'un des cotylédons. Lorsque, dans ce cas, les cotylédons sont pliés longitudinalement (cotylédons condupliqués), de manière à embrasser la radicule, cette radicule est dite incluse. — Chez les corolles gamopétales, les étamines et le style qui ne font point saillie hors du tube sont dits inclus. Ces organes sont dits *exserts* lorsqu'ils font saillie hors du tube : *Corolla staminibus exsertis* s'oppose à *C. s. inclusis*. — *includens*, qui renferme.

incombant, *incumbens;* qui est couché sur un autre organe sans y être adhérent. La radicule de certains embryons dicotylédonés, réfléchie sur la face dorsale de l'un des cotylédons, est dite incombante (ou dorsale); si elle est réfléchie sur la commissure des deux cotylédons, elle est dite accombante (ou commissurale). (Voir le mot accombant.)

incomplet, *incompletus*, *imperfectus*; se dit d'un organe chez lequel une partie quelconque manque complétement ou reste à l'état rudimentaire : telles sont les cinq étamines réduites au filet chez le genre *Erodium*. — Les loges d'un fruit composé de plusieurs carpelles soudés sont dites incomplètes lorsque ces carpelles n'étant point fermés complétement, les cloisons qui séparent les loges du fruit composé n'atteignent point l'axe du fruit, et que toutes les loges communiquent avec une cavité centrale; telle est la disposition qui existe chez le genre Pavot (*Papaver*).

inconspicuus, qui est à peine visible à l'œil nu, en raison de son excessive petitesse.

incrassatus, renflé; qui va en grossissant d'un point à un autre; *pedunculus incrassatus*, pédoncule renflé de la base au sommet, par exemple celui de l'*Arnoseris minima*.

Incrustations; se dit de couches terreuses déposées par les eaux sur certaines plantes submergées, certains *Chara* par exemple.

Ces couches terreuses forment autour des tiges une enveloppe crustacée et fragile.

incultus; se dit d'un terrain non cultivé : *in incultis,* dans les terrains en friche ou en jachère.

incurvé, *incurvus, incurvatus;* qui est courbé dans la partie supérieure, par exemple le sommet de la tige florifère avant l'épanouissement, chez le *Sedum reflexum.* — Courbé en dedans : une fleur est dite : *staminibus incurvis,* lorsque les étamines sont courbées de manière à embrasser l'ovaire. Courbé de bas en haut ou de dedans en dehors, s'exprime par le mot récurvé, *recurvatus.*

indéfini, *indefinitus,* = indéterminé, = centripète. On donne ces diverses épithètes aux axes (tiges ou rameaux) dont le bourgeon terminal s'allonge indéfiniment. Chez les inflorescences dites indéfinies, l'axe, à mesure qu'il s'allonge, émet successivement des rameaux ou ramuscules florifères dont les fleurs, s'épanouissant dans l'ordre de leur apparition, se développent de la base au sommet de l'axe, ou, ce qui revient au même, de la circonférence vers le centre. — Indéfini s'oppose aux mots : défini, déterminé, et centrifuge (voir le mot inflorescence).

indéhiscent, *indehiscens;* qui ne s'ouvre pas. Se dit des fruits dont le péricarpe ne s'ouvre pas spontanément. Les fruits charnus sont indéhiscents; les graines de ces fruits ne sont mises en liberté que par la destruction (par putréfaction) du péricarpe. Les fruits secs qui ne renferment qu'une seule graine (et sont dits akènes) sont généralement indéhiscents, et ne s'entr'ouvrent, pour livrer passage à l'embryon, qu'à l'instant de la germination.

indépendant, *independens;* se dit d'un organe qui n'est soudé à aucun autre.

indéterminé, *indeterminatus* (voir le mot indéfini).

indigène, *indigenus;* qui appartient à la végétation spontanée du pays. S'oppose à exotique, *exoticus.*

indistinct, *indistinctus;* qui n'est pas visible. Se dit aussi de plusieurs organes intimement soudés en un organe composé, et, dans ce sens, est synonyme d'*indivis*. — S'oppose à distinct, *distinctus*.

i indivis, *indivisus* ; se dit d'un organe composé d'organes simples soudés entre eux dans toute leur longueur : par exemple le style chez les Labiées. — Un organe simple (une feuille par exemple) qui n'est pas divisé est dit *entier*.

i induplicative (préfloraison) ; variété de la préfloraison valvaire, dans laquelle les bords des pétales ou des sépales rentrent en dedans en s'appliquant l'un contre l'autre, au lieu d'être simplement contigus.

Induration , *Induratio* ; augmentation des matières solides dans un tissu. L'induration peut être normale ou constituer une anomalie.

induré, *induratus* ; qui a acquis une consistance ligneuse. — *indurescens*, qui tend à devenir dur.

Indusium. On a donné ce nom, dans la famille des Fougères, à un tégument constitué par un lambeau d'épiderme qui, chez la plupart des genres, recouvre les *sores* ou groupes de *sporanges*. L'*indusium* manque chez le genre *Polypodium* ; il est réniforme-suborbiculaire chez le genre *Nephrodium*, continu avec le bord des divisions de la feuille dans le genre *Pteris*, etc. — On a nommé *Induviæ florales* les parties de la fleur qui persistent et qui entourent le fruit jusqu'à sa maturité : par ex. le calice des *Chenopodium*, des *Blitum*, des *Polygonum*, des *Rumex*, des *Amaranthus* ; et, le fruit, ainsi enveloppé, est dit *induviatus*. On se contente, dans les descriptions d'espèces, de dire si le calice est caduc ou persistant, et l'on n'insiste presque jamais, dans ce dernier cas, sur les rapports du fruit avec ce calice ; l'épithète *induviatus* doit au moins être employée pour indiquer le fait, si ce fait n'est pas exposé avec détail.

inégal, *inæqualis.* On appelle inégaux des organes ordinairement de même nature qui sont de différentes longueurs.

inembryoné, *inembryonatus.* On a désigné sous le nom d'inembryonés les végétaux qui ne se reproduisent point par de véritables embryons. Mais la nature des corps reproducteurs chez les diverses classes de l'embranchement des Cryptogames ou

Acotylédonés n'est point encore assez connue pour que l'on puisse affirmer que ces corps constituent ou ne constituent pas de véritables embryons.

inéquilatéral, *inæquilateralis*, *inæquilaterus*; se dit d'une feuille dont les deux moitiés longitudinales sont de grandeur ou de forme différente.

inerme, *inermis*: qui ne présente ni aiguillons, ni épines, ni aucune pointe piquante.

infère, *inferus*; qui est situé au-dessous d'un autre organe qui semble le surmonter ou le couronner. Les ovaires des fleurs chez lesquelles l'insertion est épigyne ont longtemps été désignés sous le nom d'ovaires infères, ce qui signifiait ovaires au-dessous de la fleur. Selon la même nomenclature la fleur était alors dite supère. — Dans le cas où l'ovaire est libre (insertions hypogyne et périgyne), l'ovaire était dit supère et la fleur infère. — On voit combien cette nomenclature qui considérait l'ovaire comme ayant une situation indépendante de celle de la fleur dont il fait partie-était vicieuse. On a remplacé avec raison dans le cas d'épigynie l'expression d'ovaire infère par l'expression d'*ovaire adhérent*, et dans les cas d'hypogynie et de périgynie, l'expression d'ovaire supère par l'expression d'*ovaire libre*. (Voir le mot Insertion.) — *Infernè* (adv.), inférieurement.

infimus, se dit de l'organe situé le plus inférieurement relativement aux autres organes de la même nature chez un même individu.

inflatus, gonflé, vésiculeux; se dit d'une tunique mince et membraneuse qui semble dilatée par l'air qu'elle renferme; par exemple le calice du *Silene inflata*.

inflexus, = *introflexus*, fléchi en dedans, infléchi.

Inflorescence, *Inflorescentia*. On désigne sous le nom d'inflorescence la disposition générale des fleurs, ou leur arrangement sur chaque rameau. — L'inflorescence est dite *uniflore* lorsqu'elle se compose d'une seule fleur terminant soit un pédoncule radical, soit un pédoncule isolé émis par une tige aérienne. L'inflorescence est dite *pluriflore* ou *multiflore*, selon qu'elle se compose de plusieurs fleurs ou d'un grand nombre de fleurs. — Les inflorescences sont constituées : 1° Par un organe axile, savoir : un *pédoncule* ou rameau floral simple ou plus ou moins rameux; l'axe de ce pédoncule a été nommé *rachis*; les dernières divisions de l'axe, terminées chacune par une fleur, sont désignées sous le nom de *pédicelle*. Le pédicelle est ordinairement constitué par un seul entrenœud; par conséquent il ne présente point de bractées dans sa longueur; il naît en général à l'aisselle d'une bractée; au contraire, le pédoncule uniflore (qui ressemble au pédicelle par la fleur unique qui le termine) présente des bractées dans sa longueur, et il devient rameux et pluriflore lorsque des bourgeons florifères se développent à l'aisselle de ces bractées. On désigne sous le nom de *réceptacle* l'extrémité d'un pédoncule qui s'élargit et donne insertion à ce niveau à des fleurs qui ne laissent aucun intervalle entre elles. 2° Les inflorescences sont constituées par des organes appendiculaires, savoir : des *bractées* ou feuilles généralement moins grandes que celles de la tige, rarement divisées, vertes, colorées, ou incolores, et souvent réduites à des *écailles* (ces feuilles très réduites ne représentent en général que la partie pétiolaire des feuilles complètes); lorsque les bractées conservent la forme, la couleur, et à peu près la dimension des feuilles, on les désigne sous le nom de *feuilles florales*; les bractées inférieures d'une inflorescence peuvent être des feuilles florales, et les bractées supérieures être réduites à des écailles (*bractées squamiformes* ou *bractéoles*). C'est à l'aisselle des bractées que naissent ordinairement les pédicelles qui se terminent chacun par une fleur. On désigne sous le nom d'*involucre* un ensemble de bractées disposées en un verticille simple, en plusieurs verticilles concentriques et rapprochés, ou en une spirale indéfinie à tours de spire très rapprochés; les bractées sont, dans ce dernier cas, disposées en quinconce et sont dites imbriquées. Chez les Composées, les réceptacles sont entourés d'un involucre dont les bractées sont quelquefois désignées sous le nom d'*écailles de l'involucre*. Chez les Ombellifères, l'involucre de l'Ombelle est constitué par un seul verticille de bractées; l'involucre des ombelles secondaires ou ombellules est désigné sous le nom d'*involucelle*. — Les fleurs qui terminent chaque pédicelle sont elles-mêmes constituées par une partie axile (réceptacle de la fleur ou *tórus*) et par des organes appendiculaires (feuilles modifiées) disposés en verticilles ou en spirales (voir le mot Fleur). — Les inflorescences, soit uniflores, soit multiflores, sont terminales en ce sens qu'elles terminent presque toujours un axe; néanmoins on les nomme terminales quand elles terminent des axes principaux feuillés inférieurement, et on les nomme axillaires quand elles terminent des axes secondaires nés à l'aisselle des feuilles d'axes principaux feuillés dans toute leur étendue et émettant une série d'inflorescences échelonnées dans une certaine partie de leur longueur. Du reste, il existe de nombreuses transitions entre les tiges florifères et les inflorescences, de même qu'il existe, en apparence du moins, des transitions entre les inflorescences (dites fleurs composées, etc.) et les fleurs. — Les inflorescences peuvent être classées en deux sections principales : les *Inflorescences indéfinies* et les *Inflorescences définies* (Rœper). Les inflorescences indéfinies sont constituées par des fleurs disposées en spirale autour d'un axe indéfini, c'est-à-dire qui ne se termine pas par une fleur, mais s'allonge indéfiniment et émet des pédicelles axillaires dans toute sa longueur. Les fleurs s'épanouissent dans l'ordre successif de leur apparition; elles se développent, chez les inflorescences indéfinies, de la base au sommet, ou, ce qui revient au même, de la circonférence vers le centre. Les inflorescences définies résultent d'axes principaux terminés chacun par une seule fleur; un axe terminé par une fleur émet au-dessous de cette fleur un ou deux pédoncules axillaires terminés, chacun à leur tour, par une seule fleur; ceux-ci émettent de nouveaux pédoncules terminés chacun par une fleur, et ainsi de suite. — Parmi les inflorescences indéfinies, on distingue : l'*Épi*, qui se compose de pédicelles uniflores insérés dans toute la longueur ou dans la partie supérieure d'un axe simple indéfini. La *Grappe* ou épi pendant. Le *Chaton* ou grappe articulée à sa base et caduque; le chaton se compose souvent de fleurs incomplètes. Le *Cône* ou chaton, femelle des arbres de la division des Gymnospermes. Le *Spa-*

dice, épi enveloppé dans une large bractée dite *spathe*. Le *Capitule*, épi dont l'axe est raccourci et constitue un réceptacle conique convexe, plan ou même concave, sur lequel sont insérées les fleurs, et qui est entouré de bractées constituant un involucre ; le capitule est quelquefois désigné, dans la famille des Composées, sous le nom de *Calathide*. L'*Hypanthode* ou *Sycône*, capitule dont l'axe est profondément déprimé et dont le réceptacle constitue une sorte de sac, aux parois internes duquel sont insérées les fleurs. La *Panicule*, épi portant des pédoncules de second ordre, eux-mêmes plus ou moins rameux. La *Panicule spiciforme* ou *Épi composé*, dont les rameaux sont dressés et apprimés contre l'axe, de telle sorte que l'ensemble a l'aspect d'un épi simple (cette inflorescence est commune dans la famille des Graminées). Le *Thyrse*, panicule dont les rameaux moyens sont les plus longs (dans la panicule type les rameaux inférieurs sont les plus longs). Le *Corymbe*, panicule dont tous les rameaux sont étalés de telle sorte que les fleurs arrivent toutes à la même hauteur, et que l'inflorescence présente une face supérieure plane (telle est l'inflorescence chez le Sureau commun *Sambucus nigra*). Le *Fascicule* est un corymbe à rameaux simples. L'*Ombelle*, un corymbe dont tous les rameaux partent du même point. Le *Sertule*, est une ombelle dont les rameaux sont des pédicelles, c'est-à-dire sont uniflores. L'*Ombelle composée* est une ombelle dont chaque rameau se termine par une ombelle secondaire, toutes les ombelles secondaires arrivant à la même hauteur. Ces ombelles de second ordre ont reçu le nom d'*Ombellules* ; les pédoncules de chaque ombellule sont désignés sous le nom de *rayons* de l'ombelle. Chez les corymbes, les ombelles et les ombellules, les pédoncules secondaires sont en général d'autant plus longs, qu'ils sont situés plus extérieurement, les fleurs de ces pédoncules ne dépassent pas le niveau qu'atteignent les fleurs des pédoncules intérieurs plus courts, parce que les pédoncules sont d'autant plus écartés de l'axe qu'ils sont plus longs. — Parmi les inflorescences définies on distingue : la *Cyme non dichotome*, que l'on pourrait nommer *Cyme alterne* ou *Cyme vague*, et qui résulte d'un ensemble de pédoncules uniflores terminant des rameaux à feuilles alternes; et la *Cyme dichotome* qui résulte de pédoncules uniflores terminant des rameaux pourvus d'une paire de feuilles opposées, chacune des deux feuilles émettant un pédoncule semblable qui en émettra deux autres à son tour (de l'aisselle des deux feuilles opposées qu'il présente). Lorsqu'une des deux branches des dichotomies successives se développe seule et d'un même côté, les axes constituent, par leur ensemble, l'inflorescence désignée sous le nom de *Cyme scorpioïde* ou *Grappe scorpioïde*. Si tantôt l'une, tantôt l'autre des branches de la dichotomie se développe isolément, il en résulte un axe composé constituant une ligne en zigzag; on pourrait nommer cette inflorescence: *Cyme brisée*. Enfin, lorsque les axes d'une cyme, soit alterne, soit dichotome, sont très courts, et que les fleurs sont presque sessiles et groupées en paquet ou en tête à l'extrémité de l'axe principal (que cet axe soit lui-même allongé ou qu'il soit très court), l'inflorescence est désignée sous le nom de *Glomérule*; dans cette inflorescence les fleurs semblent s'épanouir dans un ordre irrégulier, mais on peut s'assurer par un examen attentif qu'elles s'épanouissent dans le même ordre que chez les cymes à rameaux allongés.— On désigne sous le nom général d'*Inflorescences mixtes* les inflorescences qui, par leur axe principal, appartiennent aux inflorescences indéfinies, et qui, par leurs axes secondaires, appartiennent aux inflorescences définies, et *vice versâ*. On décrit ces inflorescences en combinant les expressions qui désignent les différents genres d'inflorescence; c'est ainsi que l'on dit: *capitules disposés en cyme*, et: *cymes disposées en corymbe*, etc. — On a désigné sous le nom d'*Inflorescences oppositifoliées* les inflorescences terminales, chez lesquelles le pédoncule est dévié de la direction verticale, par le rameau axillaire qui usurpe quelquefois cette direction en raison de sa plus grande vigueur, le pédoncule axillaire ayant été regardé alors, par erreur, comme la continuation de l'axe principal, et la fleur ayant été considérée comme opposée à la feuille (tandis que la feuille naît sur l'axe que termine la fleur). — On nomme *Inflorescences extra-axillaires*, certaines inflorescences chez lesquelles le pédoncule, en raison d'une soudure se détache de

la tige au-dessus de l'aisselle de la feuille (chez certains *Solanum* par ex.). — On a nommé *Inflorescences épiphylles*, les inflorescences qui semblent naître sur des feuilles, chez les plantes
dont les rameaux ont la forme de feuilles (chez le *Ruscus aculeatus*, par exemple). — Les *pédoncules radicaux* (naissant sur
la souche) ont été désignés sous le nom de *Hampe* ou de scape
(*scapus*) chez les Monocotylédones, et par extension, chez
quelques Dicotylédones. (Voir, pour plus de détails, les termes
cités dans cet article, à leur place alphabétique.)

infra, dessous; dans les mots composés grecs *hypo*. — *Infra-
apicalis*, qui est situé immédiatement au-dessous du sommet.

infractus, brusquement coudé.

infrafoliaceus; qui est situé au-dessous de la feuille.

infundibuliforme, *infundibuliformis*; en forme d'entonnoir. Se
dit d'une corolle gamopétale dont le tube est long et étroit, et
le limbe insensiblement évasé en forme de cône renversé : telle
est la corolle de la Belle-de-nuit, par exemple.

ingratus, désagréable; se dit d'une odeur, d'une saveur, etc. ;
s'oppose à *gratus*.

innatus = adnatus ; inséré sur, qui semble naître de.

Innovatio (Hedw.), Innovation ; nom donné aux rosettes de
feuilles et aux bourgeons ou rameaux axillaires, qui se produisent chaque année chez un grand nombre d'espèces de la
famille des Mousses, et multiplient la plante de la même manière que les stolons reproduisent les plantes phanérogames
qui en sont pourvues.

inodore, *inodorus*; qui n'exhale aucune odeur, s'oppose à odo-
rant, *odoratus*.

inondé, *inundatus*; *herbæ inundatæ*, plantes croissant au bord
des eaux et se trouvant alternativement à sec, et recouvertes
par l'eau selon les variations du niveau de l'eau.

Inoculatio, Greffe (voir ce mot).

inséré, *insertus*; qui a un point d'attache. Les feuilles sont dites
insérées sur la tige; les diverses parties de la fleur sont insérées sur le réceptacle ou axe de la fleur, cette insertion est
évidente dans le cas où l'insertion est hypogyne; dans d'autres cas où l'insertion est dite fausse ou apparente, certains

verticilles de la fleur semblent insérés, soit sur le calice (insertion périgyne), soit sur l'ovaire (insertion épigyne).

Insertion, *Insertio*. On désigne sous le nom d'insertion le point par lequel un organe appendiculaire (feuille de la tige ou de la fleur) est attaché sur l'axe. Chez les feuilles sessiles, le limbe est inséré directement sur la tige; chez les feuilles pétiolées, l'insertion a lieu par la base du pétiole. L'insertion est limitée à un point peu étendu chez les feuilles à base étroite; l'insertion est circulaire (décrit un anneau plus ou moins complet) chez les feuilles à base embrassante ou engaînante. L'insertion se prolonge visiblement sur les tiges au-dessous du point d'attache chez les feuilles dites décurrentes. Les feuilles ne sont insérées que sur l'axe ascendant (tige), elles ne sont jamais insérées sur l'axe descendant (racine). Des bourgeons adventifs peuvent, il est vrai, naître sur les véritables racines, mais ces bourgeons naissent sans ordre, tandis que les feuilles sont toujours disposées régulièrement; les feuilles de ces bourgeons adventifs naissent, non pas sur la racine, mais sur les axes adventifs émis par la racine. Les tiges souterraines (rhizomes), ayant souvent l'aspect des racines, et ayant été pendant long-temps confondues avec les véritables racines, on a nommé feuilles radicales les feuilles qui naissent des rhizomes. — L'insertion des feuilles qui composent les divers verticilles de la fleur se présente dans diverses conditions qui ont été désignées sous les noms particuliers d'insertions : *hypogyne*, *périgyne* et *épigyne*. *Hypogyne* (sous l'ovaire), signifie : inséré au même niveau que l'ovaire, et libre d'adhérences avec les divers verticilles : le calice, la corolle et les étamines peuvent être hypogynes. *Périgyne* (autour de l'ovaire), signifie : qui est inséré au-dessus du niveau de la base de l'ovaire, sans lui être adhérent (il existe dans ce cas un tube qui entoure l'ovaire, et que je considère comme une prolongation circulaire de l'axe, auquel les organes sont insérés) : le calice, la corolle, et les étamines peuvent être périgynes; mais, comme on considérait (avant moi) le tube comme n'étant autre chose que la partie inférieure du calice lui-même, la corolle et les étamines étaient seules dites périgynes. *Épigyne* (sur l'ovaire), signifie : inséré au niveau du sommet de l'ovaire, et adhérent à l'ovaire, au-dessous du niveau de cette insertion. Cette expression a été appliquée soit seulement à la corolle et à l'androcée (étamines), soit à ces organes et au calice. Dans les diverses insertions, les organes qui constituent chacun des verticilles de la fleur peuvent être libres entre eux ou soudés entre eux. — Partant de cette idée exacte que des feuilles ne s'insèrent point sur des feuilles, et considérant le tube qui enveloppe l'ovaire, dans les cas de périgynie et d'épigynie, comme appartenant au calice (et par conséquent de nature foliacée), on supposait que les insertions périgynes et épigynes sont apparentes et non réelles, et que l'insertion réelle est dans tous les cas située à la base même de l'ovaire ; et l'on disait dans les cas d'hypogynie, l'insertion *immédiate*, tandis que, dans les cas de périgynie et d'épigynie, on disait l'insertion *médiate*. S'il est vrai, ainsi que je crois l'avoir démontré (voir les articles Calice, Corolle, etc.), que les tubes périgynes et épigynes sont des dépendances de l'axe, toutes les insertions sont réelles, et par conséquent immédiates. — Les *ovules* sont dits insérés sur le *funicule*, le point de leur insertion est désigné sous le nom de *hile* ; et, lorsqu'à l'état de graine, ils sont détachés du funicule, la cicatrice qui existe au niveau du hile est désignée sous le nom de *cicatricule*.

insidens, qui est inséré sur, au milieu de, à l'extrémité de.

insipide, *insipidus* ; qui est dépourvu de saveur.

inspersus = *conspersus*, parsemé de.

integer, entier ; qui n'est pas divisé, mais qui peut cependant présenter des denticulations superficielles : *vagina integra*, gaîne à bords soudés, gaîne complète.

integerrimus, très entier. Se dit d'une feuille qui ne présente pas la moindre denticulation ni la moindre sinuosité.

Integumenta floralia, enveloppes florales : calice et corolle, périanthe. — *I. ovuli, seminis* ; téguments de l'ovule, de la graine. (Voir les mots Ovule et Graine.)

intense (adv.), d'une manière intense : *intense cœruleus*, d'un bleu foncé.

inter, entre. — *Interfoliaceus*, interfoliacé. On a donné cette épithète aux pédicelles terminaux qui naissent entre deux feuilles opposées. — On a donné l'épithète d'*interfurcalis* (entre les deux branches de la fourche) aux pédicelles terminaux qui chez les inflorescences dichotomes sont situés dans l'intervalle des deux branches de la dichotomie.

intérieur, *interior*; qui est situé en dedans. On emploie presque indifféremment les expressions intérieur et interne. — Intérieurement, *interius, introrsum*.

interjectus, intermédiaire séparant deux objets.

intermédiaire, *intermedius, interjectus*; qui est situé dans l'intervalle qui sépare deux autres objets.

interne, *internus*; qui est situé en dedans relativement à une autre partie située plus près du bord ou de la circonférence. — La *Chalaze* a été désignée sous le nom de hile interne ou ombilic interne. — Le *Tegmen* ou *Endoplèvre* de la graine, membrane ordinairement mince qui est située sous le testa et qui enveloppe immédiatement l'amande (constituée par l'embryon muni ou non d'un périsperme), est souvent désigné sous le nom de tunique interne.

interpétiolaire, *interpetiolaris*; a la même signification que le mot interfoliacé. — On a nommé stipules interpétiolaires celles qui, chez les plantes à feuilles opposées, se soudent deux à deux, de telle sorte qu'au lieu de quatre stipules latérales il semble à la première inspection qu'il y ait deux stipules véritablement interpétiolaires; lorsque les stipules sont non seulement soudées entre elles (par leur bord extérieur), mais aussi avec le pétiole (par leur bord intérieur); elles constituent avec les deux pétioles une gaîne qui embrasse la tige.

interrompu, *interruptus*; on appelle *Épis interrompus*, les épis qui, par suite de l'allongement d'un ou de plusieurs entrenœuds, laissent voir une partie de leur axe qui semble dépouillé. — On appelle *feuilles pinnatiséquées-interrompues*, les feuilles qui sont divisées en segments dont la base atteint la nervure moyenne, lorsque ces segments sont écartés entre eux et laissent la nervure moyenne complétement nue dans ces intervalles.

Interstitium, Interstice, fente ou ligne rentrante qui sépare deux bords rapprochés.

intertextus; se dit d'objets filamenteux enchevêtrés. = *Intricatus*.

intervalvis, situé entre les valves; par exemple le châssis qui porte la partie des feuilles carpellaires qui se détache en forme de valve chez le fruit des Crucifères.

intestines, *intestinæ (Plantæ)*; on a appelé parasites intestines les plantes cryptogames qui se développent sous l'épiderme des végétaux vivants et se font jour au dehors en le brisant.

intortus, tortus, contortus; se dit d'un organe qui est tordu ou contourné sur lui-même.

intra, en grec *endos*; dedans, en dedans. — *intrafoliaceus*, qui est situé en dedans des feuilles.

intraire, *intrarius*; se dit d'un embryon situé dans l'épaisseur du périsperme.

intricatus = *intertextus*, enchevêtré.

introcurvus, courbé en dedans. — *introflexus*, courbé en dedans.

introrse, *introrsus*; se dit d'une étamine dont les lobes sont dirigés vers le centre de la fleur et s'ouvrent par une fente qui regarde cette direction; dans les cas les plus fréquents les étamines sont introrses; dans le cas contraire, où la fente est située en dehors, l'étamine est dite *extrorse*.

intus, en dedans. — Intussusception, force qui préside à la nutrition et à l'accroissement chez les êtres organisés; s'oppose au mot agrégation : mode d'après lequel s'opère l'augmentation de volume chez les corps inorganiques.

inondé, *inundatus*; se dit d'un terrain recouvert d'eau.

-inus, terminaison latine qui indique que l'adjectif auquel on l'ajoute s'applique à la nature de l'organe désigné. La terminaison *aceus* a la même valeur. Exemple : *calycinus*, de la nature du calice. — *calycatus* signifie : qui est pourvu d'un calice; *calycosus*, qui a un très grand calice.

inversus, renversé; qui est renversé la base en haut et le haut en bas. — On appelle *ovule renversé, ovulum inversum*, un ovule suspendu au sommet d'une loge dans laquelle il est solitaire; si la graine qui résulte de cet ovule a conservé les mêmes rapports, on la dit également renversée. Le mot *suspendu*, *suspensus*, nous paraît plus explicite et par conséquent préférable. — On a employé les expressions : *Embryo inversus* et *E. antitropus*, pour désigner un embryon dont la radicule est dirigée vers le point diamétralement opposé au hile.

invertentia (*Folia*) rabattues ; chez les feuilles composées pinnées, on a appelé *Foliola invertentia* les folioles qui, pendant la nuit, deviennent pendantes sur le rachis, en même temps qu'elles deviennent conniventes, les folioles opposées s'appliquant l'une sur l'autre.

Involucelle, *Involucellum* ; dans la famille des Ombellifères on nomme *Involucre* le verticille de bractées qui existe ordinairement à la base de l'ombelle; et *Involucelle* le verticille de bractées qui existe à la base de chacune des ombellules ou petites ombelles qui terminent les branches ou rayons de l'ombelle générale.

Involucra lignea. Malpighi a ainsi nommé les couches ligneuses concentriques des végétaux ligneux dicotylédonés.

involucralis, qui appartient à l'involucre. — *involucratus*, muni d'un involucre.

Involucre, *Involucrum*. Ensemble des bractées qui sont situées à la base des inflorescences en têtes terminales compactes que l'on désigne sous le nom de *capitules* (dans la famille des Composées, par exemple). Les feuilles ou bractées de l'involucre sont en général constituées par un pétiole élargi, de forme lancéolée, dépourvu de limbe, et dont la consistance est scarieuse ; on nomme souvent ces bractées *Écailles de l'involucre*. Quand l'involucre se compose d'une spirale indéfinie de bractées, ces bractées sont en général imbriquées.

involutives (Feuilles), *Folia involutiva*; feuilles dont les deux moitiés longitudinales sont roulées en dedans. — La préfoliaison est dite involutive chez les plantes dont les jeunes feuilles sont involutives. — S'oppose à *révolutives* : roulées en dehors.

involutus, roulé en dedans.

involvens, qui enveloppe complètement un autre objet.

Iode. On se sert de la solution alcoolique d'iode (teinture d'iode) pour connaître si une substance végétale est ou n'est pas azotée (contient ou non de l'azote) : les substances végétales que cette solution colore en bleu ou en violet sont celles qui ne sont point azotées : tels sont les grains de fécule ; les substances azotées sont colorées en jaune ou en brun par ce réactif.

irrégulier, *irregularis,* dont la forme manque de régularité. Un organe simple irrégulier manque en même temps de symétrie, telles sont les feuilles dont les deux moitiés longitudinales sont inégales en grandeur ou de formes différentes. Un organe ou un appareil composé de plusieurs organes simples peut être irrégulier tout en restant symétrique, telles sont les fleurs dont toutes les parties d'un même verticille n'ont point exactement la même forme et la même grandeur ; en effet, ces fleurs composées de pièces inégales et qui sont dites irrégulières présentent deux moitiés semblables, et sont par conséquent symétriques. — *irregulariter* (adv.), irrégulièrement.

Irritabilité, *Irritabilitas.* Propriété dont sont douées certaines parties de certains végétaux , et qui se manifeste par le phénomène de la contractilité. (Voir ce mot.)

isogyne, *isogynus* (Ad. Brongn.), se dit d'une fleur dont les carpelles et les pétales sont en nombre égal. — S'oppose à *anisogyne.*

isos, dans les mots dérivés du grec signifie égal en dimension , en latin *æqualis.* — S'oppose à *anisos* (*inæqualis*), inégal.

isostémone ; se dit d'une fleur dont les étamines et les pétales sont en nombre égal. — S'oppose à *anisostémone.*

-iuscule, *-iusculus.* Diminutif que l'on place à la fin de certains mots qualificatifs pour en atténuer la valeur. Exemple : *acutus* aigu, acutiuscule, *acutiusculus* un peu aigu ; obtusiuscule, *obtusiusculus,* un peu obtus, etc.

Iulus = *Julus* = *Amentum* , Chaton. (Voir ce mot.)

J

Jaune (de couleur), *luteus, aureus, auratus, flavus, sulfureus, ochroleucus, luteolus, lutescens, helvolus, mellinus, flavidus, ochraceus.* (Voir le mot Couleur.)

jubatus, disposé en panicule ; — *Juba*, Panicule (mots inusités).

Jugum (plur. *juga*). On désigne sous ce nom les côtes longitudinales du fruit chez les Ombellifères, les intervalles de ces côtes sont nommés vallécules (*valleculi*).—*Jugum* signifie également une *paire de folioles* chez les feuilles composées-pinnées : *folium foliolis bijugis*, *quadrijugis*, feuille à 2, à 4 paires de folioles.

Junctura ; Articulation (inusité).

juxta, auprès, contre. — juxtaposé, *juxtapositus*, appliqué contre mais non adhérent.

L

Labelle, *Labellum* ; dans la famille des Orchidées, on nomme labelle celui des trois pétales du verticille interne du périanthe qui est dirigé en bas ; cette pièce présente souvent les formes les plus bizarres ; le labelle était autrefois appelé tablier. Cette pièce est en réalité supérieure, elle ne devient inférieure que par suite d'une torsion du pédicelle qui change la direction de la fleur.

labiatiflore, *labiatiflorus* ; se dit d'un capitule dont tous les fleurons sont bilabiés.

labié, *labiatus*. On donne l'épithète de labiée aux corolles gamopétales dont le limbe est divisé en deux lèvres : la lèvre supérieure est constituée par deux pétales soudés et est en général bilobée ou émarginée, la lèvre inférieure est constituée par trois pétales soudés et est en général trilobée. On emploie souvent aussi le mot bilabié pour distinguer les corolles qui présentent le type labié (normal chez la plupart des genres de la famille des Labiées) des corolles dites *unilabiées* : chez le genre *Ajuga* la corolle paraît unilabiée en raison de la brièveté de la lèvre supérieure à peine apparente ; chez le genre *Teucrium* où les limbes des cinq pétales sont disposés en une lèvre inférieure à cinq lobes, la corolle est réellement unilabiée. — *Labium*, Lèvre.

labyrinthiforme ...*is* ; se dit d'un corps sillonné d'anfractuosités étroites flexueuses et anastomosées.

Λ *Lac*, Lait; on donne ce nom au suc blanc lactescent de certains végétaux (des Euphorbes et du Figuier, par exemple).

Λ *lacerativus*; se dit d'une feuille découpée plus profondément vers le sommet ou vers la base que dans le reste de son étendue (inusité).

Fr lacéré, *laceratus*; se dit d'une feuille irrégulièrement découpée et comme déchirée en lobes eux-mêmes irrégulièrement incisés (inusité).

Fr lâche, *laxus*; se dit d'une inflorescence peu fournie en fleurs ou en rameaux florifères : épi lâche, panicule lâche, etc.; s'oppose à resserré, *coarctatus*. — lâche se dit aussi d'une enveloppe membraneuse plus grande que l'organe qu'elle renferme, par exemple, du *testa* d'une graine débordant l'amande en un cercle membraneux; *laxus* s'oppose dans ce cas à *adpressus*, apprimé.

Fr lacinié, *laciniatus*; se dit d'une feuille, d'un pétale, etc., irrégulièrement déchiré en lanières étroites. Cette expression est vague; quand il s'agit d'une feuille il vaut mieux selon le degré de profondeur des découpures employer les expressions pinnatifide ou pinnatipartite. — *Lacinia*, Lanière. — *Lacinula*, petite lanière.

Λ *lacteus*, = *galactites*; d'un blanc de lait.

Fr lactescent, *lactescens*; qui a l'aspect et la couleur du lait.

Fr Lacune, *Lacuna*; espace entre des groupes de cellules, sans parois autres que celles des cellules; les lacunes se rencontrent fréquemment dans le tissu des plantes aquatiques submergées ou nageantes. — lacuneux, *lacunosus*; se dit d'un tissu qui présente des lacunes.

Λ *lacustris*, qui se plaît dans les lacs ou au bord des lacs et des étangs.

Λ *læte* (adv.): *læte viridis*, d'un vert gai.

Λ *lævis*, = *lævigatus*, lisse; s'oppose à *asper*, rude.

Fr lagéniforme ...*is*; en forme de gourde ou courge rétrécie au-dessous du sommet.

Λ Laine, *Lana*, *Lanugo*; dans les mots composés tirés du grec : *erion*. Poils longs flexueux, assez mous, plus ou moins entre-croisés et feutrés.

Lait, *Lac*; se dit du suc propre de certains végétaux, blanc dans le Figuier, les Euphorbes, l'*Asclepias Syriaca*, etc. ; coloré en jaune dans la Chélidoine (*Chelidonium majus*), et, dans tous les cas, d'une consistance onctueuse comme celle du lait.

Lame, *Lamina*; dans le genre *Agaricus* et les genres voisins on nomme lames les feuillets rayonnants ou disposés en éventail qui occupent la face inférieure du *chapeau* et sont tapissés par l'*hymenium* ou membrane qui porte les spores. — Les lames ont été nommées *lamellæ* (Fries); *feuillets* (Bulliard, Paulet); *hymenium lamellosum* (Fries, Montagne, etc.); *lamellulæ* (Fries); *sistotrema* (Corda), genre *Cyclomyces*; *membrana* (Dodonæus); *membrane fructifère* (Brongniart). — *Nervures* (Vaillant), genre *Cantharellus*; *plica* (Nées, Berkley, etc.), genre *Cantharellus*; *receptaculum* (Persoon), genre *Agaricus*; *Sulci* (Battara), genre *Agaricus*. (Synonymie *ex* Léveillé). — Le mot lame a été employé par quelques auteurs comme synonyme du mot limbe, *limbus*.

Lamelles, *Lamellæ*; appendices pétaloïdes qui existent à la gorge de certaines corolles dialypétales, comme chez les Lychnis, ou gamopétales comme chez le Laurier-rose et un grand nombre de Borraginées. Ces appendices, qui sont opposés aux pétales, sont considérés comme en étant des dédoublements. — Nom donné par Fries aux lames des Agarics.

lamellé, *lamellatus*, qui présente des lames.

lamelliforme, *lamelliformis*; en forme de lame.

Lana, *Lanugo*, Laine, Pubescence laineuse. — *lanatus*, =*lanuginosus*; laineux, lanugineux, couvert de longs poils flexueux entremêlés.

lancéolé, *lanceolatus*; se dit d'une feuille oblongue étroite insensiblement terminée en pointe; par exemple la feuille du Saule (*Salix alba*).

Languette, *Ligula*; en languette. (Voir ligulé.)

lapideus, de consistance pierreuse. — *lapidosus*, qui croît dans les terrains pierreux.

lappaceus, chargé de poils crochus ou de petits aiguillons crochus.

large, *latus*, et dans les mots dérivés du grec *platys*. Se dit d'organes plans dont la largeur ou dimension transversale a beaucoup d'étendue relativement à la largeur d'organes analogues.

— S'emploie aussi comme synonyme d'ample, *amplus*.

Largeur, *Latitudo* ; dimension transversale.

Latera, les côtés. — *lateraliter* (adv.), latéralement, de chaque côté.

latéral, *lateralis*, qui est placé sur le côté. Les *nervures latérales* (*nervi laterales*) sont celles qui sont situées à droite et à gauche de la nervure moyenne, soit qu'elles naissent de la base de la feuille en même temps qu'elle (et alors on les nomme *nervures longitudinales*), soit qu'elles naissent de la nervure moyenne aux divers points de sa hauteur (et alors on les nomme *nervures transversales*).

Latex ; suc propre, liquide élaboré contenu dans les laticifères.

Laticifères ; réservoirs du latex, vaisseaux ou canaux laticifères. Ces canaux sont ceux qui renferment les sucs résineux et les sucs colorés désignés sous le nom de sucs propres ; ils se rencontrent surtout dans le *liber* pendant la période de la formation de chacune de ses couches. La structure de ces canaux est un point encore en litige.

Latus, large. — *latiseptus*, à cloison large.

Laxus, lâche. — *laxe* (adv.), d'une manière lâche. — *laxiflorus*, à inflorescence lâche.

Lecus (λεκος, écusson); De Candolle traduit par cette expression le mot *plateau* ou tige rudimentaire des bulbes.

Legio, Légion. Cette expression a été employée dans plusieurs classifications pour désigner des subdivisions de classes renfermant plusieurs familles.

legitimus, véritable, vrai ; s'oppose à *spurius*, faux ; *Dissepimenta legitima*, vraies cloisons ; *D. spuria*, fausses cloisons.

Légume, *Legumen* ; Gousse. Fruit des plantes de la famille des Légumineuses ; le légume est un carpelle unique, libre, ordinairement polysperme, ordinairement déhiscent par la suture ventrale et la nervure dorsale.

Lenticelle, *Lenticella*. On désigne sous le nom de lenticelles de petits organes qui appartiennent à l'écorce d'un grand nombre de végétaux et qui se présentent à la surface de l'épiderme, sous l'apparence de rugosités brunâtres, de forme ovale ou elliptique. Une lenticelle se compose d'un bourrelet circulaire, au centre duquel se fait jour un noyau central. Quelquefois le bourrelet est seul visible à l'extérieur, quelquefois c'est le noyau seulement. Dans tous les cas, la masse brunâtre fait saillie à travers une fente longitudinale de l'épiderme, qui se prolonge à mesure que l'organe auquel elle donne passage grossit et distend l'ouverture. — Les opinions émises par les botanistes, observateurs qui se sont occupés de la nature et de la structure des lenticelles, sont contradictoires entre elles. Guettard (1734) les considéra comme des organes glanduleux et les nomma *glandes lenticulaires*. De Candolle (1826) crut voir chez ces organes les bourgeons des racines qui se développent sur les tiges pendant leur séjour dans la terre humide. M. Hugo Mohl (1832-1836) démontra que l'opinion de De Candolle n'était pas fondée, et établit que la production des lenticelles est analogue à celle du liége, mais que cette production, au lieu d'être le résultat d'une hypertrophie de la couche subéreuse de l'écorce (couche celluleuse sous-épidermique), est le résultat d'une hypertrophie de la couche herbacée (couche celluleuse située entre la couche subéreuse et le liber). M. Unger (1836) considéra les lenticelles comme des stomates dégénérés et contenant un organe reproducteur analogue aux bulbilles ; plus tard (1843) dans un ouvrage publié en commun avec M. Endlicher, il a adopté la manière de voir de M. H. Mohl. — Ces opinions divergentes, relativement à l'origine et à la nature d'un organe en apparence si simple, me déterminèrent à de nouvelles recherches (1849). Je fis choix, comme sujet d'observation, du Sureau (*Sambucus nigra*), et du Bouleau (*Betula alba*); les lenticelles de ces arbres sont abondantes, elles ont un et jusqu'à deux millimètres de diamètre transversal et longitudinal. — Je constatai les faits suivants : 1° A aucune époque de leur existence, les lenticelles du Sureau ne sont le siége d'aucune sécrétion; les lenticelles du Bouleau sont manifestement le siége d'une sécrétion de nature gommo-résineuse pendant la première période de leur existence: les lenticelles ne sont donc pas nécessairement, mais elles sont susceptibles d'être originairement de nature glanduleuse. 2° Les stomates, loin de s'hypertrophier, s'atrophient à mesure que l'épiderme vieillit, et n'ont aucun rapport avec les lenticelles. 3° Les racines qui naissent sur les boutures (fragments de tiges enfoncés dans la terre humide) apparaissent généralement sur des points où il n'existait pas de lenticelles. 4° Sur les points où il existe des lenticelles, il ne se développe ni bulbilles, ni bourgeons. 5° Le bourrelet des lenticelles provient d'une hernie de la couche cellulaire sous-épidermique, dite couche subéreuse ; et le noyau central provient d'une hypertrophie de la couche cellulaire située sous la couche précédente et dite couche herbacée. 6° Le tissu cellulaire qui constitue les lenticelles se dessèche de l'extérieur à l'intérieur, et au bout d'une année d'existence ce tissu est desséché dans toute sa profondeur. 7° Lorsque l'on fait séjourner les tiges dans l'eau ou la terre humide, les lenticelles se boursouflent par suite du gonflement des cellules qui finissent par se désagréger en masses amorphes au bout de quelques jours. 8° Enfin, dans le centre de plusieurs lenticelles, appartenant à une même tige de Sureau, j'ai trouvé un petit corps ovoïdo-cylindrique d'un blanc luisant, placé verticalement et libre dans une cavité moulée sur lui ; cette cavité était creusée en partie dans la couche herbacée, et en partie dans le liber ; peut-être a-t-on pris pour un bulbille ce corps que l'on rencontre accidentellement et que je regarde comme étant probablement la nymphe d'une très petite espèce d'hyménoptère. — J'étais arrivé, relativement à la structure des lenticelles, à peu près au même résultat que M. H. Mohl : les lenticelles étaient bien réellement des hypertrophies du tissu cellulaire sous-épidermique ; seulement j'avais constaté en outre, que non seulement la couche herbacée, mais aussi la couche subéreuse concourent à leur formation. Il me restait à déterminer l'origine de ces hypertrophies. — En examinant dans ce but l'épiderme du Sureau, depuis celui du bourgeon jusqu'à celui de la tige adulte, je remarquai que chez les tiges encore à l'état herbacé, l'épiderme est parsemé de poils courts et roides : ces poils sont à proprement parler des pincements de l'épiderme. La base de ces pincements est longue et étroite, la plupart se terminent en un très petit aiguillon crochu ; d'autres ne se terminent pas en aiguillon, leur partie centrale est alors plus ou moins saillante, mais obtuse et d'une teinte blanchâtre. Un peu plus tard, cette partie centrale du soulèvement de l'épiderme, qu'elle se prolonge en aiguillon ou qu'elle constitue une élevure mousse, se dessèche, brunit, se fendille et se détruit ; il en résulte une étroite fissure brunâtre. C'est par cette fissure que fait lentement éruption le tissu cellulaire sous-épidermique qui constitue la lenticelle ; ce tissu, d'abord blanchâtre, ne tarde pas à brunir en se desséchant. L'éruption du tissu cellulaire sous-épidermique à travers cette ouverture résulte de la tendance générale du tissu cellulaire vivant à s'épancher par accroissement, et à constituer des bourrelets ou des noyaux partout où il se trouve en contact avec l'air, à moins qu'il ne soit atteint d'une dessiccation rapide. — Une lenticelle est donc une hypertrophie locale du tissu cellulaire sous-épidermique tant de la couche subéreuse que de la couche herbacée, dont la naissance est déterminée par la mise à jour du tissu cellulaire sous-épidermique dans le point où l'épiderme a subi une perte de substance par la destruction d'une partie soulevée en forme d'aiguillon ou de poil non glanduleux ou glanduleux. — La forme de la lenticelle est déterminée par la fissure étroite qui lui sert de filière, et par la déchirure de la hernie superficielle par la hernie profonde. — Les lenticelles ont-elles pour usage physiologique de remplacer les stomates oblitérés, en mettant l'enveloppe herbacée en rapport avec l'air extérieur ? La surface morte et desséchée des lenticelles, à l'époque où les stomates sont oblitérés, ne me permet pas d'admettre cette hypothèse. Je regarde les lenticelles comme ne différant pas dans l'origine de certains poils non glanduleux, de poils glanduleux ou même de petites glandes, et plus tard lorsque ces organes sont remplacés par la hernie de tissu cellulaire desséchée, comme faisant office de coins pour fendre de dedans en dehors l'épiderme devenu trop étroit pour la tige qui augmente de diamètre.—Des observations, que je me propose de continuer, tendent en outre à me faire regarder la production des élevures subéreuses si remarquables chez l'Orme (*Ulmus campestris*), et peut-être la production du liége chez le *Quercus Suber*, non seulement comme étant d'une nature identique, mais encore comme ayant une origine analogue, sinon semblable, à celle des lenticelles. — On pensait que les lenticelles appartiennent exclusivement aux tiges ligneuses; j'en ai rencontré de bien développées sur le pétiole des feuilles du Sureau; et vers la fin de l'automne j'en ai remarqué à la base des tiges du *Malva sylvestris*, et sur les tubercules de la pomme de terre. J'ai observé en outre sur des racines vivantes de Charme (*Carpinus Betulus*), mises hors de terre par un éboulement depuis plusieurs années, et sur les racines napiformes du *Dahlia*, des élevures subéreuses qui ne m'ont pas paru différer des véritables lenticelles. Enfin j'ai constaté que les élevures et les rugosités que l'on observe chez certains fruits (les melons par exemple), les ponctuations que l'on observe chez d'autres fruits (des pommes par exemple), doivent leur origine à un poil détruit et ne sont également autre chose que des lenticelles. Des lenticelles peuvent donc se développer sur les surfaces revêtues d'épiderme des tissus herbacés de la plupart des végétaux. — Les *gonidies* des Lichens peuvent jusqu'à un certain point être assimilées à des lenticelles; dans ce cas, le tissu cellulaire est doué d'une force reproductive qui fait de ces organes de véritables bulbilles. Enfin les bulbilles qui naissent accidentellement sur les feuilles de certaines Monocotylédones, et qui ont pour origine une hernie du tissu cellulaire sous-épidermique, ont une analogie incontestable avec les lenticelles.

lenticulaire, *lenticularis*; qui a la forme d'une lentille, c'est-à-dire d'un disque à bords tranchants.

Lépale, *Lepalum*. M. Aug. de Saint-Hilaire propose de donner ce nom aux pièces qui constituent le verticille du disque; il fait ensuite remarquer que ces organes, étant d'une forme et d'une consistance très variées, il vaut peut-être mieux les désigner, comme on l'a fait souvent jusqu'ici, selon leur apparence, sous les noms d'expansions pétaloïdes, d'écailles, de glandes, etc. —De Candolle avait proposé le mot *Tépale*, qui, comme le précédent, ressemble trop au mot *Sépale*, pour désigner les pièces des deux verticilles du périanthe chez les Monocotylédones.

Lépicène, *Lepicena*. Richard a donné ce nom, dans la famille des Graminées, à l'ensemble des deux glumes qui doit être considéré comme l'involucre de l'épillet.—(Voir le mot Glume.)

Lepides, nom (inusité) donné aux poils en écusson (*pili scutati*), alors qu'on ne connaissait pas la structure de ces organes qui résultent de poils étoilés à rameaux soudés entre eux ; ces poils ont l'aspect d'écailles arrondies peltées.

lepidotus ; se dit d'un poil en forme d'écusson ou de bouclier.

lepis (mot grec), écaille; en latin *squama*.

Lepisma ; ce nom a été donné à des étamines avortées réduites à des écailles, et aux pièces du disque lorsqu'elles ont l'aspect squamiforme.

leptos (mot grec), grêle, menu ; en latin *gracilis, exilis, tenuis*.

leucos (mot grec), blanc; en latin *albus*.

liber (adj.), libre, qui n'a contracté aucune adhérence. *Ovaire libre* s'oppose à *ovaire adhérent*. — Les ovaires libres étaient appelés autrefois *ovaires supères*. (Voir le mot Ovaire.)

Liber, *Liber*; partie de l'écorce qui, chez les végétaux dicotylédonés, se compose de tissu fibreux ; cette partie constitue la couche la plus interne de l'écorce ; elle s'accroît chaque année d'une couche interne qui tend à rejeter les précédentes en dehors. (Voir le mot Écorce.)

Lichénées (Classe des); cette classe ne renferme que la famille des Lichens. Elle appartient à l'embranchement des végétaux acotylédonés (Cryptogames), division des Amphigènes.— On désigne sous le nom de *Thalle* (*Thallus*) la partie qui représente chez les Lichens le système végétatif (organes de la végétation); le thalle est un organe foliacé, crustacé, ou axiforme sur lequel sont insérés les organes de la reproduction. Lorsque le thalle s'étend dans le sens horizontal, il est dit *crustacé* ou *foliacé* (dans ce dernier cas on le désigne sous le nom de *Fronde*). Lorsque le thalle s'étend dans le sens vertical, il est dit *fructiculeux*. Une même espèce peut présenter un thalle en partie foliacé ou crustacé, et en partie fructiculeux. Le thalle est généralement constitué : 1" par une couche externe dite *corticale*, composée d'un épiderme sous lequel est située une couche (dite *Couche gonimique*) plus ou moins épaisse de cellules sphériques vertes (à l'état frais); ces cellules se font quelquefois jour par hernie à l'extérieur, et constituent alors des sortes de gemmes ou corps reproducteurs connus sous le nom de *Gonidies*; 2° par une couche interne dite *médullaire* composée de cellules allongées, dont l'ensemble donne lieu à un tissu filamenteux. Le Lichen, pendant la première période de son développement se compose de cellules allongées, dont l'ensemble est désigné sous le nom d'Hypothalle (*Protothallus*). Le thalle est plus ou moins crustacé dans les genres *Lecidea*, *Urceolaria*, *Pertusaria*, *Lecanora*, *Psora*, *Patellaria*, *Verrucaria*, etc.; plus ou moins fructiculeux dans les genres *Bæomices*, *Cenomyce*, *Cladonia*, *Stereocaulon*, *Cornicularia*, *Usnea*, etc.; plus ou moins foliacé dans les genres *Ramalina*, *Cetraria*, *Physcia*, *Parmelia*, *Sticta*, *Peltigera*, *Umbilicaria*, etc. — L'organe de la fructification est désigné d'une manière générale chez les Lichens sous le nom d'Apothécie, *Apothecium*; l'*Apothecium* se compose du Sporange ou *Excipulum*, et de la masse fructifère ou *Thalamium*. L'*Excipulum* est *simple* ou *double*; lorsqu'il est double, il se compose d'une couche externe qui est une dépendance du thalle, et d'une couche spéciale dont la couleur tranche quelquefois sur la couleur de la couche externe. Le *Thalamium*, *Nucleus*, ou masse fructifère, se compose de *Thèques* entremêlées de *Paraphyses*. Les thèques sont des cellules allongées (sortes de sporanges spéciales) qui renferment dans leur cavité, sur une ou deux rangées, des corps globuleux ou ellipsoïdes qui sont les *Spores* ou *Sporidies*. Les paraphyses paraissent être des thèques à demi avortées et stériles.—En outre, on a rencontré chez les Lichens de très petits conceptacles (*Spermogonies*) qui ont été comparés à des anthéridies, mais dont les corpuscules inclus (*Spermaties*) ne paraissent avoir que des rapports éloignés avec les spermatozoïdes. (Voir les mots *Archegonium* et Spermogonie.)

Lichénographie; traité sur la structure et la classification des plantes de la famille des Lichens.

Ligne, *Linea*; trait allongé tranchant par sa couleur sur celle du fond. — Ancienne mesure de longueur, la douzième partie du pouce.

Lignes stigmatiques; stigmates formant deux lignes à la face interne de chacune des deux branches du style chez les plantes de la famille des Composées.

lignescens; devenant ligneux, passant à l'état de bois.—*Lignum*, bois, corps ligneux, tissu ligneux.

ligneux, *lignosus*; qui est de la nature du bois et a la consistance solide du bois. — S'oppose au mot *herbacé* (*herbaceus*); qui a la consistance des herbes ou tiges annuelles. — La tige et les rameaux des végétaux ligneux sont herbacés à l'époque de leur développement.

Ligule, *Ligula*; on nomme ainsi une membrane scarieuse, mince et transparente, qui existe à l'extrémité de la face interne de la gaîne chez la feuille des Graminées; cette membrane est considérée comme un dédoublement de la feuille. Chez certaines plantes de la famille des Liliacées (genre *Allium*) il existe une ligule de la même nature que celle des Graminées.

ligulé, *ligulātus*, en forme de languette. Dans la famille des Composées, on nomme *fleurons ligulés* (ou demi-fleurons) les fleurs dont la corolle, bien que gamopétale, a la forme d'une lame; cette corolle ne diffère de la corolle tubuleuse (fleuron) qu'en ce que le tube est fendu en dessus et étalé dans toute sa longueur. Les fleurons extérieurs du capitule sont *ligulés* chez un grand nombre de Composées de la section des Corymbifères, par exemple chez la Pâquerette (*Bellis perennis*), la Marguerite-des-prés (*Pyrethrum Leucanthemum*), etc. Tous les fleurons du capitule sont ligulés dans la section des Composées, dite pour cette raison : s. des *liguliflores*, par exemple la Chicorée (*Cichorium Intybus*), le Pissenlit (*Taraxacum Dens-leonis*). (Voir les mots Fleuron, Capitule, Composées.)

lilas, *lilacinus*; couleur de la fleur du Lilas, d'un violet pâle et rougeâtre.

limbatus, pourvu d'un limbe. — S'emploie quelquefois comme synonyme de *marginatus*.

Limbe, *Limbus*; partie plane et foliacée de la feuille, qui surmonte le pétiole chez les feuilles pétiolées ou constitue entièrement les feuilles sessiles. *Partie limbaire* de la feuille s'oppose à *partie pétiolaire* ou pétiole. La partie limbaire n'existe pas chez les feuilles dites *phyllodes* qui sont réduites à la partie pétiolaire. — Partie du pétale située au-dessus de l'onglet, chez les pétales onguiculés. — Partie supérieure des corolles gamopétales à tube évasé, que cette partie supérieure soit indivise ou qu'elle soit lobée.

J *limosus*, limoneux, qui croît dans les lieux marécageux.

I *Linea*, Ligne, Raie, Rayure. — Ancienne mesure de longueur.

I linéaire, *linearis*; se dit d'une surface étroite et à bords parallèles, ou d'un organe plan, une feuille par exemple, ayant cette forme; le limbe de la feuille, chez la plupart des Graminées et des Cypéracées, est plus ou moins linéaire.

J *lineatus*, marqué de rayures linéaires.

I linguiforme, *linguiformis*; en forme de ligule ou de languette.

J *lingulatus*, = *ligulatus* = *linguiformis*; ligulé, en languette.

J *liquescens*, = *deliquescens*; se résolvant en une matière liquide.

I liquide, *liquidus*, qui a la consistance de l'eau.

I Lirelle, *Lirella*; nom donné chez les Lichens aux *Apothecium* sessiles linéaires et flexueux s'ouvrant par une fente longitudinale.

I lisse, *lævis*; dont la surface ne présente aucune aspérité. S'oppose à âpre, ou rude, *asper*, et à rugueux, *rugosus*.

I *Litura*, tache pâle sur une couleur foncée. — *lituratus*, raturé; marqué d'une tache pâle ou présentant un affaiblissement de la teinte générale dans un espace circonscrit.

J *littoralis*, qui se plaît au bord des rivières.

I livide, *lividus*; se dit d'une teinte d'un violet rougeâtre, couleur lie de vin; s'entend quelquefois d'un violet pâle.

I Lobe, *Lobus*; on nomme ainsi les divisions d'une feuille lobée, ou d'une feuille pinnati ou palmatifide, pinnati ou palmatipartite. On réserve le nom de *segment* aux divisions d'une feuille pinnati ou palmatiséquée. En d'autres termes nous appelons et nous conseillons d'appeler *lobes* toutes les divisions des feuilles trop profondes pour être considérées comme des dents ou des crénelures, mais cependant ne laissant point à nu entre elles la nervure moyenne de la feuille dans une certaine étendue, ainsi que cela a lieu pour les feuilles palmati ou pinnatiséquées. Ainsi on doit dire : feuille lobée à lobes obtus cré- nelés, etc. ; feuille pinnatifide ou pinnatipartite à lobes lan- céolés, dentés ; etc. Quelques descripteurs réservent le nom de *lobe* aux divisions des feuilles lobées, et ont proposé le mot *partition* pour les divisions des feuilles pinnatifides ou pinna- tiséquées, mais il faut éviter de multiplier inutilement le nom- bre des mots, et ici, le mot lobe étant précédé du nom de la forme de la feuille, on voit tout de suite de quelle sorte de lobe il s'agit.

Lobé, *lobatus* ; on désigne sous le nom de feuilles lobées celles qui présentent de larges découpures arrondies n'atteignant guère en profondeur que le tiers de l'étendue de la moitié de la largeur du limbe.

Lobes de l'anthère, *Lobi antheræ* ; chez l'étamine on nomme ainsi chacune des moitiés symétriques de l'anthère qui sont séparées par le connectif. Chacun des deux lobes est creux et s'ouvre, dans le plus grand nombre des cas, par une fente lon- gitudinale ; la cavité du lobe se nomme loge et est remplie par le pollen. Selon que l'on parle de la surface extérieure ou in- térieure, on se sert des expressions lobes ou loges des anthères. L'étamine est une feuille modifiée, chacun des lobes de l'an- thère correspond à l'une des moitiés longitudinales du limbe. (Voir les mots Étamine et Anthère.)

Lobule, *Lobulus* ; subdivision d'un lobe chez une feuille lobée ou pinnatifide ; — petit lobe.

Locellus (Rich.), dans la famille des Orchidées, on désigne sous ce nom chacune des deux loges de l'anthère (inusité).

loculaire, *locularis* ; qui appartient aux loges, qui est de la na- ture des loges ; — qui se divise en loges : biloculaire, trilocu- laire, 4-loculaire, 5-loculaire, *bi, tri, quadri, quinque locula- ris* : à deux, trois, quatre, cinq loges.

loculicide (Déhiscence, Fruit), *loculicidus* ; se dit de la déhis- cence du fruit qui a lieu par la rupture longitudinale de la nervure dorsale de chaque carpelle. Il en résulte, chez les fruits composés de plusieurs carpelles soudés, que chaque pièce de- venue libre (ou valve) se compose des deux moitiés longitudinales de deux carpelles accolés, et présente une cloison ou un placenta à sa partie moyenne lorsque la placentation est axile ou pariétale. (Voir les mots Fruits et Déhiscence.)

ι *Loculus*, Loge; — *Loculamentum*, Loge, fausse loge; — *loculatus*, divisé en loges, constitué par une réunion de loges.

ι *Locusta*, synonyme inusité de *Spicula*, Épillet.

ι Lodicules, *Lodiculæ*; synonyme inusité de Glumellules.

ι Loges de l'anthère = lobes de l'anthère. (Voir les mots Lobe et Anthère.)

ι Loge, *Loculus*; loges du fruit; se dit (chez les fruits composés) de la cavité des carpelles : un fruit composé de plusieurs carpelles et *uniloculaire* résulte de la soudure bord à bord de plusieurs feuilles carpellaires; un fruit à plusieurs carpelles et *pluriloculaire* résulte de la réunion de plusieurs feuilles carpellaires pliées longitudinalement et fermées chacune en particulier. — On désigne sous le nom de *fausses loges*, les loges qui sont le résultat de *fausses cloisons* et qui appartiennent à un même carpelle subdivisé transversalement. (Voir les mots Fruit et Carpelle.)

ι lomentacé, *lomentaceus*; se dit d'un fruit composé d'un seul carpelle qui se partage naturellement en plusieurs articles superposés, ou fausses loges; comme par exemple la gousse des Papilionacées de la tribu des Hédysarées. (Voir articulé.)

ι *Lomentum* (Wild.), nom donné à la gousse lomentacée (inusité).

ι long, *longus* (et dans les composés grecs *macros*), qui a plus de longueur qu'un objet analogue qui sert de point de comparaison.

ι *longiflorus*; dont la fleur est fort longue relativement à sa largeur.

ι longitudinal, *longitudinalis*. Le sens longitudinal d'une tige ou d'une feuille est celui selon lequel se fait l'accroissement en hauteur, il s'étend de la base au sommet. Les nervures longitudinales sont celles qui parcourent la feuille dans toute sa longueur; chez un grand nombre de plantes la nervure moyenne seule est longitudinale. Les cloisons longitudinales des fruits sont celles qui parcourent le fruit de bas en haut.

ι Longueur, *Longitudo*; dimension longitudinale. — long, *longus*.

ι *lubricus*, se dit d'un corps rendu glissant par un enduit mucila-

gineux demi-liquide ; telle est la surface de certaines plantes
de la famille des Algues.

lucidus, luisant, lustré, brillant ; les surfaces luisantes sont lisses
et dépourvues de poils.

lunulé, *lunulatus* ; en demi-lune, en forme de croissant.

luridus, d'un brun livide, couleur de cuir tanné.

lustré, *nitidus*, *lucidus* ; luisant, brillant.

luteus, jaune sans désignation de nuance. — *luteolus*, d'un jaune
clair. — *lutescens*, tirant sur le jaune.

luxurians, luxuriant, qui pousse avec vigueur et émet des tiges
ou des rameaux nombreux.

lymphatiques (Vaisseaux), laticifères, réservoirs du *latex* ou suc
propre. (Voir le mot Laticifères.)

Lymphe, *Lympha*, *Humor*, *Alimonia* ; séve aqueuse.

lyré, *lyratus* ; se dit de la forme d'une feuille obovale ou ovale-
suborbiculaire lobée dans sa partie inférieure seùlement.

M

macranthus, dont les fleurs sont grandes.

macrocéphale, *macrocephalus* ; on a donné la désignation de ma-
crocéphales (par opposition au mot macropode) aux embryons
dicotylédonés dont les cotylédons sont soudés en une masse
volumineuse (inusité).

macropode, *macropodus* ; on nomme embryons macropodes ceux
dont la partie considérée comme la radicule est très volumineuse relativement à la partie considérée comme le cotylédon,
or chez les embryons monocotylédonés la partie cotylédonaire a
été souvent prise pour la radicule, et par conséquent l'épithète
de macropode a été appliquée à faux. Chez les embryons dicotylédonés la forme macropode est très exceptionnelle.

macros, dans les mots dérivés du grec signifie : grand, volumineux ; en latin *magnus*, *crassus*.

Macula, Tache ; espace coloré circonscrit qui tranche sur la
couleur moins foncée du fond. — *Maculatus*, taché ; qui présente une ou plusieurs taches.

madidus == *humidus*, humide, imprégné d'un suc quelconque.

Main, *Cirrhus*; synonyme inusité de Vrille.

major, comparatif de *magnus*, grand : plus grand que.

mâle, *masculus*. Une fleur mâle est celle qui présente des étamines, et n'a point d'ovaire. — Une plante mâle est celle qui ne présente que des fleurs mâles. Une plante mâle appartient nécessairement à une espèce dioïque. Une fleur mâle peut appartenir à une espèce dioïque ou monoïque. (Voir ces mots.)

Malleolus, Crossette. Les horticulteurs donnent ce nom à une bouture portant à la base un talon ou un tronçon de vieux bois.

malpighiacés (Poils), *Pili malpighiacei*; poils en forme de navette insérés par leur partie moyenne sur une base glanduleuse. Ces poils peuvent être considérés comme bifurqués à bifurcations coniques très divariquées.

Mamelon, *Umbo*. Protubérance conique ou hémisphérique au centre d'une surface.

mamillaire, *mamillaris*, en forme de petites mamelles ou de mamelons; — certaines surfaces sont chargées de protubérances mamillaires.

mammœformis, en forme de mamelles. — *mamillœformis*, en forme de petites mamelles.

manifeste, *manifestus*; et dans les mots composés tirés du grec *phanès*, *phanèros*; se dit d'un organe bien visible ou dont l'existence ne peut être révoquée en doute.

manubriatus, emmanché, pourvu d'un manche; se dit par exemple des masses polliniques (des Orchidées) atténuées en un rétinacle allongé, cet organe étant comparé à un manche.

marcescent, *marcescens*, *marcidus*; se dit d'un organe appendiculaire qui après sa mort reste attaché sur la partie qui lui a donné naissance et s'y maintient desséché jusqu'à ce qu'il tombe en débris. Les feuilles du Chêne sont marcescentes; le limbe du calice est marcescent chez le Poirier, l'Aubépine, etc. — Le mot *marcescent* s'oppose au mot *caduc* (qui se détache de bonne heure) et aux mots *persistant* et *accrescent* (qui persiste en continuant à s'accroître).

Marcotte; les horticulteurs désignent sous ce nom les rameaux que l'on fait enraciner comme des boutures avant de les déta-

cher de la plante mère ; soit que l'on courbe le rameau pour
l'enfoncer dans la terre, soit qu'on entoure le rameau de
terre humide sans modifier sa direction.

marécageux, *paludosus, turfosus, uliginosus* (terrains ; plantes
croissant dans les terrains —).

marginal, *marginalis, marginans ;* qui est situé sur le bord ;
qui constitue un rebord.

marginé, *marginatus ;* entouré d'un rebord. — *pappus marginatus,* aigrette réduite à un rebord membraneux qui couronne
l'akène chez certains genres de la famille des Composées.

Marge, *Margo,* Bord, Rebord.

marines (Plantes), *Herbæ marinæ ;* plantes croissant submergées
dans l'eau de la mer, comme un grand nombre d'Algues.

maritimes (Plantes), *herbæ maritimæ ;* plantes croissant sur le
littoral de la mer.

mas, masculus, mâle ; se dit d'une fleur ou d'une plante pourvue
d'étamines et dépourvue d'ovaire. *Mas* s'employait jadis pour
vigoureux, et quand il s'agissait d'une plante dioïque, le Chanvre par exemple, la qualification de mâle était donnée à l'individu femelle qui est le plus robuste.

Masses polliniques. Chez la famille des Orchidées, et celle des
Asclépiadées, tous les grains de pollen contenus dans chacune
des deux loges de l'anthère sont réunis en une seule masse
plus ou moins compacte et qui se détache de la loge en une
seule pièce. Dans la famille des Orchidées lorsque ces masses
sont très compactes et ressemblent à de petits globules de cire
on les désigne sous le nom de *Masses céracées.* Lorsqu'elles
sont moins compactes elles se subdivisent en lobes et en lobules
adhérents à une petite charpente de nature glutineuse, et sont
atténuées en un pied filiforme qui est désigné sous le nom de
Caudicule et se termine par une petite glande visqueuse nommée *Rétinacle.* Les deux masses polliniques de l'anthère peuvent être indépendantes ou unies par le rétinacle. Le rétinacle
est quelquefois renfermé dans un prolongement membraneux
des loges de l'anthère qui a reçu le nom de *Bursicule.* — Chez
les Asclépiadées chaque masse pollinique est renfermée dans
un sac particulier, ces sacs sont fixés par paire au stigmate

par des appendices filiformes, chaque paire de sacs polliniques appartenant à deux anthères voisines.

Massa, Masse (pollinique). — *Massula*, un des lobules de la masse pollinique.

Massue (en forme de), *claviformis, clavatus.*

matinal, *matutinus*; se dit d'un phénomène qui a lieu le matin.

Maturation, *Maturatio*, période pendant laquelle l'ovaire passe à l'état de fruit mûr, et les ovules à l'état de graine. — Maturité, *Maturitas*, état d'un fruit dont les graines sont mûres.

maturus, mûr, parvenu à la maturité; s'oppose à *immaturus*, non encore mûr.

Méats intercellulaires, espaces que les cellules globuleuses laissent entre elles dans les points où leur forme s'oppose à ce qu'elles soient en contact.

médian, *medianus*; qui occupe la partie moyenne. On se sert indifféremment de l'expression nervure médiane ou nervure moyenne pour désigner la nervure longitudinale qui partage la plupart des feuilles en deux moitiés égales.

médiate (Insertion); se dit de l'insertion des organes qui sont considérés comme naissant sur l'axe par l'intermédiaire de feuilles auxquelles ils sont soudés. C'est dans ce sens que l'insertion périgyne ou épigyne des pétales et des étamines est dite médiate, par opposition à l'insertion hypogyne qui est dite immédiate. (Voir le mot Insertion.)

médiocre (qui est de taille), *mediocris*, qui est de moyenne taille.

medioliformis, qui a la forme d'une roue (inusité).

Medulla, Moelle, tissu cellulaire qui occupe le centre de la tige chez les végétaux dicotylédonés.

médullaire (Canal), cavité cylindrique remplie par la moelle, occupant le centre de la tige chez les végétaux dicotylédonés. — *Rayons médullaires*, expansions de tissu cellulaire qui partent de la moelle directement ou indirectement, et sont disposées en rayonnant du centre de la tige vers sa circonférence, chez les végétaux dicotylédonés; les rayons médullaires séparent longitudinalement les faisceaux fibro-ligneux.

medullosus, de la nature de la moelle, dont la moelle est volumineuse.

megalos, dans les mots dérivés du grec, signifie : grand ; en latin *magnus, grandis*.

meios, dans les mots dérivés du grec, signifie : moins. — Meioste-mones ; fleurs chez lesquelles les étamines sont en moins grand nombre que les pétales (inusité).

melas ou *melanos*, dans les mots dérivés du grec, signifie : noir ; en latin *niger* et *ater*.

melleus, sucré, qui a la saveur du miel. Se dit des liquides sucrés sécrétés par les nectaires. — *mellinus*, de la couleur du miel, d'un jaune doré pâle.

Mélonide, *Melonida* (Rich.), *Melonidium* (Desv.), *Pyridium* (Mirb.); mots inusités synonymes de *Pomum*, Pomme, fruit des Pomacées. (Voir le mot *Fruit*.)

Membraneux, *membranosus*; qui a la consistance, l'aspect, la structure d'une membrane. — Membrane, *Membrana*, organe mince et transparent ; certaines feuilles ou écailles sont comparées à des membranes.

Membranule, *Membranula*; petite membrane. Necker a nommé *Membranula* l'*Indusium* ou tégument qui, chez les Fougères, recouvre les groupes de sporanges; le même auteur a nommé *Membranula*, dans les Mousses, la membrane interne de l'urne au point où elle se divise en dents pour constituer le péri-stome interne. C'est cette même membrane qui étant indivise constitue l'*Epiphragme* dans le genre *Polytricum*.

meniscoideus (Gærtn.); se dit d'un corps hémisphérique concave dont la coupe est en forme de croissant (inusité).

menstrualis; bi, *trimenstrualis* ou *trimestris*, qui dure un, deux, trois mois.

menstruus, qui se renouvelle tous les mois, pendant une partie de l'année. Le mot *multifer*, qui fleurit plusieurs fois par an, peut, dans certains cas, être employé comme synonyme.

Mérenchyme; parenchyme à tissu lâche et gorgé de liquide (peu usité).

Méricarpe, *Mericarpium*. On a donné ce nom dans la famille des Ombellifères à chacun des deux akènes qui étaient d'abord soudés et sont devenus libres à la maturité. M. Aug. de Saint-Hilaire fait observer avec raison que ce ne sont pas des akènes

complets, puisque le style et le cordon séminifère restent adhérents à l'axe ; il compare ces akènes à ceux des Labiées et des
Borraginées dont le style reste également adhérent à l'axe, et
propose de donner aux uns et aux autres le nom de *Méricarpes*,
définissant ce mot : portion de fruit (isolée naturellement et
dans le sens longitudinal) contenant une seule graine.

meridianus ; se dit d'un phénomène physiologique qui a lieu à
l'heure de midi : par exemple l'épanouissement de certaines
fleurs.

Mérithalle, *Merithallium*. Ce mot est en général considéré comme
synonyme d'entrenœud. Un mérithalle est en effet la portion
de tige qui s'étend entre l'insertion d'une feuille et l'insertion
de la feuille située soit au-dessus, soit au-dessous d'elle. Un
mérithalle, dans l'acception rigoureuse du mot, est un entrenœud chez une tige à feuilles alternes et distiques (telle est
la tige dans la famille des Graminées). On conçoit que, chez
les plantes à feuilles opposées ou verticillées, un mérithalle
est un organe bien plus complexe, puisqu'il est le résultat de
la décurrence non plus d'une seule feuille, comme dans le cas
où les feuilles sont alternes, distiques, mais de deux ou de
plusieurs feuilles. Quand les feuilles sont disposées en une
spirale à tours rapprochés, la tige cesse de présenter des mérithalles distincts. — M. Gaudichaux considère une feuille, y
compris le mérithalle de la tige qui s'étend au-dessous de son
insertion, comme une plante élémentaire complète ; il divise
cette plante élémentaire ou *Phyton* (mot grec qui signifie plante)
en plusieurs mérithalles : 1° mérithalle tigellaire, 2° mérithalle
pétiolaire, 3° mérithalle limbaire.

Mésocarpe, *Mesocarpium* ; synonyme de *Sarcocarpe*. Partie du
péricarpe intermédiaire à l'épicarpe et à l'endocarpe. (Voir le
mot fruit.)

Mesochilium, nom (inutile) donné à la partie moyenne du *Labellum* des Orchidées.

Mesophlœum, nom donné à la couche cellulaire herbacée de l'é-
corce. (Voir le mot Écorce.)

Mésophylle, *Mesophyllum* ; partie de la feuille située entre l'é-
piderme de la face inférieure (qui est nommée épicarpe dans

les feuilles carpellaires) et l'épiderme de la face supérieure (endocarpe chez les feuilles carpellaires). Le mésophylle, chez les feuilles ordinaires, est donc la partie de la feuille qui devient le mésocarpe chez les feuilles carpellaires ou péricarpes. Le mésophylle se compose des nervures et du parenchyme.

Mésophyte, *Mesophytum*, = Collet organique. (Voir le mot Collet).

Mésosperme, *Mesospermium* = de même que l'on admettait trois couches dans le péricarpe, on a voulu en trouver également trois dans le tégument de la graine, et l'on a proposé le nom de mésosperme pour la couche moyenne (théorique) analogue au mésocarpe chez le péricarpe (inadmis).

Métamorphose. Transformation d'un organe en un autre organe. Il ne s'agit point ici, comme le nom donné au phénomène en question pourrait le faire penser, d'un organe qui, après avoir présenté pendant la première période de son existence une forme quelconque, perd cette forme pour en revêtir une autre; il s'agit d'un organe qui, au lieu de naître avec la forme qui lui est ordinaire (avec sa forme normale), se présente sous la forme d'un autre organe. C'est par la situation que ces organes occupent que l'on reconnaît leur nature primitive et que l'on constate que la forme qu'ils devaient normalement présenter est remplacée par une autre forme. — Un organe axile ne se transforme jamais en un organe appendiculaire, ni un organe appendiculaire en un organe axile; mais un organe appendiculaire quelconque est susceptible de se présenter sous une des formes, quelle qu'elle soit, du type appendiculaire: en d'autres termes, une feuille est susceptible d'être remplacée par un sépale, un pétale, une étamine ou un carpelle (dans les cas de bourgeons foliacés remplacés par des bourgeons florifères), comme aussi un des organes quelconques de la fleur peut être transformé en feuille foliacée, ou en l'une des autres parties de la fleur. C'est ainsi que des sépales prennent l'apparence de pétales, que les pétales se transforment en étamines, et les étamines en carpelles. Ces transformations démontrent que tous les organes appendiculaires, ceux qui constituent la fleur comme les autres, ne sont autre chose que des feuilles susceptibles de revêtir des formes variées.

mmétéorique, *meteoricus*. On a nommé fleurs météoriques celles dont l'épanouissement est subordonné à l'état de l'atmosphère. Chez les Chicoracées, l'épanouissement est soumis à l'influence de la sécheresse ou de l'humidité : les capitules se ferment (se contractent) pendant la pluie et se rouvrent au soleil.

Méthodes. (Voir le mot artificiel.)

Mètre, *Metrum*; mesure de longueur (le mètre correspond à trois pieds onze lignes). Le mètre se divise en dix parties ou *décimètres*, en cent parties ou *centimètres*, et en mille parties ou *millimètres*.

Métrophore, *Metrophorum* (inusité), = Gynophore, = Carpophore.

Microbase, *Microbasis* ; nom donné au *gynobase* chez les Labiées.

Micropyle, *Micropylus*. On désigne sous ce nom le point qui correspond chez la graine à l'ouverture du testa (*Exostome*) chez l'ovule. Le micropyle, quelle que soit sa situation (en raison des diverses courbures ou de l'inégalité d'accroissement dans les diverses parties de la graine), représente le sommet organique de la graine, comme l'endostome représentait le sommet organique de l'ovule. Le micropyle est souvent peu visible chez la graine mûre, mais il est toujours facile de déterminer le point qu'il occupe par la situation de l'embryon ; en effet, l'extrémité radiculaire ou radicule de l'embryon est toujours dirigée vers le sommet organique de la graine ou micropyle, et par conséquent une coupe longitudinale de la graine, qui montre la situation de l'embryon, indique en même temps la situation du micropyle, et par suite fait connaître, selon la situation de ce micropyle relativement au hile et à la chalaze, si la graine résulte d'un ovule droit, courbé, réfléchi ou semi-réfléchi. (Voir les mots Ovule, Graine, Chalaze, etc.)

micros, dans les mots dérivés du grec, signifie : petit ; en latin *parvus, minutus*.

miellé, *melleus*; qui a la saveur et la consistance du miel.

miliaires. Le nom de *Glandes miliaires* a été donné jadis (Guettard) aux *Stomates*, dont on ignorait alors la nature et les fonctions.

Millimètre, *Millimetrum*; la millième partie du mètre, la centième partie du décimètre, la dixième partie du centimètre.

mince, *tenuis* ; et, dans les mots composés dérivés du grec, *psilos*. Se dit d'un organe qui a peu d'épaisseur relativement aux organes analogues. *Tenuis* a été quelquefois employé comme synonyme de *gracilis*, grêle.

miniatus, rouge de corail ; qui a la couleur rouge du *minium* (oxyde intermédiaire de plomb); par exemple les baies du *Solanum miniatum*, du *Sambucus racemosa*, de l'Alkekenge, etc.

minimus ; superlatif de *parvus*. Très petit, le plus petit de tous.

minor ; comparatif de *parvus*. Plus petit qu'un autre.

minutus, == *parvus* ; petit. Dans les mots composés dérivés du grec, *micros*.

mixtes (Inflorescences). On désigne sous ce nom les inflorescences qui appartiennent en même temps, par leurs différents axes, aux inflorescences indéfinies et aux inflorescences définies.

mixte, *mixtus*, mêlé ; *gemma mixta*, bourgeons mixtes, c'est-à-dire émettant à la fois des fleurs et des feuilles.

mobile, *mobilis* ; qui se meut très facilement. L'anthère est dite mobile ou versatile, lorsqu'elle est portée par un filet atténué en pointe; par exemple chez les Graminées.

Moelle, *Medulla*. On donne le nom de moelle au tissu cellulaire qui, chez les végétaux dicotylédonés, constitue un cylindre central entouré par les faisceaux ligneux disposés en cercle. De la moelle partent des expansions en forme de lames verticales qui sont dirigées vers la périphérie de la tige et sont par conséquent disposées, relativement à la colonne médullaire ou moelle proprement dite, comme les rayons d'une roue autour de l'essieu ; ces expansions médullaires, qui séparent longitudinalement les faisceaux ligneux, ont reçu le nom de rayons médullaires. — Chez les végétaux monocotylédonés, le cylindre médullaire n'est point circonscrit par des cercles de faisceaux ligneux; les faisceaux ligneux le criblent isolément dans toute son épaisseur, de telle sorte que, chez ces plantes, les éléments de la moelle et de la partie ligneuse sont en quelque sorte dispersés dans toute l'épaisseur de la tige. (Voir le mot tige.)

monadelphe, *monadelphus* ; se dit d'organes de même nature

soudés en un seul faisceau. Les étamines sont monadelphes dans la famille des Malvacées.

1 **monandre,** *monandrus* ; se dit d'une fleur à une seule étamine.

1 **moniliforme,** *moniliformis* ; qui a la forme d'un chapelet, c'est-à-dire qui se compose d'articles globuleux superposés sur une même ligne.

1 **monocarpiennes** (Tiges). De Candolle a donné cette épithète aux tiges qui ne fleurissent qu'une fois et meurent ensuite, et, par opposition, il a nommé polycarpiennes les tiges qui fleurissent pendant un nombre d'années indéfini. Les tiges monocarpiennes sont des tiges herbacées, soit qu'elles appartiennent à une plante annuelle ou bisannuelle, comme chez la Fumeterre officinale (*Fumaria officinalis*) ou chez le Bouillon-blanc (*Verbascum Thapsus*) ; soit qu'elles appartiennent à une plante à souche vivace comme chez le Chiendent (*Triticum repens*) et chez la Saponaire (*Saponaria officinalis*). Les tiges monocarpiennes ne sont cependant pas nécessairement annuelles comme celles que nous venons de citer ; il en est qui végètent pendant plusieurs années avant que la floraison vienne mettre un terme à leur existence ; telles sont les tiges de certaines Graminées qui habitent les tropiques, les tiges des Bambous par exemple. Certaines plantes bulbeuses de nos climats présentent un mode de végétation analogue : telle est la Tulipe (*Tulipa sylvestris*), dont le bulbe (tige raccourcie) fleurit plusieurs années seulement après la germination de la graine, et meurt après cette floraison ; ce bulbe est remplacé par des cayeux latéraux (tiges axillaires) qui fleurissent ou non l'année suivante, selon qu'ils sont plus ou moins robustes et volumineux. Les tiges monocarpiennes peuvent donc être annuelles, ou végéter pendant un certain nombre d'années.

monocéphales, *monocephalus* ; se dit d'une tige qui ne porte qu'un seul capitule.

monochlamydé, = apétale ; chez les dicotylédonés, se dit d'une fleur qui ne présente qu'une seule enveloppe florale.

monocline, *monoclinus* = *monoclinicus* ; dont l'androcée (étamines) et le gynécée (carpelles ou ovaire) sont situés sur un même réceptacle ou dans une même fleur; monocline est donc synonyme d'hermaphrodite. On applique fréquemment cette qualification à un capitule dont toutes les fleurs (fleurons) sont hermaphrodites.

monocotylédoné, *monocotyledoneus*, = monocotylé; se dit d'un embryon qui présente deux cotylédons. (Voir le mot embryon.)

Monocotylédonés (Végétaux); nom donné à l'un des embranchements des végétaux phanérogames et caractérisé par : Embryon à un seul cotylédon. Enveloppes de la fleur (périanthe) à parties ordinairement en nombre ternaire, colorées, herbacées ou scarieuses, ordinairement disposées sur deux rangs, souvent remplacées par des soies, réduites à des bractées, ou complétement nulles. Tige herbacée (dans nos climats), herbacée ou ligneuse dans les contrées tropicales; non séparable en deux zones distinctes de bois et d'écorce, composée de faisceaux qui sont constitués par des fibres ligneuses et des vaisseaux, et sont épars dans la masse du tissu cellulaire, ne formant jamais par leur réunion un cylindre creux; la tige ne s'accroissant pas par des couches concentriques, et la solidité diminuant de la circonférence vers le centre. Feuilles souvent engaînantes à la base, entières ou divisées, à nervures parallèles et simples chez les feuilles entières, rarement à nervures ramifiées.

monogame, *monogamus*, = *monogamicus*. Ce mot est synonyme de *dicline*.

monogyne, *monogynus*; se dit d'une fleur à un seul carpelle. — Autrefois monogyne s'entendait d'une fleur à un seul pistil, que ce pistil fût constitué par un seul carpelle ou par plusieurs carpelles soudés, et s'opposait à polygyne qui signifiait à plusieurs pistils constitués chacun par un seul carpelle.

monoïque, *monoicus*; se dit d'une plante à fleurs unisexuelles portées par un même individu.

monopétale, *monopetalus*. Ce mot est synonyme de *gamopétale* et antérieur à lui. Par l'un ou par l'autre de ces deux mots, on désigne une fleur, non pas à un seul pétale, comme semblerait l'indiquer le mot monopétale, mais à plusieurs pétales soudés entre eux, au moins dans leur partie inférieure, en une corolle qui se détache en une seule pièce, comme l'indique le mot gamopétale auquel nous donnons la préférence pour cette raison.

m monophylle, *monophyllus*, à une seule feuille ; ex. : Spathe monophylle. Est employé quelquefois comme synonyme de gamophylle (à plusieurs feuilles soudées entre elles) ; par exemple pour désigner les périanthes à pièces soudées entre elles.

m *monos* ou *mono*, dans les mots dérivés du grec, signifie : un seul ; en latin *unus*, et dans les mots composés *uni*.

m monosépale, *monosepalus* = gamosépale. Se dit d'une fleur non pas à un seul sépale, mais à plusieurs sépales soudés entre eux. (Voir le mot monopétale.)

m monosperme, *monospermus*, à une seule graine ; se dit d'un carpelle, d'un fruit, d'une loge de fruit. S'oppose à *oligosperme* (à plusieurs graines) et à *polysperme* (à graines nombreuses).

m *monostachyus*, à un seul épi.

M Monstruosité, *Monstrositas*, Anomalie, phénomène tératologique.

m *monstrosus*, monstrueux, déformé, anormal.

m *montanus*, qui habite les montagnes ; *alpestris*, qui croît dans les montagnes peu élevées ou à la base des hautes montagnes ; *alpinus*, qui croît dans les parties élevées des Alpes.

m morphe, *morphus*, dans certains mots composés dérivés du grec, signifie : en forme de ; ex. : rhizomorphe (*rhizomorphus*), en forme de racine. La terminaison grecque *oides* a presque le même sens ; ex. : *ranunculoides*, qui ressemble à une Renoncule ; *cyperoides*, qui ressemble à un *Cyperus*. La terminaison *forme* ou *formis* correspond pour les mots dérivés du latin à la terminaison *morphe*, *morphus*, pour les mots dérivés du grec ; ex. : radiciforme, en forme de racine ; *calyciformis*, en forme de calice, etc.

M Morphologie. On a désigné sous ce nom la science qui à pour objet l'étude des formes que chaque organe est susceptible de revêtir dans les divers groupes des végétaux. La morphologie est une des branches de l'organographie.

m *moschatus*, musqué ; qui exhale une odeur de musc.

m mou, *mollis* ; de consistance molle. — Dans les mots dérivés du grec : *amalos*.

Mousses, *Musci*. (Voir le mot Muscinées.)

mucilagineux, *mucilaginosus*; se dit d'un liquide visqueux et filant. Le suc contenu dans la racine, la tige, les feuilles et les fleurs des plantes de la famille des Malvacées, est mucilagineux; la plupart des bulbes renferment un suc mucilagineux.

Mucron, *Mucro*; pointe roide terminant brusquement une extrémité plus ou moins large. — mucroné, *mucronatus*, qui se termine par un mucron. Une feuille, une capsule, etc., peuvent être mucronées.

multi, et, dans les mots dérivés du grec, *poly;* nombreux, en grand nombre.

multicaule, *multicaulis*; se dit d'une plante dont la souche émet des tiges nombreuses.

multicéphale, *multicephalus*; se dit d'une plante dont l'inflorescence est constituée par un grand nombre de capitules.

multiceps; se dit d'une racine qui, dès son origine, se divise en plusieurs branches.

multicoccus; se dit d'un fruit qui se compose de plusieurs coques devenant libres à la maturité.

multicostatus; se dit d'un fruit qui présente un grand nombre de côtes : de certains fruits d'Ombellifères par exemple.

multidentatus, qui présente un grand nombre de dents.

multifer; se dit d'une plante qui fleurit plusieurs fois par an: par exemple la variété du *Fraisier* (*Fragaria vesca*) dite : de-tous-les-mois.

multifide, *multifidus*; se dit d'une feuille dont les divisions sont nombreuses et s'étendent environ dans la moitié de sa largeur (chez les feuilles penninerviées), ou dans sa moitié supérieure (chez les feuilles palminerviées). (Voir la terminaison : fide, *fidus*.)

multiflore, *multiflorus*; se dit d'une tige ou d'un pédoncule portant un grand nombre de fleurs.

multilobé, *multilobatus* et *multilobus*; qui présente un grand nombre de lobes.

multiloculaire, *multilocularis*; qui présente un grand nombre de loges.

multiparti, *multipartitus*; se dit d'une feuille à divisions nombreuses atteignant presque la nervure moyenne chez les feuilles penninerviées, et le pétiole chez les feuilles palminerviées.

ᴍ multiple, *multiplex*; un organe composé est dit multiple lorsqu'il résulte de la réunion de plusieurs organes libres : ainsi un ovaire ou un fruit multiple est celui qui est composé de plusieurs carpelles libres, les carpelles ne fussent-ils qu'au nombre de deux. L'ovaire ou le fruit est symétrique si les carpelles sont en même nombre que les pétales, et asymétrique par excès ou par défaut, si les carpelles sont plus nombreux ou moins nombreux que les pétales.

ᴍ multiplié, *multiplicatus*; De Candolle a nommé fleurs multipliées (*flores multiplicati*) les fleurs *doubles* ou *pleines*, c'est-à-dire dont les pétales sont très nombreux, soit en raison d'un dédoublement des pétales, soit par la transformation des étamines en pétales. (Voir le mot : double.)

ᴍ *multiradiatus*; on nomme *Capituli multiradiati* les capitules qui présentent à leur circonférence plusieurs verticilles de fleurons ligulés ou tubuleux étalés en rayonnant. — Se dit aussi en parlant d'une ombelle qui présente un grand nombre de rayons. — S'oppose à *pauciradiatus*, qui présente un petit nombre de rayons.

ᴍ multisérié, *multiserialis*; qui est disposé sur plusieurs rangs : *Stamina multiserialia*, étamines disposées sur plusieurs rangs.

ᴍ *multisuturatus*; à plusieurs sutures ou lignes de jonction.

ᴛ multivalve, *multivalvis*; se dit d'un fruit qui s'ouvre en plusieurs valves.

ᴍ *munientia*; on a nommé *Folia munientia*, les feuilles qui abritent les fleurs inférieures. (Inusité.)

ᴛ muriqué, *muricatus*, qui est couvert de pointes robustes et courtes comme par exemple les carpelles mûrs du *Ranunculus muricatus*; — *muricatus* signifie : qui a des pointes comme une chausse-trape, en latin *murex*. (La chausse-trape était une machine de guerre à laquelle on a comparé les coquilles chargées de tubercules épineux du genre *Murex*.)

ᴍ *muscariiformis* (Rich.) en forme de *Muscarium* (plumeau à chasser les mouches), signifie qui est en bouquet terminal ou en corymbe. (Inusité.)

Muscinées (Classe des); cette classe renferme les familles des
Mousses et des Hépatiques : elle appartient à l'embranchement des végétaux acotylédonés (Cryptogames), division des
Acrogènes. Nous avons décrit (voir les articles *Archegonium*
et Urne) les organes de la fructification chez les Mousses aux
diverses périodes de leur développement, nous n'y reviendrons pas ; nous ajouterons seulement que M. Ad. Brongniart
regarde (*Dictionnaire classique d'histoire naturelle*) l'urne
des Mousses comme pouvant être comparée à une *graine nue*
renfermant de nombreux embryons très simples (*spores*).
L'*Epigonium* (coiffe) correspondrait au *testa*; l'*Urne* correspondrait au *nucelle*, sa *Membrane interne* au *sac embryonnaire*; le *Pédicelle* serait un développement du *funicule*; et la
Columelle (axe central autour duquel sont situées les spores),
serait une extension de la *chalaze*. Il nous reste à dire quelques mots des organes connus sous le nom d'*Anthéridies*; on
a donné le nom d'anthéridies chez les Mousses, les Hépatiques,
et plusieurs autres familles cryptogames à des organes que l'on
regarde comme présentant une certaine analogie avec les anthères des phanérogames. Au point de vue de la structure,
une anthéridie ressemble à un grain de pollen autant qu'à une
anthère. Une anthéridie est un petit sac membraneux composé
d'un réseau de cellules, et ordinairement porté sur un pédicelle
constitué par une cellule ou par plusieurs cellules surperpo-
sées ; ce sac contient de petites utricules dans chacune desquelles est renfermé un animalcule doué de mouvements spontanés, qui devient libre par la rupture de l'utricule, et auquel
on a donné le nom de *Spermatozoaire*. Ce liquide, et les corpuscules animés qu'il renferme ont été comparés à la substance désignée chez les grains de pollen sous le nom de *Fovilla*; on ignore
encore la manière dont cette substance est mise en rapport
avec les organes désignés sous le nom d'*Archegonium*, néanmoins on a lieu de croire que le rôle des spermatozoaires n'est
pas sans analogie avec le rôle de la *Fovilla*. Les anthéridies sont
situées à l'aisselle de feuilles dites périgoniales, rarement elles
sont solitaires : elles sont ordinairement au nombre de deux à
cinq à l'aisselle de chacune de ces feuilles. Dans certains groupes

de la famille des Hépatiques, les anthéridies sont disposées sur des disques sessiles ou pédonculés (les Marchantiées), ou plongées dans l'épaisseur de la fronde, leur orifice faisant à peine saillie au dehors (les Ricciées). On nomme *Périgone* (*Perigonium*) l'ensemble des *feuilles périgoniales*, à l'aisselle desquelles sont ordinairement situées les anthéridies. On nomme *Périchèse* (*Perichætium*) l'involucre constitué par les *feuilles* dites *périchétiales* qui entourent les groupes d'archégones; les périchèses sont terminaux (terminent un rameau) ou sont latéraux (sont situés à l'aisselle d'une feuille caulinaire).

musqué, *moschatus*; qui a l'odeur du musc.

mutabilis, changeant; se dit des fleurs ou autres organes qui présentent successivement plusieurs couleurs selon l'état de leur développement : par exemple, le *Pulmonaria angustifolia*, dont les jeunes fleurs sont d'abord roses, puis violettes et enfin d'un beau bleu, et le *Myosotis versicolor*, dont les fleurs d'abord jaunes deviennent ensuite rougeâtres et finissent par être bleues.

mutique, *muticus*; qui ne se termine, ni en pointe, ni en piquant, ni en arête. Dans la description de la fleur des Graminées, par ex., on oppose la phrase : *glumelle inférieure mutique*, à la phrase *glumelle inférieure aristée*. Cette expression était employée dans le même sens par les Latins. — *Spica mutica*, épi à fleurs mutiques.

Mycelium; souche filamenteuse, souvent souterraine des Champignons. M. Léveillé définit le *Mycelium* : « Filaments d'abord simples, puis plus ou moins compliqués, résultant de la végétation des spores, et servant de supports et de racines aux Champignons. » Le *Mycelium* étant considéré comme l'analogue d'une tige souterraine rameuse, la partie aérienne (ou épigée) du Champignon n'en est en quelque sorte que l'inflorescence. On suppose que les Agarics, qui croissent souvent disposés en cercle, appartiennent à un vaste mycélium souterrain, dont les rameaux ou irradiations partent d'un centre commun, et émettent chacun une inflorescence (constituée par un Champignon) à une distance à peu près égale du centre.

Mycologie, *Mycologia*; = Mycétologie; partie de la botanique

qui traite de la structure et de la classification des plantes de
la famille ou de la classe des Champignons. — La classe des
Champignons appartient à l'embranchement des végétaux acotylédonés (Cryptogames), division des Amphigènes; elle a été
subdivisée en un grand nombre de familles. Elle se compose de
végétaux cellulaires des formes les plus variées. M. Léveillé divise la classe des champignons en six sections principales : les
Basidiosporés, les Thécasporés, les Clinosporés, les Cytisporés,
les Trichosporés et les Arthrosporés. — On n'a pas encore trouvé,
chez les plantes de cette classe, d'organes analogues aux anthéridies. Les organes de la fructification sont disposés dans les
divers groupes de la manière la plus variée. — Dans le groupe
des Basidiosporés, les organes reproducteurs ou *Spores* sont te-
nus, et sont situés isolément à l'extrémité de petits soulève-
ments en forme de pointes qui sont désignés sous le nom de
Basides. Les basides sont situées : 1° à l'extérieur (Ectobasides),
soit sur des lames (genre *Agaricus*, etc.), soit dans des tubes
ouverts à l'extérieur (genre *Boletus*, etc.), soit à toute la périphérie du champignon (genre *Clavaria*, etc.); les basides sont
situées 2° dans une cavité interne qui ne s'ouvre que par déchirure à l'époque de la maturité (Entobasides) dans les genres
Lycoperdon, *Scleroderma*, *Geaster*, *Cyathus*, etc. — Dans le
groupe des Thécasporés, les spores sont renfermées dans des
sporanges ou *Thèques* analogues aux thèques des Lichens. Les
thèques sont situées à l'extérieur (Ectothèques) dans les genres
Mitrula, *Morchella* (Morille), *Helvella*, *Peziza*, etc.; les thèques
sont situées dans une cavité interne, chez les genres *Sphœria*,
Tuber (Truffe), *Elaphomyces*, etc. — Dans les groupes des Clinosporés « le réceptacle est de forme variable, recouvert par le
clinode, ou le renfermant dans son intérieur; » les Urédinées
et les Ustilaginées, appartiennent à cette division. — Dans le
groupe des Cystosporés « les réceptacles sont floconneux, cloisonnés, simples ou rameux; les spores continues, renfermées
dans un sporange terminal membraneux, muni ou non d'une
columelle centrale. » — Dans le groupe des Trichosporés : « les
flocons du réceptacle sont isolés ou réunis en un seul corps,
simples ou rameux; les spores sont extérieures et fixées sur

quelques points seulement. —Enfin, dans le groupe des Arthrosporés « les réceptacles sont filamenteux, simples ou rameux, cloisonnés ou presque nuls ; les spores disposées en chapelet, terminales, persistantes ou caduques. » Ces derniers
groupes renferment généralement de très petites espèces, dont
la plupart ne sont visibles qu'à l'aide du microscope. — On
donne le nom de *Mycelium* à des filaments d'abord simples,
puis plus ou moins rameaux, résultant de la végétation des
spores, et servant de supports et de racines aux Champignons.
— L'*Hymenium* est une « couche membraneuse et superficielle
sur laquelle reposent immédiatement les organes de la fructification. » — Le *Peridium* un réceptacle membraneux et sec le
plus souvent rempli de spores qui s'échappent sous une forme
pulvérulente. — Le *Perithecium* « un réceptacle le plus ordinairement coriace ou corné, renfermant des spores nues ou
contenues dans des thèques. » — On nomme *Réceptacle* « soit
le champignon entier, soit la partie sur laquelle reposent les
organes de la fructification. » — Les *Spores* sont les corps reproducteurs des Champignons. Les *Sporanges* des cellules globuleuses ou allongées qui renferment les spores. Les *thèques*
sont des sortes de sporanges composés d'une utricule allongée
ou globuleuse renfermant les spores. — Enfin, chez certaines
espèces de la section des Agaricinées, etc., on distingue le *Pédicule*, le *Chapeau*, la *Volve* (ou *Volva*), le *Voile*, l'*Anneau* ;
les *Lames*, les *Tubes* ou les *Aiguillons*. (Voir les mots : Volva,
Voile, Anneau, etc.)

N

Nacelle, *Carina, Scaphium*, (en forme de) ; *carinatus*, = *navicularis* (voir le mot caréné).

Nageant, *natans* ; on appelle *nageantes* les plantes qui vivent dans
les eaux dormantes ou stagnantes, et dont les feuilles s'étalent
à la surface de l'eau, leur face inférieure étant en contact avec
l'eau, et leur face supérieure en rapport avec l'air ; lorsque le
niveau de l'eau vient à baisser, la tige ou les pétioles s'inclinent
obliquement et les limbes des feuilles restent à la surface de

l'eau ; lorsque l'eau s'élève brusquement au-dessus du niveau qu'elle avait conservé pendant le développement de la plante, les feuilles se trouvent submergées ; si ce niveau se maintient, ces feuilles se détruisent, et la tige continuant à s'allonger produit, lorsqu'elle a atteint le niveau actuel de l'eau, de nouvelles feuilles nageantes : les *Potamogeton natans*, et *oblongum*, le *Nymphæa alba*, le *Nuphar luteum*, ont les feuilles nageantes. Certaines plantes sont susceptibles de présenter dans leur partie inférieure des feuilles submergées, et dans leur partie supérieure des feuilles nageantes, par exemple les *Ranunculus aquatilis* et *tripartitus*, le *Potamogeton heterophyllum*, etc. Ces feuilles qui vivent dans des milieux différents sont ordinairement de forme différente ; la consistance des feuilles nageantes est plus solide que celle des feuilles submergées. Enfin certaines plantes sont susceptibles de vivre dans l'eau et d'avoir les feuilles nageantes, ou de vivre seulement au bord des eaux et d'avoir par conséquent les feuilles tout aériennes ; ces feuilles nageantes et aériennes présentent des formes plus ou moins différentes, par exemple chez le *Polygonum amphibium*.

nain, *nanus; pygmæus, pumilus, pusillus, perpusillus*. Une espèce est dite naine lorsqu'elle est infiniment plus petite que toutes les autres du même genre ; un individu est nain lorsqu'il est beaucoup plus petit que ne le sont habituellement les individus de son espèce. Dans le premier cas, il s'agit d'un fait normal ; dans le second, d'un fait accidentel.—Les plantes vigoureuses qui aiment les terrains humides produisent des individus nains dans un terrain sec et aride : c'est ce qui arrive fréquemment pour certaines espèces qui habitent le bord des eaux ; lorsque l'eau se retire après la dissémination des fruits ou des graines. Ces graines trouvent d'abord assez d'humidité pour pouvoir germer, mais par suite de l'augmentation de la sécheresse, la jeune plante ne tarde pas à subir un arrêt de développement : tels sont les individus monocéphales du *Pulicaria vulgaris* et du *Bidens tripartita*, que l'on rencontre souvent sur le bord desséché des mares et des étangs : les fruits de l'unique capitule mûrissent, après quoi la plante meurt si le terrain n'est point inondé de nouveau.

4 Nanisme ; anomalie qui consiste dans la petitesse exceptionnelle de la taille d'une plante.

1 napiforme, *napiformis* ; se dit d'une racine obconique fortement déprimée ; cette forme est celle de la racine du *Brassica Rapa*, et non du *Brassica Napus*. — La forme dite *turbinée* (ou en toupie), *pyriforme* (ou en poire), ou *obconique*, est celle d'un cône renversé non déprimé.

1 *natans*, nageant (voir ce mot).

1 *Naucum*, brou de la noix ; c'est la chair ou sarcocarpe qui entoure la partie ligneuse de la noix. (Inusité.)

1 naviculaire, *navicularis* ; se dit d'un corps creusé en forme de nacelle et dont la face inférieure présente une carène, par exemple le fruit du *Valerianella carinata* (dans ce fruit la concavité est due à l'écartement des deux loges stériles, et la carène à la saillie de la loge fertile).

1 Nectaire, *Nectarium* ; synonyme du mot disque (voir ce mot).

1 Nectar, on a donné ce nom au liquide ord. sucré, sécrété par les surfaces nectarifères.

1 nectarifère, *nectarifer, nectarifluus* ; qui sécrète le *nectar*. Non seulement certains disques, mais certaines surfaces pétaloïdes, secrètent des liquides et sont dits nectarifères : telle est la fossette située au-dessus de l'onglet et à la face interne des pièces du périanthe chez le *Fritillaria imperialis* (Couronne-impériale).

1 *Nectarotheca* ; on a donné ce nom aux récipients du nectar qui s'écoule des glandes nectarifères ; ce sont en général des fossettes ou des éperons qui sont des dépendances de la corolle ou du calice.

1 *nema*, dans les mots composés tirés du grec, signifie Filet ; en latin *Filamentum*.

1 *nemorosus*, qui croît dans les forêts et les bois.

1 *nephroideus*, en forme de rein ou rognon. Ce mot dérivé du grec est inusité ; on emploie habituellement le mot latin *reniformis*.

1 *nephrosta* (Necker), nom (inusité) donné aux sporanges réniformes des Lycopodiacées.

1 nervales. On a nommé *Cirrhi nervales* les vrilles qui sont un prolongement de la nervure moyenne d'une feuille compléte-

ment développée. Le *Nepenthes distillatoria* offre un exemple curieux de cette sorte de vrilles.

Nervation, *Nervatio* ; arrangement des nervures chez une feuille.

-nerve, *-nervius* ; terminaison employée dans certains mots composés employés pour caractériser les diverses sortes de nervations chez les feuilles : digitinerve, *digitinervius* ; peltinerve, *peltinervius*, etc.

Nervure, *Nervus*. On désigne sous le nom de nervures les faisceaux fibro-vasculaires qui constituent la charpente du limbe de la feuille. Les nervures sont la continuation du pétiole lui-même dont les faisceaux se dissocient à son extrémité supérieure et s'épanouissent sur un seul plan ; le tissu cellulaire, qui, chez le pétiole, entourait les faisceaux fibreux et constituait en outre une écorce, s'épanouit également au même niveau que les faisceaux et s'étale en une membrane mince, qui, chez les feuilles entières, remplit l'intervalle qui sépare les faisceaux divergents, et est recouverte sur ces deux faces par un épiderme qui est aussi la continuation de celui du pétiole. Selon que le pétiole se divise en nervures divergentes qui partent de son extrémité, ou qu'il se prolonge en une nervure terminale émettant des deux côtés des nervures secondaires disposées comme les barbes d'une plume, les feuilles sont dites palmi- ou digitinerves et penninerves. — Une disposition dans laquelle les nervures sont palminerves, mais peu divergentes ou presque parallèles, donne lieu aux feuilles dites curvinerves. Chez les feuilles penninerves, la nervure moyenne est quelquefois désignée sous le nom de côte de la feuille ; chez les feuilles composées pinnées, la nervure moyenne ou pétiole commun est désignée sous le nom de rachis. Les divisions les plus fines des nervures reçoivent le nom de veines et de veinules. Chez un grand nombre de Monocotylédones, les nervures ne sont point ramifiées ; au contraire, chez les Dicotylédones, elles sont en général très rameuses et à divisions souvent anastomosées entre elles. Certaines feuilles sont réduites à des nervures très ramifiées et manquent de parenchyme : telles sont les feuilles de certaines Ombellifères du Fenouil (*Fœniculum officinale*) par exemple. Chez d'autres feuilles, le parenchyme cellulaire remplit complétement l'intervalle des nervures; ces feuilles sont dites entières. Enfin, chez le plus grand nombre, le parenchyme existe à la base entre les nervures et isolément autour de l'extrémité de chacune d'elles, sans cependant les réunir dans leur partie supérieure; les feuilles qui présentent cette disposition du parenchyme sont dites incisées, lobées, fides, partites, etc. (Voir le mot Feuille.)

Nervus, Nervure. — *Nervulus*, petite nervure.

neutre; on appelle fleur neutre (*Flos neuter*) celle dans laquelle l'androcée (les étamines) et le gynécée (les carpelles) ne se sont point développés. Les fleurs à corolle tubuleuse (ou fleurons), qui occupent le centre du capitule dans les genres *Calendula* (Souci), *Micropus*, etc., sont neutres; les fleurs à corolle ligulée (ou demi-fleurons), qui occupent la circonférence du capitule dans un grand nombre de genres des Composées de la division des Corymbifères, sont ordinairement femelles, mais quelquefois ils deviennent neutres par suite de l'avortement de l'ovaire: dans les genres *Anthemis* et *Pyrethrum* par exemple. Chez le *Viburnum Opulus*, les fleurs qui occupent la circonférence du corymbe sont stériles, et toutes les fleurs sont stériles dans la variété cultivée de la même espèce connue sous le nom de Boule-de-neige.

nidorosus, qui a l'odeur de la viande rôtie ou brûlée.

nidulans (Mirb.), qui est placé comme dans un nid. Se dit des graines qui, chez certains fruits charnus ou pulpeux, sont plongées et comme nichées dans la pulpe.

niger, = *ater*, noir; dont la couleur est semblable à celle qui résulte de l'absence complète de la lumière. Dans les mots composés grecs : *melas* ou *melanos*.

nigrescens, noirâtre, noir tirant un peu sur le gris.

nigricans, qui tend à devenir noir, qui est d'un brun roux presque noir.

Nigredo, couleur noire. — *nigritus*, *nigratus*, noirci.

nitidus, *nitens*, *lucidus*, *splendens*; lustré, brillant, luisant. Se dit d'une surface glabre, de quelque couleur qu'elle soit, qui est lisse et polie, et réfléchit les rayons de la lumière. La surface du testa de la graine du *Chenopodium polyspermum* et celle de la capsule du *Juncus Lampocarpos* sont dans ce cas. Des surfaces couvertes d'une pubescence fine et soyeuse peuvent aussi produire un effet analogue; par exemple, chez les feuilles de l'*Achemilla alpina*, du *Potentilla Vaillantii*, etc.

nitidulus, un peu luisant.

nivalis; se dit des plantes qui, dans les plaines, fleurissent vers la fin de l'hiver, lorsque la neige est à peine fondue (tel est le *Galanthus nivalis*, Perce-neige). Se dit également des plantes qui ne croissent que sur les hautes montagnes, dans le voisinage des glaciers et des neiges éternelles : par exemple le *Draba nivalis*, le *Saxifraga nivalis*; on se sert souvent aussi dans le même cas de l'épithète *glacialis*, par exemple: *Ranunculus glacialis*.

nocturnes, *nocturni, noctiluces*; se dit des fleurs qui s'épanouissent à l'entrée de la nuit et se ferment le lendemain au lever du soleil. L'*Ænothera suaveolens* (Onagre odorante), les *Mirabilis Jalapa* (Belle-de-nuit) et *M. longiflora*, présentent cette particularité.

Nodosité, *Nodositas*; renflement normal ou accidentel que présente un organe en dehors des articulations ou nœuds véritables. Les feuilles des *Juncus Lampocarpos, acutiflorus, supinus*, etc., présentent des nodosités normales; la piqûre de certains insectes produit, chez les organes herbacés des végétaux, des nodosités accidentelles.

nodosus, noueux; qui présente des *nœuds* ou articulations renflées. Signifie également : qui présente des *nodosités*; on doit donc, dans les descriptions, indiquer en raison de quel fait l'organe dont on parle a l'aspect noueux. — Le mot toruleux (*torulosus*), qui signifie : présentant des renflements de distance en distance, est presque synonyme du mot noueux; on l'applique surtout aux fruits linéaires, tels que certaines siliques et certaines gousses, dans lesquels chaque graine détermine un renflement très marqué.

Nœud, *Nodus*; articulation renflée correspondant au point d'insertion d'une feuille. Chez les plantes herbacées, la tige se brise plus aisément au niveau des nœuds que dans le reste de son étendue. — Nœud vital; on donne ce nom au collet (que j'ai

désigné sous le nom de collet apparent), c'est-à-dire au plan
qui correspond au niveau de l'aisselle des feuilles cotylédonaires. (Voir le mot Collet.)

o**Noir**, de couleur noire : *niger*, *ater*, et, dans les mots composés
dérivés du grec, *melas* ou *melanos*. — noirâtre, *nigrescens*,
atratus, *nigritus*. — D'un pourpre noir, *atro-purpureus*, *atro-
sanguineus* ; d'un noir bleuâtre, *atro-cœruleus* ; d'un vert noirâtre, *atro-viridis*.

o**Noix**, *Nux*, nom donné au fruit dans le genre Noyer (*Juglans*). Ce
fruit est assez complexe ; il a l'apparence d'une drupe, c'est-à-
dire d'un fruit monosperme à péricarpe se dédoublant en une
couche externe charnue et une couche interne ligneuse (noyau).
Mais la drupe véritable est le résultat d'un ovaire libre constitué par un seul carpelle (tel est le fruit de l'Amandier et du
Pêcher). Chez le Noyer, l'ovaire est adhérent à un tube surmonté du limbe d'un involucre uniflore, et du limbe du calice ; cet ovaire est composé de plusieurs carpelles soudés entre
eux par des cloisons incomplètes et qui renferme un seul ovule.
Le fruit qui résulte de cet ovaire adhérent présente une couche
charnue qui est due à l'accroissement du tube ou de la couche
externe ; cette couche charnue se rompt irrégulièrement à la
maturité et laisse à nu le péricarpe ligneux, composé de deux
valves qui ne se séparent qu'à la germination de la graine ; ce
fruit présente des cloisons incomplètes et par conséquent une
seule cavité subdivisée en plusieurs anfractuosités ; cette cavité
de forme sinueuse est entièrement remplie par une graine
unique qui est comme moulée sur la forme de la cavité.

o**Noisette**, *Nucula* ; nom donné au fruit dans le genre Noisetier
(*Corylus*), famille des Cupulifères. Ce fruit est enveloppé dans
un involucre foliacé accrescent ; il résulte d'un ovaire adhérent
constitué par deux carpelles dont chacun présente un ovule.
A la maturité, le fruit se compose d'un péricarpe ligneux (qui
est le résultat de la soudure des feuilles carpellaires avec le
tube) ; il est indéhiscent et se partage en deux valves à l'instant
de la germination. Ce fruit est uniloculaire et monosperme
(à une seule graine) par avortement ; il est accidentellement

bisperme (à deux graines) par le développement simultané des
deux ovules.

notatus, marqué, — taché : *albo notatus*, marqué de taches
blanches.

notorhizeæ (*Cruciferæ*); Crucifères dont la graine présente un
embryon à radicule dorsale ou incombante.

novem, nombre neuf; dans les mots dérivés du grec *ennea*. —
noni, *novenni*, se dit d'objets rapprochés par neuf.

nu, *nudus ;* qui est dépourvu d'enveloppes. — Une *fleur* est dite
nue quand les organes reproducteurs (étamines et ovaire) ne
sont point entourés d'enveloppes florales (périanthe, ou calice et
corolle). — Une *graine nue* est celle qui n'est point renfermée
dans un péricarpe, par ex. dans l'embranchement des Gymnospermes. On désignait autrefois sous le nom de graines nues,
les akènes dont le péricarpe est soudé à la graine, dans la
croyance où l'on était que ces graines n'étaient point situées
dans un péricarpe.

nucaceus, se dit d'un fruit sec dont le péricarpe présente une
couche extérieure charnue très mince, quelle que soit la structure de ce fruit.

Nucamentum, synonyme inusité de *Amentum* ou *Iulus*, Chaton. — a été employé pour désigner des fruits secs monospermes, tels que ceux de certaines Crucifères (genre *Neslia*,
Bunias, *Crambe*, etc.,) ou de certaines Légumineuses, par ex.
chez le genre *Onobrychis*.

Nucelle, le mot *Nucleus* par lequel on traduit le mot nucelle,
ayant plusieurs significations différentes (voir le mot *Nucleus*),
je propose de traduire nucelle par *Nucellum*.—On désigne sous
le nom de nucelle (Tercine Mirb.), la troisième des membranes
ou tuniques constituantes de l'ovule dans l'ordre de leur superposition, la plus extérieure étant considérée comme la première.
— La cavité du *Nucelle* est tapissée par le *Sac embryonnaire* qui
dépasse souvent cette cavité, et c'est dans le sac embryonnaire
que se développe la *Vésicule embryonnaire*, dans laquelle se
forme l'*Embryon*. (Voir le mot Ovule.)

Nucleus, on traduit Nucelle par le mot *Nucleus*. On désigne aussi sous ce nom le Noyau ou partie interne et ligneuse du péricarpe chez les fruits connus sous le nom de Drupe ; — enfin, on a désigné sous le nom de *Nucleus* le *Thalamium* ou masse fructifère contenue dans l'*Excipulum*, chez les Lichens (*Nucleus* et *Excipulum*, dont l'ensemble constitue l'*Apothecium*).

« *nucleatus*, pourvu d'un *Nucleus* ; *nucleifer* qui porte le *Nucleus*.

« Nuculaine, *Nuculanium* ; on a donné ce nom aux fruits qui se composent d'un verticille de drupes soudées entre elles et résultant d'un ovaire adhérent : tel est le fruit de la Nèfle. Le noyau qui appartient à chacune de ces drupes soudées a été désigné sous le nom de Nucule, *Nucula*.

« *nullus*, nul ; qui n'existe pas.

« *numerosus*, nombreux ; = multiple, *multiplex*. S'oppose à unique *unicus* ou solitaire , *solitarius*. — Dans les mots composés : *multi-*, en grand nombre ; *pluri-*, plusieurs ; *pauci-*, en petit nombre.

« *nutans* ; penché sous le poids de l'extrémité supérieure.

« Nutrition, *Nutritio*. Ensemble des fonctions qui entretiennent la vie chez le végétal, et particulièrement de l'*Absorption* et de l'*Assimilation*.

O

» *ob-* s'emploie pour *obverse* (dont la base est dirigée en avant) ; ce mot latin étant mis devant un mot qualificatif qui exprime une forme, indique que la base ou l'extrémité la plus large de l'objet qui a la forme désignée est dirigée en avant ou en haut ; en d'autres termes, que cette forme est renversée. Ainsi, *cordatus* signifie qui est en forme de cœur, la pointe en haut et l'extrémité échancrée en bas, et *obcordatus* signifie en forme de cœur, la pointe en bas, et la partie large et échancrée en haut.

» obconique, *obconicus* ; qui est en forme de cône renversé, c'est-à-dire dont le sommet est en bas, et la base en haut.

» obcordé, *obcordatus* ; se dit de la forme d'une feuille ou d'une foliole en cœur, dont la partie échancrée est en haut et la partie atténuée en bas, par exemple les folioles de l'*Oxalis Acetosella*.

oblique, *obliquus*; dont la direction est intermédiaire entre la
direction perpendiculaire et la direction horizontale.

oblitéré, *obliteratus*; qui est avorté ou détruit, et dont il ne
reste que des traces.

oblong, *oblongus*; qui est trois à quatre fois aussi long que large.

obovale, *obovatus*; qui a la forme d'un ovale renversé, c'est-à-dire
dont l'extrémité la plus étroite est en bas, et l'extrémité la
plus large en haut.

obtus, *obtusus*; s'oppose à aigu. Se dit d'un objet terminé par
une pointe arrondie. Obtus s'oppose aussi à tranchant et signifie alors à bords arrondis; c'est ainsi que *Carène obtuse*
s'oppose à *Carène tranchante*.

obsoletus; peu saillant, à peine apparent. — *obsolete nervosus*, à
nervures à peine sensibles.

obversè; s'emploie dans le même sens que *ob*. *obversè cordatus* a
la même signification que *obcordatus*. — (Voir *ob*, *obcordatus*.)

obvolutus; se dit des parties qui s'enroulent l'une sur l'autre,
par exemple de deux cotylédons pliés longitudinalement et
dont chacun embrasse la moitié longitudinale de l'autre; ces
cotylédons ont aussi été dits *équitants* (*équitantes*) : les feuilles
de certaines espèces présentent cette disposition dans le bourgeon.

ocellatus; marqué de taches en forme d'yeux, c'est-à-dire de
taches circulaires composées de zones diversement colorées.

ochraceus; couleur du jaune d'ocre; d'un jaune mat assez foncé.

Ochrea (Willd.); ce nom, qui signifie *guêtre*, a été donné aux
gaînes complètes qui existent à la base du pétiole de certaines
feuilles alternes, et particulièrement chez les plantes de la famille des Polygonées. M. Auguste de Saint-Hilaire considère les
stipules qui constituent cette gaîne, comme axillaires, c'est-à-
dire comme émanées d'un nœud périphérique placé en dedans
du pétiole, et il les regarde comme analogues à celles qui constituent la ligule des Graminées. — On a aussi donné, dans la
famille des Mousses, le nom d'*Ochrea* à la vaginule (réceptacle de la fleur), lorsqu'elle est terminée par une gaîne membraneuse, qui n'est autre chose que la base de l'*Epigonium* ou
involucre dont le sommet constitue la coiffe.

Ochroleucus, d'un jaune blanchâtre, d'un blanc tirant sur le jaune ou un peu verdâtre.

Ochros, dans les mots composés dérivés du grec signifie d'un jaune blanchâtre, en latin *flavus*.

Octo huit ; *octo* signifie également huit dans les mots composés dérivés du grec. — *octoni*, se dit de huit objets rapprochés.

Odeur, *Odor*. Impression produite sur l'odorat par certaines substances volatiles dites odorantes. La substance qui se volatilise est dite Arome, *Aroma*. Les organes odorants des plantes ont reçu les qualifications suivantes : alliacé, *alliaceus*, qui a une odeur d'ail : *ambrosiacus*, qui a l'odeur de l'ambre ; aromatique, *aromaticus*, l'odeur du Laurier, de la Menthe poivrée, de la Tanaisie, etc. ; *graveolens*, désagréable en raison de sa force, par exemple l'odeur de l'*Anethum graveolens* ; *hircinus*, qui a une odeur de bouc ; fétide, *fœtidus*, *teter*, odeur très désagréable ; *muriaticus*, qui a l'odeur des plantes imprégnées d'eau de mer ; musqué, *moscatus*, qui a l'odeur du musc ; piquant, *pungens*, se dit de l'odeur de certaines huiles volatiles, de l'acide acétique, etc. ; *spermaticus*, qui a une odeur analogue à celle des fleurs du Châtaignier ; *suaveolens*, qui exhale une odeur suave ; vireux, *virosus*, se dit de l'odeur des plantes qui ont des qualités narcotiques, la Jusquiame, le Pavot, la Ciguë, etc.

Oligocéphale, *oligocephalus* ; se dit d'une inflorescence composée de capitules en petit nombre.

Oligo ; dans les mots composés dérivés du grec, signifie en petit nombre ; en latin *pauci*.

Olivaceus, qui est de la couleur dite vert-olivâtre.

Ollopétalaire, cette désignation a été appliquée aux fleurs anomales chez lesquelles tous les organes se présentent sous la forme de pétales.

Ombelle, *Umbella*. Sorte d'inflorescence appartenant au type indéfini, c'est-à-dire, dont les fleurs se développent de la circonférence vers le centre ou de la base au sommet ; l'ombelle peut être considérée comme un épi, dont l'axe principal serait réduit à une surface, et dont par conséquent tous les rameaux partiraient du même point. En effet, l'ombelle est une inflorescence

dont les axes latéraux (*Rayons*) partent en rayonnant de l'extrémité d'un pédoncule et en apparence au même point; ces
axes latéraux, pédoncules partiels ou rayons, sont ordinairement insérés, au moins les plus extérieurs (ou inférieurs), à
l'aisselle de feuilles bractéales ou bractées, dont l'ensemble est
désigné sous le nom d'*Involucre* (et était autrefois nommé
Collerette); ces rayons sont d'autant plus longs qu'ils sont plus
extérieurs; mais, vu leur inclinaison en dehors, ils arrivent tous
à la même hauteur, de telle sorte que la surface de l'ombelle
est plane, quelquefois convexe, plus rarement concave. On a
désigné sous le nom de *Sertulum*, les ombelles dont chaque
rayon se termine par une seule fleur (telle est l'inflorescence
chez le *Butomus umbellatus*); chez les ombelles proprement
dites, chaque rayon se termine par une nouvelle petite ombelle
(que l'on nomme *Ombellule*) et dont l'ensemble constitue l'*ombelle composée* ou simplement ombelle : telle est l'inflorescence
chez la plupart des plantes de la famille des Ombellifères.

Ombellule, *Umbellula*; on désigne sous ce nom les ombelles partielles dont l'ensemble constitue l'ombelle composée; l'involucre qui se trouve ordinairement à la base de chaque ombellule
est désigné sous le nom d'Involucelle, *Involucellum*.

Ombilic, *Umbilicus* = Hile. (Voir le mot Hile.)

Omphalode, *Omphalodium* (Turp.); on a désigné sous ce nom le
point central de la cicatricule ou hile après la chute de la
graine; c'est le point qui correspond au passage des vaisseaux
dits nourriciers de la graine.

ondulé, *undulatus*, *undatus*; se dit d'un organe plan, d'une
feuille, par exemple, relevée çà et là en bosses inégales qui,
sur l'autre face, correspondent à des creux. Ondulé-crispé,
s'entend particulièrement du bord de la feuille lorsqu'il est
plissé et frisé en raison de son trop d'étendue, par exemple
chez le *Malva crispa*. — Voir le mot crépu.

Onglet, *Unguis*; base étroite par laquelle un pétale est inséré.
Chez les pétales orbiculaires l'onglet n'est, à proprement parler,
que le point d'insertion, ces pétales sont comparables à des
feuilles sessiles ou à pétiole nul; chez les pétales dont la partie
inférieure étroite se dilate brusquement en un limbe beaucoup

plus large, chez les *Lychnis*, par ex. l'onglet correspond chez le pétale au pétiole chez la feuille pétiolée.

ᴐᴔOophoridie, *Oophoridium* ; chez les plantes de la famille des Lycopodiacées, on donne ce nom à des capsules à trois ou quatre valves, et qui renferment trois ou quatre corps subglobuleux beaucoup plus gros que les spores renfermées dans les sporanges.

ıᴔOnomatologie ; partie de la science qui a pour objet la nomenclature des genres et des espèces. (Bergeret l'avait nommée *Phytonomatotechnie*, nom qui n'a pas été employé, comme on peut le croire.)

ȷᴔOpercule, *Operculum* ; on désigne sous ce nom les pièces en forme de couvercle qui se détachent horizontalement et circulairement du sommet de certaines capsules. Les capsules qui chez les Phanérogames présentent ce mode de déhiscence ont reçu le nom de *Pyxides*, tel est le fruit chez la Jusquiame (*Hyoscyamus niger*) et chez le Mouron-rouge (*Anagallis arvensis*). La capsule ou *urne* des Mousses s'ouvre également par la chute d'un opercule.

ȷᴔoperculé, *operculatus* ; muni d'un opercule ; *circumcissus* (coupé circulairement) rend la même idée.

ȷᴔ*Oplacium* (Neck.) ; expansion en forme de cornet qui porte sur ses bords la fructification, dans certains genres de la famille des Lichens. Le même organe a été nommé *Scyphus*, et en français entonnoir. Les espèces munies de *Scyphus* ont été dites *scyphophorées*.

ȷᴔopposé, *oppositus* ; qui est situé en face d'un autre objet. On nomme *Feuilles opposées* les feuilles étagées par deux, situées au même niveau sur une tige et placées en face l'une de l'autre ; ces feuilles constituent un même verticille de deux feuilles seulement. — *Dans une fleur, on nomme opposés* les organes appartenant à des verticilles différents et qui sont situés les uns devant les autres ; c'est ainsi que l'on dit que les étamines sont opposées aux sépales.

ᴛᴔ*opposite-pinnatus* ; se dit des feuilles composées pinnées dont les folioles sont opposées.

ᴛᴔ*oppositifolius*, qui a les feuilles opposées.

Oræ radicum (Jung.); les bouches des racines. Nom (inusité) donné aux spongioles.

orbiculaire, *orbicularis*, *orbiculatus*, *circinatus*, *disciformis*. Une surface plane ou un organe plan, une feuille, par ex., est dite orbiculaire lorsque sa circonférence est limitée par un cercle régulier ou presque régulier.

Orbicule, *Orbiculus*. Dans le groupe des Nidulariées (famille des Champignons), on a donné le nom d'orbicule à des corps lenticulaires placés au fond du *Peridium* (qui est en forme de coupe) comme des œufs dans un nid. Ces corps lenticulaires, qui ressemblent à des graines, sont des réceptacles pédicellés qui contiennent dans leur intérieur des spores portées sur des basides.

Orbilla, nom donné par Acharius à la Scutelle (*Apothecium*) dans le genre *Usnea*.

Orchidées (Plantes de la famille des). Les diverses parties de la fleur ont reçu des noms particuliers chez la famille des Orchidées. (Voir les mots : Casque, Labelle, Gynostème, Masses polliniques, Caudicule, Bursicule.)

Ordre, *Ordo*. On a traduit en latin le mot Famille (Ordre naturel) par le mot *Ordo*.

Oreillette, *Auricula*; — muni d'oreillettes, auriculé, *auriculatus*. (Voir le mot auriculé).)

Organes élémentaires. On désigne sous ce nom les organes dont la réunion constitue les tissus; telles sont : les diverses sortes d'utricules ou de cellules (qui constituent le tissu cellulaire), les cellules allongées, Clostres ou Fibres (qui constituent le tissu fibreux, et les diverses sortes de vaisseaux qui constituent le tissu vasculaire). De l'union des fibres et des vaisseaux résultent les faisceaux fibro-ligneux qui constituent le bois; le tissu cellulaire constitue la moelle, les rayons médullaires et les couches externes de l'écorce; les couches internes de l'écorce (Liber) sont principalement constituées par du tissu fibreux.

Organes composés. Ces organes sont des appareils plus ou moins complexes; telles sont les feuilles et leurs diverses modifications (pétales, étamines, et carpelles).—Les Étamines et les Carpelles sont désignés sous le nom d'organes reproducteurs. — Une feuille carpellaire et une feuille staminale doivent être considérées plutôt comme des appareils que comme des organes; en effet, l'étamine se subdivise en plusieurs parties que l'on désigne souvent sous le nom d'organes (le Filet, le Connectif, les loges de l'Anthère, le Pollen), et le carpelle se subdivise en Feuille carpellaire (ou ovaire proprement dit), Style, Stigmate, Placenta, Funicules et Ovules.

organiques ou organisés (Corps). On nomme ainsi tous les corps qui se composent d'une réunion d'organes, organes dont les plus essentiels ont pour but la nutrition de l'individu et la reproduction de l'espèce. Les corps organiques se nourrissent par intussusception, en s'assimilant des substances venues du dehors, tandis que les corps inorganiques ne s'accroissent que par aggrégation ou juxtaposition de corps qui se déposent à leur surface. Les corps organiques comprennent le règne animal et le règne végétal; ces deux règnes se nuancent par des transitions presque insensibles chez les êtres dont l'organisation est la plus simple. Chez ceux dont l'organisation est la plus complexe et la plus développée, les différences sont faciles à saisir; les caractères essentiels des animaux sont : l'existence d'une cavité digestive (estomac), la faculté de se mouvoir spontanément (locomotilité), et la faculté d'apprécier les sensations (sensibilité). De ces trois caractères, la présence d'une cavité digestive est le seul que l'on puisse affirmer qui n'appartienne à aucun végétal. Les caractères essentiels des végétaux sont négatifs de ceux que nous venons d'énumérer chez les animaux.

Organogénie ou Organogénésie végétale, = Phytogénésie. Étude du développement d'un organe pendant toutes les phases successives qu'il parcourt, depuis sa première apparition à l'état de mamelon cellulaire jusqu'à son état parfait, chez une même plante, ou simultanément chez plusieurs que l'on compare entre elles.

Organographie végétale. On désigne sous ce nom toutes les études qui ont pour objet les organes chez les végétaux, aux divers points de vue de leur mode de développement (Organogénie) et des formes qu'ils présentent (Morphologie). L'étude de leurs fonctions est désignée sous le nom de Physiologie végétale.

Origoma (Neck.) On a donné ce nom aux réceptacles en forme de coupe déjà nommés *Cyathus* ou *Scyphus*, qui existent à la surface des frondes des *Marchantia* et sont remplis de sortes de bulbilles nommées propagines.

Orgya, toise, ancienne mesure; six pieds, un peu moins de deux mètres. — *orgyalis*, qui a une toise de long.

orthos, dans les mots composés dérivés du grec, signifie droit; en latin, *rectus*.

orthospermus, dont la graine est droite. S'oppose à *campylospermus*, dont la graine est courbée.

orthotrope (Ovule) = homotrope = atrope = droit (voir les mots droit et Ovule). Dans les graines qui résultent d'un ovule orthotrope, l'embryon est antitrope (embryon droit dont la radicule regarde le point opposé au hile).

Orthotrope (Embryon) = homotrope; embryon droit dont la radicule est dirigée vers le hile. Cet embryon appartient aux graines qui résultent d'un ovule anatrope (réfléchi). (Voir le mot Embryon.)

oscillant, *versatilis*; se dit des anthères mobiles sur leur filet. Ces anthères sont en général insérées vers le milieu de leur longueur, à l'extrémité d'un filet terminé en pointe. — Les anthères immobiles, largement insérées au filet, sont dites adnées (*adnatæ*).

osseux, *osseus*; qui a la dureté et l'aspect de la partie compacte des os; certains péricarpes, certains périspermes, sont de consistance osseuse.

Ossiculum, = *Putamen*, Noyau.

-*osus*; la terminaison -*osus* indique que l'organe nommé est plus volumineux ou en plus grand nombre que dans les cas analogues; ex. : *foliosus*, qui a beaucoup de feuilles.

Ovaire, *Ovarium*; est synonyme du mot *Gynécée* qui a remplacé le mot *Pistil*. On disait qu'une fleur était à plusieurs pistils quand les carpelles étaient libres entre eux; on disait qu'elle était à un seul pistil quand elle était à un seul carpelle, ou qu'il existait plusieurs carpelles soudés entre eux. Le mot *gynécée* est préférable en ce qu'il désigne l'ensemble des carpelles d'une fleur quel qu'en soit le nombre (un ou plusieurs), et que des carpelles soient libres ou soudés entre eux. Le mot gynécée n'est pas encore très usité, on se sert plus habituellement du mot ovaire que l'on a détourné de son ancien sens, car il désignait autrefois la partie du pistil (carpelle libre, ou ensemble de carpelles soudés) qui renferme les ovules. Il serait préférable de lui conserver cette signification, et d'employer le mot gynécée pour désigner l'appareil sexuel femelle, comme le mot androcée pour désigner l'appareil sexuel mâle. — Le Gynécée ou Ovaire est donc l'ensemble des carpelles à l'époque de la floraison, ensemble qui constituera le fruit à l'époque de la maturité. (La structure de l'ovaire ayant été étudiée à l'occasion des mots Carpelle et Fruit, nous renvoyons à ces articles.)

› ovale, *ovalis* = ové, *ovatus*. Une surface ou un organe plan, une feuille par exemple, est dite ovale lorsque son contour présente la forme de la coupe verticale d'un œuf, c'est-à-dire la forme d'une ellipse dont le plus grand diamètre transversal est au-dessous du milieu. La base d'un ovale est son extrémité la plus large; les feuilles dont le limbe est en forme d'ovale renversé, c'est-à-dire dont l'extrémité opposée à l'insertion est la plus large, sont dites obovales.

› *ovato-oblongus*, qui tient le milieu entre la forme ovale et la forme oblongue.

› Ovelle, *Ovellum*; nom proposé pour désigner le carpelle à l'époque de la floraison, dans le but de réserver le nom de carpelle au carpelle à l'époque de sa maturité. Le nom d'Ovelle a l'inconvénient de présenter une consonnance trop voisine de celle du mot Ovule.

› ovoïde, *ovoideus*; se dit d'un corps en forme d'œuf; certains fruits, certaines graines, sont ovoïdes.

› ovipare; se dit de la reproduction par les graines. S'oppose à gemmipare, qui se dit de la reproduction par les bourgeons.

Ovule, *Ovulum*; on désigne sous le nom d'ovule chez les plantes phanérogames, l'état de la graine avant et pendant la période de l'épanouissement de la fleur (Fleuraison). — Un ovule se compose ordinairement d'une tunique externe (*Testa* ou *Pri-*

mine); d'une tunique interne (*Tegmen* ou *Secondine*); d'un corps charnu celluleux qui constitue une tunique plus intérieure (*Nucelle*, *Nucleus* ou *Tercine*); d'un sac membraneux sans ouverture qui tapisse la cavité du nucelle, et dépasse ord. son orifice (*Sac embryonnaire*, *Amnios*, *Quintine*); enfin d'une vésicule (*Vésicule embryonnaire*) qui paraît suspendue près du sommet à la paroi interne du sac embryonnaire. C'est dans l'intérieur et vers la base de la vésicule embryonnaire, que se développe l'*Embryon*; la partie supérieure de la vésicule embryonnaire est désignée, après la formation de l'embryon, sous le nom de *Cordon suspenseur*.—La base de l'ovule se prolonge en un pédicelle, ou cordon, que l'on désigne sous le nom de *Funicule* (*Podosperme*, ou *Cordon ombilical*), ce cordon est inséré sur les *Lignes placentaires*. L'ensemble des lignes placentaires est désigné sous le nom de *Placenta*, *Placentaire* ou *Trophosperme*; le point où l'ovule est inséré sur le funicule a reçu le nom de *Hile* (ou *Ombilic*). — Le sommet organique de l'ovule correspond à l'ouverture des tuniques; l'ouverture du Testa a reçu le nom d'*Exostome*, et l'ouverture du Tegmen le nom d'*Endostome*; lorsque l'ovule est devenu graine, l'exostome, qui est peu apparent, est désigné sous le nom de *Micropyle*. — L'ovule peut rester *droit*, et alors le hile et le micropyle (la base et le sommet organique de l'ovule) restent situés aux deux extrémités opposées. — L'ovule peut éprouver diverses courbures en raison de l'inégalité du développement de ses parois. Quand l'ovule est *courbé* ou *plié*, en raison d'une inégalité de développement, on conçoit que le micropyle tend à se rapprocher du hile, et peut même (si l'ovule est courbé en cercle ou plié en deux moitiés appliquées l'une sur l'autre) se trouver en contact avec le hile. — L'ovule peut éprouver un développement excessif au niveau du hile; dans ce cas, l'insertion du funicule peut occuper toute la longueur de l'ovule, et plus tard de la graine. Ce développement du hile produit sur un des côtés de l'ovule ou de la graine, la saillie longitudinale désignée sous le nom de *Raphé*. L'extrémité supérieure du raphé est désignée sous le nom de *Chalaze* (ou hile interne); cet ovule est dit *réfléchi*, parce que l'on suppose qu'il se réfléchit sur son funicule, et se soude avec lui. J'ai démontré qu'il s'agit non pas d'une réflexion sur le funicule, mais d'une distension de l'ovule au niveau du hile.—L'*Ovule droit* a été dit : *orthotrope*, *atrope*, et *homotrope*. L'*Ovule courbé* : *campulitrope*, et *campylotrope*. L'*Ovule plié* : *camptotrope*. L'*Ovule en partie courbé et en partie réfléchi* : *amphitrope*. L'*Ovule réfléchi* : *anatrope*, et s'il était rendu en apparence à la direction droite, en raison d'une torsion du funicule : *ditrope*. Enfin l'*Ovule semi-réfléchi* (ne présentant de raphé que dans la moitié de sa longueur) a été dit *semi-anatrope* ou *hémi-anatrope*. — On regarde actuellement l'ovule comme constitué originairement par le *Nucelle*, et l'on admet que ce nucelle (ou mamelon cellulaire) est revêtu de bas en haut par un premier bourrelet qui, en s'allongeant, devient la tunique désignée sous le nom de *Tegmen* (ou *Secondine*), puis par un deuxième bourrelet basilaire qui, en s'allongeant, finit par devenir la tunique externe désignée sous le nom de *Testa* ou (*Primine*). Les observations auxquelles je me suis livré, et l'étude que j'ai été à même de faire de divers cas où l'ovule avait subi des modifications tératologiques, ne me permettent pas d'adopter cette manière de voir ; je pense avec M. de Mirbel, à l'opinion duquel on avait cru devoir renoncer, que le testa ou primine constitue en réalité la paroi externe de l'ovule dès son apparition, et que, par suite d'une sorte d'épanouissement de l'ovule, la tunique sous-jacente (tegmen ou secondine), puis le nucelle lui-même deviennent visibles à leur sommet, jusqu'à ce que ces parties se trouvent cachées par suite de l'accroissement de la tunique externe ou testa. Cette manière de voir permet de concevoir comment, dans certains cas, l'ovule se trouve transformé en un bourgeon ou en un bulbille ; ce qui serait assez difficile à expliquer d'après la théorie admise, et selon laquelle les parties centrales se développent avant celles de la circonférence, et font de l'ovule un organe *sui generis* sans aucune analogie avec un bourgeon. (Voir pour les notions relatives à la structure de l'ovule, les divers organes énumérés dans cet article, et décrits à leur place alphabétique :

Testa, Chalaze, Nucelle, etc. Voir aussi les mots, Graine, Carpelle, Fécondation, Pollen, etc.)

ovulé, *ovulatus*; se dit d'un ovaire qui renferme un ou plusieurs
ovules; ex. : uniovulé, biovulé, 3-ovulé, 4-ovulé, etc. : à un,
deux, trois, quatre ovules, etc.

P

Pagina, face, surface plane; on appelle *Pagina superior* ou *su-*
pera la face supérieure des feuilles, *Pagina inferior*, *infera*
ou *prona* la face inférieure.

Paillette, *Palea;* on donne ce nom aux petites lames scarieuses
qui, dans certains genres de la famille des Composées, hérissent
le réceptacle et séparent les fleurons entre eux. Ces lames scarieuses ne sont autre chose que des bractées analogues à celles
dont se compose l'involucre, mais seulement encore plus éloignées de la forme des feuilles. A l'aisselle de chacune de ces
bractées ou paillettes existe une fleur (fleuron tubuleux ou
fleuron ligulé), par exemple dans les genres *Helianthus*, *Anthe-*
mis, *Hypochœris*, etc., les paillettes peuvent être divisées longitudinalement en soies roides; il en est ainsi chez la plupart
des genres de la sous-famille des Tubuliflores (dans les genres
Carduus, *Cirsium*, *Carduncellus*, *Lappa*, etc.); quelquefois
enfin, les paillettes manquent complétement et les fleurs naissent sans bractées, par exemple dans les genres *Bellis*, *Chrysan-*
themum, *Tragopogon*, *Taraxacum*, etc. Mais c'est par une sorte
d'arrêt de développement que les paillettes ne se développent
pas, leur germe existe virtuellement, j'en ai trouvé la preuve
chez le *Pyrethrum Parthenium* (la Matricaire) dont j'ai plusieurs fois rencontré le réceptacle plus ou moins garni de paillettes (chez la variété cultivée), bien qu'à l'état normal il n'en
présente aucune trace. — L.-C. Richard a donné le nom de
paillettes aux diverses pièces de l'involucre et du périanthe
des Graminées considérées isolément, c'est-à-dire aux *glumes*
(dont il appelle l'ensemble *lépicène*), et aux *glumelles* (dont il
appelle l'ensemble *glume*); il emploie le diminutif *paléolle*

pour désigner les *glumellules* (dont il appelle l'ensemble *glumelle*). (Voir le mot Glume.)

Paire, *Jugum* ; on nomme ainsi l'ensemble de deux feuilles ou de deux folioles opposées, c'est-à-dire placées à la même hauteur, l'une vis-à-vis de l'autre.

palaceus ; se dit d'un organe qui adhère à son support par le bord (inusité) ; s'oppose au mot *peltatus*, (qui adhère par le centre.)

palaris, se dit d'une racine dont la direction continue celle de la tige (inusité).

Palais, *Palatum* ; on a donné ce nom à la partie saillante ou boursouflée de la lèvre inférieure des *Linaria*, des *Antirrhinum*, etc., qui ferme l'entrée du tube de la corolle dite chez ces genres : corolle en gueule.

Pâle, *pallidus*, *pallens* ; qui est peu coloré. Le jaune pâle est un jaune presque blanc.

Paléacé, *paleaceus*. Hérissé de paillettes, se dit du réceptacle dans certains genres de la famille des Composées. (Voir le mot Paillette, *Palea*.)

Paléolle, *Paleola*. Diminutifs de paillette et de *palea*. Richard désigne les glumellules sous le nom de paléolles.

pallidus, pâle, se dit d'une couleur quelconque très affaiblie.

palmaris, qui est de la longueur d'une palme, trois pouces. (Mesure inusitée.)

Palmatifide, *palmatifidus* ; se dit d'une feuille palminerve, découpée en lobes souvent aigus, disposés comme les doigts de la main ou les rayons d'un éventail, et dont les sinus atteignent le milieu de l'étendue du limbe.

Palmatilobé, *palmatilobatus* ; une feuille palmatilobée diffère d'une feuille palmatifide en ce que ses lobes sont arrondis, moins nombreux, et par conséquent plus larges, ils peuvent aussi être beaucoup moins profonds.

Palmatipartit, *palmatipartitus* ; se dit d'une feuille palminerve, découpée en lobes souvent aigus, disposés comme les doigts de la main ou les rayons d'un éventail, et dont les sinus atteignent presque la base du limbe, ou au moins dépassent le milieu de son étendue.

palmatiséqué, *palmatisectus* ; la feuille palmatiséquée diffère de
la feuille palmatipartite en ce que les lobes (appelés divisions)
partagent le limbe de la feuille dans toute son étendue, c'est-à-
dire jusqu'au pétiole ; ces divisions seraient des folioles si elles
étaient articulées à leur base (la feuille serait dite dans ce cas,
composée-digitée).

palmé, *palmatus* ; se dit d'une feuille palminerve découpée en
lobes plus ou moins profonds ; *palmé* est un terme générique
dont les termes palmatilobé, palmatifide, palmatipartit et palmatiséqué indiquent les espèces. — Palmé a été quelquefois
employé, mais à tort, comme synonyme de *digité*.

Palme, *Palmus* ; ancienne mesure (inusitée) de la longueur de
trois pouces.

palminerve, *palminervius* ; les feuilles dont les nervures partent
du sommet du pétiole en rayonnant comme les doigts de la
main écartés ou les rayons d'un éventail étalé, sont dites *palminerves* ; les feuilles dont les nervures présentent cette disposition peuvent être simples et entières, ou plus ou moins profondément découpées en lobes rayonnants (ces feuilles découpées sont dites *palmées*), ou être composées (et alors elles
sont dites *digitées*).

paludosus, = *palustris* ; qui habite les lieux marécageux, le bord
des mares, des étangs et des fossés.

panaché, *variegatus* ; qui présente des couleurs variées tranchant
les unes sur les autres et disposées régulièrement selon les
nervures ou irrégulièrement et comme à coups de pinceau.
La Tulipe des jardins offre de nombreuses variétés à fleurs panachées de diverses couleurs ; certaines plantes varient, par la
culture, à feuilles panachées de taches blanches : la Sauge, le
Houx, etc.

panduriforme, *pandurœformis*. Signifie en forme de violon (le
Pandura, πανδοῦρα, était chez les Grecs un instrument de musique à trois cordes) ; ce mot (inusité) a été créé pour indiquer la
forme des feuilles (en très petit nombre) qui sont oblongues et
étranglées vers leur partie moyenne ; la feuille du *Rumex pul-
cher* par exemple. Mais le mot lui-même ayant besoin d'explication pour être compris, il est beaucoup plus simple de décrire

la feuille. De Candolle (*Théorie élémentaire de la botanique*) cite ce terme comme un des plus inutiles qui ait été produits par la manie de créer des mots pour chaque forme exceptionnelle.

Panicule, *Panicula;* sorte d'inflorescence appartenant au type indéfini. La panicule peut être considérée comme un épi dont les pédicelles uniflores disposés sur l'axe seraient remplacés par des pédoncules rameux et c'est-à-dire pluriflores ou multiflores, ces pédoncules fleurissant à partir de celui qui est situé le plus bas, et la floraison continuant à se faire de la base au sommet. Telle est l'inflorescence chez un grand nombre de Graminées, etc. Lorsque les rameaux de la panicule sont dressés et appliqués le long de l'axe en se recouvrant les uns les autres, la panicule est dite *spiciforme ;* on donne aussi à ces panicules le nom d'*Épis composés*. — Le *Corymbe* est une panicule dont les rameaux partant de diverses hauteurs arrivent tous au même niveau, en raison de leur longueur d'autant plus grande qu'ils sont situés plus bas et qu'ils sont plus extérieurs. — Des *Cymes* (inflorescences définies) disposées autour d'un axe principal indéfini constituent une inflorescence mixte (cymes disposées en panicule).

paniculé, *paniculatus;* se dit d'une tige florifère dont les rameaux constituent une panicule.

annexterne, *Pannexterna*. M. de Mirbel, n'admettant que deux parties essentielles dans le péricarpe, l'externe et l'interne, a nommé une Pannexterne, et l'autre Panninterne (*Panninterna*) (inadmis).

Papilionacées (Fleur des). Les diverses pièces de la corolle ont été désignées par différents noms chez la famille des Papilionacées : le pétale supérieur est nommé *Étendard*, les deux pétales latéraux sont désignés sous le nom d'*Ailes*, et les deux pétales inférieurs rapprochés ou adhérents entre eux, ont reçu le nom collectif de *Carène*.

Papille, *Papilla;* on a donné le nom de papilles à de petites rugosités coniques rapprochées qui couvrent certaines surfaces ; la partie stigmatique des branches du style chez les Composées est hérissée de papilles.

papilleux, *papillosus;* qui est hérissé de papilles.—*papilliformis;* en forme de papille.

pappiformis; en forme d'Aigrette ou *Pappus.*

papposus, qui est pourvu d'une aigrette. *Akenia, Semina papposa,* akènes, graines munies d'une aigrette.

Pappus, Aigrette (voir ce mot).

Papule, *Papula.* Proéminences succulentes qui existent à la surface de certaines feuilles, par ex. chez le *Mesambryanthemum crystallinum.*

papuleux, *papulosus;* se dit d'une surface couverte de papules.

Papyracé, *papyraceus;* qui a la consistance du papier.

Paquet, *Fasciculus, Glomerulus;* terme vague et inusité qui a été employé par d'anciens auteurs pour désigner diverses agglomérations de fleurs. Tournefort a appelé *Paquets* les épillets des Graminées.

parabolique, *parabolicus;* dont la circonférence est un ovale, c'est-à-dire une courbe analogue à celle qui résulterait de la section oblique d'un corps conique. Se dit en botanique d'une circonférence ovale, dans les cas où l'ovale est très allongé. (Peu usité.)

Paracarpe, *Paracarpium* (Link); nom donné à l'ovaire rudimentaire, dont on trouve des traces chez la plupart des fleurs mâles ou stériles; cet organe est en général réduit à un mamelon de tissu cellulaire.

Paracorolle, *Paracorolla* (Link); nom donné à la corolle ou au périanthe supplémentaire qui, dans le genre *Narcissus,* par ex., est situé en dedans du périanthe. Cet organe a été désigné sous les noms de nectaire et de couronne; dans le cas cité, le *Paracorolla* est composé de six pièces comme le périanthe. Chez le *Narcissus poeticus* ces pièces, soudées, sont courtes et d'un rouge qui tranche sur le périanthe blanc; dans le *N. Pseudo-narcissus,* elles constituent un long tube jaune de la même couleur que le périanthe.

parallèle, *parallelus;* se dit d'une ligne ou d'une surface également distante d'une autre dans tous ses points. — Chez les Crucifères, le fruit se compose de deux carpelles opposés, séparés par une cloison membraneuse. Dans certains genres de la division des siliculeuses, il arrive que les feuilles carpellaires sont presque étalées à plat l'une sur l'autre ; la cloison qui les sépare est alors aussi large qu'elles (le *Draba verna* présente un exemple de cette disposition). Il arrive aussi, chez d'autres genres, que chacune des deux feuilles carpellaires est pliée en deux longitudinalement dans toute sa longueur ; la cloison qui séparé ces deux feuilles pliées et unies bord à bord est nécessairement très étroite (le *Capsella Bursa-pastoris* en offre un exemple). Dans le premier des cas que nous venons de citer, les valves (les feuilles carpellaires) ont été dites parallèles à la cloison ; dans le second cas, elles ont été dites perpendiculaires à la cloison ; ces expressions sont vicieuses, et donnent des idées fausses. En effet, la cloison, dans tous les cas, unit les bords des valves, et ne change pas de position relativement à elles, elle est seulement plus ou moins large, et les feuilles carpellaires sont planes ou pliées en carène.

Parapétale, *Parapetalum*. Mœnch a donné ce nom aux appendices quelconques que peut présenter la corolle. Link a limité le sens de ce mot aux parties qui ressemblent à des pétales ; mais cette définition est presque aussi vague que la précédente, car toutes les parties de la fleur peuvent se transformer en pétales. Aussi a-t-on décrit sous le nom de parapétales des étamines réduites au filet, des dédoublements et des multiplications de pétales, des écailles nectarifères, etc. Les pièces de la couronne des Borraginées, du Laurier-rose, des Lychnis, etc., ont principalement été désignées sous le nom de parapétales. (Voir le mot Couronne.)

Paraphyses, *Paraphyses*, *Fila succulenta ;* filaments articulés qui, dans la famille des Mousses, sont entremêlés avec les anthéridies (fleurs mâles ?) et avec les fleurs femelles. En général, les paraphyses sont composées d'un seul rang d'articles superposés, rarement de plusieurs rangs. Elles sont cylindriques ou plus rarement renflées en massue ; leur nombre est irrégulier ; chez certaines espèces elles manquent complétement. Chez les groupes de fleurs femelles, qui dans le plus grand nombre des cas existent chez les Mousses, il arrive fréquemment qu'une seule fleur se développe et passe à l'état de fruit ; les autres

fleurs se flétrissent et persistent avec les paraphyses sur le torus ou réceptacle, qui s'allonge pour former la base du pédicelle de l'urne. Les paraphyses sont généralement considérées
comme résultant de fleurs femelles (archégones) ou d'anthéridies avortées ; leur rôle physiologique n'a point encore été déterminé. — Dans la famille des Lichens il existe aussi des paraphyses constituées chacune comme celles des Mousses, par un
filament articulé ; ces paraphyses, serrées les unes contre les
autres et entremêlées de thèques, forment la couche fructifère
qui tapisse le réceptacle. L'ensemble, constitué par le réceptacle et par la couche fructifère ou noyau fructifère composé
de paraphyses et de thèques, a reçu le nom d'*Apothecium ;* les
apothecium revêtent les formes les plus variées. (Voir le mot
Apothecium.) — Ainsi que la plupart des organes des plantes
cryptogames, les paraphyses doivent être étudiées au moyen
d'instruments grossissants ; pour bien voir celle des Lichens,
on doit couper une tranche verticale mince d'un Apothecium,
et placer cette tranche entre deux verres dans le champ du microscope.

parasite, *parasiticus ;* on a donné l'épithète de parasites aux
plantes qui végètent sur d'autres plantes vivantes qui leur servent de terrain, et dont elles s'assimilent les sucs nourriciers.
Certaines plantes parasites germent sur la plante qui est leur
nourrice ; tel est le Gui (*Viscum album*), dont les fruits ou les
graines enduites d'un mucilage gluant s'attachent aux écorces
d'un grand nombre d'arbres, et y végètent dès leur germination. Le Gui n'a d'autre racine que l'organe qui s'enfonce
dans l'écorce de l'arbre : cet organe s'épanouit en une couche
ligneuse qui constitue une véritable greffe naturelle. D'autres
plantes parasites commencent à végéter avec leurs propres racines, et ce n'est qu'un peu plus tard que leurs racines ou quelques unes seulement de leurs racines s'accolent par leur extrémité (qui s'organise en suçoir) contre les racines des plantes
voisines dont elles absorbent les liquides ; tel est le mode de végétation des *Orobanches* et des *Lathrea*. M. Decaisne a constaté
que les *Melampyrum* sont parasites de la même manière. Chez
les Cuscutes, le mode de parasitisme diffère en ce que les su-

çoirs ne forment que des mamelons très courts disposés le long de la tige de la plante, et que ces suçoirs (racines adventives modifiées) s'attachent non aux racines, mais aux tiges des plantes voisines, qui deviennent promptement les victimes de la plante parasite. — On nomme fausses parasites les plantes qui vivent sur les écorces des arbres réduites en terreau, sans absorber la séve des plantes qui les supportent ; telles sont les Orchidées exotiques dites *épiphytes*. — Dans le langage vulgaire, on désigne souvent sous le nom de plantes parasites les espèces spontanées qui se développent dans les terres cultivées. Ces plantes sauvages sont *parasites* au même titre que les tribus dispersées d'un peuple indigène chez le peuple conquérant qui s'est installé à leur place.

parastades (Link); filets celluleux situés entre les pétales et les étamines, par ex., chez les *Passiflores*. (Inusité.)

Parastamina (Link); nom donné aux parties de certaines fleurs qui ressemblent à des étamines dépourvues d'anthères, que ces organes soient réellement des filets stériles ou soient d'une autre nature. (Inusité.)

Parastyli (Link); nom donné aux carpelles qui avortent. (Inusité.)

parcheminé, *coriaceus ;* qui a la texture membraneuse et la consistance coriace du parchemin : l'endosperme membraneux de la pomme est de consistance parcheminée. — On a donné le nom de parchemin à l'enveloppe membraneuse qui enveloppe la graine dans le café.

Parenchyme, *Parenchyma ;* partie pulpeuse essentiellement composée de tissu cellulaire, et qui, chez les feuilles, remplit les mailles du réseau constitué par les nervures. Dans les fruits charnus, le parenchyme des feuilles carpellaires prend un développement excessif et est gorgé de sucs. Dans les fruits secs, au contraire, le parenchyme est peu développé et quelquefois même en partie atrophié. On a proposé de réserver le nom de parenchyme au tissu cellulaire compacte à cellules polyédriques, et de désigner sous le nom de *mérenchyme* le tissu cellulaire lâche à cellules presque sphériques.

pariétal, *parietalis ;* qui est inséré sur les parois, qui appartient aux parois. Plusieurs feuilles carpellaires, étalées et soudées par leurs bords munis de lignes placentaires, constituent des ovaires dits à placenta pariétaux ; en effet, les ovules semblent insérés aux parois de la cavité unique qui résulte, chez ces ovaires, de la réunion des feuilles carpellaires ; tel est le mode de placentation chez les Violettes et chez les *Helianthemum*, etc.

paripinné, == paripenné, *paripinnatus* ; se dit d'une feuille composée pinnée chez laquelle il existe un nombre impair de folioles, en d'autres termes : dont le rachis (qui ne présente pas à son extrémité une foliole unique continuant sa direction) se termine soit brusquement, soit par une pointe, sóit par une vrille.

parsemé, *aspersus, conspersus* ; parsemé (de poils, de glandes, de taches, etc.).

partibilis, susceptible d'être partagé ; se dit d'un fruit provenant d'un ovaire composé de plusieurs carpelles fermés et soudés entre eux, mais qui se désagrégent à la maturité.

partiel, *partialis* ; se dit d'un organe qui, considéré isolément, est complet, mais qui concourt, avec d'autres organes semblables à lui, à former un organe composé dont il n'est qu'une partie. C'est dans ce sens que les *Ombellules*, ou petites ombelles dont la réunion constitue l'ombelle générale ou composée, ont été nommées *Ombelles partielles*. Dans les feuilles composées, on a nommé *Pétioles partiels* les *Pétiolules;* dans les feuilles doublement composées, on nomme pétioles partiels les rachis articulés sur le rachis principal, les pétioles particuliers des folioles gardent le nom de pétiolules.

partit, partite, *partitus;* se dit d'une feuille divisée en lobes profonds, mais n'atteignant pas la nervure moyenne dans les feuilles penninerves ou le pétiole dans les feuilles palminerves. (Voir les mots *pinnatipartit, palmatipartit*.)

Partition, *Partitio;* on a désigné sous ce nom les lobes, lanières ou segments des feuilles partites.

parvus == *minutus*, petit; dans les mots composés dérivés du grec, *micros*.

pascuus, qui croît dans les pâturages.

patelliformis; en forme de patelle et non de patère (le *Patella* était une assiette ou un plat sur lequel les anciens plaçaient les viandes offertes aux dieux; le *Patera* était une coupe à boire). Certains embryons en forme de disque excavé ont été dits : en forme de patelle.

¶Patellule, *Patellula.* Dans la famille des Lichens, on a donné ce nom à des *apothecium* orbiculaires sessiles et entourés d'un rebord appartenant au réceptacle et non au *thallus*; chez les *Lecidea*, par exemple.

¶*patens*, = *patulus*; doit se traduire par le mot étalé lorsqu'il s'agit d'une feuille écartée du rameau ou d'un rameau écarté de la tige. Ce mot doit se traduire par le mot ouvert lorsqu'il s'agit d'un verticille d'organes, par exemple d'une corolle à pétales ou à lobes étalés. — *patentissimus*, superlatif de *patens*, étalé à angle droit ou même un peu renversé.

¶Pathologie végétale; partie de la science qui a pour objet l'étude des maladies chez les végétaux.

¶Patrie, *Patria*; se dit de la partie du monde ou de la contrée dans laquelle croît une plante; cette contrée se désigne soit d'après le nom politique du pays, soit d'après le nom des mers, des fleuves, des chaînes de montagnes, etc., ou en indiquant les degrés de longitude et de latitude.

¶*patulus* = *patens*, étalé. (Voir le mot *patens*.)

¶pauciflore, *pauciflorus*; se dit d'une tige ou d'une inflorescence (une ombelle, un épi, un glomérule, un capitule, etc.) qui présente un très petit nombre de fleurs, ou un nombre beaucoup moins grand que dans les cas analogues.

¶*pauciradiatus*, qui présente un petit nombre de rayons; se dit en parlant d'une ombelle. *Umbella pauciradiata* s'oppose à *U. multiradiata* ou à rayons nombreux. — Dans la famille des Composées, les fleurons ligulés (ou demi-fleurons) qui occupent la circonférence du capitule, chez un grand nombre de genres de la division des Corymbifères, sont quelquefois appelés rayons; les capitules qui présentent un seul verticille de ces fleurons ligulés ont été appelés *Capitula pauciradiata*; ceux qui en présentent plusieurs verticilles, *C. multiradiata.*

¶*paucus*; on se sert seulement du pluriel *pauci* (dans les mots composés dérivés du grec, *oligo*), en petit nombre. Ce mot fait partie de beaucoup de mots composés ; ex. : *paucistamineus*, qui ne présente qu'un petit nombre d'étamines.

Peau, *Epiderma, Cuticula* ; on appelle vulgairement peau l'épiderme des feuilles, l'épicarpe ou épiderme des fruits, l'épisperme ou enveloppe de l'amande (inusité dans le style botanique).

pectinatus, divisé en segments étroits, égaux et disposés sur un seul rang, comme les dents d'un peigne.

pedalis, qui est de la longueur d'un pied (mesure actuellement inusitée).

pédalé, pédiaire, *pedatus* (Mirb.), en forme de pédale (voy. *pédatilobé*). Un pédale est, dans certains instruments de musique, une série de touches réunies à une de leurs extrémités par une traverse et mises isolément en mouvement par le pied du musicien.

pédalinerve, *pedatinervis* (voy. *pédatinerve*).

Pédatiforme ou pédaliforme, *pedatiformis* (DC.), épithète donnée aux frondes vasculaires de certaines Algues marines découpées de la même manière que les feuilles pédatilobées, pédatifides, chez les plantes phanérogames.

pédatilobé ; pédatifide ; pédatipartit ; pédatiséqué (ou pédalifide, etc., si l'on compose le mot de l'expression française pédale et non de l'expression latine *pedatus*, qui signifie en forme de pédale) : *pedatilobatus ; pedatifidus ; pedatipartitus ; pedatisectus* (DC). Feuilles pédatinerves plus ou moins profondément découpées en lobes ou segments disposés selon la direction des nervures (voir, pour la valeur de ces expressions, les mots *fidus, partitus*, etc.). Les feuilles de l'*Helleborus fœtidus*, de l'*Arum Dracunculus*, etc., sont pédatipartites. — M. de Mirbel a désigné ces feuilles sous le nom de *pédalées*, quelle que soit la profondeur de leurs découpures.

pédatinerve ou pédalinerve, *pedatinervis*. Feuille dont le pétiole se partage à son sommet en deux nervures très divergentes qui émettent chacune verticalement à leur côté intérieur des nervures secondaires parallèles entre elles. Ce genre de nervation n'est pas fréquent.

pedatus, pédalé, pédiaire.

¶Pédicelle, *Pedicellus*; on désigne sous ce nom le support particulier de chaque fleur : c'est un ramuscule du pédoncule qui se termine par une fleur unique. Lorsque le pédicelle ne naît point sur un pédoncule commun avec d'autres pédicelles, et qu'il est inséré directement sur la tige aérienne ou sur la souche ou le rhizome d'une plante, on le désigne souvent sous le nom de *Pédoncule uniflore*, surtout s'il porte des bractées dans sa longueur, et que par conséquent il soit susceptible d'être pluriflore, et par conséquent de devenir un véritable pédoncule. — Des organes de diverses natures, de forme grêle, et terminés par une partie plus large, ont été désignés sous le nom de pédicelles.

q pédicellé, *pedicellatus*; muni d'un pédicelle.

¶Pédicule, *Pediculus*; on a donné ce nom à l'axe de certains Champignons (Agarics, Bolets, etc.). — pédiculé, *pediculatus*, pourvu d'un pédicule.

¶ Pédoncule, *Pedunculus*; axe florifère plus ou moins rameux émettant un plus ou moins grand nombre de fleurs; chacune de ses divisions, terminées par une seule fleur, a reçu le nom de *Pédicelle*.

q pédonculé, *pedunculatus*; se dit d'une inflorescence portée sur un pédoncule.

¶ Pellicule, *Pellicula*, membrane mince et transparente.

q *pellitus*, = *recutitus*; pelé, écorcé; dont l'épiderme ou l'écorce semble avoir été enlevée.

q *pellucido-punctatus*; marqué de ponctuations transparentes; les feuilles de l'*Hypericum perforatum* (Millepertuis) par ex. Ces points transparents sont des vésicules glanduleuses remplies d'un liquide transparent et traversant toute l'épaisseur du parenchyme de la feuille, de manière à n'être recouvertes sur l'une et l'autre face que de l'épiderme transparent lui-même; de telle sorte que la lumière passant à travers ces glandes, il semble que chacune soit une petite ouverture dont la feuille est perforée.

q *pellucidus*, transparent, diaphane.

¶ Pélorie, *Peloria*; nom donné à un phénomène tératologique, qui consiste dans la régularisation anormale ou accidentelle d'une

fleur normalement irrégulière. Telle est la déformation de la
fleur des espèces du genre *Linaria*, lorsqu'il existe cinq éperons disposés en cercle au lieu d'un éperon unilatéral (chacun des pétales se prolongeant en éperon); dans le genre Ancolie (*Aquilegia*) tous les pétales sont normalement prolongés
chacun en éperon. Dans une anomalie fréquemment reproduite
par la culture, les éperons disparaissent et tous les pétales sont
complétement plans; ce retour anormal d'une forme complexe
normale à la forme plane des pétales ordinaires rentre également dans la classe des anomalies désignées sous le nom de
Pélories.

Pelta, sorte d'*Apothecium* de forme peltée. — *peltatus*, pelté.

pelté, *peltatus*; se dit d'un organe quelconque (une feuille, une
graine) qui est orbiculaire et qui adhère à un support (pétiole,
funicule) par le milieu de l'une de ses faces et non par un des
points du bord. — La feuille peltée résulte d'une feuille *pelti-*
nerve, c'est-à-dire dont les nervures partent en rayonnant
de l'extrémité du pétiole et sont unies entre elles par un limbe
continu même au niveau de la partie qui correspond à la base
de la feuille. Une feuille peltée a l'aspect d'un parasol. Les
feuilles sont peltées dans le *Tropæolum majus* (la Capucine), le
Cotyledon Umbilicus, l'*Hydrocotyle vulgaris*, etc.

peltiforme, *peltiformis*; se dit d'une fronde d'Algue en forme
de feuille peltée.

peltinerve, *peltinervis*; feuille dont le pétiole se partage à son
sommet en un certain nombre de nervures qui rayonnent horizontalement en cercle. Si toutes ces nervures sont unies entre
elles à droite et à gauche par du parenchyme, il en résulte une
feuille peltée. Si les deux nervures de la base ne sont pas unies
entre elles, la feuille est orbiculaire, mais elle n'est pas peltée.
Dans les feuilles composées, la disposition peltinerviée donne
lieu aux feuilles digitées.

penché, *nutans*; incliné, qui est intermédiaire entre la direction
verticale et la direction horizontale.

pendant, *pendulus, pendulinus*; dont la base est fixée en haut et
le sommet libre en bas. On nomme *Ovule pendant* ou suspendu
celui qui est suspendu dans la cavité de l'ovaire, le hile étant

en haut et le sommet apparent en bas ; on a employé plus particulièrement le mot *pendant* lorsque la loge ne contient qu'un ovule, et le mot *suspendu* lorsqu'elle en contient plusieurs.

pendulinus, *pendulus,* pendant ; qui est suspendu.

pénétrante ; se dit d'une odeur qui, comme celle du musc, se répand avec intensité. Odeur pénétrante agréable, se traduit en latin par le mot *fragrans ;* odeur pénétrante, désagréable, par le mot *graveolens.*

penicillatus, = *penicilliformis,* en forme de pinceau.

pennatifide ; pennatilobé ; pennatipartit ; pennatiséqué. (Voir les mots *pinnatifide, pinnatilobé,* etc.)

penné = pinné, *pinnatus* (voir ce mot).

penniforme, *penniformis* (DC.) ; se dit d'une fronde d'Algue en forme de feuille pinnée.

penninerve, *penninervius ;* on nomme ainsi les feuilles dont le pétiole se prolonge en une nervure moyenne, côte ou rachis, qui émet à droite et à gauche, de distance en distance, dans toute sa longueur, des nervures secondaires (disposées par conséquent comme les barbes d'une plume). Les feuilles dont les nervures présentent cette disposition peuvent être simples et entières ou plus ou moins profondément découpées en lobes alternes ou plus rarement opposés (ces feuilles découpées sont dites pinnatifides, pinnatipartites, ou pinnatiséquées, selon le degré de profondeur des incisures. Si les segments sont articulés, elles sont dites composées-pinnées).

penta, dans les mots composés dérivés du grec, signifie cinq ; en latin *quinque :* — *pentagynus,* à cinq carpelles ; — *pentandrus,* à cinq étamines ; — *pentangularis,* à cinq angles ; — *pentapetalus,* à cinq pétales ; — *pentaphyllus,* à cinq feuilles.

pépin ; nom donné aux graines qui occupent les loges des fruits charnus appartenant aux arbres de la famille des Pomacées.

péponide, Pépon, *Pepo, Peponida, Peponium.* Nom donné au fruit dans la plupart des genres de la famille des Cucurbitacées. Ce fruit résulte d'un ovaire adhérent composé de plusieurs carpelles incomplétement fermés et soudés par leurs parois ; ce verticille de carpelles constitue, en raison de cette disposition, un fruit incomplétement pluriloculaire ; ce fruit est ferme à sa circonférence et charnu à l'intérieur; les placentas étant réfléchis sur les cloisons, donnent lieu à une modification de la placentation pariétale.

per : la préposition latine *per*, placée devant un adjectif, lui donne la valeur d'un superlatif : *pusillus*, grêle; *perpusillus*, très grêle; *integer*, entier; *perinteger*, très entier.

Péraphylle, *Peraphyllum;* nom collectif donné par Moench à des organes qui n'ont aucune analogie entre eux : par exemple la bosse de la lèvre supérieure du calice dans le genre *Scutellaria*, l'appendice scarieux du calice dans le genre *Salsola*, etc.

perennans; les feuilles qui restent plus d'un an vivantes sur l'arbre sont dites : *Folia perennantia* ou *persistentia*.

perennis, vivace; s'oppose à *annuus*, annuel.

perfectus, parfait; dont le développement est complet, qui ne présente point d'anomalie.

perfolié, *perfoliatus;* une feuille est dite perfoliée lorsque, étant alterne, elle embrasse complétement par son insertion le rameau sur lequel elle est insérée, de manière à paraître traversée par lui. Les feuilles du *Bupleurum rotundifolium* sont perfoliées. La feuille perfoliée peut être considérée comme une feuille embrassante dont la base est prolongée en deux lobes qui se soudent entre eux par leur bord interne, ou mieux être considérée comme ayant une insertion réellement périphérique, c'est-à-dire occupant toute la circonférence du rameau au lieu de n'en occuper qu'une partie. Il ne faut pas confondre les feuilles perfoliées, qui sont nécessairement alternes, avec les feuilles connées qui sont opposées et embrassent la tige en se soudant entre elles base à base : telles sont les feuilles bractéales du chèvrefeuille des jardins (*Lonicera Caprifolium*), du *Dipsacus sylvestris* et du *D. fullonum* (Chardon-à-foulon, ou Cardère), du *Chlora perfoliata*, etc.

pergamenus, qui a la consistance du parchemin, parcheminé.

peri, dans les mots dérivés du grec, signifie autour; en latin *circa*.

Périanthe, *Perianthium = Perigonium;* on désigne sous ce nom l'ensemble des enveloppes florales composé du calice et de la corolle; cette expression est principalement usitée dans la description des plantes de l'embranchement des Monocotylédones, le calice et la corolle étant souvent chez ces plantes l'un et l'autre pétaloïdes, et présentant l'aspect d'une enveloppe unique, surtout dans les cas où l'insertion est périgyne.

Péricarpe, *Pericarpium* ; on désigne sous le nom de péricarpe les feuilles carpellaires à l'époque de la maturité du fruit, c'est-à-dire le fruit lui-même moins les graines et les placentas ; le péricarpe peut par conséquent se composer d'une seule ou de plusieurs feuilles carpellaires soudées, selon la structure du fruit. Nous renvoyons aux articles Carpelle, Fruit, et Déhiscence, pour l'étude de la structure des péricarpes et leur mode de déhiscence. Selon que le fruit résulte d'un ovaire libre ou d'un ovaire adhérent, on conçoit que la couche extérieure du péricarpe appartient au carpelle lui-même ou au tube enveloppant ; lors donc que l'on a proposé de subdiviser le péricarpe en plusieurs couches, il aurait fallu d'abord indiquer si l'on entendait parler des péricarpes libres ou des péricarpes adhérents: Ces couches sont, en procédant de l'extérieur à l'intérieur, l'épicarpe, le mésocarpe (ou sarcocarpe chez les fruits charnus) et l'endocarpe. Chez les péricarpes appartenant à des fruits résultant d'un ovaire libre, l'épicarpe correspond à l'épiderme de la face externe (ou inférieure) de la feuille carpellaire, le mésocarpe à la charpente fibro-vasculaire et au parenchyme de la feuille, et l'endocarpe à l'épiderme de la face interne (ou supérieure de la feuille). Chez les fruits qui résultent d'un ovaire adhérent, il existe de plus une couche extérieure plus ou moins épaisse constituée par le tube dans lequel le fruit est inclus. Certains péricarpes sont minces et membraneux, d'autres sont épais et ligneux, d'autres sont charnus ; d'autres enfin sont en partie charnus et en partie ligneux : tel est le péricarpe chez les fruits connus sous le nom de drupe (la cerise et l'abricot, par ex.), chez lesquels les couches externes de la feuille carpellaire sont charnues et succulentes, et où les couches internes sont ligneuses et constituent le noyau.

Périchèse, *Perichætium* ; involucre qui entoure les fleurs femelles dans la famille des Mousses. Un grand nombre d'espèces de Mousses sont monoïques ou dioïques, c'est-à-dire que les *Anthé-*

ridies, ou fleurs mâles, ne sont pas portées par les mêmes rameaux ou sur les mêmes pieds que les *Archégones* ou fleurs femelles. Les groupes d'anthéridies et les groupes d'archégones sont entourés de feuilles rapprochées qui constituent de véritables involucres; les feuilles involucrales des anthéridies ont été appelées *Feuilles périgoniales (Folia perigonalia)*; les feuilles involucrales des archégones ont été appelées *Feuilles perichétiales (Folia perichœtiala)*, et l'involucre formé par les feuilles périchétiales *Périchèse (Perichœtium)*. — Il est regrettable de voir deux noms différents adoptés simultanément pour l'involucre, dans une même famille; le sexe différent des fleurs renfermées dans ces involucres ne justifie pas cette nomenclature. Les feuilles périchétiales diffèrent, il est vrai, des feuilles périgoniales par une forme plus allongée, et surtout en ce qu'elles prennent la plupart de l'accroissement pendant la maturation du fruit; mais cette différence tient moins à la nature même de ces feuilles qu'à la nature des organes qu'elles accompagnent; aussi me semblerait-il convenable que le nom de périgone, ou feuilles périgoniales, fût employé pour désigner l'involucre des fleurs mâles aussi bien que l'involucre des fleurs femelles, ou des groupes où les fleurs mâles et femelles sont mêlées (fleurs hermaphrodites); l'expression *Feuilles périchétiales* devant être supprimée comme inutile et superflue. Je trouverais encore mieux de renoncer même au mot périgone, et d'appeler tout simplement l'involucre des Mousses un *involucre*, et les feuilles qui le composent *Feuilles florales* ou *involucrales*, ou *Bractées;* la science ne peut que gagner à être dépouillée des mots inutiles dont on s'est plu pendant si longtemps à la surcharger.

Pericladium (Link); nom (inutile et inusité) donné à la base engaînante des feuilles, par ex., chez les Ombellifères.

Péricline, *Periclinium;* on a donné le nom de péricline aux involucres, dont les bractées tendent à la direction verticale; or, pour que cette direction soit possible, il faut que le pédoncule soit dilaté en réceptacle et les fleurs disposées en capitule, comme dans la famille des Composées. Le péricline peut être composé d'un nombre de bractées variable : trois, cinq, plusieurs, un grand nombre (*Periclinium tri, penta, pluri, poly-phyllum*); il peut se composer d'un seul rang de bractées, de deux rangs, ou de plusieurs rangs, et les bractées sont dans ce cas presque toujours imbriquées (*Periclinium simplex*, ou *uniseriale; duplex* ou *biseriale; polyphyllum; imbricatum*). Il peut être muni à sa base de très petites bractées accessoires formant une espèce de calicule (*Periclinium caliculatum*). Les bractées qui composent le péricline sont quelquefois prolongées en une épine simple ou rameuse qui représente la nervure moyenne et les nervures latérales de la feuille : cette épine est simple chez le *Carduus nutans*, elle est rameuse chez le *Centaurea solstitialis*. Les bractées qui composent le péricline ne sont pas toujours libres, elles sont soudées en un *péricline gamophylle*, par ex. Chez l'OEillet-d'Inde (*Tagetes erecta*), elles peuvent n'être soudées que dans une partie de leur longueur, et alors, selon l'étendue dans laquelle la soudure a lieu, le péricline gamophylle a été dit, de même que le calice gamophylle, denté (*dentatum*) fendu (*fissum, partitum*), un chiffre placé avant l'adjectif indiquant le nombre des divisions, ou mieux des pièces soudées (ces expressions ne sont pas moins vicieuses pour le péricline que pour le calice ou la corolle et autres organes multiples). Quant à la forme extérieure du péricline, elle se rapproche, dans un grand nombre de cas, de la forme cylindrique, ovoïde ou conique (*Periclinium, cylindricum, ovoideum, conicum,* etc.). — Je terminerai en engageant à ne point employer le mot *Péricline*, et à se servir du mot *Involucre* pour désigner l'involucre des Composées, ainsi que tous les autres involucres.

I Périderme, *Periderma* (Mohl); ce nom a été proposé pour désigner chez les végétaux ligneux la couche extérieure de l'écorce. Cette couche est susceptible d'être constituée par l'épiderme, la couche subéreuse, la couche herbacée, ou même par le liber, selon que les couches successives de l'écorce se sont détruites sans s'être régénérées. L'épiderme ne se régénère pas, et il est en général détruit par suite de la distension qu'il éprouve lors de l'accroissement de la tige dès la première ou les premières années; la couche subéreuse qu'il laisse à nu se détruit à son tour, mais dans certains cas elle se régénère au fur et à mesure, et constitue le périderme ; dans d'autres cas, cette couche ne persiste pas, et le périderme est constitué par la couche herbacée; cette couche peut enfin elle-même disparaître, et le périderme se trouver constitué par le liber. On conçoit du reste que, chez un même arbre, les rameaux de différents âges présentent un épiderme appartenant à des couches diverses, puisque, chez les plus jeunes, la destruction des couches externes ne s'est point encore opérée.

Peridium ; on désigne sous ce nom, dans la classe des Champignons, une enveloppe générale, d'abord sans ouverture, et qui est déchirée par les progrès de la végétation des organes qu'elle renferme, ou qui se détruit seulement à la maturité. Dans les genres *Amanita* et *Phallus*, le *peridium* est désigné généralement sous le nom de Volva ; chez les *Phallus*, après avoir été déchiré par la partie centrale du champignon, il constitue une gaîne à la base de son pédicelle ; le même phénomène se passe chez les Amanites ; en outre, chez certaines espèces, l'*A. muscaria* (Fausse-Oronge), par exemple, les débris de la partie supérieure du Peridium, ou Volva, restent adhérents par lambeaux à la surface du chapeau. Chez le genre *Geaster*, le Peridium se partage en une étoile à plusieurs branches qui s'étale à la surface du sol, ou embrasse le corps du champignon, selon que l'air est sec ou humide. Chez les *Lycoperdon*, le Peridium constitue le corps même du champignon, et constitue un sac rempli par les organes de la fructification, qui s'échappent sous la forme de poussière par son sommet déchiré. Enfin le nom de Peridium est accordé même chez les espèces microscopiques (les *Mucor*, par ex.) aux sacs membraneux transparents qui renferment les spores.

Peridroma (Necker) ; nom (inusité) donné au pétiole dans la famille des Fougères.

Périgone, *Perigonium* (DC.), synonyme du mot *Périanthe*. Enveloppe ou enveloppes florales chez les Monocotylédones. Le mot *périanthe*, plus ancien, signifie placé autour de la fleur ; de Candolle a créé le mot *périgone* (qui signifie placé autour des organes sexuels) comme plus exact. En effet, le périgone, faisant partie de la fleur, ne peut être regardé comme entourant la fleur, il n'entoure que les étamines et les carpelles. Néanmoins, soit que l'on considère les étamines et les carpelles comme la fleur proprement dite, les enveloppes florales n'étant en réalité que des organes accessoires, soit que le mot périanthe ait paru plus euphonique, où qu'on l'ait préféré comme plus ancien, il est généralement employé. (Voir le mot *Périanthe.*) — Hedwig s'est servi du mot *Perigonium* pour désigner chez les Mousses l'involucre des fleurs mâles.

¶Périgoniaires (DC.); nom (inusité) donné aux fleurs doubles dont les organes sexuels n'ont point subi d'altération, et chez lesquelles les enveloppes florales supplémentaires sont dues à des dédoublements ou à des multiplications des enveloppes florales normales.

¶Périgynande, *Perigynanda.* Necker a donné ce nom aux enveloppes florales en général, soit chez les Dicotylédones, soit chez les Monocotylédones ; il nomme le calice *Perigynanda exterior,* et la corolle *Perigynanda interior.* — Le même auteur nomme *Perigynanda communis* l'involucre ou péricline des Composées ; cette expression est la traduction de l'expression ancienne *Calice commun.* (Ces mots sont inusités.)

¶ Périgyne, *perigynus* ; se dit de la corolle, et du gynécée (étamines), insérés sur le tube du calice, et par conséquent au-dessus du niveau auquel l'ovaire est inséré sur l'axe ; il arrive fréquemment chez les plantes à corolle gamopétale que la corolle étant périgyne, les étamines sont] insérées sur le tube de la corolle beaucoup au-dessus du niveau de l'insertion de la corolle sur le calice. Dans ce cas, comme dans celui beaucoup plus rare où les étamines sont insérées au même niveau que la corolle, les étamines sont dites périgynes. — Le mot périgyne s'applique en même temps à l'insertion et aux organes insérés. (Voir le mot Insertion.)

¶ *Perigynium* ; ce nom a été proposé par M. Link pour désigner le quatrième verticille de la fleur, et remplacer le mot *Nectaire* (qui a été appliqué à des organes si différents qu'il est difficile de lui attribuer un sens bien limité) et le mot *Disque* dont le sens n'est guère mieux limité, et qui, s'il peint bien le verticille en question, lorsqu'il est réduit à une couronne glanduleuse, en donne une idée fausse quand il se compose de pièces pétaloïdes isolées. — Le mot Disque a cependant prévalu, parce qu'on a craint que le mot *Perigynium* ne causât de la confusion avec le mot périgyne consacré par A.-L. de Jussieu pour désigner un des modes d'insertion des pétales et des étamines. Cet inconvénient n'existerait pas dans les descriptions françaises en conservant au mot sa terminaison latine ; quant aux descriptions latines, la manière d'employer le mot, qui diffère d'ailleurs par une voyelle de plus, suffit en réalité pour que la confusion y soit difficile, *Perigynium* étant un substantif et *perigynus* un adjectif. Il n'est donc pas impossible qu'on se détermine à remplacer le mot *disque* par le mot *Perigynium*. Le mot *Phycostème* a été proposé pour désigner le même organe ; il n'a pas l'inconvénient du mot *Perigynium*, mais il signifie autre chose que ce qu'il doit exprimer. Ce mot, proposé par Turpin, et qui présente un sens étranger à l'organe qu'il doit désigner, n'a pas été plus admis que le mot *Perigynium*. — Le nom de *Perigynium* a été appliqué aussi par M. Link à l'*utricule* ou *urcéole* qui enveloppe l'ovaire ou le fruit dans le genre *Carex*.

per-integer, très entier ; se dit en parlant d'une feuille dont le limbe ne présente ni denticulation ni émarginature.

périphérique, *periphericus* ; qui occupe toute la périphérie. On nomme périphérie la surface d'un solide, et la circonférence d'une surface soit courbe, soit limitée par des lignes droites. = On nomme insertion périphérique celle qui a lieu à un même niveau dans toute la circonférence de la tige, par ex. l'insertion d'une feuille perfoliée. Un embryon courbé en anneau et entourant le périsperme est dit périphérique (*Embryo periphericus*), tel est l'embryon chez les Chénopodées et chez un grand nombre de Caryophyllées.

Périphoranthe, *Periphoranthium*. L.-C. Richard donnait ce nom à l'involucre commun ou péricline des Composées (inusité).

Periphyllia (Link). Nom donné aux *glumellules* (inusité).

peripteratus, entouré d'une aile ; se dit des fruits et des graines qui présentent à leur circonférence un rebord membraneux en

forme d'aile, par exemple le fruit de l'Orme (*Ulmus campestris*), la graine du *Drosera rotundifolia*, etc.

¶ **Périsperme,** *Perispermium*, *Albumen*, = Albumen, Endosperme,
= Spermoderme. Le périsperme est un organe qui existe chez
un certain nombre de graines seulement ; par exemple dans la
famille des Graminées (le Froment, le Maïs, etc), des Liliacées,
des Caryophyllées, des Ombellifères, chez la Vigne, etc., et
qui n'existe pas dans beaucoup d'autres, par exemple chez les
Légumineuses, les Amygdalées, etc. Cet organe est dû, dans
certains cas, à l'accroissement du nucelle (ou tercine), et dans
d'autres cas il résulte d'un dépôt qui a lieu dans le sac embryonnaire. Quelquefois ces deux sortes de périsperme se développent simultanément, c'est ce qui a lieu chez le genre
Nymphœa, par exemple. Dans tous les cas, le périsperme a
pour origine les tuniques de l'ovule les plus rapprochées de
l'embryon ; il semblerait par conséquent que le périsperme,
lorsqu'il se développe, dût toujours entourer l'embryon : il l'entoure en effet le plus souvent, mais il arrive aussi que l'embryon paraît seulement appliqué sur le périsperme ou même
qu'il entoure le périsperme comme un anneau. La première
de ces deux dispositions résulte de ce que le périsperme se développe inégalement ou d'un côté seulement, la seconde résulte
de la forme que prend l'embryon, qui, se courbant en anneau,
ne laisse au périsperme la place de se développer que dans l'espace qui correspond au centre de cet anneau. Le périsperme
sert à nourrir l'embryon pendant sa germination, comme le
vitellus (ou jaune) de l'œuf nourrit l'embryon des oiseaux
pendant la durée de l'incubation. Selon sa consistance et la
nature chimique de sa substance, le périsperme est dit corné,
charnu, farineux, huileux, etc. Certains périspermes sont
d'une grande dureté, tel est celui du Dattier par exemple ;
d'autres sont charnus et alimentaires, tel est celui du Cocotier.
Quelle que soit la consistance du périsperme chez la graine,
cette consistance se ramollit pendant la germination, tous les
périspermes se convertissent alors en une substance laiteuse
qui sert de premier aliment à l'embryon.

périspermique, *perispermicus*; qui est de la nature du périsperme : Couche périspermique.

Perisporangium; synonyme inusité de *Calyptra*, coiffe, chez les Mousses.

Périspore, *Perisporium*; synonyme inusité de Sporange.

Péristème, *peristemium*; synonyme inusité de Périanthe.

Péristome, *Peristomium*; chez les Mousses dont l'urne ou capsule est munie d'un opercule caduc à la maturité, on donne le nom de péristome au bord de l'ouverture de l'urne après la chute de l'opercule. Le péristome présente ou non des dents à sa circonférence : s'il n'en présente pas, il est dit *nu*; s'il en présente, il est dit *simple* s'il présente une seule rangée de dents, *double* s'il en présente deux rangées; le rang externe des dents est dû à la découpure des bords de la capsule, le rang interne à la découpure de la partie supérieure de la membrane interne, sac sporifère ou *sporange*. Dans le genre *Polytrichum*, cette membrane interne reste entière et ferme l'entrée de la capsule, même après la chute de l'opercule; on donne dans ce cas à cette membrane le nom d'*Epiphragme*.

Perithèce, *Perithecium*; nom donné dans la classe des Champignons à certains réceptacles coriaces renfermant des *spores nues* ou contenues dans des *thèques*.

péritrope, *peritropus*; les ovules courbés, pliés ou campulitropes, ont été désignés par l'épithète de péritropes, en les envisageant au point de vue de leur situation dans la loge qui les renferme; en raison de leur courbure, les deux extrémités de ces ovules étant rapprochées, regardent le même point de la loge (le point de leur insertion). Ce mot est inutile, l'expression ovule courbé ou plié exprime implicitement le fait de la direction semblable des deux extrémités de l'ovule.

peritropo-ascendens, se dit d'un ovule courbé ou plié, ascendant.

peritropo-suspensus, se dit d'un ovule courbé ou plié, suspendu.

permutées; P. De Candolle a nommé *Fleurs permutées* (*Flores permutati*) celles « où l'avortement de l'un des sexes ou des deux sexes détermine un changement notable dans la forme ou la dimension des téguments floraux. » (Inusité.)

৭ *Perocidium ;* nom donné par Hedwig à l'involucre qui, chez les Mousses, entoure les fleurs femelles, et qui porte plus habituellement le nom de *Perichœtium* (inusité).

৭ perpendiculaire, *perpendicularis ;* se dit d'un organe dont l'axe fait un angle droit avec la surface sur laquelle il s'insère. Une tige dressée ou verticale est perpendiculaire au sol ; un rameau qui part à angle droit d'une tige est perpendiculaire à la tige. Si ce rameau est inséré à une tige verticale, il est dit horizontal ou parallèle au sol ou à l'horizon.

৭ *perpusillus,* extrêmement petit, très exigu.

৭ persistant, *persistens ;* se dit d'un organe qui ne se détache point spontanément de la tige. S'oppose à caduc (*caducus, deciduus*). Les feuilles de la tige qui se détachent à la fin de l'automne sont dites caduques : telles sont celles de la plupart des arbres de nos contrées, le Bouleau, l'Orme, l'Aulne, les Saules, les Peupliers, les arbres de nos vergers, etc.; le Chêne commun ne perd ses feuilles qu'au printemps, mais elles sont frappées de mort et desséchées dès les premières gelées ; d'autres arbres ou arbrisseaux conservent leurs feuilles pendant deux ou trois années : tel est le *Cerasus Lauro-Cerasus*, le *Rhamnus Alaternus*, le *Quercus Ilex*, etc.; tels sont surtout les arbres de la classe des Conifères (Pins, Sapins, etc.) que l'on désigne sous le nom d'*arbres verts*. Chez d'autres végétaux (certaines Monocotylédones ligneuses, les Fougères arborescentes, etc.), la partie supérieure des feuilles se détruit, mais leur base persiste indéfiniment ; la même chose arrive pour les plantes herbacées à feuilles décurrentes, mais les tiges de ces plantes étant annuelles, les feuilles sont détruites en même temps que les tiges à la fin de la première année. — Les feuilles de la fleur qui se détachent immédiatement après la floraison sont dites *caduques ;* celles qui se dessèchent et persistent sont dites *marcescentes ;* celles qui persistent et continuent à végéter jusqu'à la maturité du fruit sont dites *persistantes*, et si elles prennent de l'accroissement, sont dites *accrescentes*. Le calice est assez fréquemment persistant et accrescent ; la corolle et les étamines sont presque toujours caduques et marcescentes. — Les fruits sont dit caducs lorsqu'ils se détachent à la maturité, et persistants lorsque le péricarpe persiste sur la tige après la dissémination des graines. En général, les fruits sont persistants lorsqu'ils sont déhiscents, par exemple chez les Pavots, les Ancolies, les Véroniques, etc.; chez ces plantes et dans les cas analogues, les graines s'échappent et tombent sur la terre lors de la déhiscence, mais le péricarpe ne se détache pas du pédicelle qui est lui-même persistant; au contraire, les fruits indéhiscents sont en général caducs, soit qu'ils appartiennent à des arbres, soit qu'ils appartiennent à des plantes herbacées. En effet, il faut nécessairement qu'ils se détachent pour que la graine se trouve en contact avec le sol et puisse germer : c'est ce qui arrive chez le Chêne, l'Érable, les Renoncules, les Potentilles, etc.; chez les Composées, les akènes munis d'une aigrette sont, après leur désarticulation, emportés au loin au gré des vents.

personné, *personatus ;* en forme de masque antique (*persona*). On donne cette épithète aux corolles gamopétales dans certains genres de la famille des Antirrhinées (par exemple les genres *Antirrhinum* et *Linaria,* etc.); ces corolles sont également dites *en gueule*, elles ont en effet la forme de la gueule ou du mufle de certains animaux. Leur limbe se divise en deux lèvres : l'une supérieure, formée par l'extrémité de deux des cinq pétales ; l'autre inférieure, formée par les trois autres pétales. Cette lèvre présente à sa base une boursouflure nommée *palais*, qui ferme l'entrée de la corolle. Quand la corolle *à deux lèvres* n'est point fermée par un palais, elle est dite *labiée* ou *bilabiée ;* lorsque les lèvres ne sont pas très distinctes et que le limbe de la corolle est béant et taillé obliquement, on lui donne, en latin, l'épithète de *ringens*.

Pérule, *perula ;* nom donné par M. de Mirbel à l'enveloppe formée par les écailles du bourgeon (inusité). — (Voir le mot Bourgeon). — M. P. de Candolle cite ce mot comme ayant été employé à désigner, chez certaines plantes de la famille des Orchidées, un sac analogue à l'éperon formé, non par un prolongement de la base du *labellum*, mais par les prolongements soudés de la base de deux des autres pièces du périanthe. (Inusité.)

³**Pes**, Pied, Support. On s'est servi de ce mot dans des cas sans analogie entre eux, pour signifier un *support en général*, comme synonyme du mot *Stipes*; on l'a employé en particulier pour désigner le *Pédicule des Champignons*, et aussi pour désigner l'*atténuation en bec grêle de certains akènes*, atténuation qui porte l'aigrette chez beaucoup de plantes de la famille des Composées.—Les mots composés: *longipes*, *brevipes*, *crassipes*, ont souvent été employés pour désigner chez les plantes la forme des pédicelles ou des pédoncules.

³**Pes**, Pied; ancienne mesure; environ un tiers du mètre.

³**Pétale**, *Petalum*; chez les plantes phanérogames et particulièrement chez les dicotylédones dialypétales et gamopétales, on donne le nom de Pétales aux feuilles modifiées dont l'ensemble constitue l'enveloppe florale désignée sous le nom de Corolle. (Cette corolle constitue un et rarement plusieurs verticilles situés entre le calice et les étamines.)—Chez les Dicotylédones, le calice se distingue en général de la corolle, non seulement par sa situation plus extérieure, mais aussi par sa couleur verte et sa consistance qui rappelle celle des feuilles foliacées; tandis que la corolle présente des couleurs variées, n'est jamais verte, et que sa texture est plus fine et sa consistance plus délicate. Chez ces plantes les pétales sont: libres entre eux (*Dyalipétales*), soudés par leurs bords dans leur partie inférieure ou toute leur étendue (*Gamopétales*), ou sont nuls (*Apétales*).—Chez les Monocotylédones on trouve l'analogue de ces trois divisions, néanmoins le calice ne se distingue pas en général de la corolle par sa couleur ni par sa consistance, et semble constituer un verticille externe de la corolle plutôt qu'un organe différent: aussi le calice et la corolle sont-ils alors désignés sous le nom collectif de Périanthe; les feuilles du périanthe sont désignées rarement sous le nom de pétales et de sépales, on leur donne plus généralement le nom de pièces ou divisions extérieures ou externes du périanthe (pour les sépales), et de pièces ou divisions intérieures ou internes du périanthe (pour les pétales). —Les pétales sont suceptibles de présenter les trois modes

d'insertion dits : *hypogyne, périgyne,* et *épigyne.* (Voir le mot Corolle.)

pétalodé; de Candolle a nommé *Fleurs pétalodées (Flores petaloidei),* celles qui doublent par la transformation en pétale de tous les autres organes de la fleur ou de quelques uns de ces organes.

pétiolacé, *petiolaceus;* on nomme pétiolacés les bourgeons dont les écailles ne sont autre chose que des pétioles modifiés et dépourvus de limbe (*Tegmenta petiolacea*).

pétiolaire, *petiolaris;* qui appartient au pétiole; qui est relatif au pétiole, — on nomme *Vrilles pétiolaires* ou *foliaires,* celles qui sont le prolongement d'un pétiole; *Stipules pétiolaires* celles qui sont soudées au pétiole : il vaut mieux dire soudées au pétiole (*Stipulæ petiolo adnatæ*); on nomme *Pédoncule* ou *Pédicelles pétiolaires,* ceux qui sont soudés avec le pétiole, de telle sorte que la bractée à l'aisselle de laquelle naît réellement le pédoncule semble au contraire naître du pédoncule; c'est ce qui arrive chez le *Thesium ebracteatum.*

pétiolé, *petiolatus;* se dit d'une feuille qui présente un pétiole.

Pétiole, *Petiolum;* on désigne sous ce nom la partie inférieure, ord. demi-cylindrique, qui constitue le support du limbe chez un grand nombre de feuilles. Les feuilles qui manquent de ce support ou pétiole, et dont le limbe est par conséquent inséré directement sur le rameau, sont dites sessiles. Le pétiole se compose d'une réunion de faisceaux fibro-vasculaires entourés d'une écorce cellulaire; il se continue manifestement au delà du point où commence le limbe, et prend le nom de rachis chez les feuilles composées : sa continuation au niveau du limbe chez les feuilles simples est désignée sous le nom de côte médiane ou nervure moyenne. Le limbe commence à partir du point où un certain nombre des faisceaux fibro-vasculaires qui constituent le pétiole divergent sur un même plan, que l'intervalle qui les sépare soit rempli par du parenchyme (chez les feuilles dites entières), ou que cet intervalle en soit incomplétement rempli (feuilles découpées). De même que les feuilles peuvent manquer de pétiole (feuilles sessiles), elles peuvent aussi n'être constituées que par le pétiole et manquer de limbe ; cette organisation est normale ou essentielle chez certaines plantes, par ex. chez les *Lathyrus Aphaca* et *Nissolia*, ou être accidentelle, par ex. chez le *Sagittaria* à feuilles submergées et croissant dans l'eau courante. Lorsque ces pétioles, dépourvus de limbe, sont aplatis et foliacés, ils sont désignés sous le nom de *phyllodes*. Les pétioles normaux ne sont pas toujours demi-cylindriques, ils sont fréquemment membraneux et enveloppent la tige ou le rameau dans une certaine partie de leur étendue ; cette disposition est très remarquable chez les Graminées et chez un grand nombre d'Ombellifères ; ces pétioles sont dits *embrassants* lorsqu'ils entourent la tige à leur base seulement, et *engaînants* lorsqu'ils l'entourent dans toute leur étendue ; ces derniers sont aussi désignés sous le nom de Gaînes. Par un vice de langage fréquent dans le style descriptif, on donne le nom de *gaînes fendues* à celles dont les bords ne sont point soudés (chez les Graminées par ex.), et l'on désigne sous le nom de *gaînes entières* les pétioles engaînants dont les bords sont soudés (par exemple, chez les Cypéracées).

)(pétiolé, *petiolatus* ; se dit d'une feuille munie d'un pétiole. Le mot sessile, *sessilis* (manquant de pétiole), s'oppose au mot pétiolé.— *petiolulatus*, pétiolulé.

)Pétiolule, *Petiolulus* ; diminutif de pétiole. On donne ce nom aux pétioles particuliers des folioles chez les feuilles composées ; ce sont les pétiolules qui sont articulés à leur base avec le pétiole commun ou rachis. —On donne quelquefois, par extension, le nom de pétiolule à la base des segments des feuilles pinnati ou palmatiséquées, lorsque cette base est dénudée et réduite à la nervure dans une certaine étendue.

)pétiolulé, *petiolulatus* ; se dit d'une foliole ou d'un segment muni d'un pétiolule.

)*Petiolulus*, Pétiolule ; pétiole de second ordre, pétiole d'une foliole insérée sur un rachis.

)petit, *parvus*, *minutus* ; et dans les composés grecs, *micros*. Moins étendu qu'à l'ordinaire dans les trois dimensions, surtout en largeur et en longueur. S'oppose aux mots *grand* et *ample*.

petrosus ; qui croît dans les terrains pierreux ou rocailleux.

phaios ; dans les mots composés dérivés du grec, signifie d'un brun verdâtre ; en latin, *fuscus.*

Phalange, *Phalanx ;* groupe. Les étamines peuvent être soudées en plusieurs phalanges.

phanérogames (Végétaux) = cotylédonés (voir ce mot). Les plantes phanérogames sont caractérisées par des organes reproducteurs constitués par des étamines contenant des grains de pollen, et par des ovaires ou carpelles contenant des ovules. Leurs graines sont composées d'enveloppes qui renferment un embryon à parties distinctes, pourvu d'un, de deux ou de plusieurs cotylédons (ou feuilles cotylédonaires). Les végétaux phanérogames ou cotylédonés se divisent en plusieurs embranchements : les Dicotylédones, les Gymnospermes et les Monocotylédones. — Les végétaux non phanérogames sont dits cryptogames, et constituent l'embranchement des Acotylédonés.

phanès, phaneros ; dans les mots composés tirés du grecs, ces mots signifient visible, manifeste, *manifestus.* — Non visible, hypothétique, caché, s'expriment par le mot grec *cryptos*, et par le mot latin *reconditus.*

phœniceus ; qui est d'un rouge vermillon, d'un rouge vif et éclatant. (La couleur employée en peinture sous le nom de vermillon, est le persulfure de mercure ou *cinabre.*) Le mot *cinabrinus* est complétement synonyme du mot *phœniceus.*

Phoranthe, *Phoranthium* (Rich.). = *Clinanthe* (Mirb.). = *Thalamus* (Tournef.). = *Réceptacle commun* ou *Réceptacle.* (Voir le mot *Clinanthe.*)

-phorus ; dans les mots composés du grec, signifie : qui porte ; en latin *-fer* ou *-ferus.*

Phragma (Link); cloisons transversales qui existent chez certains fruits ; ces cloisons sont toujours de la nature de celles qui ont reçu le nom de *Fausses-cloisons.* On a nommé *Legumina phragmifera* les gousses qui présentent des cloisons transversales, telle est celle du *Cassia fistula.* (Voir le mot Cloisons.)

phragmigeri ; on a nommé les poils constitués par une série de cellules superposées, poils articulés ou cloisonnés : *Pili phragmigeri.*

¶Phycées. Classe des végétaux acotylédonés qui renferme la famille des Algues.

¶Phycologie, *Phycologia*; partie de la botanique qui traite de la structure et de la classification des plantes de la classe des Algues ou Phycées. Cette classe appartient à l'embranchement des végétaux acotylédonés (Cryptogames), division des Amphigènes. —Les Phycées (Algues) les plus simples, ainsi que les Fonginées (Champignons) les plus simples, se composent d'utricules isolées ou agrégées en petit nombre. Dans un degré d'organisation plus avancé, ces végétaux sont constitués par des tubes composés de cellules superposées, ou de membranes composées de cellules juxtaposées. Enfin, dans le degré d'organisation le plus élevé, elles se composent de *Frondes* ou tiges foliacées, simples ou rameuses, munies ou non d'une sorte de nervure médiane. Les Algues vivent dans l'eau ou du moins sur les surfaces humides; les Champignons vivent, au contraire, à l'air libre. La plupart des Algues qui habitent les eaux douces ou l'eau de la mer, mais à de faibles profondeurs, et sont par conséquent plus ou moins en contact avec l'air, sont de couleur verte; la plupart de celles qui végètent dans la mer à de grandes profondeurs présentent une couleur rouge ou brunâtre.—Certaines espèces vivent libres à la surface de l'eau, d'autres sont adhérentes aux corps solides plongés dans l'eau, d'autres présentent des appendices ou crampons en forme de racine, au moyen desquels elles sont plus ou moins solidement fixées par leur base. On a donné le nom d'*Aérocystes* (chez certains Fucus) à des vésicules souvent volumineuses et remplies de gaz qui permettent aux frondes de se soutenir entre deux eaux ou à la surface de l'eau. — On donne le nom d'*Endochromes* aux cellules ord. allongées, dont la superposition constitue les filaments dont se composent les Conferves; c'est dans la cavité des endochromes que se développent chez ces plantes les corps reproducteurs. — Les corps reproducteurs des Algues sont de différentes sortes dans les différents groupes; ceux dont l'observation présente le plus d'intérêt sont ceux du groupe des Zoospermées. Ces corps reproducteurs, doués de mouvements spontanés pendant la période qui précède leur germination, ont été désignés sous les noms de *Sporidies* (Agardh), *Gonidies* (Kutzing), et *Zoospores* (Decaisne et Thuret). Selon les observations de M. G. Thuret, les zoospores sont dus à une sorte de concentration ou coagulation de la matière verte, ou chromule, contenue dans certaines cellules (sporanges ou endochromes); ces petits corps sont ordinairement de forme ovoïde, et terminés à l'extrémité la plus mince en une pointe que l'on désigne sous le nom de *rostre*; au-dessous du rostre sont des filaments en nombre variable qui sont désignés sous le nom de *Cils* ou *tentacules*. (Ces filaments sont d'une extrême ténuité, et ne sont visibles qu'au moyen des grossissements les plus considérables, d'un éclairage bien dirigé, et quelquefois de substances colo--rantes.) L'endochrome, ou le sporange, qui renferme les zoospores, paraît se déchirer par suite de la distension qu'il éprouve en raison de l'accumulation du liquide qu'il renferme. Les zoospores, mis en liberté par cette déchirure, s'agitent dans l'eau avec vivacité, et se dirigent dans tous les sens en vertu de contractions et de mouvements spontanés : la plupart se dirigent manifestement du côté de la lumière, un plus petit nombre semblent rechercher l'obscurité. La sortie des zoospores de leurs cellules mères se fait régulièrement pour une même espèce à la même heure du jour. En général, ce phénomène a lieu dans la matinée; chez le *Vaucheria* (plante commune au printemps dans nos ruisseaux), l'émission des zoospores a lieu à huit heures du matin. Chez la plupart des espèces, les zoospores se meuvent pendant plusieurs heures (quelquefois plusieurs sont soudés ensemble), puis ils se fixent aux corps solides plongés dans l'eau, ou aux parois du vase dans lequel on les observe, et commencent à germer vers la fin de la même journée; chez quelques espèces, ils se meuvent pendant plusieurs jours avant de germer. L'addition d'alcool, d'éther, d'ammoniaque, d'acide, ou d'iode, dans l'eau où ils sont plongés, les frappe de mort : l'eau un peu colorée par l'iode ou par l'extrait aqueux d'opium (qui ralentit leurs mouvements) facilite l'observation des tentacules. Les zoospores ne présentent une membrane externe distincte qu'à partir de la période de la germination; cette germination se fait par l'extension du zoospore en un tissu semblable à celui de la plante mère. Ces zoospores, pourvus de cils vibratiles, ressemblent beaucoup à certains animalcules infusoires des genres Diselmis et Euglène, abondants dans les eaux stagnantes. Mais les véritables infusoires ne sont point susceptibles de germer comme les zoospores qui constituent les corps reproducteurs des Zoospermées. On a cru à tort que, selon les circonstances où ils se trouvent placés, les zoospores peuvent se transformer soit en une espèce, soit en une autre espèce ; on a même été jusqu'à admettre que certains corps reproducteurs peuvent, selon les influences auxquelles ils sont soumis, produire des espèces appartenant à des familles différentes. M. G. Thuret s'est assuré qu'un zoospore produit toujours l'espèce qui lui a donné naissance. — Des Algues très inférieures se propagent par la désagrégation des cellules qui les composent; chaque cellule étant susceptible de donner lieu à la production de plusieurs cellules, lesquelles se désagrégent à leur tour. — Le genre *Hydrodictyon* présente un des modes de reproduction les plus curieux. Une plante adulte se compose d'un sac en forme de réseau dont les mailles sont pentagones; chacun des côtés de ce pentagone se désagrége à la maturité et devient une plante semblable à la plante mère. Ce côté de pentagone ou article se gonfle d'abord, et se montre rempli de granules qui se meuvent dans sa cavité avec rapidité, puis ils se fixent sur ses parois avec une grande régularité, et y dessinent un réseau sur le modèle de celui de la plante mère; bientôt l'enveloppe se détruit, et le jeune réseau acquiert rapidement les dimensions de la plante adulte. — Dans les Floridées (Hétérocarpées) les corps reproducteurs sont de deux sortes et situés sur des individus distincts. De ces organes, les uns sont désignés sous le nom de *Spores* (*Spermaties*, Kutzing); ces spores sont des productions de la partie centrale (médullaire) ou des cellules allongées : ces cellules s'épanouissent en faisceaux ou en gerbes dans les conceptacles, et leurs derniers articles constituent les spores. Les autres organes sont désignés sous le nom de *Tétraspores* (*Anthospermes*, *Granules ternés*, *Sphérospores*, *Tétrachocarpes*, et *Utricules sporophores*); ils naissent dans la couche corticale des frondes, et sont constitués dans l'origine par un nucléus indivis qui se partage à la maturité en quatre spores (*Spermatidies*, Kutzing). Les tétraspores se développent dans une cellule mère qui se résorbe ou se détruit à la maturité ; leur situation et leur disposition à la surface de la plante sont très variées dans les différents genres. — Dans le groupe des Phycoïdées, les organes de la fructification se composent de Spores et de Zoospores ; chez certains genres, on admet l'existence d'Anthéridies. — Dans le groupe des Characées, les organes de la fructification sont de deux sortes (*Sporanges* et *Anthéridies*), portés sur le même individu (plante monoïque), ou sur deux individus distincts (plante dioïque). Les *Sporanges* (Spores *auct.*) sont ovoïdés, et constitués par deux tuniques enveloppant une seule spore : la tunique extérieure, membraneuse, transparente, continue ; l'intérieure, opaque, épaisse, composée ord. de cinq lanières qui, partant de la base, s'enroulent en spirale autour de la spore, et vont constituer au sommet les dents de la couronne en soulevant la tunique externe. La spore contient des granules de volume inégal dans un liquide mucilagineux. Les *Anthéridies* (Globules) sont globuleuses, d'un rouge vif, se détruisant avant la maturité des Sporanges ; elles sont composées de deux tuniques : l'extérieure, transparente, continue ; l'intérieure, coriace, colorée en rouge, composée de huit pièces triangulaires, dentées, qui s'engrènent par leurs dents. La cavité de l'anthéridie renferme un axe de l'extrémité duquel partent huit corps cylindriques qui divergent en rayonnant, et se fixent au centre de chacune des huit pièces triangulaires ; chacun de ces corps est entouré en manière d'involucre par un grand nombre de tubes transparents cloisonnés, dont chaque article contient un animalcule filiforme muni de deux cils ou appendices sétiformes vers l'une de ses extrémités.

Phycostème, *Phycostema* (Turp.) ; nom donné au disque, nectaire ou perigynium.

Phyllode, *Phyllodium* ; nom donné aux pétales dépourvus de limbe, surtout lorsqu'ils sont élargis, et présentent un aspect foliacé. (Voir les mots Feuille et Pétiole.)

Phyllopodium ; nom donné aux frondes ou feuilles des Fougères

considérées comme supports des organes de la fructification.

¶ **Phyllotaxie.** On désigne sous ce nom la science qui a pour objet
l'étude des lois d'après lesquelles les feuilles sont disposées sur
la tige. Les feuilles, considérées relativement à leur arrangement, ont été réparties (par M. Bravais) en deux classes :
1° les *rectisériées*, c'est-à-dire qui sont situées exactement les
unes au-dessus des autres, et forment des séries rectilignes le
long de la tige ; 2° les *curvisériées* : celles dont la série décrit
autour de la tige une spirale indéfinie, et ne tombent jamais
exactement l'une au-dessus de l'autre, à quelque point de la
tige qu'on les compare. — Les feuilles *opposées* et les feuilles
verticillées appartiennent à la classe des *Rectisériées*. Les feuilles
d'un même verticille sont séparées entre elles par des intervalles égaux ; il en résulte que l'arc interposé entre deux
feuilles voisines, ou *angle de divergence*, est égal à la circonférence divisée par le nombre des feuilles du verticille. Les
feuilles d'un verticille sont situées au niveau de l'intervalle qui
sépare les feuilles du verticille inférieur et du verticille supérieur ; en d'autres termes : les feuilles de deux verticilles
voisins sont alternes entre elles, et. les feuilles se trouvent
opposées deux en deux verticilles. En raison de ces lois, une
tige à feuilles opposées présente quatre rangs de feuilles ; une
tige à feuilles ternées en présente six rangs ; une tige à feuilles
verticillées par quatre, en présente huit rangs, etc. — Les
feuilles dites alternes, ou en spirale, appartiennent à la classe
des *Curvisériées*. On a remarqué que, dans les différents cas
où les feuilles sont en spirale, après un ou plusieurs tours de
spire, on rencontre une feuille qui se trouve à peu près au-
dessus de celle de laquelle on est parti, et si l'on compte au
delà un nombre de feuilles égal, on arrive à une nouvelle
feuille également située à peu près au-dessus de la première.
Chacun de ces ensembles de feuilles, constitué par un ou plusieurs tours de spire, a reçu le nom de *cycle*. La disposition la
plus simple est celle des feuilles alternes *distiques* ; dans cette
disposition, la troisième est placée à peu près au-dessus de la première, et, pour arriver à cette troisième feuille, il ne faut qu'un

tour de spire. (Les feuilles alternes distiques n'étant pas exacte-ment superposées ne constituent pas deux lignes parfaitement droites, mais deux lignes légèrement courbes, et appartiennent aux curvisériées et non aux rectisériées.) La disposition curvi-sériée la plus fréquente est la disposition dite *quinconciale* ou *en quinconce*; dans cette disposition, en partant d'une feuille quelconque, et en suivant la spirale, on voit que la sixième feuille recouvre à peu près la première et commence un nou-veau cycle : chaque cycle se compose donc, dans ce cas, de cinq feuilles, comme il se composait de deux chez les feuilles alternes distiques. — Pour calculer l'angle de divergence des feuilles d'un cycle, on ramène par la pensée la spirale à un plan horizontal. La divergence des feuilles est généralement un des termes de la série 1/2, 1/3, 2/5, 3/8, 5/13, 8/21, etc. Dans cette série (à l'exception des deux premières fractions), le numérateur de chaque fraction est formé de la somme des deux numérateurs précédents, et son dénominateur est formé de la somme de ceux des deux dénominateurs précédents. — On nomme *Spirale primitive* ou *génératrice* la spirale indéfinie de laquelle émanent les *Spirales secondaires*, lesquelles sont diri-gées les unes dans le même sens que la spirale primitive, les autres dans le sens inverse. La spire primitive peut être dirigée de gauche à droite ou de droite à gauche. Étant donnée une branche A portant un rameau axillaire B, la feuille de A, qui porte le rameau B à son aisselle, commence la spirale du ra-meau B (bien qu'elle appartienne à l'axe précédent); mais tantôt la spirale de B tourne dans le même sens que celle de A (et dans ce cas elle est dite *homodrome* : ομος, semblable; δρομος, course); tantôt cette spirale tourne dans le sens con-traire (et est dite *hétérodrome* : ετερος, dissemblable).

phyllus; dans les mots composés dérivés du grec signifie feuille, en latin *folium*.

Phytotomie; = Anatomie végétale; partie de la science qui a pour objet l'étude et la connaissance des organes simples et de leur association en tissus. Cette étude exige l'emploi du microscope, et les procédés de la dissection.

Phyton. M. Gaudichaux désigne sous ce nom l'individu végétal simple, théorique, se composant : d'un mérithalle tigellaire, d'un mérithalle pétiolaire, et d'un mérithalle limbaire. Une plante est une agrégation d'individus simples juxtaposés.

Phytos; dans les mots composés dérivés du grec signifie *plante*, en latin *planta*.

Phytologie; = Botanique, *Botanica;* science qui a pour objet l'étude des plantes. (Voir le mot Botanique.)

Phytographie; partie de la science qui a pour objet la description des plantes.

Phytogénésie; = Organogénie; = Organogénésie. (Voir ces mots.)

Physique végétale; partie de la science qui comprend l'Organographie et la Physiologie végétale.

Physiologie végétale; partie de la science qui a pour objet l'étude des fonctions vitales (respiration, circulation, nutrition, fécondation, etc.) chez les végétaux.

Piceus, couleur de poix, goudronné, c'est-à-dire d'un roux noirâtre et luisant.

Pictus, peint; se dit d'un organe qui présente des lignes ou des taches nombreuses qui tranchent sur la couleur du fond.

Pied, *Pes;* le mot pied a été employé dans les descriptions comme synonyme de support. Le *Pédicule* des Champignons a été nommé Pied. Le prolongement de l'axe de la fleur qui, par exemple, supporte l'ovaire dans la tribu des Silénées, et qui a reçu le nom d'*Anthophore* ou *Gynophore*, a été nommé Pied de l'ovaire. Le prolongement filiforme de certains akènes dans la famille des Composées a été nommé Pied de l'aigrette. Enfin dans le langage vulgaire on dit un pied d'une plante pour signifier un individu.

Pied, *Pes;* ancienne mesure divisée en douze parties appelées pouces. Le pied équivaut à un tiers de mètre moins quelques centimètres.

Pilaris; qui ressemble à des cheveux; dont les filaments sont fins comme des cheveux. Link a caractérisé par ce mot certaines aigrettes.

Pileatus, =*pileiformis;* qui ressemble à un bonnet, qui a la forme d'un chapeau rond.

Piléole, *Pileola*. Nom donné par M. de Mirbel à la feuille primordiale en forme d'éteignoir de certaines plantes Monocotylédonées. (Inusité.)

Pileus, Chapeau ; partie supérieure et dilatée de certains Champignons, portant les organes de la fructification et leurs annexes (chez les *Agaricus* et les *Boletus*, par ex.).

Pili glanduliferi, *capitati*, etc.; poils glanduleux, capités, etc. (Voir le mot Poil.)

Pilidium (Acharius); nom donné dans la famille des Lichens, à certains réceptacles hémisphériques dont la couche extérieure est pulvérulente comme dans le genre *Calycium*.

Pilosisme; altération morbide ou anomalie qui consiste dans le développement excessif des poils sur une tige ou des feuilles habituellement glabres, ou à peine pubescentes.

pilosus, poilu ; se dit d'une surface garnie de poils peu serrés, assez longs, inégaux, ni dressés ni apprimés, plutôt gros que fins. On nomme *Pappus pilosus* une aigrette composée de poils simples.

Pilus, Poil (voir ce mot).

pinguis, gras; dont la surface est enduite d'un mucilage onctueux.

pinnatifide, *pinnatifidus*; se dit d'une feuille penniverve (c'est-à-dire ayant une nervure moyenne de laquelle émanent des nervures secondaires latérales disposées comme les barbes d'une plume), dont chacune des deux moitiés latérales est découpée en lobes superposés ordinairement aigus, et dont les sinus ne dépassent pas le milieu de chacune des moitiés du limbe.

pinnatilobé, *pinnatilobatus*; une feuille pinnatilobée diffère d'une feuille pinnatifide en ce que ses lobes sont arrondis, moins nombreux, et par conséquent plus larges, ils peuvent aussi être beaucoup moins profonds.

pinnatipartit, *pinnatipartitus*; se dit d'une feuille penninerve dont chacune des deux moitiés latérales est découpée en lobes superposés, ordinairement aigus, et dont les sinus atteignent presque la nervure moyenne.

pinnatiséqué, *pinnatisectus*; la feuille pinnatiséquée diffère de la feuille pinnatipartite en ce que les lobes (appelés divisions) s'étendent jusqu'à la nervure moyenne qu'elles laissent souvent à nu entre elles (lorsque leur base est arrondie) dans une certaine étendue; ces divisions seraient des folioles si elles étaient pétiolulées à pétiolule articulé (la feuille serait, dans ce cas, dite *pinnée*).

pinné, *pinnatus*; se dit d'une feuille penninerve composée, c'est-à-dire d'une feuille constituée par une nervure moyenne (rachis, ou pétiole commun) qui donne insertion, à droite et à gauche, à des folioles pétiolulées dont les pétiolules sont articulés à leur base. — Parmi les feuilles deux fois pinnées ou décomposées-pinnées (c'est-à-dire dont le rachis porte des rachis de second ordre qui eux-mêmes portent les folioles), on a nommé *Folium pinnato-conjugatum* la feuille dont le rachis commun se termine par deux rachis secondaires; *pinnato-ternatum*, s'il y a trois rachis secondaires (dans ce cas, le troisième continue la direction du rachis commun); *pinnato-quaternatum*, s'il y a quatre rachis secondaires, etc.

Pinnule, *Pinnula*; ce nom est attribué aux divisions des feuilles pinnatiséquées dans la famille des Fougères. — Le mot *pinnule* était autrefois employé au lieu du mot *foliole* dans la description des feuilles composées pinnées. Il n'est plus employé dans ce sens.

piperitus, poivré; qui a la saveur du poivre.

piquant, *pungens*; qui présente une pointe piquante. — On dit aussi saveur piquante pour saveur poivrée; odeur piquante (celle de la moutarde, par ex.).

Piquants; nom général sous lequel on a confondu les *Épines* et les *Aiguillons*. (Voir ces mots.)

Pistil, *Pistillum*; = Gynécée, = Ovaire. Ce nom qui n'est plus usité dans les descriptions en raison du sens peu limité qui lui était attribué, était employé tantôt pour désigner l'ensemble de tous les carpelles qui constituent un ovaire composé de feuilles carpellaires soudées entre elles, tantôt pour désigner chaque carpelle isolé lorsque les carpelles d'une même fleur ne sont pas soudés entre eux; par conséquent une fleur était dite *à un seul pistil* lorsque les carpelles étaient soudés, et une autre fleur présentant le même nombre de carpelles était dite, si ces carpelles n'étaient pas soudés entre eux, *à plusieurs pistils*. Ce langage vicieux datait d'une époque où l'on ignorait la structure de l'ovaire, et pendant laquelle on devait se contenter de décrire l'apparence, faute de connaître la vérité; on a dû y renoncer lorsque la structure de l'ovaire a été connue, et le mot pistil a été remplacé avec avantage par le mot *Gynécée* qui désigne l'ensemble des organes femelles ou carpelles d'une fleur, que ces organes soient réduits à un seul ou qu'ils soient nombreux, qu'ils soient libres entre eux ou soudés entre eux, renfermés ou non dans un tube, et adhérents ou non aux parois de ce tube. Le mot *Ovaire* s'emploie souvent comme synonyme de gynécée, mais cette expression présente l'inconvénient d'avoir été attribuée à la partie de la feuille carpellaire (ou de l'ensemble des feuilles carpellaires, s'il y en a plusieurs soudées entre elles) qui renferme les ovules (les noms de style et de stigmate ayant été attribués à la partie étroite et terminée par une surface glanduleuse qui termine la feuille carpellaire ou la réunion des feuilles carpellaires). Il serait donc plus régulier d'employer le mot Gynécée pour l'ensemble, et de réserver le mot Ovaire pour la partie qui renferme les ovules. (Voir les mots Ovaire, Carpelle, Fruit.)

pistillaire (Cordon) (voir le mot Cordon).

Pivot, *Radix perpendicularis*; racine pivotante; se dit de la racine primordiale ou axe principal du système descendant des végétaux phanérogames; cette racine s'enfonce verticalement dans le sol et grossit en même temps que la tige ou système ascendant, en fournissant des ramifications latérales secondaires plus ou moins nombreuses. La racine pivotante n'existe pas à beaucoup près chez toutes les plantes, ou du moins elle se détruit chez un grand nombre peu de temps après la germination, et est remplacée, soit par des ramifications qui partent de sa base, soit plus fréquemment par des racines dites adventives qui sont émises par la base de la tige; ces racines multiples et secondaires constituent la racine dite fibreuse. (Voir le mot Racine.)

pivotante (Racine) (voir le mot Pivot).

¶ Placenta, *Placentarium,* = Placentaire ; on désigne sous ce nom la partie de l'ovaire à laquelle les ovules sont insérés. Le placenta a été considéré par plusieurs botanistes comme une prolongation de l'axe de la fleur. Dans le cas assez rare où la placentation est centrale et libre, la prolongation placentaire de l'axe ne présenterait aucune adhérence avec les carpelles. Dans des cas beaucoup plus fréquents, ces prolongations placentaires seraient soudées avec les bords des feuilles carpellaires, que ces feuilles, étant fermées et soudées par leurs faces, constituent un ovaire pluriloculaire (dans ce cas la placentation constitue une colonne centrale adhérente aux cloisons qui viennent y aboutir, et est dite *axile*) ; ou que ces feuilles, étant ouvertes et soudées par leurs bords seulement, constituent un ovaire pluricarpellaire et uniloculaire (dans ce cas, la placentation est constituée par des cordons espacés appliqués à la face interne du péricarpe et est dite *pariétale*). L'opinion que le placenta est de nature axile (est un prolongement de l'axe) est fondée sur cette loi, que dans les cas normaux les bourgeons naissent sur des axes et non sur des feuilles ; or, les ovules ayant certains rapports avec les bourgeons, il devait paraître peu conformé à cette loi qu'ils fussent insérés sur les feuilles carpellaires. Néanmoins, des faits tératologiques nombreux qui sont venus éclairer la question ont démontré que bien que les ovules ne fussent pas sans analogie avec les bourgeons, ils sont insérés en réalité sur les feuilles carpellaires, de la même manière que les folioles d'une feuille composée sont insérées sur le rachis. Dans cette manière de voir (qui est la mienne), les ovules seraient émis par le bord ou par la face interne des feuilles carpellaires, l'atténuation de la base de l'ovule constituerait un pétiolule qui serait le *Funicule,* et la réunion ou la décurrence des pétiolules ou funicules constituerait une ligne décurrente désignée (quand les ovules sont marginaux) sous le nom de ligne placentaire ou cordon placentaire. Une feuille carpellaire présente généralement deux lignes placentaires (une à chacun de ses deux bords) ; ces lignes, réunies deux à deux dans le cas de carpelle fermé, ou réunies deux à deux, mais appartenant à deux carpelles voisins dans le cas d'ovaire pluricarpellaire et uniloculaire, constituent des lignes doubles (placentation pariétale), ou qui se trouvent réunies en une colonne centrale chez les ovaires pluriloculaires. L'idée que le placenta est une dépendance de la feuille carpellaire est partagée par un certain nombre de botanistes, mais ils regardent les lignes placentaires comme procédant de bas en haut, c'est-à-dire de la feuille à l'ovule, tandis que je regarde les lignes placentaires comme procédant de haut en bas, c'est-à-dire, comme constituées par des décurrences de l'ovule. Une difficulté assez grande existe pour expliquer, dans ce système, le *placenta central libre* que l'on observe dans la famille des Primulacées et dans celle des Lentibulariées ; les faits téra tologiques qui sont à ma disposition ne m'ont point encore éclairé sur ce point, néanmoins il me semble voir une certaine analogie dans la placentation des Primulacées et dans la placentation des ovaires ou des carpelles uniovulés à ovules dressés, dans la famille des Labiées par exemple. (Voir le mot Ovule.)

Placentation, *Placentatio* ; se dit de la disposition que présentent les lignes placentaires ou le placenta chez les ovaires et chez les fruits. La placentation est susceptible d'être : pariétale, axile, centrale libre, etc. (Voir le mot Placenta.)

plan, *planus* : une surface plane est celle sur laquelle on peut appliquer en tous sens une ligne droite, c'est-à-dire, qui ne présente ni courbure, ni élevures, ni dépressions.

planiticus, qui habite les plaines. (Inusité.)

Plante, *Planta* ; = Végétal , *Vegetabile* ; dans les mots composés grecs : *phytos, botanè, botanos.* (Voir le mot Végétal.)

Plantule, *Plantula* ; on donne ce nom à l'embryon déjà développé par la germination, c'est-à-dire dont la radicule s'est allongée et dont la plumule s'élève au-dessus du ou des cotylédons. Quelques auteurs ont nommé plantule l'embryon considéré dans la graine, abstraction faite des cotylédons.

Plantulatio (C. Rich.) , synonyme de *Germinatio* , Germination.

Plateau, *Lecus* (DC. ; λεκος, écusson), nom donné chez les bulbes, à la partie, ordinairement en forme de disque, qui représente la tige et émet inférieurement des racines à sa circonférence, et supérieurement un ou plusieurs bourgeons (qui constituent la partie la plus volumineuse du bulbe, et se développent en feuilles, et en tige ou pédoncule florifère). (Voir le mot Bulbe.)

platys, dans les mots dérivés du grec, signifie large, en latin *latus*. — *platycarpus*, à fruit large.

plein, *plenus*; chez les plantes herbacées, on nomme *Tiges pleines* celles qui ne sont pas fistuleuses, et particulièrement celles dont la moelle est volumineuse. — En général, on nomme pleins les organes qui ne présentent point de cavité intérieure.

plenus (*Flos*) fleur double (voir le mot double).

pleio, dans les mots composés dérivés du grec, signifie plusieurs; en latin, *pluri*. — *pleiocyclus*, à plusieurs tours de spire, *pleiophyllus*, à plusieurs feuilles.

pleurorhizæ (*Cruciferæ*) (Koch), Crucifères dont l'embryon est à radicule commissurale ou accombante. (Voir le mot accombant.)

plicativus, plissé, marqué de plis. On nomme préfloraison plicative ou plissée, *Præfloratio plicativa*, celle qui existe lorsque les feuilles étant palminerves, elles sont plissées selon les nervures, dans le bouton, à la manière d'un éventail fermé.

plicatus, plié longitudinalement; *transverse plicatus*, plié horizontalement.

plié (Ovule), = camptotrope; se dit d'un ovule courbé dont les deux moitiés sont appliquées l'une sur l'autre. L'ovule courbé proprement dit a été désigné par les épithètes de *campulitrope* et *campylotrope*. L'ovule en parti courbé, en parti semi-réfléchi, a été désigné par le mot *amphitrope*. (Voir les mots Ovule et courbé.)

plié (Embryon), l'embryon plié ou courbé a été désigné par l'épithète d'amphitrope. (Voir le mot courbé.)

plissé, *plicativus*; qui offre une série de plis longitudinaux, comme un éventail.

plombé, *plumbeus*; de couleur de plomb, d'un gris cendré un peu bleuâtre.

Plopocarpe, *Plopocarpium*; nom donné par M. Desvaux aux fruits (composés d'un verticille de carpelles libres, secs et déhiscents) des *Aconitum*, des *Sedum*, des *Spiræa*, etc. — M. de

Mirbel a donné à ces mêmes fruits le nom d'Etairion. Ces deux mots sont également inusités.

plumeux, *plumosus*; qui ressemble à une plume; se dit d'un poil, d'une soie, etc., portant deux rangées longitudinales de poils courts disposés comme les barbes d'une plume. On dit aussi *Aigrette plumeuse* pour aigrette à soies plumeuses.

Plumule, *Plumula*; on a donné ce nom à là partie de l'embryon supérieure à l'insertion du ou des cotylédons, la plumule représente la tige à partir de son deuxième entre-nœud. Dans la graine, la plumule est ordinairement réduite à de très petites proportions, on y distingue néanmoins souvent très nettement la première ou les deux premières feuilles et le bourgeon terminal.

pluri-, dans les composés latins : plusieurs; dans les mots tirés du grec *pleio*.

poculiformis (Salisb.); en forme de coupe profonde; cette forme diffère peu de la forme dite *digitaliformis*, en forme de dé à coudre, ou en cloche à bords droits. (Inusité.)

Podetium; nom donné au pédicule qui porte les organes de la fructification dans plusieurs genres de la famille des Hépatiques.

Podogyne, *Podogynium*; nom donné aux Gynophores qui précèdent immédiatement l'ovaire surtout lorsqu'ils sont grêles; on a souvent décrit sous ce nom une simple atténuation de la base de l'ovaire. (Voir les mots Carpophore et Gynophore.)

Podosperme, *Podospermium* (Cl. Rich.) = Funicule, = Cordon ombilical. (Voir le mot Funicule.)

podus ou *pus*, forme latine des mots grecs πούς, ποδὸς, pied; fait partie de certains mots composés.

pogon; dans les mots composés dérivés du grec signifie barbe, en latin *barba*.

Poils, *Pili*, *Villi*, dans les mots composés grecs : *trichos*; on désigne sous ce nom des productions filiformes de l'épiderme qui ressemblent par leur aspect (mais non par leur structure et leur mode d'accroissement) aux poils des animaux. Les poils sont composés d'une seule cellule très allongée, ou de plusieurs cellules superposées. Les poils sont dits *lymphatiques* ou non glanduleux, et *glanduleux*. Envisagés au point de vue de leur structure ils peuvent être : composés d'une seule cellule filiforme, cylindrique, aiguë, renflée en massue, simple, ou plus ou moins rameuse. Ils peuvent être composés de plusieurs cellules superposées, et même (à leur base) de plusieurs rangs de cellules juxtaposées (dans ce cas ils se rapprochent des *écailles* ou des *aiguillons*). Les poils, composés de plusieurs cellules, sont dits cloisonnés (*P. phragmiferi*); si les cellules sont globuleuses ou ovoïdes on dit les poils : moniliformes ou en chapelet ; ces poils peuvent être simples ou plus ou moins rameux. Les poils peuvent être bifurqués, trifurqués, dichotomes, en hameçon (*Uncus, Hamus*), terminés par plusieurs pointes recourbées (*Pili glochidiati*), etc. — Ils peuvent être dressés (*P. erecti*), couchés (*P. adpressi*), couchés de haut en bas (*P. retrorsi*); — ils peuvent être disposés en pinceau (*P. penicillati*), partir du même point et s'étaler en étoile (*P. stellati*); si dans ce cas ils sont réunis par la cuticule épidermique, ils constituent des poils peltés ou en écusson (*P. scutati*); lorsqu'ils sont élargis en écailles, ils sont dits scarieux (*P. scariosi*). — Les poils roides qui sont presque des aiguillons , sont dits spinescents et mieux aculescents (*P. subulati*), on les désigne aussi sous le nom d'*aiguillons sétacés* (*Aculei setacei*). — Les poils sont dits *glanduleux* lorsqu'ils sécrètent un liquide qui se réunit à leur extrémité dans une dilatation terminale (une ou plusieurs cellules terminales dilatées), le liquide suinte souvent à l'extérieur de ces cellules. — Les poils *urticants* sont ceux qui sont roides et piquants et surmontent une glande sécrétant un liquide caustique qui remplit leur cavité. Ces poils se cassent dans la peau et y versent le liquide irritant qui détermine le sentiment de la brûlure et le gonflement de la peau (tels sont les poils de l'Ortie). — On a nommé poils *malpighiacés*, les poils en forme de navette qui sont insérés par leur partie moyenne sur une petite masse d'apparence glanduleuse, mais ces poils ne sécrètent point de liquide comme ceux de l'Ortie. — Une surface est dite, au point de vue de la pubescence (disposition des poils) : glabre (*glaber, glabriusculus*), dépourvue de poils; pubescente (*pubescens*), couverte de duvet (poils mous courts et peu abondants); poilue (*pilosus, pilosiusculus*), couverte de longs poils peu abondants; velue (*villosus, villosulus*), couverte de longs poils abondants doux et un peu couchés; hispide (*hispidus, hispidulus*), couverte de poils roides et presque piquants; laineuse (*lanatus, lanuginosus*), couverte de poils longs flexueux, entrecroisés et feutrés, ressemblant à de la laine; floconneuse (*floccosus*), couverte de flocons laineux; cotonneuse (*tomentosus, tomentellus*), couverte de poils doux longs et flexueux, entremêlés et feutrés; veloutée (*velutinus*), couverte d'un duvet doux et serré; soyeuse (*sericeus*), couverte de poils soyeux couchés les uns sur les autres et donnant à la surface un reflet argenté; *lepidotus*, couverte de poils en écusson; *ramentaceus*, couverte de poils scarieux; — *barbatus* se dit d'une surface qui présente des houppes de poils; cilié (*ciliatus*), se dit d'un bord garni de cils ou poils roides. Il existe de nombreuses transitions entre les poils et les glandes, et entre les poils et les aiguillons. J'ai démontré que les organes connus sous le nom de Lenticelles (voir ce mot) sont le résultat d'une hernie du tissu cellulaire sous-épidermique par l'ouverture de l'épiderme qui résulte de la destruction de certains poils.

poilu, *pilosus*; se dit d'une surface garnie de poils peu serrés, assez longs, inégaux, ni dressés ni apprimés, plutôt gros que fins.

Point, *Punctum*; tache très petite, en forme de point; un organe marqué de points nombreux est dit ponctué *punctatus*.

pointe; se dit de l'extrémité d'un corps aigu. On nomme pointe une éminence conique aiguë (*echinus*) comme celles qui, chez les *Hydnum*, portent les organes de la fructification.

pointu, *acutus*; synonyme d'aigu.

Polachaine, = Polakène *Polachenium* (Rich.), *Cremocarpium* (Mirb.), *Carpodelium* (Desv.); nom donné aux fruits adhérents, composés de deux ou plusieurs carpelles, à carpelles monospermes, secs à la maturité et devenant libres en laissant leurs styles adhérents à la columelle ou axe qui les réunissait; ce fruit a été nommé diakène, chez les Ombellifères. — Ces différents mots sont inusités. On se sert du mot fruit et l'on emploie le mot carpelle pour désigner les carpelles devenus libres.

¶ Polexostyle, *Polexostylus*, = Exostyle, = Microbase (DC., Desv.) ; nom donné au fruit chez la plupart des Borraginées et des Labiées. Ce fruit se compose de quatre loges monospermes distinctes, entre lesquelles s'élève un style composé gynobasique. (Voir le mot Gynobase.) Ces mots sont inusités.

¶ Pollen, *Pollen* ; si l'on étudie l'anthère (voir ce mot) dans la première période de son développement (chez un bouton très jeune), on voit que son parenchyme est homogène d'abord, c'est-à-dire qu'il est formé de cellules semblables entre elles. Plus tard il se creuse, dans chacun des deux lobes, de deux lacunes qui correspondent aux lobules (*Lobuli*) et constituent (pour chaque loge) deux logettes (*Locelli*) ; ces logettes, complétement isolées, sont d'abord remplies d'un liquide mucilagineux : ce liquide s'organise en une couche de petites cellules qui tapissent la cavité des logettes et en une masse de grandes cellules qui remplissent cette cavité. Les grandes cellules sont nommées *Cellules* ou *Utricules mères du pollen*. Ces utricules se remplissent de granules se réunissant en une masse qui se partage en quatre noyaux ; ces noyaux se trouvent isolés par la solidification de la matière liquide qui les sépare dans le principe, de sorte que la cavité de l'utricule mère est subdivisée en quatre loges renfermant chacune un noyau non adhérent aux cloisons. Chacun des quatre noyaux se recouvre d'une membrane propre, et constitue un *Grain de pollen* ; les cloisons qui les séparaient se résorbent, et chaque utricule mère renferme dès lors quatre grains de pollen libres dans sa cavité. Enfin les parois des utricules mères sont résorbées elles-mêmes, et les grains de pollen se trouvent tous libres dans la cavité de la logette. En même temps les parois de l'anthère s'amincissent, et la cloison qui séparait les deux logettes de chaque lobe se détruit. Chaque lobe ne renferme plus alors qu'une seule loge par la réunion des deux logettes, et l'anthère est par conséquent à deux loges. — Dans certains cas, les logettes persistent isolément. Dans d'autres cas, les grains de pollen restent agglutinés en une seule masse par la persistance et l'union des cellules mères et même de leurs cloisons (chez les Orchidées et les Asclépiadées). — Un grain de pollen mûr est lui-même une cellule qui se compose de deux tuniques ou membranes concentriques renfermant une substance demi-liquide. La forme des grains de pollen chez les différents groupes de plantes, et même chez les différentes espèces, est très variée. Cette forme est globuleuse, ellipsoïde, en navette, trigone, polyédrique, etc.; en outre la *membrane externe* présente souvent des ponctuations, des tubercules, des poils, des aiguillons, ou des réseaux saillants d'une admirable régularité. Cette membrane externe est inextensible; elle livre passage sur certains points à la *membrane interne* qui est très extensible, et émet les prolongements désignés sous le nom de *Boyaux polliniques*. La substance renfermée dans le grain de pollen est connue sous le nom de *Fovilla*; cette substance est un liquide mucilagineux dans lequel on observe un grand nombre de corpuscules ou granules qui semblent se mouvoir avec rapidité. Lorsqu'un grain de pollen se trouve en contact avec une surface humide, telle est la surface visqueuse du stigmate, par exemple, sur laquelle il se trouve déposé (soit en raison du contact de l'étamine et du stigmate, soit par sa chute ou par l'intermédiaire du vent, ou enfin soit par l'intermédiaire des insectes qui pénètrent dans les fleurs), il se gonfle et se distend au point de se rompre, soit sur un point quelconque, soit sur certains points déterminés régulièrement disposés. Cette rupture (déhiscence du pollen) n'intéresse que la membrane externe inextensible; la membrane interne et extensible pénètre par ces ouvertures, et s'allonge en longs appendices filiformes (ou boyaux polliniques) qui s'introduisent dans le tissu du stigmate, pénètrent entre les cellules qui constituent le tissu du style connu sous le nom de *Tissu conducteur*, et descendent dans la cavité de l'ovaire, où ils pénètrent jusqu'aux ovules, s'introduisent par leur exostome et leur indostome, et arrivent enfin en contact avec le sac embryonnaire. Selon les uns, ils refoulent ce sac devant eux et s'y invaginent; selon d'autres observateurs, ils restent seulement en contact avec ce sac, et déterminent par une sorte de stimulus la formation de la vésicule embryonnaire à l'intérieur du sac embryonnaire. On ignore encore de quelle manière la fovilla, que l'on regarde comme l'agent de la formation de l'embryon dans la vésicule embryonnaire, pénètre dans cette vésicule. (Voir les mots : Ovule, Fécondation, Boyau pollinique, etc.)

pollinique, *pollinicus*; qui est relatif au pollen : *Granum pollinis*, =*Granulum pollinicum*, Grain de pollen.

Pollex, = *Uncia*, Pouce; ancienne mesure, la douzième partie du pied.

pollinarius, couvert d'une poussière fine.

polyadelphe, *polyadelphus*; se dit d'une fleur dont les étamines sont soudées en plusieurs faisceaux.

polyandre, *polyandrus*; se dit d'une fleur dont les étamines sont en nombre indéfini.

polyanthus; se dit d'une plante chargée d'un grand nombre de fleurs.

polycarpiennes, *polycarpeæ*; De Candolle a désigné sous le nom de polycarpiennes les tiges qui fleurissent pendant un nombre d'années indéterminé, et, par opposition, il a nommé monocarpiennes celles qui ne fleurissent qu'une fois et meurent ensuite. Dans nos climats, toutes les tiges ligneuses sont polycarpiennes, et les tiges herbacées sont monocarpiennes; aussi les expressions tiges polycarpiennes ou monocarpiennes ne sont-elles point usitées dans la description de nos plantes indigènes, et sont-elles remplacées par les expressions : plante vivace à tige ligneuse, dans l'un des deux cas, et plante annuelle ou bisannuelle, ou plante vivace à tiges herbacées dans l'autre cas. (Voir le mot *monocarpiennes*.)

polycéphale, *polycephalus*; qui a plusieurs têtes. Se dit d'une inflorescence composée d'un grand nombre de capitules; si les capitules sont en petit nombre, on se sert de l'expression *oligocéphale*.

polychorionide, *Polychorio* (Mirbel); Polysèque, *Polysecus* (Desv.); noms (inusités) donnés au fruit des Renoncules, des Potentilles, etc. Ce fruit est composé d'un grand nombre d'akènes libres disposés en tête, ou en spirale indéfinie.

Polycladie, *Polycladia*, vulgairement Broussin; nom donné à l'ensemble des rameaux grêles et nombreux qui naissent des exostoses qu'on observe souvent sur le tronc des arbres. Les exostoses sont le résultat d'un épanchement accidentel, et continué lentement, des liquides nourriciers de l'arbre. Les Allemands nomment les exostoses et leurs rameaux : *nœuds-de-sorciers* (*zanberknote*).

polycotylédoné, *polycotyledoneus*; se dit d'un embryon à plusieurs cotylédons verticillés. (Voir le mot Cotylédon.)

polyflorus (mot hybride, inusité, tiré du grec ou du latin : on doit dire ou *polyänthus,* ou *multiflorus*); se dit d'une plante ou d'une inflorescence qui présente un grand nombre de fleurs.

polygame, *polygamus*; se dit d'une plante qui porte en même temps des fleurs hermaphrodites, des fleurs mâles et des fleurs femelles réunies sur un même individu, tel est l'*Atriplex hortensis.*

polygynus; se dit d'une fleur dont le gynécée se compose de plusieurs carpelles; ce mot a été surtout employé dans les cas où ces carpelles ne sont point adhérents entre eux, par ex. chez les *Renoncules*, les *Potentilles*, etc. Lorsque les carpelles sont peu nombreux, on signale souvent leur nombre exact, par ex. *digynus* à deux carpelles, *trigynus* à trois carpelles, etc. A une époque où l'on ne s'était pas encore rendu compte de la structure des diverses parties de la fleur, l'expression *monogynus* était employée tantôt pour signifier un seul carpelle, tantôt pour désigner un ovaire composé de plusieurs carpelles soudés entre eux.

polypétale, *polypetalus*; s'entend d'une corolle composée de plusieurs pétales non soudés entre eux, c'est-à-dire libres. On dit plante polypétale; fleur polypétale, pour plante ou fleur à corolle polypétale. — Ce mot est synonyme de l'expression *dialypétale* proposée postérieurement, et généralement adoptée comme ayant une signification plus explicite. (Voir le mot Dialypétale.)

Polyphore, *Polyphorum*; nom donné aux gynophores qui portent un gynécée composé de plusieurs carpelles libres. (Inusité.)

q polyphylle, *polyphyllus;* à feuilles nombreuses (se dit d'un involucre, etc.)

q *poly;* dans les mots composés tirés du grec, signifie beaucoup; en latin *multi.*

q polysépale, *polysepalus;* synonyme, quant au sens qui lui est attribué, du mot *dialysépale.* (Voir ce mot.)

q polysperme, *polyspermus;* à graines nombreuses, se dit d'un fruit, d'une loge de fruit. — A été employé pour caractériser certaines inflorescences à fruits nombreux, pris par erreur pour des graines.

q *polystachius,* à plusieurs épis.

q *polystichus;* qui présente des organes disposés sur plusieurs rangs.

q *pomeridianus,* qui se manifeste dans l'après-midi; se dit de l'épanouissement de certaines fleurs.

¶ Pomme, *Pomum;* fruit des plantes de la famille des Pomacées, etc. Ce fruit résulte d'un ovaire adhérent composé d'un verticille de carpelles, polyspermes ou monospermes, à placentation axile; ce fruit est charnu à la maturité; l'endosperme est membraneux ou cartilagneux. Lorsque cet endosperme est ligneux, par exemple chez la nèfle, le fruit a été désigné sous le nom de Nuculaine. Comme tous les fruits qui résultent d'un ovaire adhérent, ces fruits sont surmontés du limbe du calice accrescent, ou simplement persistant, quelquefois même marcescent.

¶ Ponctué, *punctatus;* marqué de petites taches en forme de points ou de petites fossettes analogues à celles que produirait l'impression de la tête d'une très petite épingle. — Vaisseaux ponctués ou poreux, vaisseaux marqués de points transparents. (Voir le mot Vaisseaux.)

¶ Pore, *Foramen,* très petit trou. — Les Stomates ont été désignés sous le nom de *Pores corticaux.*

q poreux, *porosus, foraminulosus,* criblé de pores.

q *porrectus,* porté en avant; se dit d'un organe droit et dressé relativement à la surface sur laquelle il est inséré, surtout lorsque l'on compare l'objet dressé à des objets de même nature, habituellement courbés, penchés, ou pendants par leur propre poids. Ainsi *Stamina porrecta* s'oppose à *Stamina pendula*.

Port, *Facies* (voir ce mot).

Portio lignea, Corps ligneux. (Expression inusitée.)

posticus, *extrorsus*, dirigé du côté postérieur. Se dit d'un organe qui regarde en dehors de la fleur, par opposition au mot *anticus* dirigé en dedans, regardant le centre de la fleur. Les anthères extrorses sont appelées *Antheræ posticæ*; les anthères introrses : *Antheræ introrsæ*. (Voir le mot *anticus*.)

Pouce, *Pollex*, *Uncia*; ancienne mesure, la douzième partie du pied. Le pouce équivaut à environ un quart de décimètre.

Pousse, *Innovatio* (Hedw.), *Ramus novellus*; bourgeon commençant à passer à l'état de branche; jeune branche de l'année qui n'a pas encore acquis toute sa longueur. Lorsque cette pousse émane d'une tige souterraine (souche ou rhizome), elle prend le nom de Turion, *Turio*.

Poussière fécondante; synonyme de *Pollen*. (Voir le mot Pollen.)

Poussière glauque, *Pruina*, *Pulvis glaucus* et non *Pollen glaucum*, le mot *pollen* ayant un autre sens bien déterminé. La poussière glauque est une matière pulvérulente étendue en couche mince et peu adhérente à la surface de certains fruits, de certaines tiges, etc. Cette matière est souvent nommée *Efflorescence glauque*. (Voir le mot Efflorescence.)

præcox, = *precius*, précoce; qui fleurit et mûrit de bonne heure.

Præfloratio, Préfloraison; arrangement des parties de la fleur pendant qu'elle est encore à l'état de bouton. (Voir le mot Préfloraison.)

Præfoliatio, Préfoliaison, arrangement des jeunes feuilles dans le bourgeon. (Voir le mot Préfoliaison.)

præmorsus; se dit d'un rhizome qui se détruit successivement et rapidement par son extrémité postérieure à mesure qu'il s'allonge antérieurement, de telle sorte qu'il est constamment court, et que son extrémité postérieure est irrégulièrement tronquée et comme mordue ou coupée.

prasinus, d'un vert de poireau ou d'un vert d'émeraude.

ræpratensis, qui croît dans les prés.

ræprecius, synonyme de *præcox*, précoce.

ræprecatorius, synonyme de *moniliformis*, moniliforme, en forme de chapelet. (Voir le mot moniliforme.)

¶Préfloraison, *Præfloratio*, = Estivation ; on désigne sous ce nom la disposition ou l'arrangement des organes qui constituent la fleur, et particulièrement des enveloppes florales (calice et corolle, ou périanthe) pendant la période qui précède l'épanouissement, c'est-à-dire lorsque la fleur est à l'état de *Bouton*. — La préfloraison du calice et la préfloraison de la corolle peuvent appartenir chez une même fleur à des types différents ; ainsi les sépales (pièces du calice) peuvent constituer un cercle, et se toucher entre eux par leurs bords, tandis que les pétales (pièces de la corolle) peuvent être disposés en spirale et se recouvrir latéralement les uns les autres. Le calice et la corolle peuvent, dans d'autres cas, constituer une même spirale indéfinie ; comme aussi, le calice constituant une spirale dans un sens, la corolle peut constituer une autre spirale dans le sens opposé. — La préfloraison d'un verticille est dite *valvaire* (*P. valvaris, valvata*), lorsque les pièces de ce verticille constituent un cercle et qu'elles se touchent par leurs bords sans se recouvrir mutuellement. Elle est dite *induplicative* si les bords de chaque pièce rentrent un peu en dedans en s'accolant par leur face externe, et *reduplicative* si les bords font saillie en dehors et s'appliquent par leur face interne. Chez les verticilles composés de cinq pièces, la préfloraison est dite *quinconciale* lorsqu'il existe deux pièces extérieures, deux pièces intérieures, et une pièce dont une moitié longitudinale est recouverte par une des pièces externes et l'autre moitié longitudinale recouvre une des deux pièces internes. Cette préfloraison est une des plus fréquentes chez la corolle des Dicotylédones : on la désigne quelquefois sous le nom de *préfloraison imbricative* ou *imbriquée* (l'imbrication est latérale). Lorsque les pièces de la corolle sont très amples, et qu'elles se recouvrent complétement les unes les autres, elles sont enroulées dans le bouton, et la préfloraison est dite *convolutive*. Cette préfloraison est très fréquente ; elle constitue souvent une variété de la préfloraison quinconciale ou imbriquée. Dans d'autres cas, les pièces du verticille, dont la préfloraison est dite convolutive, sont disposées en une spirale telle que chaque pièce recouvre la suivante, et est recouverte par la précédente dans sa moitié longitudinale. Chez les gamopétales, la préfloraison convolutive de la corolle est dite *tordue, P. contorta*. La préfloraison de la corolle est dite *vexillaire* lorsque le pétale supérieur, plus grand que les autres, est plié longitudinalement, et recouvre les autres pétales (chez les Papilionacées, par ex.). Lorsque la pièce supérieure est recourbée en casque, et enveloppe les autres pièces (chez les Aconits, par ex.), la préfloraison a été dite *cochléaire*. Enfin, lorsque les pétales (faute de place pour se développer librement) sont chiffonnés dans le calice fermé avant l'épanouissement, la préfloraison de la corolle est dite *chiffon-née* (*P. corrugata*). —La préfloraison, considérée relativement à la disposition des pièces de plusieurs verticilles successifs, a été dite *alternative*, lorsque (ainsi que chez le périanthe des Monocotylédones) les pièces du verticille interne alternent avec les pièces du verticille externe. Lorsqu'il existe une série nombreuse de verticilles concentriques, ou une longue spirale indéfinie dont les pièces de chaque cercle ou de chaque tour sont alternes avec les pièces du cercle ou du tour précédent, la préfloraison a été dite *imbricative*.

Préfoliaison, *Præfoliatio*, = Vernation; on désigne sous ce nom la disposition et l'arrangement des feuilles dans le bourgeon... La préfoliaison doit être étudiée au point de vue des plis ou des enroulements des feuilles considérées isolément, et au point de vue de la disposition des feuilles considérées les unes relativement aux autres. — Au point de vue des plis ou des enroulements, la préfloraison est dite *plane* (*P. explanata*) : chez les *Atriplex*, le Seringa, la Capucine, etc. ; *condupliquée* (*conduplicata*), *pliée* selon la nervure moyenne en deux moitiés longitudinales : chez le Cerisier, le Pêcher, l'Amandier, les folioles du Rosier, etc.; *plissée* (*plicata, plicativa*): chez les Érables, la Vigne, les Mauves; en cornet, ou *convolutive* (*P. convoluta, convolutiva, supervolutiva*) : chez l'Abricotier, les Potamogeton, etc.; *revolutive* (*revoluta, revolutiva*), à bords roulés en dessous : chez le Romarin, les *Crocus*, les *Rumex* et les *Polygonum*, etc.; *involutive* (*involuta, involutiva*), à bords roulés en dessus : chez la Violette, le Poirier, les lobes des feuilles chez le Sureau; *curvative* (*curvativa*), lorsque la feuille est étroite et à bords un peu courbés en dessus; *circinative* (*circinata*), *Folia circinalia*, roulées de haut en bas en forme de crosse : chez les *Drosera*, les Fougères, etc.; *reclinative* ou *replicative*, pliée du sommet à la base. — Envisagée au point de vue de la disposition des feuilles considérées les unes relativement aux autres; la préfoliaison est dite *valvaire* (*P. valvata*), si des feuilles verticillées et planes se touchent par leurs bords; *apprimée* (*P. adpressa*), si des feuilles planes sont appliquées face à face l'une contre l'autre; *imbriquée* (*P. imbricata, imbricativa*), si des feuilles planes, verticillées ou en spirale, se recouvrent les unes les autres; *conduplicative* (*P. conduplicativa*), si des feuilles pliées longitudinalement (condupliquées) sont appliquées latéralement l'une sur l'autre; *équitante* ou *embrassante* (*P. equitativa, amplexa*), si des feuilles condupliquées sont emboîtées l'une dans l'autre; *semi-équitantes* ou *semi-embrassantes* (*semi-amplexa, semi-equitativa : Folia invicem equitantia*), si des feuilles condupliquées embrassent mutuellement l'une la moitié longitudinale de l'autre; *indupliquée* (*P. induplicata*), si des feuilles condupliquées sont disposées en cercle et se touchent par leurs faces latérales.

¶ *primarius*, primaire, de premier ordre; se dit d'un axe principal duquel émanent des axes secondaires. Ex. : *Rachis primaria*, côte ou nervure moyenne principale des feuilles composées.

¶ Primine; = Testa; nom donné à l'enveloppe ou tunique externe de l'ovule. (Voir le mot Ovule.)

¶ primordiales; on nomme Feuilles primordiales (*Folia primordialia*) les petites feuilles de la gemmule qui sont visibles avant la germination. Ces feuilles, immédiatement supérieures aux cotylédons, conservent le même nom après la germination.

¶ printanier, *vernalis, vernus*; qui a lieu au printemps, se dit e parlant de la floraison, ou de divers autres phénomènes physiologiques.

prismatique, *prismaticus*; en forme de prisme. Un prisme est un corps solide dont les faces latérales sont des parallélogrammes, c'est-à-dire sont planes et à bords parallèles. Le fruit d'un grand nombre de Liliacées (la Tulipe, par ex.), et d'Iridées (l'*Iris Pseudo-Acorus*, par ex.), est prismatique : c'est un prisme à trois faces et à trois angles. La tige d'un grand nombre de plantes à feuilles opposées (les Labiées, par ex.) est prismatique : c'est un prisme à quatre faces et à quatre angles.

proboscideus, en forme de trompe; se dit d'un organe en forme de tube creux et recourbé.

procerus, = *elatus*; se dit d'une plante à tige droite, et élevée relativement aux espèces du même genre.

Processus, *Processus*; Appendice, prolongement en dehors de l'axe organique. On a désigné sous ce nom les appendices que présentent les filets ou les anthères de certaines étamines, etc.

procumbens, = *humifusus*; couché par faiblesse ou en vertu d'une direction naturelle. Se dit des tiges couchées sur la terre, mais qui n'y adhèrent pas par des racines.

productus, qui est prolongé au delà du niveau ordinaire.

Productum (Neck.), synonyme de *Calcar*, éperon.

Proembryon, *Proembryo*; nom (inusité) donné aux faux cotylédons ou filaments articulés et rameux, qui émanent de la spore chez les Mousses lors de sa germination, et précèdent l'apparition de la véritable gemmule.

Projecture, *Projectura*; on donne ce nom à la côte ou aux côtes saillantes sur le rameau, et qui émanent de la base des feuilles dont elles sont une décurrence, tant chez les espèces ligneuses que chez les espèces herbacées.

Proles (Neck.), synonyme de *Species*, espèce.

prolifère, *proliferus*, qui présente le phénomène de la prolification.

Prolification, *Prolificatio*; phénomène tératologique qui consiste dans le développement anormal de bourgeons à l'aisselle de feuilles qui n'en produisent pas à l'état normal, par exemple à l'aisselle des bractées d'un involucre, des sépales ou des pé tales d'une fleur (ces prolifications sont dites *axillaires* ou *latérales*). On donne aussi le nom de Prolification au phénomène qui consiste dans l'élongation ou la prolongation de l'axe d'une fleur qui se termine en un nouveau bourgeon ; cette prolification est dite *axile* ou *centrale*. Ces bourgeons anormaux peuvent être feuillés ou constituer des fleurs surnuméraires. Enfin on a désigné, sous le nom de Prolification, la transformation de fleurs en bourgeons foliacés, lorsque, ainsi que cela arrive chez certaines Graminées, ces fleurs, transformées en bourgeons, sont susceptibles d'émettre des racines adventives, et de reproduire la plante, si elles se trouvent en contact avec le sol.

¶ Prolongements médullaires, *Productiones medullares* (voir Rayons médullaires.)

¶ *prominens*, proéminent ; se dit d'une ligne élevée qui fait saillie sur une surface.

¶ *pronus : Pagina prona* ou *infera*, se dit de la face dorsale ou inférieure d'une feuille.

¶ Propagation, *Propagatio;* = Multiplication.

¶ Propagine, Propagule, *Propagina*, *Propagulum* (voir le mot Gonidie).

¶ Prophyses (Willd.), dans la famille des Mousses ; on a nommé ainsi les fleurs flétries ou stériles, qui , mêlées avec les paraphyses , sont insérées à la base du pédicelle de la fleur fertile qui se développe.

¶ propre, *proprius,* particulier ; qui est relatif à un seul organe. — Un involucre propre (*Involucrum proprium*), est celui qui ne renferme qu'une seule fleur. — Vaisseaux propres (voir le mot Vaisseaux).

¶ Prostype funiculaire. M. de Mirbel a nommé ainsi (chez les ovules réfléchis, ou les graines provenant d'ovules réfléchis) la saillie formée par le raphé et la chalaze.

¶ *Proscolla* (C. Rich.), tubercule glandulaire qui fait partie du stigmate des Orchidées et sécrète une liqueur visqueuse. (Inusité.)

¶ *Prosenchyme;* nom donné au tissu fibreux ; ce tissu résulte des clostres ou fibres ligneuses juxtaposées.

protéranthées, *proterantheæ* (Viviani). Ce terme a été proposé pour désigner les plantes dont les fleurs se développent avant les feuilles. Nous citerons parmi les végétaux ligneux qui présentent ce caractère : le Pêcher ; et parmi les plantes herbacées, le *Colchicum autumnale*, dont les fleurs paraissent en automne, et dont les feuilles ne se développent qu'au printemps suivant, en même temps que le fruit mûrit. Le *Tussilago Farfara* produit au printemps une tige florifère dont les feuilles sont réduites à des écailles ; les feuilles radicales foliacées ne se développent que plus tard.

prostratus, synonyme de *procumbens*, couché. *Procumbens* doit être employé pour qualifier une tige qui se couche naturellement, à mesure qu'elle se développe ; *Prostratus* doit être réservé pour qualifier les tiges couchées en raison de leur débilité et du poids des rameaux, des feuilles, et des inflorescences.

Pruina, poussière glauque, efflorescence glauque. (Voir le mot Efflorescence.)

pruinosus ; qui est couvert d'une efflorescence glauque.

pseudo (ψευδὴς), faux ; dans les mots composés tirés du grec, signifie : qui a une fausse apparence ; en latin : *spurius*.

pseudo-carpiens (Desvaux) ; épithète donnée aux fruits cachés par les parties environnantes, de manière que celles-ci semblent constituer le fruit lui-même. (Terme vague et inusité.)

Pseudo-carpe (Mirbel). = *Arcesthida* (Desv.) ; nom proposé pour le fruit globuleux et bacciforme de certaines Conifères, du Genévrier, par exemple.

Pseudo-parasiticæ, Fausses-parasites (voir ce mot).

pseudospermes, *pseudospermi* ; se dit des fruits qui ont l'aspect d'une graine : les akènes et les caryopses, par exemple. — M. de Mirbel les a désignés sous le nom de fruits *carcérulaires* (Ces expressions sont inusitées.)

psilos, dans les mots dérivés du grec, signifie mince ; en latin, *tenuis*.

Pteridium (Mirb.), synonyme de *Samara* (Gærtn.).

Pterygium ; nom donné aux appendices membraneux que présentent certaines graines. (Terme vague non usité.)

puberulus, légèrement pubescent.

Pubes, Duvet; pubescence fine, courte et peu serrée.

Pubescence, *Pubescentia* ; s'entend de l'état des surfaces qui présentent des poils ; que ces poils soient rares ou serrés, courts ou longs, gros ou fins ; on dit : Feuilles couvertes d'une pubescence soyeuse, laineuse, etc.

pubescent, *pubescens*, qui est couvert d'un duvet fin, court et peu serré.

pullus, qui est d'un brun terne.

Pulpe, *Pulpa* ; on nomme ainsi les substances charnues gorgées de sucs, et particulièrement la substance molle et aqueuse qui entoure les graines et remplit la cavité des loges de certains fruits, par exemple des fruits bacciformes : le raisin, la groseille, etc. On nomme plus particulièrement *chair* la substance qui occupe la plus grande partie de l'épaisseur des péricarpes charnus comme chez la pomme, la pêche, etc.

pulvereus; qui a la consistance de la poussière, qui est à l'état de poudre fine.

pulvérulent, *pulverulentus* ; qui est couvert d'une poudre fine comme de la poussière ; les mots *pulverulentus* et *pulvereus* ont souvent été employés comme synonymes.

pulvinatus, en forme de coussin.

Pulvinus, Coussin, Oreiller ; on a désigné par ce mot les côtes séparées par des sillons qu'on observe chez certains fruits. — Link nomme *Pulvinus* la protubérance du rameau qui porte la feuille et qui après sa chute se termine par la cicatricule.

Pulvis, Poussière ; *pulvis glaucus*, poussière glauque.

Pulvisculus, poussière fine ; nom donné aux spores dans le genre *Lycopodium*. Ces spores sont connues sous le nom de poudre-de-Lycopode.

pumilus, = *pumilio*, nain. Se dit de plantes qui sont de très petite taille, soit normalement, soit accidentellement.

punctatus, ponctué, marqué de points.

Punctum, Point ; tache en forme de point.

pungens, piquant. Armé d'une épine ou d'une pointe vulnérante.

puniceus, couleur de la fleur de la grenade (*Punica*), d'un rouge éclatant.

purpureus, couleur de pourpre; dans les mots composés grecs, *aimatos*. C'est la couleur du carmin (cochenille), et la couleur de sang artériel.

pusillus; se dit d'une plante très grêle et de très petite taille.

Putamen, Noyau (voir le mot noyau).

pycnos, dans les mots composés dérivés du grec, signifie épais, se dit d'un objet volumineux relativement à sa longueur; en latin *crassus, incrassatus.*

pygmæus, synonyme de *nanus, pumilus, pusillus;* nain.

pyramidal, *pyramidalis, pyramidatus;* en forme de pyramide, s'emploie souvent comme synonyme de conique. Se dit de la forme de certaines inflorescences, de l'aspect de certains arbres, etc.

Pyrena, Noyau (voir ce mot). = *Nucleus, Ossiculus.*

pyriforme, *pyriformis;* en forme de poire, *pyrum.* Se dit d'un objet de forme oboyoïde plus ou moins atténué de la partie moyenne vers le point d'insertion.

pyrros, dans les mots composés dérivés du grec signifie d'un rouge de feu; en latin *flammeus, igneus.*

Pyxide, *Pyxida;* fruit sec, capsulaire, ou membraneux, s'ouvrant par une fente circulaire qui détermine la chute d'un opercule. (Voir les mots Fruit et Déhiscence).

Q

quadrangulaire, *quadrangularis, quadrangulatus, quadrangulus.* Se dit d'un corps prismatique qui présente quatre arêtes longitudinales ou angles. Certaines tiges à feuilles opposées (celles des Labiées par exemple) sont quadrangulaires.

quadratus, quadraticus; se dit d'un objet plat dont la surface se rapproche plus ou moins de la forme carrée.

quadri, dans les mots composés signifie quatre fois; dans les mots composés dérivés du grec: *tetra ;— quadri-alatus,* qui présente quatre appendices membraneux en forme d'ailes, se dit de de certanes graines, de certains fruits ;— *quadricoccus,* à quatre coques;— *quadricornis,* qui présente quatre appendices en forme de cornes; — *quadricostatus,* à quatre côtes; quadridenté, *quadridentatus*, à quatre dents; — quadrifide, *quadrifidus*, à quatre divisions; — quadriflore, *quadriflorus*, à quatre fleurs; — *quadrijugus*, se dit d'une feuille composée pinnatifide à quatre paires de folioles; — quadrilatéral, *quadrilateralis*, à quatre faces; — quadrilobé, *quadrilobus, quadrilobatus*, à quatre lobes; quadriloculaire, *quadrilocularis*, à quatre loges; — quadripartit, *quadripartitus*, qui est à quatre divisions très profondes; — *quadriphyllus*, à quatre feuilles, à quatre bractées.

Quadruple, *quadruplex*; composé de quatre unités.

Quartine; nom donné par M. de Mirbel à un tégument de l'ovule qu'il a eu occasion d'observer dans quelques cas assez rares entre le nucelle (*Tercine*) et le sac embryonnaire (*Quintine*).

Quaternaire, *quaternarius* (nombre); se dit du nombre quatre et de ses multiples.

quaternatus se dit d'un organe dont les parties sont disposées par quatre. On a employé dans ce sens l'expression *Folium quaternatum* pour feuilles à quatre folioles; il est plus clair de dire : *F. quadrifoliolatum*.

Quaternés, *quaternus*; se dit d'organes rapprochés par quatre : *Folia quaterna*, feuilles verticillées par quatre.

Queue, *Cauda*, (dans les mots composés dérivés du grec : *ura, uros*); certains appendices basilaires, étroits et allongés ont été comparés à la queue d'un animal; ainsi on nomme *Queues de l'anthère* les deux appendices membraneux qu'on observe à la base des loges de l'anthère chez un grand nombre de plantes de la famille des Composées, dans la tribu des Sénécionidées, par exemple. — On donne vulgairement le nom de *Queue de la fleur* au pédoncule ou pédicelle, et le nom de *Queue de la feuille* au pétiole.

Quinaire, *quinarius* (nombre); se dit du nombre cinq et de ses multiples.

Quinconcial, *quinconcialis* (préfloraison) (voir le mot Préfloraison.)

Quiné, *quinus*; se dit d'organes rapprochés par cinq. — *quinatus*, se dit d'un organe dont les parties sont disposées par cinq.

quinquangularis, à cinq angles.

quinque, dans les mots composés, signifie cinq fois; dans les mots
composés dérivés du grec : *penta*; — *quinquecoccus*; *quinque-*
costatus; *quinquedentatus*; *quinquefidus*; *quinquefoliolatus*;
quinquelobatus, *quinquelobus*; *quinquelocularis*; *quinquener-*
vius; *quinquepartitus*; *quinquephyllus*, etc. : à cinq coques,
côtes, dents, lobes profonds, folioles, lobes, loges, nervures,
divisions, feuilles, etc.

Quintine (Mirb.), = Sac embryonnaire (voir ce mot).

quintuple, *quintuplex;* composé de cinq unités. — quintuplinerves, *quintuplinervia*, se dit de feuilles palminerves à cinq
nervures égales.

R

raccourci, *abbreviatus*; qui semble avoir été arrêté dans sa croissance; est souvent employé comme synonyme de court, *brevis*.

Race, *Proles*; on désigne sous ce nom certaines variétés qui se
reproduisent indéfiniment sous l'influence de la culture, et
quelquefois même spontanément.

racémiforme, *racemiformis*, en forme de grappe, disposé en
grappe.

racemosus, se dit d'une plante dont l'inflorescence est en grappe.

Racemus, Grappe (voir ce mot).

Rachis, *Rachis*; on désigne sous ce nom le pétiole continué par
la nervure moyenne chez les feuilles composées-pinnées. —
Pétiole continué par la nervure chez les Fougères à feuilles
pinnatiséquées. — Axe de l'épi chez les Graminées; axe d'une
grappe ou d'une panicule, etc.

Racine, *Radix*; la *racine* est la partie de l'axe des végétaux qui
se dirige de haut en bas et s'accroît par l'extrémité inférieure
seulement. On désigne fréquemment sous le nom de *Radicule*
la partie de l'axe qui, chez l'embryon, est située au-dessous de
la base du cotylédon ou des cotylédons, mais cet organe appartient dans sa partie supérieure à la tige ou axe ascendant, et
sa partie inférieure ou son extrémité seulement constitue à cette
époque la racine. Cette racine rudimentaire ou racine primor-

diale devient manifeste pendant la germination, elle est séparée de l'axe ascendant par un plan horizontal (*Collet organique*, voir ce mot) au-dessus duquel l'axe ascendant (*Tige*) s'accroît simultanément par tous ses points à la fois, et au-dessous duquel l'axe descendant (*Racine*) ne s'accroît que par son extrémité inférieure. — Dans un certain nombre de cas, la racine primordiale est réduite à l'état de gaîne ou *Coléorhize* (voir ce mot) par une racine plus intérieure qui la traverse selon son axe. Les plantes dont la racine est munie d'une coléorhize à l'époque de la germination sont dites *endorhizes*, et les plantes dont la racine ne présente point de coléorhize (la racine primordiale s'allongeant en véritable racine et n'étant point transformée en gaîne) sont dites *exhorhizes* (j'ai démontré que c'est par erreur que les Monocotylédones ont été regardées comme étant toujours endorhizes, et les Dicotylédones comme étant toujours exhorhizes). — Lorsque la racine primordiale ou même la racine coléorhizée s'allonge indéfiniment et s'accroît en diamètre pendant toute la durée de l'existence de la plante, que cette racine soit simple ou qu'elle soit rameuse, elle est dite *pivotante*. Il arrive fréquemment que la partie de la tige située au-dessous des feuilles cotylédonaires se continue insensiblement avec la racine pivotante ; et, à une époque éloignée de la germination il est difficile de préciser le point où la tige cesse et où la racine commence ; dans le langage descriptif, on désigne fréquemment, sous le nom de racine, cet ensemble qui paraît constituer un même organe, bien qu'il appartienne dans sa partie supérieure au système ascendant, et, dans sa partie inférieure seulement, au système descendant. J'ai donné le nom de *Collet apparent* à la ligne (située au niveau de l'insertion des cotylédons) qui sépare la tige proprement dite, de cette racine appartenant dans sa partie supérieure au système ascendant. — Dans un très grand nombre de cas, la racine primordiale se détruit dès la première période de la germination ou avant la fin de la première année ; cette racine est alors remplacée par plusieurs (*racines adventives*) qui naissent autour de la base de la tige. Cette base de tige qui émet des racines adventives est désignée,

si elle est courte, sous le nom de *Souche cespiteuse* ; si elle est
oblique ou horizontale et souterraine dans une assez grande
longueur, on lui donne le nom de *Rhizome*. Les racines qui
partent d'une souche, sont désignées, surtout si elles sont
simples, si (comme cela arrive fréquemment) elles périssent
chaque année (avec la partie de la tige souterraine qui leur a
donné naissance, pour être remplacées par d'autres situées
plus haut sur la tige souterraine) et si elles sont simples ou peu
ramifiées, sous le nom de *Fibres radicales*, et leur ensemble
reçoit le nom de *Racine fibreuse;* il est plus exact de dire
Souche à racines fibreuses. Il arrive dans certains cas que
ces fibres radicales nées sur une tige souterraine sont charnues et renflées dans leur partie moyenne ou dans toute leur
longueur ; on désigne leur ensemble sous le nom de *Racine
fasciculée*, et quelquefois, si ces fibres sont de petite taille,
sous le nom de *Racine grumeuse* (*griffe*, en terme de jar-
dinage). Les *Tiges souterraines*, ou *hypogées* (rhizomes),
les *Bulbes* (tiges réduites à un bourgeon à écailles charnues,
émettant de sa base des fibres radicales), et les *Tubercules*
(extrémités de tiges souterraines renflées et charnues à feuilles
réduites à des écailles ou presque nulles et émettant des racines de la base des bourgeons qu'elles émettent), étaient
autrefois considérés comme des racines, et l'on se servait
pour les désigner du nom de Racines bulbeuses ou tubercu-
leuses ; on doit dire : *Souches bulbeuses, tubéreuses, émettant
des tubercules*, etc. (Voir les mots Rhizome, Bulbe, Tubercule, etc.) Les Orchidées de la section des Ophrydées présentent la plupart (outre un certain nombre de fibres radicales
libres) des masses radiculaires renfermées dans une sorte de
poche ou de sac, aux parois duquel elles sont adhérentes
(voir le mot Bulbe); ces racines pourraient être dites *inva-
ginées*.—L'usage des racines est : 1° de fixer la plante dans le
sol; 2° d'absorber les liquides nutritifs : l'absorption se fait
principalement par les extrémités (*Spongioles*) des racines ou
de leurs divisions (*Fibrilles, Fibres radicales, Radicelles*); et,
3° dans un grand nombre de cas, de servir de réservoir à des
matériaux nutritifs élaborés (certains sucs aqueux ou muci-

lagineux, la fécule, etc.). Les racines pivotantes renflées (*R. na-piformes, dauciformes*), soit annuelles ou bisannuelles (celles de la Carotte et du Navet par ex.), soit vivaces (chez le *Cyclamen* par exemple), et les fibres radicales renflées et charnues (celles de certaines *OEnanthe*, et du *Spiræa Filipendula*, par ex.) renferment des matériaux de cette nature. Les bulbes et les tubercules, qui sont des dépendances de la tige, sont destinés par la nature aux mêmes fonctions physiologiques. — On a donné le nom de *Crampons* aux racines adventives qui naissent dans toute l'étendue de certaines tiges grimpantes et servent à fixer la plante aux supports qu'elle rencontre. On donne le nom de *Suçoirs* à des racines appartenant aux plantes parasites ; ces suçoirs s'implantent dans l'écorce de la plante sur laquelle le parasite cherche sa nourriture et en absorbent les sucs au point de l'épuiser et de la faire périr. Les suçoirs appartiennent à des racines proprement dites chez les Orobanches ; ils constituent des racines adventives nées çà et là sur la tige chez la Cuscute. La racine principale et unique du Gui (*Viscum*) est un vaste suçoir. — On a désigné sous le nom de *Radicelles* les racines secondaires qui naissent sur les racines pivotantes, et l'on a remarqué (**M.** Clos a particulièrement fait connaître cette disposition) que ces radicelles naissent sur des lignes longitudinales et parallèles, et que pour une même espèce, et quelquefois chez un même genre, le nombre de ces lignes (qui est en général de deux à cinq), est à peu près constant. — Nous avons dit que la racine diffère de la tige : 1° par son mode de direction (les racines se dirigent de haut en bas ; les tiges se dirigent généralement de bas en haut, il en est cependant un grand nombre d'horizontales, et quelques unes de verticales de haut en bas : voir l'article Tubercule) ; 2° par son mode d'accroissement (la racine s'accroît par son extrémité seulement). La racine diffère en outre de la tige par l'absence de stomates à la surface de son épiderme, le manque des vaisseaux déroulables désignés sous le nom de trachées (au moins dans le plus grand nombre des cas) ; et souvent par l'absence d'un canal médullaire. Mais la différence la plus importante est l'absence de feuilles dans toute son étendue. Ce caractère permet toujours de distinguer les racines des tiges souterraines ou rhizomes, qui ont souvent l'aspect de racines, mais sont reconnaissables à la présence des feuilles rudimentaires ou écailles disposées symétriquement dans toute leur longueur, et qui laissent des cicatrices plus ou moins visibles quand elles sont détruites. Du reste, de même que la tige est susceptible de produire des racines adventives qui naissent dans diverses circonstances sur différents points de son étendue; de même la racine, dans un grand nombre de cas, est susceptible d'émettre des bourgeons adventifs qui peuvent reproduire la plante; mais ces bourgeons naissent sans ordre sur les divers points des racines, et diffèrent par conséquent en cela des bourgeons axillaires qui naissent régulièrement sur les tiges; de plus, l'extrémité d'une racine ou d'une radicelle ne se termine jamais par un bourgeon. Les feuilles qui paraissent naître sur les racines ne naissent donc pas en réalité sur la racine elle-même, elles naissent sur les axes des bourgeons irrégulièrement épars sur les racines.— Il résulte de la possibilité des *Racines adventives* chez les tiges, et des *Bourgeons adventifs* chez les racines, que l'on peut reproduire un grand nombre de plantes, soit par des boutures faites avec des fragments de la tige, soit par des boutures faites avec un fragment de la racine. — Les racines sont fréquemment revêtues de *Poils* qui paraissent servir à augmenter la surface d'absorption ou d'exhalation. J'ai démontré que les racines sont, comme les tiges, susceptibles de présenter des *Lenticelles*. — La disposition des faisceaux fibreux dans les racines, tant chez les Dicotylédones que chez les Monocotylédones, paraît à peu près la même dans les tiges et dans les racines.

radians, rayonnant; se dit des fleurs de la circonférence chez une ombelle ou une ombellule, lorsque ces fleurs sont plus grandes que celles du centre et que leurs pétales sont inégaux, les plus grands étant situés à l'extérieur. Se dit également des fleurons de la circonférence chez les capitules dits radiés, ces fleurons étant ligulés et dirigés en dehors.

radical, *radicalis*. Qui appartient à la racine; on appelle fibres

radicales les divisions les plus grêles des racines. — A l'époque
où les tiges souterraines ou rhizomes n'étaient pas distinguées
des racines, on a donné chez les plantes herbacées le nom de
Feuilles radicales aux feuilles qui naissent de l'extrémité des
rhizomes ou même de la base de la tige aérienne. Cette expression est commode pour distinguer ces feuilles de celles qui
naissent plus haut sur la tige aérienne, et qu'on appelle
Feuilles caulinaires, aussi est-il probable qu'on ne cessera
pas de l'employer; seulement, au lieu de lui attribuer le sens
ancien de feuilles naissant sur les racines, on doit lui attribuer
le sens de feuilles naissant dans le voisinage des racines. —
Les feuilles radicales sont presque toujours pétiolées ou atténuées en pétiole lors même que les feuilles caulinaires sont
sessiles.

radicant, *radicans*; on nomme *Tiges radicantes* les tiges couchées
ou grimpantes qui émettent des racines adventives.

Radicatio; disposition des racines chez une plante.

radicatus, qui est pourvu d'une racine; s'oppose à *arhizus*.

Radicelles, *Radicellæ*; racines secondaires disposées symétriquement, par lignes longitudinales, sur la racine principale.
(Voir le mot Racine.)

Radicella, Radicelle. — *Radicula*, Radicule. — *Radix*, Racine.
(Voir les mots français.)

radiciflorus; dont les fleurs naissent d'une tige souterraine et
dans le voisinage de la racine.

radiciformis; qui a la forme d'une racine. Se dit de certaines
tiges souterraines qui ont l'aspect d'une racine.

radicinus; qui est de la nature des racines. — *radicosus*, dont
la racine est très grosse, ou dont les racines sont fortes et
nombreuses.

Radicule, *Radicula*; dans le style descriptif, on désigne sous
ce nom, la partie de l'axe qui chez l'embryon est située au-
dessous de l'insertion de la feuille ou des feuilles cotylédonaires (Cotylédons). Cet organe appartient à la tige (ou axe
ascendant) dans sa partie supérieure, son extrémité inférieure
représente seule la jeune racine. La racine primordiale ne se

développe en réalité que pendant la germination. (Voir l'article Racine.)

radié, *radiatus*; dont les parties sont disposées comme les rayons d'une roue autour de l'axe; se dit de certains capitules dont les fleurons du centre sont tubuleux et ceux de la circonférence ligulés (en languette dirigée en dehors); le capitule est radié chez la Pâquerette (*Bellis perennis*), le Soleil, *Helianthus annuus*, etc. — *Radius*, Rayon.

Radii capituli, Rayons du capitule; fleurons ligulés de la circonférence chez les capitules radiés.

Radii medullares, Rayons médullaires (voir le mot Moelle).

Radii umbellæ; Rayons de l'ombelle; pédoncules qui se terminent par les ombellules.

Radius, Rayon (voir ce mot).

Radix, Racine (voir ce mot).

Rafle, *Rachis*, *Axis*; nom (inusité) donné à l'axe de l'épi, de la grappe, etc.

Raie, *Linea* (dans les mots composés dérivés du grec : *grammè*); ligne colorée, étroite. — Une ligne creusée se nomme Strie.

ramassé, *glomeratus*, *conglomeratus*; se dit d'organes rapprochés et comme pelotonnés les uns contre les autres. Cette expression est vague, et n'indique ni la cause ni la nature du rapprochement.

raméal, *ramealis*, *rameus*; qui appartient aux rameaux : *Folia ramea*, feuilles raméales.

Rameau, *Ramus*, *Ramulus*; ce mot s'emploie fréquemment comme synonyme de Branche. On l'emploie quelquefois aussi exclusivement pour signifier seulement les divisions des branches, et on le traduit alors par *Ramulus*.

Ramentum (ce mot signifie littéralement râclure); nom donné aux débris des feuilles non articulées qui persistent sur les tiges ou les rhizomes. Ces débris se composent, soit de la base des pétioles, soit seulement des faisceaux vasculaires des pétioles qui ont l'aspect de filaments brunâtres desséchés. — Nom donné chez les Fougères aux écailles brunâtres dont le pétiole et la nervure moyenne des feuilles sont pourvus.

ramosus; se dit d'une tige ou d'une branche divisée en plusieurs rameaux. On a également donné l'épithète de rameux aux organes cylindriques, autres que les tiges et les branches, qui sont divisés en rameaux; ainsi on dit : Poils rameux, *Pili ramosi*.

Ramille, *Ramulus*; petit rameau (inusité).

Rampant, *repens*, *reptans*; se dit des tiges couchées sur la terre, et émettant des racines au niveau de l'insertion des feuilles. Ces tiges sont également désignées par l'expression de : *couchées-radicantes*.

Ramulaire, *ramularis*; qui appartient au rameau, qui est de la nature du rameau. Les épines qui sont la terminaison de certains rameaux avortés, comme chez le Poirier sauvage, l'Aubépine, le Prunier épineux, sont dites ramulaires.

Rangs : étamines disposées sur deux rangs (en deux cercles concentriques; constituant deux verticilles); feuilles disposées sur deux rangs (selon deux lignes longitudinales opposées; feuilles distiques).

Raphé, *Raphe*; on désigne sous ce nom, chez les graines provenant d'un ovule réfléchi, la ligne saillante qui commence au Hile et aboutit à la *Chalaze*. (Voir les mots Ovule, Graine, Hile, Chalaze.)

Raphides; on a désigné sous ce nom des substances cristallisées que l'on rencontre fréquemment dans les cellules et les lacunes chez un grand nombre de végétaux.

Rapiforme, *rapiformis*; qui présente une forme analogue à celle de la racine du *Brassica Rapa*, var. *depressa*. Cette forme est également dite turbinée, *turbinata*; c'est la forme d'une toupie ou d'un navet déprimé.

Rapproché, *approximatus*; se dit d'objets plus rapprochés que dans les cas les plus fréquents.

Rare, *rarus*; s'oppose à fréquent (*frequens*), à commun (*communis*), ou à abondant (*abundans*, *creber*).

Rayonnant, *radians* (voir ce mot).

Rayon, *Radius*; on a donné le nom de rayons à divers organes disposés comme les rayons d'une roue autour de l'axe.

Rayons du capitule, *Radii capituli*; fleurons de la circonférence chez les capitules radiés.

Rayons médullaires, *Radii medullares*; expansions médullaires
en forme de lames qui partent de la moelle en rayonnant vers
la circonférence, et séparent les faisceaux fibro-vasculaires
dans les tiges des Dicotylédones. (Voir le mot Moelle.)

Rayons de l'ombelle, *Radii umbellæ*; on désigne sous ce nom les
pédoncules secondaires qui constituent la charpente de l'ombelle, se terminent par un certain nombre de pédicelles uniflores partant du même point et dont la réunion constitue
l'*Ombellule*.

Réceptacle (du capitule), *Receptaculum*; Phoranthe (C. Rich.),
Clinanthe (Cass.); extrémité élargie du pédoncule portant les
bractées qui constituent l'involucre et les fleurs qui constituent
la partie essentielle du capitule. Le réceptacle est susceptible
d'être linéaire, cylindrique, conique, hémisphérique, convexe, plan, concave, et même tubuleux. (Voir le mot inflorescence.)

Réceptacle (de la fleur) *Receptaculum*, *Torus*; extrémité du pédicelle qui donne insertion aux divers verticilles qui constituent la fleur.

recens, récent, nouveau; se dit d'une plante ou d'un organe qui
n'est point encore détérioré, qui n'est pas desséché.

reclinatus, renversé, dont l'extrémité est courbée ou inclinée
vers le bas.

reconditus; caché, renfermé, enveloppé.

recourbé, *repandus*, *curvatus*; se dit d'un organe d'abord droit
puis courbé dans sa partie supérieure. Recourbé en dedans ou
à courbure regardant en haut; incurvé, *incurvatus*. Recourbé
en dehors ou à courbure regardant en bas : récurvé, *recurvatus*.

rectangulus; se dit d'organes qui font des angles droits par leur
rencontre.

rectinerviées (Feuilles), *Folia rectinervia*; feuilles dont les nervures sont parallèles et droites depuis leur naissance jusqu'au
voisinage de leur sommet où elles deviennent convergentes :
chez les Graminées, par exemple.

rectisériées (Feuilles), *Folia rectiseriata*, disposées en séries rectilignes.

rectus, droit; s'oppose à courbé *curvus*; sinueux, *sinuosus*. (Voir le mot droit.) — *rectiusculus*, presque droit.

recutitus, = *pellitus*, écorché, écorcé; dont l'épiderme ou l'écorce s'est détachée par lambeaux.

redressé, = ascendant, *ascendens*; se dit d'une tige ou autre organe horizontal à la base puis coudé et dressé perpendiculairement dans le reste de sa longueur. (Voir le mot ascendant.)

reductus, réduit à... : *Folia ad squamas reducta*, feuilles réduites à des écailles (par ex., chez les Orobanches et les *Lathræa*).

rescrens, se rapprochant de..., ressemblant à...

réfléchi, *reflexus*; se dit d'un organe qui retombe le long de son support ou le long de l'axe auquel il est attaché; les sépales sont réfléchis sur le pédicelle chez le *Ranunculus bulbosus*.

réfléchi (Ovule), = anatrope. L'ovule réfléchi est décrit comme étant soudé avec son funicule, sur lequel il retombe comme la lame d'un couteau retombe sur son manche; le point où le funicule devient libre est nommé *Hile apparent*; l'étendue dans laquelle le funicule est soudé avec l'ovule est désigné sous le nom de *Raphé*, et l'on donne le nom de *Chalaze* ou *Hile interne*, au point où se termine le raphé, et qui correspond à l'extrémité de l'ovule ou de la graine, extrémité dite sommet apparent par opposition au sommet organique (exostome ou micropyle) situé à l'extrémité opposée. — J'attribue la forme de l'ovule réfléchi, non pas à une soudure de l'ovule avec le funicule, mais à un excès de développement au niveau du hile; ce hile finissant par occuper toute l'étendue qui sépare le hile apparent de la chalaze, c'est-à-dire constituant le raphé. L'expression *réfléchi* peint donc l'apparence et non la réalité, ce genre d'ovule serait mieux nommé *raphéique (rapheicus)*. — Les ovules réfléchis sont les plus fréquents dans toute la série des végétaux phanérogames. — Un type qui diffère du type réfléchi par une moindre longueur du raphé qui n'occupe que la moitié de la longueur de l'ovule ou de la graine est désigné par l'épithète de *semi-réfléchi* ou *semi-anatrope*. Un autre type qui participe de l'ovule courbé et de l'ovule semi-réfléchi a été désigné sous le nom d'ovule *amphitrope*.

réfracté, *refractus*, qui est réfléchi brusquement dès la base comme en raison d'une cassure. Les pédicelles fructifères de la fausse ombelle de l'*Holosteum umbellatum* sont réfractés.

régulier, *regularis*; se dit d'un verticille dont toutes les pièces sont semblables par la forme et par les dimensions. Une fleur qui se compose de verticilles tous réguliers, est dite régulière; une fleur peut être irrégulière, elle n'est jamais insymétrique; une feuille, au contraire, peut ne pas être symétrique. En d'autres termes, une fleur régulière ou irrégulière peut toujours être divisée en deux moitiés semblables; tandis qu'une feuille, un pétale, un sépale, etc., considérés isolément, peuvent ne pas être susceptibles d'être partagés longitudinalement en deux moitiés semblables.

Rejet, Rejeton, *Surculus*; on donne ce nom aux tiges qui naissent sur la souche des plantes vivaces. Les jeunes rejets sont en général charnus, blanchâtres et à feuilles squamiformes pendant la première période de leur développement, et avant qu'ils se soient élevés au-dessus du sol; pendant cette première période, on les désigne sous le nom de Turion, *Turio*.

remotus, éloigné; se dit d'objets séparés par un intervalle plus grand que dans les cas les plus habituels.— *remotiusculus*, un peu éloigné.

réniforme, *reniformis*; en forme de rein ou rognon; cette forme est celle d'une graine de haricot; la base de l'organe, dit réniforme, correspond à l'échancrure. Le limbe de la feuille de l'*Asarum Europœum* est réniforme.

renversé, *inversus* : *Semen inversum*, graine renversée (dont le sommet regarde en bas).

repandus, dont les bords sont ondulés ou sinués.

repens, = *reptans*, rampant, dont les tiges sont couchées sur le sol et émettent des racines adventives, soit dans toute leur longueur, soit au niveau des bourgeons axillaires.

réplicatives (Feuilles), *Folia replicativa*, feuilles dont le limbe est plié en travers pendant la préfoliaison.

Reproduction, *Propagatio*; la reproduction est dite ovipare lorsqu'elle a lieu par les graines, et gemmipares lorsqu'elle a lieu par des bourgeons au moyen des fragments de tiges, bourgeons plantés, enracinés dans le sol, ou non enracinés (bouture et marcotte), ou insérés sur la tige d'une autre plante (greffe).

Reproducteurs (Organes); on désigne sous ce nom, chez les végétaux phanérogames, les étamines ou le pollen qu'elles renferment, et les carpelles ou les ovules qui y sont contenus.

Reptans, *repens*, rampant (voir ce mot).

Résinosus; qui contient ou qui sécrète de la résine; de nature résineuse.

Respiration, *Respiratio*; phénomène physiologique qui consiste en la décomposition de l'air aborbé par les tissus végétaux; pendant le jour le résultat de la décomposition de l'acide carbonique contenu dans l'air, est la fixation du carbone et l'exhalation de l'oxygène. Les organes de la respiration des plantes sont situés à la surface des feuilles et des autres parties herbacées; on les désigne sous le nom de Stomates.

Resupinatus, couché sur le dos, c'est-à-dire dont la partie, ordinairement supérieure, regarde en bas, et l'inférieure en haut, cette direction peut être le résultat d'une courbure ou d'une torsion.

Restibilis, synonyme de *perennans*; se dit d'une plante à tiges annuelles, mais à souche vivace (inusité).

Réticulé, *reticulatus*; qui présente un réseau. Se dit d'une feuille à nervures anastomosées. — En forme de réseau.

Rétinerves (Feuilles), dont les nervures sont anastomosées en réseau.

Rétinacle, *Retinaculum*, extrémité glanduleuse et visqueuse, qui termine le caudicule chez certaines masses polliniques.

Rétracté, *retractus*, qui subit une rétraction, qui se raccourcit en raison de son élasticité.

Rétroflexus, courbé en arrière. — *retrofractus*, plié de dehors en dedans. Ces expressions sont presque synonymes de *reflexus* et *refractus*.

Retrorsa (*Folia*), feuilles réfléchies et imbriquées de haut en bas.

Retusus, tronqué; dont l'extrémité est comme coupée brusquement.

Révolutives (Feuilles); feuilles dont les bords sont enroulés en dessous pendant la préfoliaison.

revolutus, roulé en dehors ou en dessous.

rhizocarpiens (Végétaux), plantes à souche vivace émettant chaque année des tiges herbacées annuelles.

Rhizome, *Rhizoma*; on désigne sous le nom de rhizome les tiges souterraines qui rampent horizontalement ou obliquement au-dessous de la surface du sol et se terminent en une tige aérienne, ou émettent de l'aisselle de leurs feuilles (souvent réduites à des écailles) des rameaux aériens florifères (Pédoncules radicaux), ou des rameaux feuillés et florifères (Tiges florifères). Les rhizomes, courts, et émettant un grand nombre de tiges rapprochées sont désignés généralement sous le nom de Souche cespiteuse tronquée, pour les distinguer des souches cespiteuses à racine pivotante. Les souches qui émettent de longs rameaux souterrains sont désignées sous le nom de Souches à rhizomes rampants. Les Tubercules sont des rhizomes courts, renflés et charnus, ou seulement des extrémités renflées et charnues de rhizomes grêles dans le reste de leur étendue. Les tubercules constitués par une série d'entre-nœuds renflés isolément (par ex., ceux des Glayeuls, des Crocus, de l'*Arrenatherum bulbosum*, etc.), ont été désignés sous le nom de bulbes solides; j'ai donné le nom de *Caulo-bulbe* ou *caulosarque* (*Caulosarcum*) aux renflements tuberculiformes qui occupent la base de certaines tiges feuillées et florifères, et j'ai donné le nom de *Turiosarque* (*Turiosarcum*) (tubercules proprement dits) aux renflements tuberculiformes qui occupent l'extrémité d'une tige souterraine, et précèdent le développement des feuilles. (Voir le mot Tubercule.)—On a donné le nom de *Rhizomes définis* à ceux dont le bourgeon terminal devient chaque année une tige florifère, et dont les rameaux se terminent à leur tour de la même manière; et l'on a désigné sous le nom de *Rhizomes indéfinis* ceux qui semblent s'allonger indéfiniment dans le sol, et dont toutes les tiges aériennes sont regardées comme axillaires. Il est souvent fort difficile de déterminer avec certitude le mode de végétation des rhizomes à ce point de vue; le plus grand nombre des rhizomes que j'ai étudiés à ce sujet, soit chez les Monocotylédones, soit chez les Dicotylédones, m'ont paru appartenir au type défini. — Quel que soit du reste son mode de végétation, un rhizome se détruit chaque année par sa base dans une certaine étendue, à mesure qu'il s'allonge par sa partie antérieure. — Les Bulbes sont des rhizomes dont l'axe est généralement très court, et qui sont constitués par une sorte de bourgeon souterrain dont les feuilles ou écailles sont charnues, et émettent à leur aisselle des bourgeons semblables au bulbe mère. Certains rhizomes, allongés et rameux, se terminent à chacune de leurs ramifications par un bourgeon à feuilles charnues qui est un véritable bulbe. J'ai donné aux bulbes proprement dits le nom de *Gemmosarque* (*Gemmosarcum*). (Voir le mot Bulbe.)

rhizomorphus, qui a l'aspect d'une racine ou d'une tige souterraine.

rhizos, dans les mots composés dérivés du grec, signifie : racine ou tige souterraine ayant l'aspect d'une racine.

rhodos, dans les mots composés dérivés du grec, signifie : de couleur rose, en latin *roseus*.

rhomboïdal, *rhomboidalis*, *rhombeus*; dont la circonscription est un quadrilatère irrégulier.

Rictus, Bâillement; Écartement d'une ouverture, par ex., du tube d'une corolle.

Ride, *Ruga*; pli superficiel. — ridé, *rugosus*.

rigidus, roide, rigide; qui ne saurait être plié sans se rompre.

rigidiusculus, diminutif de *rigidus*, un peu roide.

ringens (*Corolla*), en forme de bouche ou de gueule ouverte; on donne cette épithète aux corolles labiées, et aux corolles personnées dont l'entrée du tube n'est pas fermée par un palais saillant.

Rima, Fente irrégulière, Crevasse. — *rimosus*, présentant des crevasses.

riparius, qui habite les rivages, le bord des eaux (*ripa*, rivage).

rivularis, qui habite les ruisseaux ou le bord es ruisseaux (*rivus*, ruisseau; *rivulus*, petit ruisseau).

ronciné, *runcinatus*; se dit d'une feuille oblongue et pinnatifide dont les lobes sont aigus et dirigés vers la base; par ex., la feuille du Pissenlit (*Taraxacum Dens-leonis*).

roridus, qui est couvert de gouttelettes liquides semblables à celles de la rosée ; par ex., les feuilles des *Drosera*. Ces gouttelettes sont sécrétées par l'extrémité de chaque poil (*ros*, rosée).

rosaceus, se dit des fleurs à corolle dialypétale périgyne, régulière, à cinq pétales, à onglets courts ; à étamines périgynes en nombre indéfini ; à carpelles plus ou moins nombreux ou solitaires, libres entre eux ou soudés entre eux, adhérents à la paroi interne d'un tube ou non adhérents.

rosé, *roseus*, de couleur rose.

rosette (en), *rosulatus*, se dit de la disposition de feuilles nombreuses et étalées, disposées en cercles rapprochés, et dont l'ensemble termine une tige souterraine ; la rosette est par conséquent étalée à la surface du sol. Par suite des progrès de la végétation, le bourgeon central de la rosette des plantes annuelles ou bisannuelles s'allonge en une tige florifère dont la rosette occupe la base. — Les rosettes qui terminent des ramuscules ou des rameaux d'une tige aérienne (chez le *Berberis vulgaris*, Épine-vinette, par ex.), sont désignées plus particulièrement sous le nom de feuilles fasciculées ou *Fascicules*.

Rosette, *Rosula.*—*rosulans*, tendant à constituer une rosette.

Rostellum, Pointe crochue ou poil crochu ; on a désigné sous ce nom le prolongement en bec crochu de la colonne stigmatifère et staminifère chez certaines Orchidées. Linné désignait la radicule sous le nom de *Rostellum.* —*rostellatus*, muni d'un bec crochu.

Rostrum, Rostre, prolongement en forme de bec. — *rostratus*, présentant un appendice en forme de bec.

rotaceus, *rotatus*, rotacé, en forme de roue ; se dit de certaines corolles gamopétales à limbe presque plan (par ex., la corolle des *Galium*) ; (*rota*, roue).

rotundatus, qui tend à la forme globuleuse. — *rotundus*, rond, arrondi.

rouge, *ruber* ; dans les mots dérivés du grec *Erythros*. Les diverses nuances de la couleur rouge se désignent par les mots : *purpureus*, *sanguineus*, *puniceus*, *miniatus*, *cinnabrinus*, *chermesinus*, *coccineus*, *phœniceus*, *rubescens*, *rubellus*, *incarnatus*, *roseus*. (Voir le mot Couleur.)

roulées (Feuilles) ; les feuilles roulées en cornet pendant la préfoliaison sont dites *convolutæ* ; celles dont les bords sont roulés en dessus, *involutæ* ; celles dont les bords sont roulés en dessous, *revolutæ*.

roux, *rufus* ; les mots *brunneus*, *pullus*, *fuscus*, *ferrugineus*, *spadiceus*, *badius*, expriment différentes nuances qui se rapprochent plus ou moins du roux. (Voir le mot Couleur.)

rubané, *vittatus*, *fasciatus*, en forme de ruban. L'expression *vittatus* sert à désigner les fruits pourvus de canaux résinifères (*Vitta*) chez les Ombellifères ; l'expression *fasciatus* s'applique à une anomalie des axes qui prennent la forme aplatie. Le mot rubané est donné en français aux feuilles en forme de ruban ; certaines feuilles réduites au pétiole (Phyllodes) sont de forme rubanée, telles sont les feuilles nageantes chez le *Sagittaria sagittæfolia*, les feuilles nageantes du *Scirpus lacustris*, et celles de beaucoup de Graminées.

rubens, qui tend à la couleur rouge. —*ruber*, rouge. — *rubescens*, devenant rouge. — *rubellus*, d'un rose vif.

rubiginosus, couleur de rouille, d'un jaune rougeâtre.

rude, *asper* ; des poils courts et roides, des rugosités, des plis, peuvent déterminer la rudesse d'une surface.

rudéral, *ruderalis* ; se dit d'une plante qui croît sur les décombres, dans les villages, dans le voisinage des habitations (*ruderatum*, lieu où on laisse séjourner des décombres).

rudimentaire, *rudimentaris* ; se dit d'un organe qui commence à poindre, et dont les parties constituantes sont encore à peine distinctes. — Se dit aussi d'un organe dont il n'existe que des traces en raison d'un arrêt de développement très précoce.

rufescens, tendant à la couleur rousse ; — *rufus*, roux.

ruga, Ride ; — *rugosus*, ridé, rugueux ; — *rugulosus*, à peine rugueux.

ruminatus, rongé, qui semble avoir été labouré avec les dents ; se dit d'une surface creusée de sillons irréguliers.

runcinatus, ronciné (voir ce mot).

rupestris, *rupicola* ; qui habite les rochers (*rupes*, rochers).

ruptilis, = *rumpens* ; se dit d'un fruit qui se rompt transversalement à la maturité.

S

sabulosus, qui habite les grèves ou les terrains sablonneux (*sa-bulo*, sable, gravier).

saccatus, en forme de sac; se dit de certains éperons. — *Sacculus*, petit sac. — *Saccus*, Sac.

Sac embryonnaire, *Sacculus embryonalis*, = Sac de l'amnios, = Quintine. Membrane en forme de sac sans ouverture, qui remplit la cavité du nucelle, et dépasse ordinairement l'entrée de la cavité du nucelle. C'est dans le sac embryonnaire que se développe la vésicule embryonnaire dans laquelle se forme l'embryon. Un tissu qui se développe ordinairement dans la cavité du sac embryonnaire (et enveloppe ou refoule la vésicule embryonnaire et par conséquent l'embryon) constitue à la maturité de la graine un périsperme que l'on désigne sous le nom de périsperme interne, et pour lequel on a proposé de réserver le nom d'endosperme, le véritable périsperme ou périsperme externe étant le résultat de l'accroissement du nucelle ou tercine.

saccharatus, sucré; dont la saveur est celle du sucre.

safrané, *croceus*, *crocatus*; couleur des stigmates du Safran; d'un rouge orangé.

sagitté, *sagittatus*, en forme de fer de flèche, c'est-à-dire en lame lancéolée aiguë, terminée à sa base par deux prolongements aigus. Le limbe de certaines feuilles, certaines anthères, etc., sont de forme sagittée.

saillant, *eminens*, qui s'élève au-dessus d'une surface; — qui fait saillie hors d'un tube, *exsertus*.

sale (d'un blanc), d'une couleur blanche altérée par une teinte brune, *albescens, sordidus*.

salé, *salsus*, qui a la saveur du sel marin (*sal*, sel). — *salinus*, salin, de la nature du sel.

Salicetum, lieu planté de saules, saulaie.

Samare, *Samara* (Gærtn.), nom qui a été appliqué à certains fruits secs membraneux indéhiscents, à loges monospermes, prolongées en ailes membraneuses; par ex., le fruit de l'Orme, *Ulmus campestris*.

sapide, *sapidus* ; qui présente une saveur bonne ou mauvaise ; s'oppose à insipide, *insipidus*, sans saveur. En général, les substances solubles dans l'eau sont sapides.

Sarcobase, *Sarcobasis* ; on a donné ce nom à certains gynophores charnus.

Sarcocarpe, *Sarcocarpium* ; partie charnue ou succulente de certains péricarpes. C'est en général le *Mésocarpe* qui devient charnu ; le mésocarpe appartient à la feuille carpellaire chez les fruits résultant d'un ovaire libre : il appartient au tube et à la feuille carpellaire chez les fruits qui résultent d'un ovaire adhérent.

Sarcoderme, *Sarcodermis* ; on a donné ce nom au *Testa* (tunique externe de la graine) qui est charnu ou succulent ; dans d'autres cas le sarcoderme est un arille charnu.

Sarcome, *Sarcoma* (Link), nom (inusité) donné à certains disques glanduleux.

sarmenteux, *sarmentosus* ; on a donné l'épithète de sarmenteuses aux tiges ligneuses qui atteignent une grande longueur relativement à leur diamètre, et constituent des lianes qui trouvent un appui sur les arbres voisins. Ces tiges se soutiennent soit en s'enroulant elles-mêmes autour des autres tiges (par ex., celles du Chèvrefeuille, *Lonicera Periclymenum*), soit au moyen de crampons de diverses natures (par ex., celles de la Vigne, *Vitis vinifera*, et de la Clématite commune, *Clematis Vitalba*, etc.) — *Sarmentum,* tige sarmenteuse.

sativus, cultivé dans les jardins ou dans les champs ; s'oppose à *spontaneus*.

Saveur, *Sapor*, impression faite sur l'organe du goût sapide ; — qui présente une saveur, *sapidus*, dépourvu de saveur, *insipidus*.

saxatilis, *saxosus*, *saxicola* ; qui habite les lieux pierreux ; (*saxum*, pierre).

scabre, *scaber* ; se dit d'un organe rude en raison de poils courts et roides dont il est recouvert. — *scabridus*, légèrement scabre ; — *scabriusculus*, à peine scabre. — *Scabritas*, Rudesse, Scabréité.

scandens, grimpant; se dit d'une tige herbacée ou ligneuse, volubile, sarmenteuse, ou munie de crampons.

Scaphium, = *Carina*, Carène, et par extension, Nacelle.

Scape, *Scapus*, = Hampe; nom donné aux pédoncules radicaux.

scarieux, *scariosus*; qui a la consistance d'une écaille sèche. Se dit des bractées de certains involucres, etc.

Scie (denté en scie), *serratus*; dentelures fines et aiguës : *Serraturæ*.

scissipare (Reproduction), ou reproduction gongylaire. (Voir le mot Gongyle).

schistaceus, schistosus, qui croît dans les terrains schisteux.

scobiculatus, scobiformis, en forme de limaille; se dit de certaines graines anguleuses et très fines.

scorpioïde (Cyme), en forme de queue de scorpion; telle est la forme de l'inflorescence chez les *Myosotis*, l'*Heliotropium Europæum*, etc. (Voir le mot Inflorescence.)

scrobiculatus, dont la surface est creusée de petites fossettes.

Scrobiculus, Fossette.

scrotiformis, en forme de sac.

scutati (*Pili*), poils en forme d'écusson.

scutatus, scutiformis, en forme d'écusson ou de plaque posée à plat, scutiforme; — *Scutum*, Écusson. — *Scutellum*, petit écusson.

Scutelle, *Scutella*; sorte d'*Apothecium* (voir ce mot).

Scyphus, = *Cyathus*, coupe ou verre à boire en forme de cône renversé; on a donné ce nom à des réceptacles qui présentent cette forme chez certains genres de plantes cryptogames; — *Scyphulus*, diminutif de *scyphus*; — *scyphifer*, qui porte des réceptacles en forme de *scyphus* : — *scyphiformis*, en forme de *scyphus*.

secedens, = *solutus, solubilis*; qui se détache, qui se rompt, qui s'écarte.

sec, *siccus*; se dit d'une plante ou d'un organe desséché.

Sécondine, *Tegmen*, nom donné à la tunique de l'ovule, située immédiatement sous le testa ou primine. (Voir le mot Ovule).

Sécrétion, *Secretio*, fonction physiologique en vertu de laquelle certains liquides sont sécrétés. On désigne sous le nom de Sécrétions les liquides sécrétés ; on leur donne le nom d'Excrétions lorsqu'ils se concrètent en une substance solide.

sécrétoires (Glandes), glandes qui sécrètent à l'extérieur les liquides qu'elles ont élaborés.

Section, *Sectio* ; division ou sous-division dans une classification.

secundus ; se dit d'organes insérés dans tous les sens, mais déjetés d'un seul côté.

secundarius, de second ordre ; s'oppose à *primarius*, de premier ordre ; — *secundus*, second, deuxième.

segetalis, qui croît dans les moissons (*seges*, moisson, terrain cultivé en céréales).

Segment, *Segmentum ;* se dit d'un article ou partie comprise entre deux articulations ; se dit aussi des divisions d'une feuille pinnatiséquée.

segregatus, disposé en plusieurs groupes éloignés les uns des autres.

sejunctus, disjunctus ; se dit d'objets de même nature séparés entre eux après avoir été réunis.

semblable, *similis*, qui ne diffère par aucun caractère.

Semen, Graine ; dans les mots composés dérivés du grec, *spermum*.

Semence, *Semen* ; on comprenait autrefois sous le nom de semence, non seulement les graines, mais les fruits secs et monospermes (akènes et caryopses) que l'on considérait, par erreur, comme des graines nues, c'est-à-dire dépourvues de péricarpe. Le mot semence est maintenant inusité dans le style botanique.

semi, demi ; dans les mots composés dérivés du grec, *hemi*.

semi-adhérent, *semi-adhærens*, =semi-infère ; se dit d'un ovaire soudé, mais dans sa partie inférieure seulement, à un tube périgyne. Ce tube périgyne est regardé comme constituant le tube du calice ; j'ai démontré qu'il est une dépendance du système axile. (Voir le mot Calice et le mot Ovaire.)

semi-amplexa (*Folia*), feuilles semi-embrassantes ; — *semi-amplectens*, demi-embrassant ; — *semi-amplexicaulis*, semi-amplexicaule.

semi-anatrope (Ovule), semi-réfléchi ; se dit d'un ovule parcouru par un raphé dans la moitié seulement de sa longueur. (Voir le mot réfléchi.)

semi-annulaire, qui constitue un demi-anneau ; l'embryon peut être semi-annulaire.

semi-double, *semi-plenus* (Fleur) ; se dit d'une fleur double dont toutes les étamines et tous les carpelles ne sont point transformés en pétales, et qui, par conséquent, est susceptible de produire des graines.

Semi-flosculus, Demi-fleuron. (Voir le mot Fleuron, *Flosculus*.)

semi-globosus, hémisphérique, demi-globuleux.

semi-infère , *semi-inferus ;* se dit d'un ovaire adhérent dans sa moitié inférieure seulement, par exemple celui du *Samolus Valerandi*.

semilocularis ; se dit d'un fruit pluriloculaire dont les cloisons sont incomplètes, et dont les loges communiquent entre elles.

semilunaire, *semilunaris*, en forme de demi-lune ou de croissant.

Seminatio, Semaison , dissémination des graines.

semi-réfléchi (Ovule), = semi-anatrope. (Voir ce mot, et les mots Ovule et réfléchi.)

semi-supère, *semi-superus* (Calice) ; expression (inusitée) appliquée au calice chez les fleurs à ovaire semi-adhérent. (Voir ce mot).

séminales (Feuilles), = Feuilles cotylédonaires, = Cotylédons.

semi-vasculaire ; se dit d'un tissu qui présente des faisceaux vasculaires entourés de tissu cellulaire.

semi-pellucidus, demi-transparent ; — *semi-pinnatus*, se dit d'une feuille à limbe pinné ou penné dans la moitié de son étendue ; — *semi-plenus*, se dit d'une fleur semi-double ; — *semi-radiatus*, qui ne présente de rayons que d'un seul côté ; — *semi-sagittatus*, semi-sagitté, dont le limbe a la forme de la moitié longitudinale d'un fer de flèche ; — *semi-septatus*, qui présente des demi-cloisons ; — *semi-superus*, se dit d'un ovaire semi-adhérent ; — *semi-teres*, demi-arrondi ; — *semi-valvatus*, dont la valve ne se détache qu'au sommet ; — *semi-verticillatus*, semi-verticillé, qui est disposé en demi-verticilles, c'est-

à-dire en verticilles n'entourant que la moitié de la circonférence de la tige.

sempervirens, toujours vert ; se dit de feuilles qui persistent pendant l'hiver, ou de plantes pourvues de feuilles persistantes.

senarius, *senus*, *seni* ; se dit d'organes rapprochés au nombre
de six.

Sensibilité : les plantes éprouvent des impressions, mais elles
n'ont point conscience de ces impressions, et sont douées par
conséquent d'irritabilité et non de sensibilité. (Voir le mot
Irritabilité).

Sépale, *Sepalum* ; on désigne sous ce nom les feuilles modifiées
dont la réunion en verticille constitue le calice ou enveloppe
florale externe. (Voir le mot Calice.)

sepicola, qui habite les haies (*sepes*, haie).

septatus, partagé par des cloisons.

septem, nombre sept, dans les mots dérivés du grec, *hepta*. —

septenus, *septenatus* : se dit d'organes rapprochés au nombre de
sept.

Septum, Cloison (voir ce mot) ; — *Septulum*, nom inusité donné
à la lame qui divise l'anthère des Orchidées en deux loges.

Série, *Series* ; suite d'organes disposés sur une même ligne ; si la
ligne est droite, la série est dite *rectiligne* ; si la ligne est courbe,
la série est dite *curviligne* ; — *serialis*, dans les mots composés, signifie disposé en série ; *biserialis*, bisérié, en deux
séries ; — *seriatim* (adv.) , en série ; — *seriatus*, qui est disposé en série, sérié.

sericeus, soyeux, couvert de poils fins et apprimés.

serotinus, qui appartient à la fin de la saison, qui fleurit tardivement.

serpentinus, qui présente des flexuosités et des courbures ; se dit
d'un corps cylindrique et allongé (*serpens*, serpent).

Serrœ, *Serraturœ* ; Dentelures fines et aiguës ; — *serratus*, denté
à dents aiguës ; — *serrulatus*, très finement denté.

Sertum, Bouquet ; se dit de fleurs disposées en faisceau à l'extrémité d'un rameau.

Sertule, *Sertulum* ; on a désigné sous le nom de Sertule (diminutif
de *Sertum*) les ombelles simples, c'est-à-dire dont les rayons

portent une seule fleur, et non une ombellule : telle est l'inflorescence chez le *Butomus umbellatus*.

sesqui, une fois et demie.

sessile, *sessilis ;* se dit d'une feuille dépourvue de pétiole, et dont le limbe est par conséquent inséré directement sur la tige ; se dit d'une fleur dont le pédicelle est très court ou nul ; d'une aigrette qui n'est pas pédicellée, etc.

Seta ; on a désigné sous ce nom le pédicelle de la capsule ou urne des Mousses.

sétacé, *setaceus* ; qui a la forme d'une soie ou poil roide ; — *Seta*, Soie.

setifer, qui porte un prolongement en forme de soie.

setosus, couvert de poils en forme de soies ; — *setoso-hispidus*, couvert de soies dressées roides et piquantes ; — *Setula*, petite soie. — *setulosus*, couvert de petites soies.

Séve ; on nomme séve ascendante, *Lympha*, les liquides absorbés et encore peu élaborés, et séve descendante, *Cambium*, les liquides élaborés et propres à l'assimilation.

sex, nombre six ; dans les mots dérivés du grec, *hexa*.

sexuel, *sexualis ;* on désigne sous le nom d'organes sexuels les étamines (sexe mâle), et les carpelles ou l'ovaire (sexe femelle).

sigmoideus, en forme de la lettre grecque nommée *sigma* (ς), en croissant.

Signes ; figures de convention destinées à servir d'abréviations. (Voir le mot Abréviation.)

Silicule, *Silicula* ; silique presque aussi large que longue ; ce fruit appartient à certains genres de la famille des Crucifères. — Certaines silicules monospermes constituent de véritables akènes indéhiscents, et se détachent de l'axe à la maturité.

Silique, *Siliqua ;* on désigne sous ce nom le fruit des plantes de la famille des Crucifères. Quand la silique est courte, on la nomme *Silicule.* — La silique est un fruit libre, sec, capsulaire, à deux carpelles soudés, déhiscents, à déhiscence septifrage ou latérale. Les graines sont insérées dans chaque loge sur deux lignes placentaires situées, non à l'extrémité, mais à la naissance de la cloison qui est celluleuse et très mince. Lorsqu'en vertu de la déhiscence septifrage ou latérale, la partie dorsale (valve) de chaque carpelle s'est détachée, les graines restent attachées aux placentas qui constituent, avec la commissure des carpelles à laquelle ils sont adhérents, une sorte de châssis qui persiste sur l'axe. (Voir les mots Fruit et Déhiscence.)

siliquosus, *siliquæformis*, en forme de silique.

Sillon, *Sulcus* ; — sillonné, *sulcatus*.

similaire, *similaris*, = *conformis*, conforme, semblable, de même nature.

simple, *simplex*, qui n'est point rameux, qui n'est point divisé. — Une *Fleur* est dite simple, quand elle ne présente pas anormalement plusieurs rangées ou verticilles de pétales (s'oppose à double, *plenus*) ; — un *Fruit* est dit simple, quand il est le résultat de l'ovaire d'une seule fleur et non de l'agrégation des ovaires de plusieurs fleurs (s'oppose à multiple, *multiplex*) ; — une *Tige*, un *Pédoncule*, un *Poil*, sont dits simples, quand ils ne présentent point de ramifications (s'oppose à rameux, *ramosus*).— Une *Feuille* est dite simple, qu'elle soit entière ou divisée, lorsqu'elle ne se compose pas de folioles articulées (s'oppose à composé, *compositus*).

sinistrorsus, dirigé vers la gauche : *sinistrorsum volubilis*, se dit d'une tige qui s'enroule de bas en haut, et de droite à gauche ; — *dextrorsus*, dirigé à droite : *dextrorsum volubilis*, se dit d'une tige qui s'enroule de bas en haut et de gauche à droite.

sinué, *sinuatus ;* dont les bords décrivent des flexuosités ; — sinueux, *sinuosus*, qui décrit des flexuosités.

sinus, angle rentrant.

Situation, *Situs ;* la situation d'un organe est dite absolue et constitue l'*Insertion* quand on la considère au point de vue de l'axe sur lequel l'organe est inséré ; elle est dite relative lorsqu'on la considère relativement aux autres organes insérés dans le voisinage : telles sont les situations inférieure, supérieure, externe, interne, alterne ou opposée relativement à ces organes ; — enfin la situation d'un organe peut être considérée au point de vue du milieu dans lequel il se développe. C'est ainsi que la tige est susceptible d'être hypogée (souterraine), épigée (aérienne), ou submergée.

sociales (Plantes) ; on nomme plantes sociales les groupes d'espèces qui, se développant dans les mêmes conditions, habitent généralement les mêmes stations, de telle sorte que la présence de l'une peut annoncer la présence de l'autre.

solide, *solidus*, plein, qui n'est pas creusé d'une cavité; se dit d'une tige qui n'est pas fistuleuse, *fistulosus*. — On a désigné sous le nom de *Bulbes solides*, des *rhizomes* bulbiformes, courts et charnus, qui ne présentent pas d'écailles charnues.

Soie, *Seta*; Poil roide.

solitaire, *solitarius*; se dit d'un organe qui n'est point accompagné d'organes de la même nature; le fruit des Légumineuses se compose d'un carpelle solitaire.

Sommeil, *Somnus*; état physiologique sous l'influence duquel certains organes prennent le soir, conservent pendant la nuit, et ne quittent le lendemain qu'après le lever du soleil, des dispositions particulières. C'est ainsi que chez un grand nombre de fleurs qui durent plusieurs jours, la corolle se ferme pour se rouvrir le lendemain. Les feuilles simples peuvent être, pendant le sommeil, dressées ou pendantes; chez les feuilles opposées, elles tendent à s'appliquer l'une sur l'autre, et sont dressées ou rabattues; dans ces deux cas, elles s'appliquent ordinairement l'une contre l'autre par leur face supérieure, les folioles subissant une torsion sur leur pétiolule; elles peuvent être embriquantes (*imbricantia*) lorsqu'elles se couchent sur le pétiole, de manière à le cacher en se dirigeant de bas en haut, ou être rebroussées (*retrorsa*) lorsqu'elles s'imbriquent, mais en se rabattant de haut en bas vers la base du pétiole. Chez les feuilles composées trifoliolées ou palmées, les folioles peuvent être disposées en berceau (*involventia*) lorsqu'elles s'écartent dans leur partie moyenne et se rejoignent par le sommet, ou être pendantes (*dependentia*) autour de l'extrémité du rachis.

Sommet, *Apex*; extrémité terminale; s'oppose à Base, *Basis*, point de l'insertion. On distingue chez les ovules le sommet organique qui correspond au micropyle, du sommet apparent qui est le point opposé au hile, et qui varie selon le degré de courbure de l'ovule. Chez les ovules droits seulement le sommet apparent est le même que le sommet organique.

ɔ*sordidus*, d'une couleur sale, d'une teinte fausse, d'un blanc grisâtre.

ɔ Sore, *Sorus ;* on donne ce nom, chez les Fougères, aux groupes de sporanges insérés à la partie inférieure des feuilles fructifères ou dans toute l'étendue de leur partie limbaire. Les sores peuvent être orbiculaires, oblongs, linéaires, etc. ; ils sont en général recouverts par un *Indusium*, organe qui est un prolongement de l'épiderme de la feuille.

ɔ *Soredium* (Ach.), nom donné à des amas de Gonidies (Propagules), que l'on rencontre à la surface du *Thallus* de certains Lichens.

ɔ Sorose (Mirb.), = Syncarpe (Rich.); noms donnés aux fruits agrégés composés de petites drupes succulentes à demi soudées entre elles, et appartenant à des fleurs différentes rapprochées en épi ou en chaton ; par exemple chez le Mûrier. (Peu usité.)

ɔ Souche, *Cæspes ;* ce mot désigne d'une manière générale la partie souterraine d'une plante vivace, quel que soit son mode de végétation. La *Souche à racine pivotante* appartient à un grand nombre de plantes vivaces à tiges herbacées (beaucoup d'Ombellifères, le Fenouil et les *Laserpitium*, par ex.). Dans ce mode de végétation, la racine pivotante primitive végète et s'accroît indéfiniment, et les nouvelles tiges qui succèdent chaque année aux tiges détruites des années précédentes prennent naissance sur la partie inférieure persistante (collet des jardiniers) de ces tiges détruites. La *Souche à rhizomes* est une véritable tige souterraine dont la racine primordiale est souvent détruite dès la première année, et qui à mesure qu'elle végète et s'accroît en avant, se détruit à sa partie postérieure. Si les rameaux de cette souche rampent sous le sol avant de se faire jour à l'extérieur et de constituer des tiges épigées (ou aériennes), la souche est dite *à rhizomes rampants* ; si les tiges émises par la souche rampent à la surface du sol, la souche est dite *émettant des stolons* (ou tiges rampantes) ; enfin si le rhizome produit des tiges nombreuses sortant du sol dès leur naissance et constituant par leurs bases et les bases des tiges détruites des

66

années précédentes une masse compacte, la souche est dite *cespiteuse*.

Soudure, = Adhérence, *Adhærentia*; phénomène qui consiste dans l'union intime entre deux organes différents. Les soudures peuvent être normales et rentrer dans le domaine de l'organographie, ou être accidentelles (ou anormales) et appartenir au domaine de la tératologie. — Les soudures sont, en général, contemporaines de la formation des organes; dans les greffes entre deux rameaux, la soudure s'établit entre des organes déjà formés, mais cette soudure se complète par celle des tissus de nouvelle formation appartenant en partie au rameau greffé et en partie au sujet sur lequel le rameau est greffé, et ces tissus d'origines diverses se soudent à mesure qu'ils se développent. — Les soudures entre les organes appendiculaires (feuilles de la tige ou de la fleur) sont surtout fréquentes chez les fleurs où ces organes sont très rapprochés; en effet, les feuilles se trouvent à ce point disposées en cercles ou verticilles et se touchent bord à bord, et ces verticilles concentriques disposés sur un axe très court se touchent par leurs faces. La soudure des feuilles d'un même verticille par leurs bords donne lieu à la *Gamophyllie*, les calices à sépales soudés entre eux sont dits *gamosépales*, les corolles à pétales soudés entre eux sont dites *gamopétales*; les androcées à étamines soudées entre elles pourraient être dits *gamostaminés*, et les gynécées à carpelles soudés entre eux pourraient être dits *gamocarpellés*. La soudure face contre face (la face interne de l'extérieur contre la face externe de l'intérieur) entre des verticilles concentriques donne lieu à un organe composé de forme tubuleuse dont la structure est celle d'un axe creux, et qui établit une sorte de transition entre les organes axiles et les organes appendiculaires. (Voir les mots Adhérence, Calice, Corolle, etc.)

sous-, *sub-*, dans un mot composé, indique un degré immédiatement inférieur à celui qui est désigné par le mot radical, ex.: sous-classe, sous-genre, sous-variété. — Sous-arbrisseau (*Suffrutex*) (voir le mot Arbrisseau).

oz souterrain, *subterraneus, hypogœus*; qui se développe au-dessous de la surface du sol.

oz soyeux, *sericeus*; couvert de poils fins et apprimés; ayant l'aspect de la soie.

ʁ Spadice, *Spadix*; on donne ce nom, chez certaines Monocoty-lédones, à une inflorescence qui consiste en un pédoncule radical terminé par un épi à fleurs sessiles muni à sa base d'une spathe (bractée membraneuse enveloppante); telle est l'inflorescence chez les genres *Arum* et *Calla*.

ʁ *spadiceus*, se dit d'un objet de couleur brune et luisante.

ʁ *sparsus*, épars, se dit d'objets qui semblent disposés sans ordre : de certaines feuilles où la disposition en spirale est difficile à saisir au premier coup d'œil; se dit aussi d'organes disposés au hasard, telles sont certaines productions épidermiques (poils, aiguillons, etc.) (Voir le mot épars.)

ʁ spathe, *Spatha*; on désigne sous ce nom, chez certaines plantes monocotylédonées, un involucre composé d'une ou plusieurs bractées membraneuses très amples, et qui enveloppe l'inflorescence avant l'épanouissement des fleurs ; les inflorescences des Palmiers, des *Arum*, des *Allium*, etc., sont munies d'une spathe.

ʁ *spathaceus*, qui a l'aspect et la consistance membraneuse d'une spathe.

ʁ spathelles, *Spathellæ* (Mirb.), synonyme de Glumelles. — Spathellules, *Spathellulæ*, synonyme de Glumellules (voir les mots Glume, Glumelle et Glumellule).

ʁ spatulé, *spatulatus*, en forme de spatule; se dit d'un organe (d'une feuille par ex.) de forme linéaire et s'élargissant à l'extrémité en un limbe obovale, oblong ou elliptique (la spatule est un ustensile en forme de manche de cuiller).

ʁ *species*, Espèce. — Ouvrage dans lequel les espèces sont classées et décrites.

ʁ spécifique, *specificus*; on nomme caractères spécifiques les différences qui distinguent entre elles les espèces d'un même genre.

ʁ specimen, *Specimen*; échantillon composé d'une plante entière ou d'un fragment de plante, destiné à représenter une espèce dans une collection et à servir à son étude. Une plante sèche n'est complétement représentée dans un herbier qu'autant que les spécimens ou échantillons offrent tous les caractères de l'espèce à toutes les périodes de la végétation , c'est-à-dire pendant la floraison et la fructification , et même à diverses autres époques antérieures à la floraison ou postérieures à la fructification.

speciosus, beau ; d'une forme élégante et d'une couleur éclatante.

Spermaties. M. Tulasne donne ce nom aux corpuscules renfermés dans les organes qu'il désigne sous le nom de Spermogonies (voir ce mot), chez les Lichens et certains Champignons.

Spermatozoïde, *Spermatozoideus ;* on donne ce nom à des animalcules végétaux renfermés dans les organes désignés sous le nom d'anthéridies, et qui existent chez les plantes de plusieurs familles cryptogames, les Mousses et les Hépatiques par ex., et même les Fougères (pendant la première période de leur germination). Dans le réceptacle nommé anthéridie, chaque spermatozoïde est renfermé dans une cellule membraneuse de laquelle il sort pour s'agiter librement par des mouvements spontanés. Les spermatozoïdes sont pourvus de cils d'une extrême ténuité, situés ordinairement vers l'une de leurs extrémités. — Les anthéridies ont été considérées comme les analogues chez les cryptogames des anthères chez les phanérogames, et les spermatozoïdes ont été regardés comme remplissant un rôle analogue à celui du pollen ou de la fovilla ; les observations peu nombreuses qui semblent confirmer cette hypothèse demandent à être renouvelées par de bons observateurs. — Il existe chez un grand nombre de plantes de la famille des Algues des spores doués de mouvements avant leur germination et pourvues de cils comme les spermatozoïdes ; ces spores (*Sporozoïdes, Zoospores*), animées de mouvements spontanés, ont beaucoup d'analogie avec les spermatozoïdes et peuvent inspirer des doutes fondés relativement au rôle d'organes mâles attribué, surtout par induction, aux spermatozoïdes.

Spermoderme, *Spermodermis,* = Episperme (voir ce mot).

Spermophorus (Link), *Trophospermium,* Placenta (voir ce mot).

Spermogonies (Tulasne) ; conceptacles ponctiformes observés chez les Lichens et chez certains genres de Champignons. Ces réceptacles se développent à la surface de l'hymenium basidiophore; ils ont été regardés comme constituant des anthéridies analogues à celles des Mousses ou des Hépatiques; mais les corpuscules qu'ils renferment, et qui seraient les analogues des spermatozoïdes des Mousses, au lieu de se développer chacun dans une cellule spéciale et de ne sortir de cette cellule qu'après la déhiscence de l'anthéridie, sont fixés (d'après les observations de M. Tulasne) aux parois internes de la cavité du réceptacle (comparé à une anthéridie), soit directement, soit par l'intermédiaire d'un filament. Ces corpuscules sont solitaires ou géminés, simples ou résultant du fractionnement d'une série d'articles. En aucun cas ils ne sont situés isolément dans une cellule spéciale analogue à celles qui renferment les véritables spermatozoïdes; ces corpuscules renfermés dans les *Spermogonies* ont été désignés sous le nom de *Spermaties*.

2 sphérique, *sphæricus*; qui a la forme d'une sphère.

2 sphéroïdal, *sphæroideus*; qui se rapproche de la forme sphérique, qui est irrégulièrement globuleux.

2 *Spica*, Épi; — *spicatus*, disposé en épi.

2 spiciforme, *spiciformis*; en forme d'épi.

2 *Spicula*, Épillet; — *spiculatus*, disposé en épillet.

2 *Spina*, Épine (voir ce mot).

2 spinescent, *spinescens*; en forme d'épine, terminé en épine; se dit d'un organe transformé en épine. — épineux, *spinosus*, signifie: qui présente des épines.

2 *spinosus*, épineux, chargé d'épines; — *spinulosus*, présentant quelques petites épines.

2 spiral, *spiralis*, disposé en spirale ou en forme d'hélix.

2 spiraux (Vaisseaux), vaisseaux présentant à l'intérieur un ou plusieurs fils enroulés en spirale. Les vaisseaux dont la spirale est susceptible d'être déroulée par la cassure du vaisseau et sa traction sont nommés *Trachées;* ceux dont la spirale n'est pas continue et qui ne sont pas susceptibles d'être déroulés sont dits *Fausses trachées*. Ces vaisseaux ont été comparés aux organes respiratoires désignés chez les insectes sous le nom de

trachées, et l'on a conclu de l'analogie de la forme à l'analogie des fonctions. (Voir le mot Vaisseaux.)

Spire, organe roulé en spirale; série d'organes disposés selon une ligne spirale.

spirolobeæ (*Cruciferæ*), plantes de la famille des Crucifères dont l'embryon est à radicule dorsale (incombante) et dont les cotylédons sont allongés et roulés en spirale.

-*spirus*, dans un mot composé, signifie : en spirale.

spithameus, de la longueur de 7 pouces (inusité).

Spongiole, *Spongiola;* on désigne sous ce nom l'extrémité cellulaire de chacune des divisions de la racine, des fibres radicales ou radicelles; c'est principalement par les spongioles que se fait l'absorption des liquides puisés par la plante dans le sol.

splendens, lucidus, nitidus, luisant; d'une couleur brillante.

spongieux, *spongiosus;* qui a la consistance molle, élastique et résistante d'une éponge.

spontané, *spontaneus;* qui s'est développé spontanément, qui n'est pas cultivé. S'oppose à cultivé, *cultus.*

Sporange, *Sporangium;* conceptacle qui, chez un grand nombre de plantes cryptogames, renferment directement les *Spores.* La structure, la forme et la disposition des sporanges varie dans les différents groupes de la cryptogamie; les sporanges sont en général membraneux; ils peuvent être crustacés ou cartilagineux.

Spore, *Spora, Sporidium;* on désigne sous le nom de spores les corps reproducteurs qui, chez les plantes cryptogames, sont l'analogue des graines ou des embryons chez les plantes phanérogames; les spores diffèrent des embryons en ce qu'elles ne sont point (en apparence du moins) le résultat d'une fécondation, en ce qu'elles sont homogènes et ne sont point composées de parties distinctes analogues à des cotylédons, une tigelle et une radicule. De curieuses études sur la germination des spores dans les diverses familles cryptogames ont démontré que, chez les Fougères et chez les Prêles, les organes désignés sous le nom de spores sont de véritables inflorescences rudimentaires qui se développent en végétant sur le sol, après s'être détachées de la plante-mère. L'étude de ces corps repro-

ducteurs est encore très incomplète et réserve évidemment d'in-
téressantes découvertes aux observateurs habiles et persévé-
rants qui dirigeront leurs recherches sur ce point. Les spores
sont fréquemment renfermées dans des sacs ou conceptacles
qui ont reçu le nom de *Sporanges*. Chez les Lichens et chez
une partie des genres de la famille des Champignons, elles
sont renfermées dans des conceptacles cloisonnés qui ont reçu
le nom de *Thèques*; dans d'autres cas, chez certains genres de
la famille des Champignons par ex., elles sont libres et situées
soit à l'extérieur, soit dans une cavité de la plante, et insérées sur des réceptacles désignés sous le nom de *Basides*.

Sporidium, Spore; a été aussi employé comme synonyme de
Sporozoidium.

Sporozoïde, *Sporozoidium*, = Zoospore; nom donné aux *Spores*
de certaines Algues qui paraissent douées de mouvements
spontanés après s'être détachées de la plante-mère, et qui
s'agitent dans le liquide pendant un certain temps avant de se
fixer sur un corps solide pour germer. Les *Spermatozoïdes*
(ou animalcules renfermés dans les anthéridies de certaines
plantes cryptogames) sont également doués de la curieuse faculté de se mouvoir en vertu d'une action spontanée; les zoospores, comme les spermatozoïdes, sont munis de cils ou tentacules plus ou moins nombreux.

Spurius, faux, bâtard; se dit d'un objet qui a l'apparence d'un
autre auquel on le compare. S'oppose à *verus*, ou à *legitimus*.

Squama, Écaille (voir ce mot); — *squamiformis*, en forme d'é-
caille.

Squamatus, écailleux, qui est muni d'écailles : Bulbe écailleux,
Bulbus squamatus (bulbe à écailles étroites, nombreuses et
imbriquées; *Pappus squamatus*, aigrette composée de poils
soudés en lames squamiformes. On dit aussi *Pappus squamosus*.

Squamiforme, *squamiformis*, en forme d'écaille; certaines bractées sont squamiformes

Squamosus, écailleux, qui a la consistance d'une écaille; a été
souvent employé comme synonyme de *squamatus*, muni d'é-
cailles, composé d'écailles.

Squamule, *Squamula*; petite écaille ; — *squamulosus*, muni de petites écailles.

Squamules, *Squamulæ*, = Glumellules (voir ce mot).

squarrosus, qui est hérissé et rude en raison de la disposition de parties constituantes roides et étalées. Se dit, par exemple, de certains involucres (chez les plantes 'de la famille des Composées) dont les bractées sont scarieuses, et l'extrémité étalée ou réfléchie.

stachys, dans les mots composés dérivés du grec, signifie épi.

stagnalis, qui croît dans les eaux stagnantes, les étangs et les mares; *stagnum*, étang.

Stamen, Étamine (voir ce mot).

Staminées (fleurs); se dit des fleurs unisexuelles pourvues d'étamines (fleurs mâles).

Staminiforme, *staminiformis*, en forme d'étamine.

Staminode, *Staminodium*; sous le nom de staminodes, on désigne, chez les Orchidées, les deux étamines latérales stériles, qui sont réduites à un petit appendice charnu, quelquefois complétement indistinct. Dans le genre *Cypripedium*, la disposition est inverse: les deux étamines latérales (qui, chez les autres genres constituent les staminodes) sont développées en étamines normales, et l'étamine moyenne (la seule qui soit développée chez les autres genres) est à l'état de staminode ou étamine rudimentaire.

Station, *Statio*; on entend par ce mot : la latitude, la longitude, la hauteur au-dessus du niveau de la mer, la nature du terrain et l'exposition, qui conviennent au développement d'une espèce végétale; et, d'une manière générale, les différents points du globe où chaque espèce végète et se multiplie spontanément. Patrie, *Patria*, est synonyme de station au point de vue géographique; *Habitat* est synonyme de station au point de vue géologique; *Localité* est un point restreint d'une contrée que l'on désigne par le nom du pays.

stellaris, qui présente des parties en forme d'étoile ou disposées en étoile.

stellatus, stelliformis; en forme d'étoile, disposé en étoile.

stellulatus, qui semble chargé de petites étoiles.

stérile, *sterilis*, qui ne fructifie pas. Se dit d'une plante chez laquelle la fécondation ne peut s'opérer en raison de l'absence des étamines ou de l'absence des ovaires ; se dit d'une fleur dépourvue ou pourvue d'ovaire, mais non soumise à l'action des étamines de plantes appartenant à la même espèce. Se dit surtout de fleurs réduites aux enveloppes florales et dépourvues d'étamines et d'ovaires. Un ovaire, une loge d'ovaire ou un carpelle sont dits stériles lorsqu'ils ne contiennent pas d'ovules. Une étamine est dite stérile quand son anthère ne contient pas de pollen. Stérile s'oppose à fertile, *fertilis*.

-stichus, dans les mots composés, signifie rangée, rang ; *distichus*, distique sur deux rangs opposés ; *tristichus*, tristique sur trois rangs ; *hexastichus*, sur six rangs.

Stigmate, *Stigma*, extrémité glanduleuse d'un carpelle ou d'un ovaire (pistil), surmontant immédiatement l'ovaire (stigmate sessile) ou terminant le style. Le stigmate est l'organe sur lequel les granules polliniques sont déposés à leur sortie de l'anthère, soit par leur chute, soit entrainés par le vent, soit transportés par les insectes qui s'introduisent dans les fleurs et voltigent de l'une à l'autre. Le stigmate retient ces granules à sa surface en raison de sa viscosité, et détermine, par l'humidité dont ils s'y trouvent imprégnés, l'émission des boyaux polliniques qui descendent aux ovules à travers le tissu conducteur. (Voir le mot carpelle.)

stigmatiques (Lignes). On désigne sous le nom de *Lignes stigmatiques* des stigmates linéaires qui s'étendent le long de certains styles. Les deux branches du style, chez la famille des Composées, sont pourvues chacune de deux lignes stigmatiques.

stigmatoideus, qui a la consistance et l'aspect d'un stigmate ; de la nature du stigmate.

Stile, *Stilus*, (voir le mot Style).

Stimulus ; on donne ce nom aux poils piquants et aux poils urticants, dont la piqûre cause des démangeaisons. — *stimulosus*, muni de poils piquants.

stipatus, pressé par des organes apprimés.

Stipelle, *Stipella* ; petites stipules accessoires qui accompagnent les folioles ou les segments de certaines feuilles composées ou pinnatiséquées.

Stipe, *Stipes*; on a proposé ce nom pour les tiges ligneuses des Monocotylédones (le Palmier, par ex.) et pour les Fougères en arbre. M. P. de Candolle a refusé avec raison d'admettre ce mot inutile, qui oblige à désigner la tige des Monocotylédones dans une même famille par des expressions différentes. — Le mot *Stipes*, pris dans un sens plus général, signifie support ou tige; on l'emploie pour désigner le pédicule des Champignons et pour désigner la partie filiforme qui termine certains akènes et supporte l'aigrette.

stipité, *stipitatus*; élevé sur un pied ou sur un support; *pappus stipitatus*, aigrette stipitée; *Agaricus stipitatus*, agaric pédicellé; *Ovarium stipitatum*, ovaire élevé sur un gynophore ou un podogyne.

stipulacés (Bourgeons); dont les écailles extérieures sont composées des stipules de feuilles à limbe avorté.

stipulaire, *stipularis*; on a désigné sous le nom de vrilles stipulaires, *Cirrhi stipulares*, des vrilles que l'on suppose produites par la transformation de stipules.

Stipule, *Stipula*; on désigne sous le nom de stipules des feuilles accessoires qui accompagnent les feuilles chez un grand nombre de plantes; en général, il existe deux stipules qui naissent de chaque côté de la feuille et sont insérées au même niveau; les stipules sont libres, ou soudées dans une étendue variable avec le pétiole (les feuilles que les stipules accompagnent sont ordinairement pétiolées); elles sont ordinairement libres chez les Papilionacées (les *Vicia* par ex.), et adhérentes chez les rosacées (les *Rosa* par ex.). Dans certains cas où les feuilles sont opposées, les stipules voisines sont soudées par leurs bords en contact; si ces stipules sont adhérentes au pétiole de la feuille par leur autre bord, elles constituent avec la base des pétioles une gaîne qui entoure la tige. Les stipules sont assez fréquemment inéquilatérales; leur limbe étant peu ou pas développé du côté en contact avec le pétiole de la feuille, elles peuvent être semi-lunaires ou falciformes, semi-sagittées, etc. On a admis des stipules intrapétiolaires, c'est-à-dire insérées entre le pétiole et la feuille; une stipule intrapétiolaire paraît être le résultat de deux stipules soudées par leur bord interne (telles semblent être les stipules dans le genre *Potamogeton*).

Stirps, Race, Espèce : *Historia stirpium*, histoire des espèces.

Stolon, *Stolo;* on désigne sous ce nom les tiges rampantes et radicantes au niveau de la base des feuilles et des rosettes qui naissent à leur aisselle, surtout lorsque les entrenœuds de ces tiges rampantes persistent plus d'une année; les stolons qui se détruisent après l'enracinement des rosettes, chez les Fraisiers et chez le *Ranunculus repens*, et le *Potentilla reptans* par exemple, sont plus particulièrement désignés sous le nom de Coulant, *Flagellum*.

Stomates, *Stomatia* (Link); les stomates ont été désignés sous les noms de Pores corticaux et de Pores de l'épiderme; et (à une époque où on les considérait comme de nature glanduleuse) de Glandes corticales ou épidermoïdales, et de Glandes miliaires (Guettard). Les stomates sont de petits organes (visibles seulement avec le secours des verres grossissants) qui sont une dépendance de l'épiderme et du tissu cellulaire cortical sous-jacent. Ils se rencontrent en général sur toutes les parties herbacées exposées au contact de l'air, c'est-à-dire sur les feuilles (principalement sur leur face inférieure) et sur l'épiderme de l'écorce pendant sa première année. Ces organes se présentent sous la forme de petites boutonnières dont chacun des deux côtés est ordinairement constitué par une cellule ovoïde et un peu arquée (souvent sans analogie de forme avec les cellules épidermiques), et dont la fente est l'ouverture d'une dépression épidermique qui s'ouvre dans une lacune creusée dans le tissu cellulaire sous-épidermique; ces lacunes communiquent avec des lacunes plus profondes qui s'ouvrent les unes dans les autres. Relativement à l'arrangement des cellules qui les constituent, les stomates présentent dans les différentes espèces des différences remarquables; la disposition des stomates est aussi très variée. Nous avons dit (voir le mot Épiderme) que la cuticule épidermique s'étend à la surface de l'épiderme comme une couche non interrompue; cette membrane présente des perforations correspondant à l'ouverture de chacun des stomates. Les stomates et l'épiderme lui-même ne se rencontrent point sur les organes herbacés submergés. Les stomates se dessèchent et s'oblitèrent sur l'épiderme des tiges dès la fin de la première année ; ces organes présentent une certaine analogie d'aspect, mais aucune analogie de nature, avec les Lenticelles (voir ce mot). Les stomates et les cavités intercellulaires avec lesquelles ils communiquent sont les organes de la respiration chez les végétaux. C'est par ces ouvertures ou sortes de bouche que, sous l'influence de la lumière, l'air extérieur arrivé en contact avec le tissu cellulaire du parenchyme des feuilles et de l'enveloppe herbacée de l'écorce, est exhalé après avoir cédé aux liquides végétaux le carbone de son acide carbonique dont l'oxygène, mis en liberté, est rejeté dans la masse d'air environnante.

Stragule, *Stragulum* (Pal. Beauv.), nom (inusité) donné à l'ensemble des Glumelles. (Voir ce mot.)

Strata corticalia, couches corticales. — *Strata lignea*, couches ligneuses.

Strie, *Stria*, ligne très fine tracée sur une surface soit en creux, soit par un trait coloré.

strié, *striatus*, qui présente des stries.

strictus ; se dit d'une tige ou d'une inflorescence dont les rameaux et les ramuscules sont dressés le long de l'axe.

strigosus, rude et presque piquant en raison de poils roides et robustes ; par exemple la tige et les feuilles de la Bourrache et d'un grand nombre d'autres Borraginées. — *Striga*, Aspérité, Rugosité, poil roide à base large.

Strobile, *Strobilus*, = Cône ; on a désigné sous ce nom le fruit agrégé d'un grand nombre de Conifères et de Cycadées (groupe des Gymnospermes). Ces fruits se composent d'écailles imbriquées (feuilles carpellaires ouvertes, devenant ligneuses à la maturité) naissant à l'aisselle d'une bractée membraneuse quelquefois peu manifeste, et présentant à leur base des graines nues, mais cachées avant la désagrégation du fruit par l'imbrication des écailles les unes sur les autres ; tels sont les fruits chez les Pins, les Sapins, les Mélèzes, le Cèdre, etc.

Strobiliformis, en forme de strobile ou de cône ; se dit de certains fruits agrégés qui n'appartiennent pas à des végétaux du groupe des Gymnospermes; par ex. le fruit du Houblon et celui des Aulnes.

Stroma, sorte d'*Apothecium* (voir ce mot); réceptacle fructifère de certaines espèces de la famille des Champignons.

Strophiole, *Strophiolum*; sorte d'arille charnue en forme de crête qui constitue un appendice à la surface de la graine, et ne l'enveloppe pas complétement. (Voir le mot Arille.)

strophiolatus; se dit d'une graine munie d'une strophiole.

Struma, Bosse latérale, Bosselure, Rugosité. — *strumifer*, *strumosus*, qui présente des élevures ou des bosselures; *strumulosus* = *rugulosus*, un peu inégal ou bosselé.

stuposus, *stupaceus*, en forme d'étoupe (*stupa*).

Style, *Stylus*; on désigne sous le nom de style le prolongement filiforme cylindrique, demi-cylindrique ou prismatique qui surmonte la plupart des ovaires et se termine par la surface glanduleuse désignée sous le nom de stigmate. Si l'ovaire est constitué par un seul carpelle, le style est ordinairement demi-cylindrique; il continue la nervure dorsale de la feuille carpellaire. Si l'ovaire est composé de plusieurs carpelles libres et isolés, il existe évidemment autant de styles qu'il y a de carpelles; lorsque les carpelles sont soudés entre eux, les styles peuvent rester libres dans toute leur longueur ou dans leur partie supérieure seulement, ou être soudés entre eux dans toute leur étendue; dans ce dernier cas, ils constituent un style composé que l'on désigne sous le nom de style indivis, et qui est de forme cylindrique ou de forme prismatique, chaque style pouvant déterminer une arête longitudinale par la saillie de sa partie dorsale, ou par l'angle qu'il fait par sa rencontre avec les styles voisins. La longueur des styles est très variable chez les espèces d'un même genre; le style peut même être complétement nul; le stigmate, dans ce cas, est dit sessile. (Voir les mots Carpelle et Ovaire.)

Stylidium, = *Styliscus*, = *Columella*. (Voir le mot Columelle.)

Stylopodium. On a désigné sous ce nom tantôt un disque épigyne, tantôt un épaississement de la base du style (chez les Ombellifères par ex.).

Stylostegium (Link) ; nom donné, chez les Asclépiadées, à la base élargie des styles qui recouvrent par leur réunion l'ovaire comme un capuchon, dans le genre *Stapelia*, par exemple.

styptique, *stypticus* ; saveur acerbe et astringente.

suaveolens ; exhalant une odeur suave.

sub-, sous, presque, à peine ; diminutif que l'on associe aux termes qualificatifs pour en atténuer la valeur : *subalpinus*, sous-alpin ; *subinsipidus*, presque insipide ; *subroseus*, à peine rosé ; *subrotundus*, sub-arrondi. — *sub-*, dans certains mots composés, signifie sous.

subéreux, *suberosus* ; qui est de la nature du liége, *suber* ; qui présente la consistance du liége.

submergé, *submersus* ; se dit d'une plante qui végète entièrement recouverte par l'eau.

subterraneus, = *hypogæus*, souterrain, hypogé ; qui se développe dans la terre, qui est situé au-dessous de la surface du sol.

subtilis, d'une grande ténuité, d'une extrême finesse.

subtus, sous, au-dessous.

subulé, *subulatus*, en forme d'alène ; se dit d'un corps prismatique terminé insensiblement en pointe aiguë ; par exemple, les feuilles des Sapins et du Mélèze.

Suc, *Succus ;* se dit des liquides contenus dans les organes végétaux. Séve plus ou moins élaborée. Les sucs peuvent être aqueux, mucilagineux, laiteux, résineux, opaques, limpides, visqueux, incolores, colorés, insipides, fades, sucrés, acides, vireux, nauséeux, âcres, caustiques, etc.

succédané, *succedaneus ;* se dit d'un produit végétal qui peut en remplacer un autre au point de vue de ses propriétés médicales ou de ses usages économiques.

Suçoir, *Haustorium ;* on donne le nom de suçoirs à de courtes racines adventives qui s'implantent sur des tiges vivantes et absorbent leur séve. Les espèces du genre Cuscute vivent en parasites sur diverses plantes aux dépens desquelles elles se nourrissent au moyen de leurs suçoirs.

Succion, *Succio ;* phénomène en vertu duquel une racine absorbe l'eau dans laquelle elle est plongée ; l'extrémité des racines

(*Spongioles*) sont les points où la succion ou absorption des liquides a lieu avec la plus forte intensité.

succulent, *succulentus* ; se dit d'un organe gorgé d'un suc aqueux ou mucilagineux, quelles que soient les propriétés et la saveur (agréable, désagréable ou nulle) de ce suc.

sucré, *saccharatus*, qui a la saveur du sucre.

Sucs-propres, = Latex. On donne ce nom aux sucs élaborés, ordinairement de consistance laiteuse ou résineuse, et souvent colorés, qui sont renfermés dans les canaux ou réservoirs dits lactifères.

Suffrutex, Sous-arbrisseau. — *suffrúticòsus*, sous-frutescent, qui a les caractères d'un sous-arbrisseau.

suffultus, *fulcratus* ; soutenu par des vrilles ou des crampons.

Sujet ; on nomme sujet l'arbre sur lequel on pratique une greffe.

sulcatus, sillonné, marqué de sillons profonds. — *Sulcus*, Sillon ; ligne creusée comme avec le soc d'une charrue.

sulfureus, *sulphureus* ; couleur de soufre, d'un jaune pâle.

summus, *supremus*, situé au sommet, à l'extrémité supérieure.

superans, qui dépasse les objets voisins en longueur.

supère (Ovaire), *Ovarium superum* ; — ovaire libre. S'oppose à infère ou adhérent.

supère (Fleur) ; a été dit (langage vicieux) d'une fleur dont l'ovaire est adhérent, et qui semble surmonter cet ovaire. S'oppose à fleur infère (inusité).

Superficie, *Superficies*, Surface.

supérieur, *superior*, qui est situé au-dessus. — supérieurement, *superne*.

superposé, *superpositus* ; se dit de plusieurs objets placés les uns sur les autres.

superus, supère, qui est situé dessus.

supervolutiva (*Folia*), feuilles à bords roulés en dessus pendant la préfoliaison.

supinatus, *supinus*, couché ; se dit de tiges étalées sur le sol, mais non radicantes.

supra, = *super-*, dans les mots composés, signifie dessus, sur, au-dessus ; dans les mots composés dérivés du grec, *épi*. — *supra-axillaris*, situé au-dessus de l'aisselle ; se dit de certains bourgeons ; — *supra-decompositus*, sur-décomposé ; se dit de feuilles composées dont les folioles sont portées sur des rachis de troisième ordre.

supremus ; se dit des organes qui occupent l'extrémité d'un axe.

Surçulus, Rejeton, Rejet.

Surface, *Superficies.*

sursùm (adv.), de nouveau, une seconde fois.

suspendu, *suspensus ;* un ovule est dit *suspendu* lorsque, étant inséré vers la partie supérieure de la loge, son sommet est dirigé vers la base de la loge ; si la loge contient plusieurs ovules insérés à des hauteurs différentes et dont le sommet regarde en bas, ces ovules sont dits *pendants.*

suspenseur (Cordon). (Voir le mot Cordon.)

Suture, *Sutura ;* on nomme suture la ligne selon laquelle les bords de deux feuilles rapprochées ou les deux bords d'une même feuille sont soudés : les corolles gamopétales, les ovaires gamocarpelles, etc., présentent des sutures entre des bords appartenant à des feuilles différentes rapprochées en cercle. Les feuilles carpellaires isolées présentent une suture dite ventrale qui résulte de la réunion de leurs deux bords. Lorsque les feuilles carpellaires sont soudées en cercle, elles constituent un ovaire pluriloculaire (à plusieurs loges). On a par extension (et à tort) donné, chez les carpelles, le nom de suture dorsale à la nervure dorsale qui se fend longitudinalement chez les fruits à déhiscence dite loculicide (que je nomme dorsale).

sutural, *suturalis,* qui appartient à la suture.

suturatus, qui présente une suture.

Sycône, *Syconium* (Mirb.) ; nom donné à l'inflorescence chez le Figuier. Cette inflorescence est constituée, à l'état florifère par des fleurs, et à l'état fructifère par des fruits libres isolément, mais renfermés dans une dépression profonde du pédoncule qui s'accroît en épaisseur, et devient charnu et succulent à la maturité.

sylvaticus, qui croît dans les forêts ; *sylvestris* s'emploie dans le même sens, et quelquefois aussi comme synonyme de spontané ou sauvage ; *sylva,* forêt. — *nemorosus* signifie qui croît dans les taillis, ou bois en coupe réglée.

sylvestre, *sylvestris*; spontané, qui croît dans les bois ou les forêts.

symétrique, *symetricus*. Un organe est dit symétrique lorsqu'il est susceptible d'être partagé en deux moitiés semblables; un organe simple qui est symétrique (une feuille par exemple) est nécessairement de forme régulière; un organe composé, une corolle, par exemple, peut être symétrique sans être régulier; il en est de même par conséquent d'un appareil qui se compose de plusieurs organes composés (une fleur, par exemple). Les organes simples : feuilles sépales, pétales, carpelles, etc., peuvent être ou n'être pas symétriques; les organes composés (calice, corolle, androcée, gynécée, etc.) et les appareils d'organes (fleurs), sont toujours symétriques, mais peuvent être ou ne pas être de forme régulière.

Sympodium; séries d'axes définis nés successivement l'un de l'autre, et dont l'ensemble constitue un axe complexe scorpioïde, si la génération des axes a eu lieu d'un seul côté, ou brisé en zig-zag, si la génération des axes a eu lieu alternativement dans divers sens.

synantheæ (*Gemmæ*). Viv.; se dit des bourgeons à feuilles se développant à la même époque que les bourgeons à fleurs (inusité).

synanthérées (Fleurs); fleurs dont les étamines sont soudées entre elles par leurs anthères en une gaîne qui entoure le style. (Ces étamines présentent cette disposition dans la famille des Composées.)

Syncarpe, *Syncarpa*. C. Rich. = Sorose, Mirb. (Voir ce mot.)

Syncarpie; phénomène qui consiste dans la soudure anormale de plusieurs fruits. On a regardé, dans beaucoup de cas, des fruits anormaux, comme résultant d'une soudure, lorsqu'ils sont au contraire le résultat d'une division ou diruption (voir le mot Fasciation); néanmoins, chez certaines fleurs qui, par diruption ou dédoublement, présentent des carpelles surnuméraires libres dans l'origine, les carpelles peuvent se souder entre eux par suite de l'accroissement en diamètre de ces organes rapprochés sur un étroit espace : il y a dans ce cas fasciation (dédoublement ou diruption) primitive et soudure consécutive.

syngenesus, = *synantherus*, dont les étamines sont soudées en anneau par les anthères.

Synonymie ; partie de la science qui a pour objet la connaissance des noms qui ont été donnés aux diverses espèces par les auteurs qui les ont décrites ou mentionnées, et la détermination du nom qui doit être définitivement adopté pour chacune d'elles. Dans presque tous les cas, c'est le nom le plus antérieur qui doit être adopté, à moins que ce nom ne soit en contradiction absolue avec les règles de la nomenclature. Une espèce, qui d'un genre passe dans un autre, doit conserver le nom spécifique qu'elle portait dans le premier genre où elle était placée, à moins que ce nom n'appartienne déjà à une autre espèce du genre où elle doit prendre place définitivement.

Synophtie. M. Moquin-Tandon donne ce nom à un phénomène qui consisterait en la soudure de bourgeons entre eux. Les études auxquelles je me suis livré sur le phénomène de la fasciation ou diruption m'ont conduit à regarder les cas où deux bourgeons semblent soudés comme des cas où un seul bourgeon se divise en deux ou plusieurs bourgeons, en vertu du phénomène de la diruption, phénomène inverse de celui qui pourrait être désigné (s'il existait) sous le nom de synophtie.

synorhize, *synorhizus ;* on a désigné sous le nom d'embryon synorhize, celui dont la radicule est plus ou moins adhérente au périsperme (chez les Conifères, par exemple) ; —*endorhize*, se dit d'un embryon dont la radicule est munie d'une coléorhize, — *exéorhize*, dont la radicule se développe sans coléorhize. (Voir le mot Embryon.)

Synzygie, *Synzygia* (C. Rich.), point de jonction de la base des cotylédons opposés (inusité).

Système ; classification des plantes d'après certains principes. On donne le nom de Taxonomie à l'étude et à l'exposé des diverses classifications qui ont été successivement proposées. (Voir le mot artificiel.)

Système (d'organes), ensemble d'organes simples, qui par leur réunion constituent un organe composé ou un appareil. Une corolle, composée de plusieurs pétales, constitue un système d'organes ou organe composé.

T

»)*tabacinus*, de couleur brune, couleur de tabac.

»)*tabescens,*=*abortivus* ; se dit d'un organe qui subit un arrêt de développement et se flétrit ou reste réduit à un état rudimentaire. — *Tabescentia,* phénomène de l'avortement ; ce phénomène peut être normal (et être du domaine de l'organographie), ou anormal (et appartenir à la tératologie).

»)*tæniæformis,* = *tæniatus* ; en forme de tænia, c'est-à-dire en forme de bande plate et allongée, par exemple, la division moyenne du labelle chez le *Loroglossum hircinum.*

;TT*ablier* ; on a désigné sous ce nom le Labelle (*Labellum*) ou pièce inférieure du verticille interne (corolle) du périanthe chez les plantes de la famille des Orchidées (inusité). (Voir le mot Labelle.)

s)*tabulaire, tabularis, tabulatus* ; en forme de tablette.

s)*taché, maculatus* ; se dit d'une couleur uniforme sur laquelle diverses autres couleurs forment des taches nettement circonscrites. — Tache, *Macula.*

;T*Talea*, Bouture. (Voir ce mot.)

s)*tardif, tardus, serotinus* ; qui fleurit ou fructifie vers la fin de l'automne.

;TT*axonomie, Taxonomia* ; partie de la science qui a pour objet la théorie des classifications, ou les lois qui doivent présider à la classification des plantes. — Exposition dogmatique, examen et discussion de ces lois. — Exposition des divers systèmes de classification fondés par divers botanistes. (Voir l'article Taxonomie publié par M. A. de Jussieu, dans le *Dictionnaire universel d'histoire naturelle*).

s)*tectus*, couvert. — *tegens,* qui couvre.

;T*Tegmen*, Tegmen, Secondine ; nom donné au tégument de l'ovule situé sous le testa. (Voir le mot Ovule.)

;TT*eguments* (des bourgeons) ; écailles (feuilles scarieuses) qui, chez certains arbres, recouvrent pendant l'hiver les jeunes feuilles qui doivent se développer au printemps.

;TT*éguments, Tegumenta* ; organes qui en protégent d'autres en les recouvrant. Les téguments floraux sont les bractées, et même (si l'on considère la fleur comme constituée essentiellement par les étamines et les carpelles) les sépales et les pétales. On devrait nommer le péricarpe Tégument de la graine, et l'épisperme Tégument de l'amande ou de l'embryon ; mais par abus de mots on nomme téguments de la graine les tuniques (épisperme) qui font essentiellement partie de la graine et renferment l'amande. (L'amande est constituée par le périsperme et l'embryon, ou par l'embryon seul quand il n'existe pas de périsperme.)

tenax, qui est difficile à rompre par une traction directe.

tenuis, mince, grêle, délicat, ténu.

Tépale, *Tepalum* ; ce mot a été proposé pour désigner les pièces du périanthe (ensemble du calice et de la corolle chez les Monocotylédones), (inusité).

Tératologie végétale; on désigne sous ce nom la science qui a pour objet l'étude des anomalies ou déviations accidentelles du type normal chez les végétaux. Les anomalies, étant fréquemment le résultat de l'exagération de faits normaux, peuvent aider à comprendre des faits obscurs ou inexpliqués. (Voir les mots : Double, Disjonction, Fasciation, Pélorie, Métamorphose, Nanisme, Prolification, Soudure, Chloranthie, etc.)

Tercine = Nucelle; partie de l'ovule dans laquelle se développe le sac embryonnaire, et qui, par son développement ultérieur, constitue fréquemment le périsperme ou endosperme. (Voir le mot Ovule.)

teres, arrondi, qui ne présente pas d'angles saillants. — *teretius-culus*, à peu près arrondi.

terminal, *terminalis*; qui termine, qui est situé au sommet.

terminé, *terminatus* = défini. (Voir ce mot.)

Terminologie, = Glossologie; ensemble des termes employés pour désigner les organes et leurs diverses manières d'être. — Partie de la science qui a pour objet la connaissance des termes techniques. Le mot *Glossologie* doit être préféré au mot *Termino-logie* qui est de structure hybride.

ternaire (Nombre) ; nombre trois et ses multiples. Les parties constituantes de chacun des verticilles de la fleur, chez les Monocotylédones, sont généralement en nombre ternaire.

terné, *ternatus*; disposé par trois; les feuilles composées à trois folioles doivent être dites trifoliolées et non ternées.

terrestre, *terrestris*; qui végète sur la terre, s'oppose à aquatique, *aquatilis, aquaticus*.

tesselatus, disposé en petits carreaux comme un damier, par exemple, les taches blanches et roses de la fleur du *Fritillaria Meleagris*.

Testa, *Testa*, = Primine; on désigne sous ce nom la tunique externe de l'ovule ou de la graine. La base du testa est insérée sur le funicule, dont l'extension au niveau même de son insertion chez les ovules réfléchis constitue le raphé. L'ouverture supérieure de la tunique désignée sous le nom de testa est nommée exostome chez l'ovule; cette ouverture constitue le sommet organique de l'ovule (ou de la graine), quelles que soient les courbures que cet organe éprouve pendant son développement. Lorsque l'ovule est passé à l'état de graine mûre, l'exostome est souvent complétement fermé et constitue un point enfoncé, à peine apparent, que l'on désigne sous le nom de micropyle. La radicule de l'embryon est toujours dirigée vers le micropyle; cette circonstance rend la situation du micropyle facile à déterminer, et par conséquent permet de retrouver la forme de l'ovule chez la graine.

testaceus, = *crustaceus*; testacé, crustacé; se dit d'une membrane épaisse, dure et fragile.

Tête (en), (*capitatus*); en forme de tête; se dit d'organes rapprochés en une masse globuleuse.

teter = *fœtidissimus*; dont l'odeur est repoussante.

tetra-; dans les mots composés dérivés du grec signifie quatre; en latin, *quadri-*.

•tétradyname, *tetradynamus*; se dit d'une fleur qui a quatre étamines plus longues que les autres.

tétraèdre, *tetraeder*; se dit d'un corps prismatique à quatre arêtes. Quadrilatéral, *quadrilateralis*, à quatre faces, présente la même signification. Quadrangulaire, *quadrangularis*, se prend souvent dans le même sens, bien que ce mot signifie à quatre angles et non à quatre arêtes. Une tige à quatre faces ou quatre arêtes doit être dite quadrilatérale ou tétraèdre; une feuille dont la circonscription présente quatre angles doit être dite quadrangulaire.

tétragone, *tetragonus*; se dit d'une surface limitée par quatre lignes droites. — s'emploie souvent comme synonyme de tétraèdre.

tetragynus, se dit d'un gynécée composé de quatre carpelles, surtout s'ils sont libres, ou si les styles sont libres.

tetrandrus; se dit d'un androcée ou d'une fleur à quatre étamines.

tétraquètre, *tetraqueter*; se dit d'un corps prismatique à quatre arêtes saillantes séparées par autant d'angles rentrants.

Thalamiflores (Plantes); de Candolle a désigné sous ce nom les Dicotylédones dialypétales à corolle hypogyne (dont les fleurs sont à pétales libres et insérés sur le réceptacle au même niveau que l'ovaire). (Voir le mot Calyciflores.)

Thalamus, Réceptacle de la fleur; Extrémité du pédicelle où s'insèrent les organes de la fleur; s'emploie surtout dans certains mots composés (ex. Thalamiflores). Dans le langage descriptif le réceptacle de la fleur est désigné par le mot Réceptacle ou par le mot *Torus*.—Réceptacle de l'inflorescence chez les Composées (Tournefort). — Réceptacle fructifère (*Excipulum*) chez les Lichens (Willedenow).

Thallus (Achar.), Thalle, = Fronde. On désigne sous ce nom l'expansion foliacée ou fructiculeuse qui constitue la tige chez les Lichens.

thécaphore; se dit d'une surface qui porte des thèques, d'un réceptacle qui renferme des thèques.

Thécaphore, *Thecaphorum*, = *Basigynium*, atténuation d'un carpelle à sa base en une sorte de support ou de pédicelle (inusité).

Thèque, *Theca*. On donne ce nom à une sorte de sporange constitué par un utricule allongé ou globuleux qui renferme les spores. Les spores sont renfermées dans des thèques chez les Lichens et chez un grand nombre de genres de la famille des Champignons.

Thyrse, *Thyrsus*; sorte de panicule appartenant aux inflorescences mixtes à axe principal indéfini et à axes latéraux définis. — *thyrsoideus*, en forme de thyrse.

Tige, *Caulis*; et dans les mots dérivés du grec, *Caulon*. On donne

le nom de tige à l'axe ascendant chez les végétaux (la racine
est désignée sous le nom d'axe descendant). C'est sur la tige et
ses ramifications (branches, rameaux, ramuscules, pédoncules,
pédicelles, réceptacles) que sont insérés les organes appendiculaires ou feuilles. Chez les plantes cryptogames cellulaires, la
tige n'existe pas, à proprement parler ; la plante se compose
d'expansions foliacées ou de masses charnues qui portent les
organes de la fructification et n'ont que des rapports très éloignés avec les véritables tiges. Chez les plantes phanérogames,
la tige est, dans les différents groupes, de structure très variée ;
néanmoins elle présente deux modes principaux de structure
qui caractérisent l'embranchement des Dicotylédones (désignées
à ce point de vue sous la dénomination d'Exogènes) et l'embranchement des Monocotylédones (désignées à ce même point
de vue sous le nom d'Endogènes). Voir les mots dicotylédonés
et monocotylédonés (Végétaux). — La tige, soit chez les Dicotylédones, soit chez les Monocotylédones, est généralement de
forme cylindrique. Pendant la première année elle se compose
d'une zone extérieure ou corticale, de nature celluleuse ou cel-
lulo-fibreuse (voir les mots Écorce et Épiderme), et d'un corps
central constitué par du tissu cellulaire dans lequel sont dis-
tribués des faisceaux fibro-vasculaires ou faisceaux ligneux.
Chez les Dicotylédones, ces faisceaux sont disposés en cercles
concentriques et laissent entre eux des intervalles celluleux
connus sous le nom de rayons médullaires ; la colonne médullaire centrale a reçu le nom de moelle, et les parois de la zone
qui les renferme, le nom d'étui médullaire. Chez les Monocotylédones, les faisceaux fibro-vasculaires sont dispersés isolément
dans la masse du tissu cellulaire et sont d'autant plus pressés
les uns contre les autres qu'ils se rapprochent davantage de la
périphérie de la tige.—Les tiges qui végètent plusieurs années
sont dites ligneuses, les tiges qui périssent après une période
d'un an, qu'elles appartiennent à une plante annuelle ou à
une plante à souche vivace, sont dites herbacées. — Les tiges
ne végètent pas toujours à l'air libre ; chez certaines plantes, la
tige principale et ses ramifications sont souterraines (hypogées)
au moins dans une certaine étendue de leur partie inférieure.

Ces tiges souterraines qui ont l'apparence de racines, mais qui diffèrent des racines en ce qu'elles sont pourvues de feuilles rudimentaires ou écailles, sont désignées sous le nom de Rhizomes, Tubercules, Bulbes, etc. (Voir ces mots.) Les extrémités de ces tiges, ou des rameaux axillaires émis par elles , constituent les tiges épigées ou aériennes, qui sont ou non florifères. Certaines tiges ont reçu différents noms plus ou moins usités : la tige des Palmiers a été désignée sous le nom de stipe, la tige des Graminées, sous le nom de Chaume, et les tiges peu feuillées et terminées par une inflorescence ont reçu les noms de Pédoncules radicaux, Hampes, Scapes et Spadices. (Voir ces différents mots.) — Le mode d'accroissement des tiges est un des points de la science sur lesquels s'élèvent encore les dissidences les plus nombreuses et les plus profondes entre les différents observateurs ; je n'aborderai point ici cette grande question à la solution de laquelle je m'efforce de contribuer par des recherches et des observations assidues. (Voir les mots Collet, Coléorhize, etc.)

Tigelle, *Cauliculus* ; jeune tige chez l'embryon. (Voir ce mot.)

Tissu, *Contextus ;* Tissu cellulaire, *contextus cellularis* (voir le mot Cellule) ; Tissu vasculaire, fibro-vasculaire, *C. vascularis, fibro-vascularis.* (Voir les mots Vaisseaux et Fibres.)

Toise, *Orgya,* ancienne mesure de longueur : 6 pieds ou environ 2 mètres.

tombant, s'emploie dans le sens de pendant vers le sol, *pendens ;* se dit de tiges ou de rameaux qui retombent par leur propre poids ; l'expression Rameaux pendants est préférable ; — qui se détache très facilement, *deciduus,* se dit des sépales lorsqu'ils se détachent lors de l'épanouissement de la fleur, chez les Pavots, par exemple. Les sépales, ou autres organes de la fleur, sont dits caducs lorsqu'ils se détachent après la floraison, et marcescents lorsqu'ils se dessèchent sans tomber.

tomenteux, *tomentosus ;* se dit d'un organe qui est revêtu d'une pubescence cotonneuse , c'est-à-dire de poils mous, longs, flexueux, crépus ou feutrés. — *Tomentum ,* Pubescence cotonneuse.

tordu, *tortus, torquatus ;* se dit d'un organe tordu sur lui-même.

)f tordue (Préfloraison), *Præfloratio contorta ;* se dit d'une corolle dialypétale à pétales imbriqués latéralement et enroulés dans le bouton.

)t *torfaceus,* qui croît dans les tourbières.

)t toruleux, *torosus, torulosus,* bosselé ; se dit, par exemple, de la silique de certaines Crucifères qui présentent des renflements successifs déterminés par la présence des graines superposées.

T Torsions anormales ; la torsion accidentelle d'un organe est déterminée par une inégalité de développement dans ses deux faces ou ses deux côtés opposés. La torsion peut avoir lieu dans le sens vertical, ou produire un enroulement de haut en bas.

d tortile, *tortilis,* qui s'enroule ou s'entortille naturellement : tels sont les organes désignés sous le nom de Vrilles ; telles sont les tiges dites volubiles.

s *tortuosus,* tortueux. — *tortus,* tordu. — *torulosus ,* toruleux.

L *Torus,* Torus ; on désigne sous ce nom le réceptacle de la fleur, ou extrémité du pédicelle qui porte les organes dont la réunion constitue la fleur. Le torus est , en général, plus large que la partie inférieure du pédicelle, il peut être plan, concave, convexe, conique, et même filiforme ; sa longueur est généralement en rapport avec le nombre des organes auxquels il fournit une insertion.

t touffu, *cœspitosus ;* se dit d'une plante qui émet un grand nombre de tiges rapprochées et feuillées.

d tourbeux, *torfaceus* (Terrain). Plantes des terrains tourbeux, *Plantæ torfaceæ.*

t traçant, *repens , reptans , stoloniferus ;* se dit d'une plante qui émet de longs rhizomes ou des tiges longuement rampantes.

L Trachées, *Tracheæ ;* on donne ce nom à des vaisseaux qui renferment un ou plusieurs fils (formés aux dépens d'une membrane interne) roulés en une spirale qui est susceptible d'être déroulée par la traction. (Voir le mot Vaisseaux.)

L Transpiration ; exhalation des liquides à travers les tissus végétaux.

t transversal, *transversalis ;* disposé en travers. Les cloisons transversales qui divisent une cavité en plusieurs étages sont désignées sous le nom de Diaphragmes. — transverse, *transversus*; dont la direction est transversale.

trapézoïde, *trapezoideus*, qui se rapproche de la forme d'un trapèze; se dit d'une surface dont la circonscription est un carré à côtés inégaux.

tri-, dans les mots composés dérivés soit du grec, soit du latin, signifie trois.

triadelphus; à trois faisceaux d'étamines.

triandre, *triandrus*; à trois étamines.

triangulaire, *triangularis*; à trois angles.

tribracteatus; à trois bractées; — *tribracteolatus*; à trois bractéoles.

Tribu, *Tribus*; on donne le nom de tribus à des divisions qui constituent des sous-familles dans la famille.

trichos, dans les mots composés dérivés du grec, signifie : qui a la forme de cheveux; en latin, *capillaris*, *capillaceus*.

trichotome, qui est divisé par trois, dont les divisions sont elles-mêmes divisées par trois et ainsi de suite. Une tige trichotome résulte d'une série d'axes définis à feuilles verticillées par trois, chaque feuille émettant de son aisselle un rameau trichotome à son tour.

tricoccus; se dit d'un fruit composé de trois coques; — *tricolor*, qui présente trois couleurs tranchées; — *tricornis*, qui présente trois organes ou trois appendices en forme de cornes; — tricuspidé, *tricuspidatus*, qui présente trois longues pointes aplaties; — *triduus*, qui dure trois jours; — *triennis*, qui dure trois ans; — trifide, *trifidus*, se dit d'une feuille divisée en trois lobes qui atteignent le milieu de sa longueur (voir la terminaison *-fide*); — triflore, *triflorus*, à trois fleurs; — *trifoliatus*, à trois feuilles; — trifoliolé, *trifoliolatus*, à trois folioles; — *trifurcatus*, trifurqué; — trigone, *trigonus*, à trois faces et à trois angles; — *trigynus*, à trois carpelles; — *trijugus*, à trois paires de folioles; — *trilobus*, à trois lobes; — *trimestris*, qui dure trois mois; — *trimus*, *trimulus*, qui dure trois ans; — *trinervatus*, à trois nervures; — tripartite, *tripartitus*, fendu en trois au delà du milieu; — *triphyllus*, à trois feuilles; — tripinnatiséqué, *tripinnatisectus* : bipinnatiséqué, à divisions de second ordre elles-mêmes pinnatiséquées ; — triplinerves, se dit de feuilles à trois nervures principales ; — triquètre, *triqueter*, à trois angles saillants séparés par trois angles rentrants ; — triséqué, *trisectus*, se dit d'une feuille séparée en trois divisions dont les deux latérales atteignent la nervure moyenne ; — *triserialis*, *tristichus*, disposé sur trois rangs ; — *trisepalus*, à trois sépales ; — *trivalvis*, à trois valves.

triviaux (Noms), noms donnés aux plantes communes et usuelles dans le langage vulgaire. — Linné employait l'expression, Noms triviaux, pour désigner les noms spécifiques ou noms qui distinguent les espèces dans chaque genre ; l'expression, Noms spécifiques, a prévalu.

trochlearis, en forme de poulie ; discoïde et présentant une rainure sur le bord.

T Tronc, *Truncus* ; tige des arbres ou végétaux ligneux de grande dimension.

tronqué, *truncatus*, *retusus* ; se dit des organes qui se terminent habituellement en pointe, lorsqu'ils se terminent par une surface plane ou par une ligne horizontale.

T Trophosperme, *Trophospermium*, = *Spermophorum*, = Placenta. (Voir ce mot.)

tubæformis, en forme de trompette, en forme de tube étroit, évasé à son extrémité.

T Tube, *Tubus* ; organe cylindrique creux, ouvert à son extrémité supérieure. Chez les calices gamosépales et chez certaines corolles gamopétales, on désigne, sous le nom de Tube, la partie inférieure lorsqu'elle est de forme cylindrique, et l'on donne le nom de Limbe à la partie supérieure lorsqu'elle est étalée en dehors.

T Tubercule, *Tuberculum* ; on désigne sous le nom de Tubercules des renflements de diverse nature que l'on observe chez l'axe des tiges souterraines, et qui sont constitués en grande partie par un amas de substances nutritives (fréquemment la fécule) destinées à l'alimentation de la plante pendant une période ultérieure. Les Bulbes diffèrent des Tubercules en ce que l'amas de substance nutritive qu'ils renferment est déposé dans des feuilles dites Écailles charnues, et non dans une partie axile. Les tubercules ne doivent point être confondus avec les *Tubérosités* des racines (*Radicosarques*). Je distingue ces tubérosités des véritables tubercules, en ce qu'elles ne présentent pas de feuilles squammiformes ni par conséquent de bourgeons axillaires. J'ai divisé les tubercules en deux sections : 1° les *Caulobulbes* ou *Caulosarques* ; 2° les *Turiobulbes* ou *Turiosarques*, ou Tubercules proprement dits. — Les *Caulobulbes* sont le résultat de bourgeons qui ne se renflent en tubercule à leur base qu'après s'être allongés en tiges feuillées et souvent en tiges florifères. Dans une première subdivision, je place les caulobulbes qui sont renflés avant la floraison de la tige : tel est, chez les Dicotylédones, le tubercule du *Ranunculus bulbosus* ; tels sont, chez les Monocotylédones, le tubercule de l'*Alisma Plantago* et la série moniliforme des entrenœuds renflés et charnus de l'*Arrhenatherum bulbosum*. Dans une deuxième subdivision, je place les caulobulbes qui ne se manifestent qu'après la floraison de la tige dont ils constituent la base : telles sont, chez les Dicotylédones, les nodosités charnues des tiges souterraines ou rhizomes de l'*Orobus tuberosus* et du *Geranium tuberosum*. Chez les Monocotylédones, les caulobulbes de cette section présentent entre eux des différences notables : les tubercules (dits Pseudo-bulbes) des Orchidées épiphytes végètent pendant plusieurs années après leur floraison (les écailles ou feuilles de ces caulobulbes se détruisent souvent assez promptement). Chez le *Liparis Loeselii* (plante indigène de la même section et qui croît dans nos tourbières), le rhizome qui porte les caulobulbes de trois ou quatre années est susceptible de se conserver à la base des productions nouvelles sans se détruire ; mais chaque caulobulbe se détruit après l'année pendant laquelle il a fleuri. Chez l'*Épipogium Gmelini* (Orchidée que l'on rencontre çà et là dans les forêts de l'Allemagne), la tige tubérifère appartient à un rhizome rameux, cette tige se renfle au-dessus de sa base à l'époque de la floraison ; le renflement persiste pendant les premiers temps du développement d'un bourgeon florifère pour l'année suivante, au profit duquel elle s'épuise, puis se détruit. Chez le *Malaxis paludosa*, le mode de végétation présente une analogie marquée avec celui de l'*Epipogium*; c'est quelquefois vers le milieu de la longueur de la tige florifère que se produit le caulobulbe ou renflement tubériforme. Les tubercules bulbiformes qui appartiennent à certains genres de la famille des Iridées (*Crocus, Gladiolus, Ixia, Antholyza*) ont été nommés Bulbes solides ou Bulbes superposés. Ces caulobulbes postérieurs à la floraison tendent à se détruire après l'année qui suit celle de leur floraison; les nouveaux bourgeons bulbifères se développent, chez ces plantes, à l'aisselle des écailles les plus élevées du bulbe; d'où il résulte que les nouveaux caulobulbes recouvrent l'ancien en s'élargissant, et semblent, dans certains cas, lui être superposés. Lorsqu'un axe n'a pas fleuri, il ne se renfle pas moins en caulobulbe après l'époque de la floraison, et l'année suivante il peut émettre un bourgeon central dont l'axe, se renflant après la floraison, constitue un caulobulbe réellement superposé au caulobulbe mère (chez les caulobulbes des Orchidées épiphytes, les nouveaux caulobulbes paraissent accolés aux anciens et non superposés, parce qu'ils prennent naissance à l'aisselle des feuilles ou écailles inférieures du caulobulbe mère et non à l'aisselle des écailles supérieures). Il faut se garder de confondre les caulobulbes des *Crocus* avec les véritables bulbes à tuniques charnues que présentent certaines espèces appartenant à la même famille (dans le genre *Iris*). Le genre *Colchicum* présente un caulobulbe qui me semble tenir des caractères du caulobulbe des Orchidées épiphytes et du caulobulbe des *Crocus ;* comme chez les Orchidées épiphytes, la production des bourgeons se fait à l'aisselle des écailles qui occupent la base, et par conséquent les caulobulbes successifs sont latéraux; comme chez les *Crocus*, les caulobulbes cessent de vivre au bout d'une année, mais les écailles qui sont épaisses et très coriaces persistent pendant un grand nombre d'années (les plus anciennes étant incessamment refoulées à l'extérieur et déchirées par distension), et les vieux bulbes sont réduits chacun à une sorte de ruban spongieux qui est comprimé entre les tuniques des années successives. — La deuxième section des tubercules comprend les *Turiosarques* ou *Turiobulbes* : ces tubercules sont constitués par les bourgeons terminaux de rameaux souterrains se renflant en une masse charnue qui n'émet des tiges florifères que l'année suivante. Cette section présente deux subdivisions, dont la première est constituée par les tubercules à bourgeons multiples et à écailles très rudimentaires, ou tubercules proprement dits. Je place dans cette subdivision : la Pomme-de-terre (*Solanum tuberosum*), l'*Oxalis crenata*, le Topinambour (*Helianthus tuberosus*), la Capucine-tubéreuse (*Tropæolum tuberosum*), le *Crepis bulbosa*, etc.— C'est dans cette section que vient se placer le rhizome charnu tubériforme du *Convolvulus sepium* dont j'ai fait connaître les mœurs curieuses. Après l'époque de la maturité des fruits, vers la fin de l'automne, les tiges ou les rameaux volubiles de cette plante (commune dans les haies humides) pendent vers la terre et s'allongent jusqu'à ce que leur extrémité soit en contact avec le sol ; cette extrémité continue alors à s'allonger en s'insinuant verticalement de haut en bas (contrairement à la direction habituelle des tiges) dans la terre, ou entre les fissures des murailles. La plante, dont les tiges, exposées à l'air, périssent pendant l'hiver, se crée ainsi à l'approche du froid (ainsi que pourrait le faire un animal guidé par son instinct) un abri ou un terrier profond dans lequel la gelée ne peut l'atteindre. Le sommet de la tige, qui se développe ainsi de haut en bas dans la terre, revêt l'apparence d'une racine ou d'un rhizome ; elle est de couleur blanche, de consistance charnue, et ses feuilles sont réduites à de courtes écailles. La partie aérienne de cette tige renversée périt et se détruit dès les premières gelées, et l'extrémité enfouie dans la terre constitue dès lors un individu distinct, qui, au retour du printemps, émet des rameaux axillaires ascendants constituant de nouvelles tiges florifères dont les extrémités s'enfouissent à leur tour comme l'extrémité de la tige mère qui leur a donné naissance. Ces tiges enfouies se ramifient souvent dans le sol et pourraient au premier abord être prises, quand on les retire de terre, pour des rhizomes émis par une tige souterraine ; mais leur base qui se trouve au niveau du sol, l'extrémité des rameaux dirigée en

bas, et les feuilles squammiformes dont la pointe regarde également en bas, prouvent suffisamment qu'il s'agit d'une tige
qui a pénétré dans la terre par son sommet. — La deuxième
subdivision de la section des Turiobulbes renferme des tubercules munis de feuilles squammiformes membraneuses, et destinés à produire une plante nouvelle par l'accroissement de
leur bourgeon terminal et non par la production de bourgeons
latéraux ou axillaires. Le turiobulbe type de cette subdivision
est celui du *Sagittaria sagittæfolia*. Plusieurs botanistes
avaient remarqué depuis longtemps que cette plante présente
souvent à sa base un bulbe assez singulier qu'ils avaient décrit
très imparfaitement et de manière à laisser voir qu'ils n'en
comprenaient ni l'origine ni la structure. Le travail que je
prépare sur les bulbes et les tubercules me conduisait naturellement à examiner le bulbe ou tubercule de la sagittaire,
et je m'en occupai avec d'autant plus d'intérêt que son histoire était entourée de plus d'obscurité. Pensant avec les autres
auteurs que la sagittaire est vivace, j'avais, pendant l'hiver,
cherché des souches de sagittaire dans la vase, dans un espace
où j'étais certain d'avoir vu un grand nombre de ces plantes
pendant l'été précédent; d'abord mes recherches furent vaines:
en cherchant avec plus de soin, je trouvai plusieurs petits
bulbes ou tubercules ovoïdes munis d'écailles membraneuses
et terminés par un bourgeon cylindrique, qui me parurent
appartenir à la sagittaire. Je plaçai ces bulbes en pot dans de
la terre mouillée, et je les retirai de loin en loin pour les examiner; pendant janvier, février, mars et avril, ils n'éprou-
vèrent aucun changement; le 15 mai, le bourgeon terminal
s'était allongé, et en peu de jours il se développa une rosette
de feuilles (émettant des racines à sa base), non pas au sommet
du bulbe, mais à l'extrémité d'une tige de 5 à 6 centimètres
qui partait de ce sommet. Un mois plus tard, la rosette de
feuilles était devenue une plante robuste, et le bulbe mère
avait fini par s'épuiser complétement, mais restait comme suspendu à la base de la plante qu'il avait produite. Ayant alors
arraché plusieurs de ces plantes, je remarquai, parmi les fibres
radicales filiformes qui partaient de la base de la rosette,

d'autres organes ayant l'apparence de racines, de couleur blanche, et de la grosseur du doigt, qui partaient de l'aisselle des feuilles et qui descendaient verticalement dans la vase. Ces organes, qui atteignaient une longueur de 5 à 6 décimètres et qui étaient munis de loin en loin de feuilles squammiformes, n'étaient (malgré leur direction descendante et leur séjour souterrain) autre chose que de véritables tiges ; en effet, ayant coupé en long l'extrémité de ces organes, je les trouvai terminés par un véritable bourgeon. Ce bourgeon ne tarda pas à se renfler en tubercule, et dès la fin de septembre, après la floraison et la fructification des tiges aériennes, toute la plante se détruisit, y compris les tiges descendantes ; les caulobulbes terminaux, devenus libres, restèrent seuls vivants au fond de la vase, à l'état où j'avais observé les caulobulbes mères l'année précédente, et constituèrent l'année suivante autant de plantes distinctes. Pourquoi la Sagittaire, dont toute la souche est enfoncée dans l'eau et est exposée en apparence aux mêmes influences dans toutes ses parties, produit-elle des rameaux de deux sortes, les uns descendants et ayant l'aspect de racines, les autres ascendants feuillés et florifères? La cause déterminante de ces deux directions contraires, d'où résultent des formes et des fonctions si différentes, est encore à trouver ; mais, quant au but, il est bien évident : les uns sortent de l'eau pour fleurir et reproduire la plante par graines, les autres s'enfoncent dans la terre pour échapper à la gelée et reproduire la plante par tubercules.

tuberculeux, *tuberculatus*, qui présente des tubercules.

Tubérosité, *Tuberositas* ; épaississement ou nodosité en forme de tubercule.

tubéreux, *tuberosus* ; une racine ou une souche est dite tubéreuse lorsqu'elle présente la forme d'un tubercule.

tubuleux, *tubulosus*, *tubulatus* ; en forme de tube. — Chez les plantes de la famille des Composées, les fleurons (fleurs) sont dits tubuleux quand ils ne sont point ligulés (fendus et étalés en forme de ligule ou languette).

tumidus, gonflé, vésiculeux.

Tunique, *Tunica* ; se dit d'une enveloppe ordinairement ouverte au sommet, au moins dans le principe. Chez l'ovule on désigne quelquefois le *testa* sous le nom de tunique externe, et le *tegmen* sous le nom de tunique interne. — On donne le nom de tuniques aux feuilles charnues qui constituent la masse d'un bulbe, lorsque ces feuilles sont à peu près embrassantes; le bulbe qui présente des feuilles charnues ou écailles de cette forme, est dit tuniqué, *tunicatus.*

Turion, *Turio*; on désigne sous ce nom, chez les plantes vivaces, les jeunes tiges qui partent de la souche pendant la période où elles sont encore souterraines.

turbiné, *turbinatus*, en forme de toupie aplatie; telle est la forme de la racine chez la Rave, *Brassica Rapa*.

turfosus, = *torfaceus*, tourbeux : *Pratum turfosum*, Prairie tourbeuse; *Plantæ turfosæ*, Plantes des tourbières.

Type, *Typus*; se dit d'un individu qui réunit tous les caractères de l'espèce au plus haut degré.

typicus, typique, qui présente les caractères du type.

U

uliginosus, *uliginarius*; qui habite les prairies humides ou un peu tourbeuses.

Umbella, Ombelle (voir ce mot); — *umbellatus*, *umbelliformis*, en forme d'ombelle. — *Umbellula*, Ombellule.

umbilicalis (*Funiculus*), Cordon ombilical, Funicule (voir ce mot). = *umbilicatus*, pourvu d'un ombilic, marqué d'une cicatricule ombilicale. = *Umbilicus*, Ombilic.

Umbo, Mamelon, protubérance conique s'élevant sur une surface; *umbonatus*, présentant un mamelon.

umbraculiformis, en forme d'ombrelle ou de parasol. — *Umbraculum*, organe en forme d'ombrelle, par ex., le chapeau des Agarics et des Bolets à pédicule central.

umbrosus; se dit d'une plante qui se plaît dans les lieux ombragés.

Uncia, = *Pollex*; le pouce, 12 lignes (ancienne mesure); un peu moins du quart d'un décimètre. — *uncialis*, de la longueur d'un pouce.

uncinatus, muni d'une pointe crochue; *uncinato-aculeatus*, muni d'aiguillons crochus; *uncinato-setosus*, muni de poils crochus.

Uncus, Crochet, pointe crochue.

unctuosus, onctueux, qui a la consistance de l'huile; se dit d'une surface couverte de mucilage (par ex. la surface des feuilles chez les *Pinguicula*).

undecim, onze; dans les mots tirés du grec, *endeca*. (Les divers organes ne se présentent guère qu'accidentellement au nombre de onze).

undulatus, ondulé. (Voir ce mot.)

Unguis, Onglet, base rétrécie d'un pétale (voir ce mot); — *unguiculatus*, onguiculé, muni d'un onglet étroit et allongé.

uni, *æquatus;* dont la surface ne présente pas d'inégalités.

uni-, dans les mots dérivés du latin, signifie un, une seule fois; dans les mots dérivés du grec, *mono*. — *unicolor*, unicolore, d'une seule couleur; — *unifariam* (adv.), sur un seul rang; — *unifarius*, disposé sur un seul rang. — uniflore, *uniflorus*, à une seule fleur; — unifoliolé, *unifoliolatus*, à une seule foliole; — *unijugus*, à une seule paire de folioles; — unilabié, *unilabiatus*, à une seule lèvre; unilatéral, *unilateralis*, disposé sur un seul côté, dirigé d'un seul côté. — unilobé, *unilobatus*, à un seul lobe (se dit de certaines anthères); — uniloculaire, *unilocularis*, à une seule loge. — unisérié, *uniseriatus*. *uniserialis*, disposé en une seule série, en un seul rang.

unique, *unicus*, = solitaire, *solitarius*, qui est seul.

unisexuel, *unisexualis*, d'un seul sexe; se dit des fleurs mâles ou femelles, des plantes monoïques, dioïques ou polygames.

ura, dans les mots dérivés du grec : queue; en latin, *cauda*.

urcéolé, *urceolatus*, en godet, en grelot; se dit d'une corolle gamopétale globuleuse à ouverture étroite; par exemple, celle du Muguet (*Convallaria maialis*).

urens, brûlant; dont la saveur ou dont la piqûre cause le sentiment de la brûlure.

Urne, *Urna*; on donne ce nom à la capsule fructifère dans la famille des Mousses. L'urne n'est autre chose que le noyau de l'*Archégone* (ou fleur de la mousse), désigné sous le nom d'*Endogonium*, qui grossit et se développe après la floraison et dont la base s'allonge en forme de pédicelle. Lors de cet allongement, le tégument membraneux (de l'*Endogonium*), connu sous le nom d'*Epigonium*, est déchiré transversalement au-dessus de sa base et emporté par l'*Endogonium*, qui devient urne et qu'il recouvre à la manière d'un capuchon ou d'une coiffe. La coiffe est fendue par suite de la distension que lui fait éprouver l'accroissement de l'urne en grosseur, et elle se détache à l'époque de la maturité. A cette même époque (chez la plupart des genres), l'urne s'ouvre au moyen d'une rupture transversale ; sa partie supérieure, qui se détache comme une sorte de couvercle, est désignée sous le nom d'opercule. La chute de l'opercule met à nu la cavité de l'urne ; les bords de cette cavité sont en général bordés de deux rangées de dents ; la rangée extérieure appartient à la paroi de l'urne et est désignée sous le nom de *Péristome externe* ; la rangée interne appartient à un sac membraneux (sporange) qui tapisse la cavité de l'urne et renferme les spores : cette rangée interne de dents est désignée sous le nom de *Péristome interne ;* lorsque ce sac interne ou sporange reste intact au sommet, ce sommet constitue une membrane en forme de tympan qui ferme l'ouverture de l'urne et ne se déchire que plus tard ; cette membrane est désignée sous le nom d'*Épiphragme* dans le genre *Polytrichum.* Le sac membraneux ou sporange est traversé dans sa longueur par un axe filiforme désigné sous le nom de *Columelle* ; les spores sont situées entre cet axe et les parois du sporange. (Voir les mots Archégone et Muscinées.)

Utricule, *Utriculus ;* organe ressemblant à une petite outre membraneuse. Divers organes sans analogie entre eux ont été désignés sous le nom d'utricule : 1° Utricule = Cellule (voir ce mot), organe simple, élément du tissu cellulaire ou utriculaire ; — 2° Utricule fibreuse, = cellule allongée, Fibre, Clostre (voir ces mots) ; — 3° Utricule de pollen = grain de pollen ; — 4° Utricules natatoires des *Utricularia*, organes membraneux, vésiculeux, remplis d'air, appartenant aux feuilles submergées des *Utricularia,* et facilitant le maintien de la tige florifère à la surface de l'eau ; — 5° Utricule des Carex, nom donné à une sorte d'involucre gamophylle qui enveloppe l'akène dan le genre *Carex*, et fait en apparence partie constituante du fruit.

V

vacuus, vide, creux, stérile.

Vagina, Gaîne; partie inférieure engaînante de certaines feuilles (voir le mot Feuille). — *vaginans*, qui engaîne. — *vaginatus*, qui est embrassé par une gaîne.

Vaginule, *Vaginula*; petite gaîne qui embrasse la base du pédicelle de l'urne chez les Mousses, et qui est la partie inférieure de l'épigonium rompu.

Vaisseaux, *Vasa;* les vaisseaux sont des organes simples ou élémentaires qui constituent en partie la trame du tissu chez les végétaux phanérogames et chez les groupes les moins inférieurs dans la série des végétaux cryptogames. Les vaisseaux sont en général associés aux organes désignés sous le nom de fibres et forment avec ces organes des faisceaux dont l'ensemble constitue le tissu dit fibro-vasculaire. La forme des vaisseaux est celle d'un tube souvent cylindrique, plus rarement prismatique, long et étroit, et terminé en pointe plus ou moins effilée ou obtuse à ses deux extrémités; les vaisseaux sont aux fibres ou clostres relativement à la longueur, ce que les clostres (qui sont fusiformes) sont aux cellules (irrégulièrement sphériques). On admet plusieurs ordres de vaisseaux : les Trachées, les V. réticulés ou annulaires, les V. rayés et scalariformes, et les V. ponctués (qui sont souvent moniliformes), enfin on admet une classe de vaisseaux qui semblent s'éloigner beaucoup par leur forme et leurs usages des précédents et que l'on nomme V. laticifères ou réservoirs des sucs propres ou du Latex. — Les vaisseaux se composent, ainsi que les cellules et les fibres ou clostres, d'une membrane externe très mince, sur les parois internes de laquelle se dépose une couche concentrique qui, selon l'opinion admise, laisse des intervalles plus ou moins réguliers où elle ne se dépose pas, ces intervalles plus transparents constitués seulement par la membrane externe formant soit une ligne spirale non interrompue, soit des cercles, soit des rayures, des stries ou des ponctuations. — Les vaisseaux désignés sous le nom de *Trachées* sont considérés comme une fibre modifiée très allongée. Ce sont des tubes longuement fusiformes terminés en pointe aux deux extrémités et dont la couche interne constitue une sorte de ruban roulé en une spirale susceptible de se dérouler par tiraillement lorsque l'on rompt la membrane externe ; en dehors cette membrane externe n'est visible que dans le cas où les tours de la spirale sont plus ou moins écartés. Le fil ou ruban de la spirale est simple, et plus rarement se subdivise en deux dans une partie de sa longueur ; une trachée renferme un seul fil ou plusieurs fils parallèles qui marchent dans le même sens étant contigus les uns aux autres. Ces fils qui avaient été crus tubuleux paraissent manifestement dépourvus de cavité interne. Dans les cas les plus nombreux, les fils des trachées sont enroulés de droite à gauche et de bas en haut. Les trachées sont souvent désignées sous le nom de *Trachées déroulables*, afin de les distinguer plus complétement des vaisseaux réticulés désignés quelquefois sous le nom de Fausses trachées. Les trachées ne sont pas déroulables dans le premier état de leur formation ; elles peuvent à une époque avancée de leur existence cesser d'être déroulables par suite des adhérences que leurs parties constituantes contractent entre elles. — Les *Vaisseaux réticulés*, ou *Fausses trachées*, désignés aussi sous le nom de *Vaisseaux annulaires*, ont pour origine une fibre allongée de même que les véritables trachées ; mais leur couche interne se présente sous l'apparence d'anneaux superposés, ou quelquefois d'une ligne spirale, mais non susceptible de se dérouler ; souvent aussi un même vaisseaux présente dans sa longueur des points où il offre des anneaux superposés, et d'autres points où il offre une ligne spirale interrompue et comme disloquée ; les uns ont voulu voir dans ces vaisseaux (quand la spire est continue) des trachées dont les tours de spire sont soudés entre eux, d'autres admettent que ces vaisseaux se sont formés tels qu'ils se présentent. — Les *Vaisseaux rayés* et les *Vaisseaux ponctués* ne diffèrent guère les uns des autres que par les réticulations des premiers qui chez les seconds sont réduites à des ponctuations. On admet que ces vaisseaux sont formés de cellules plus ou moins allongées, superposées bout à bout et communiquant entre elles par la destruction du double diaphragme qui existe dans l'origine au point où leurs parois s'appliquent l'une contre l'autre. — Les *Vaisseaux* dits *scalariformes* sont une variété des vaisseaux rayés dont le tube est prismatique et dont les rayures superposées régulièrement sur chaque face ont l'aspect de petites échelles.—Les *Vaisseaux* dits *moniliformes* sont des vaisseaux ponctués qui présentent des étranglements rapprochés que l'on considère comme correspondant aux points de jonction des cellules qui constituent ces vaisseaux. — Certains observateurs admettent des transitions entre les différentes sortes de vaisseaux que nous venons d'énumérer ; d'autres nient ces passages des uns aux autres, se fondant : 1° sur ce fait qu'un même vaisseau ne peut revêtir les diverses formes successivement, mais par transitions on entend des formes intermédiaires observées chez divers vaisseaux et non successivement chez le même ; 2° sur ce que l'on rencontre des substances différentes dans quelques uns d'entre eux (or la place des substances qui peuvent se déposer dans les divers tissus est loin d'être déterminé d'une manière absolue) ; 3° sur ce que certaines modifications des vaisseaux se trouvent plus particulièrement chez certains organes et même exclusivement chez quelques uns (c'est ainsi que beaucoup d'observateurs admettent que l'on ne rencontre jamais de véritables trachées dans les racines) ; mais de ce qu'un organe placé dans des circonstances différentes ou dans des milieux différents se développe avec des modifications de formes différentes, est-on fondé à admettre qu'il est de nature différente ? On admet que dans l'origine certains vaisseaux sont formés par une fibre (ou par plusieurs fibres juxtaposées dans leur partie supérieure) et que d'autres sont le résultat de plusieurs cellules superposées, mais que ces fibres ou ces cellules sont d'une nature spéciale et que chacune ne peut devenir un vaisseau d'une classe quelconque, mais qu'elle devient invariablement un vaisseau d'une classe déterminée. — Les observations auxquelles je me suis livré ne m'ont point encore démontré si les divers vaisseaux doivent être considérés ou non comme de même nature dans l'origine ; mais un fait important qui me paraît résulter de l'examen microscopique des tissus dont j'ai étudié la formation est que (ainsi que cela a été dit avant moi) les ponctuations sont de courtes stries, les stries de courtes rayures et les rayures de courtes spirales ; mais que (contrairement à l'idée admise, qu'il s'agit de lignes complètes soudées entre elles dans une partie de leur étendue), il s'agit d'éraillures qui n'ont pas été portées au point de devenir des lignes complètes ; en outre il résulte de mes propres observations que les ponctuations, stries, rayures et spirales, ne sont pas des intervalles au niveau desquels la couche ou les couches internes ne se déposent pas, mais qu'elles sont le résultat de l'éraillure de la couche interne d'abord déposée uniformément dans toute l'étendue de la cavité de la membrane externe, cette membrane externe se trouvant plus extensible que la couche qui la revêt à l'intérieur et qui se rompt avec plus ou moins de régularité. — Les fonctions des vaisseaux sont loin d'être encore bien déterminées ; les trachées (qui ont une certaine ressemblance de forme avec les trachées qui constituent les organes respiratoires chez les insectes) ont passé, par analogie, pour servir à la même fonction chez les plantes ; mais ces vaisseaux, s'ils concourent à cette fonction, n'y concourent pas directement, car ils n'ont aucune communication avec les stomates, ni avec les cavités du tissu cellulaire cortical qui aboutissent aux stomates et dans lesquelles s'opère principalement la fonction de la respiration ; les trachées, étant situées près de l'étui médullaire, sont au contraire le plus éloigné possible de l'écorce et des stomates. — En général, les vaisseaux renferment des liquides pendant la période herbacée des tissus dont ils font partie. Dans les organes ligneux formés depuis plusieurs années le calibre des vaisseaux est quelquefois obstrué par les dépôts successifs qui s'opèrent dans leur cavité, ainsi que dans celles des fibres et des cellules ; dans d'autres cas ils conservent leur calibre et ne contiennent, selon les uns, que de l'air, et selon d'autres, sont une des voies par lesquelles les liquides absorbés par les racines s'élèvent dans la partie supérieure du végétal. — Les vaisseaux laticifères se rencontrent surtout dans les couches internes de l'écorce; ces vaisseaux charrient des sucs élaborés de nature souvent résineuse et d'apparence souvent laiteuse, blancs ou diversement colorés. Certains observateurs regardent ces vaisseaux comme des réservoirs creusés au milieu des autres tissus, n'ayant point de parois propres, et comme constituant de véritables lacunes. (Voir le mot Laticifères.)

Vallécule, *Vallecula*; intervalle qui sépare deux côtes chez le fruit des Ombellifères. Les canaux résinifères longitudinaux sont ordinairement situés dans l'épaisseur du péricarpe, dans l'étendue qui correspond aux vallécules. — *valleculatus*, présentant des vallécules.

valvaire (Préfloraison); le calice et la corolle sont dits à préfloraison valvaire lorsque les sépales ou les pétales sont en contact par leurs bords sans se recouvrir mutuellement.

Valve, *Valva*; on désigne sous le nom de valves les pièces qui résultent de la déhiscence des fruits ligneux ou membraneux. Selon le mode de déhiscence, les valves représentent des parties différentes du péricarpe. — Chez les fruits constitués par un seul carpelle qui se partage en deux moitiés longitudinales, selon la suture ventrale et selon la nervure dorsale (chez les gousses ou légumes), les valves représentent chacune une moitié longitudinale de carpelle. Si le carpelle isolé ne s'ouvre que par sa suture, il constitue une seule valve à l'époque de la déhiscence (follicules). Chez les fruits qui résultent de plusieurs carpelles soudés, les valves sont constituées chacune : par un carpelle (chez les fruits à déhiscence suturale), par la partie dorsale d'un carpelle (chez les fruits à déhiscence marginale, dite septifrage), ou enfin par la réunion de deux moitiés longitudinales de carpelles (chez les fruits à déhiscence dorsale dite loculicide); dans ce dernier cas, la valve porte à sa partie moyenne soit un placenta pariétal, soit une cloison, selon que le fruit est uniloculaire à placentation pariétale, ou pluriloculaire à placentation axile. (Voir les mots Fruit et Déhiscence.)

Valves (de la Glume); bractées scarieuses qui constituent l'involucre de l'épillet dans la famille des Graminées. (Voir le mot Glumes.)

Valvule, *Valvula*; petite valve; les lobes de certaines anthères s'ouvrent par des valvules. (Voir le mot Anthère.)

variable, *variabilis*; susceptible de varier. — variation, *Variatio*, synonyme de sous-variété.

Variété, *Varietas*; la variété est une manière d'être de l'espèce. L'espèce se reproduit par graine avec les mêmes caractères essentiels; mais certains caractères secondaires sont susceptibles de varier dans certaines limites, chez les individus obtenus, des graines d'une même espèce (graines pouvant provenir d'un même individu). C'est à ces individus, présentant entre eux des caractères différentiels secondaires, que l'on donne le nom de variétés. C'est surtout par les semis faits artificiellement, selon diverses conditions de culture, que l'on détermine la production des variétés; certaines variétés peuvent aussi se manifester spontanément. Les sous-variétés, variations ou variétés de second ordre, sont fréquemment le résultat des conditions accidentelles dans lesquelles la plante est placée pendant les diverses phases de sa végétation. Les variétés se reproduisent quelquefois par graine pendant un certain nombre de générations, surtout si la plante est placée dans des circonstances identiques; mais si les graines sont abandonnées au semis naturel, la variété retourne au type normal de l'espèce, après un nombre variable de générations.

variegatus, panaché; se dit d'une surface présentant plusieurs couleurs tranchées qui semblent avoir été disposées à coups de pinceau.

Vasa, Vaisseaux. (Voir ce mot.)

vasculaire, *vascularis*; qui est composé de vaisseaux, qui contient des vaisseaux. *Végétaux vasculaires* : dont le tissu est constitué par des vaisseaux unis à des fibres et à du tissu cellulaire; s'oppose à *Végétaux cellulaires*, dont le tissu est constitué seulement par du tissu cellulaire.

Végétal, *Vegetabile*, = *Planta*; et dans les mots composés dérivés du grec : *Phytos*, *Botane*, *Botanos*. Nous avons signalé les caractères distinctifs les plus saillants qui séparent les *Corps inorganiques* des *Êtres organisés*, et parmi les êtres organisés, le *Règne animal* du *Règne végétal* (voir le mot : organiques... Corps). Les végétaux se partagent en deux divisions principales : les Cryptogames ou Acotylédonés (qui se subdivisent en Acrogènes et en Amphigènes), et les Phanérogames ou Cotylédonés (qui se subdivisent en Monocotylédonés ou Endogènes, et en Gymnospermes et Dicotylédonés ou Exogènes) ; la division des phanérogames comprend les plantes les plus élevées dans la série végétale (voir ces mots à leur place alphabétique). — Au point de vue de la nature des organes, un végétal se compose d'un axe ordinairement subdivisé en axes secondaires (*Organes axiles*), et d'organes nommés feuilles, et qui sont des appendices des axes (*Organes appendiculaires*). — Au point de vue des fonctions que remplissent les organes, un végétal se compose d'*Organes* dits *de la végétation* (racine ou Axe descendant, Tige ou Axe ascendant, Rameaux et Feuilles foliacées), et d'*Organes* dits *de la reproduction* (parties constituantes de la fleur et du fruit : le Réceptacle, qui est la partie supérieure d'un axe ; le Calice ou ensemble des Sépales ; la Corolle ou ensemble des Pétales ; l'Androcée ou ensemble des Étamines ; le Gynécée, nommé aussi Ovaire et Pistil, ou ensemble des Carpelles ou feuilles carpellaires, et qui devient le Fruit par suite du phénomène de la maturation. Chaque carpelle se compose d'une feuille que l'on désigne sous le nom de Péricarpe chez le fruit, et cette feuille émet des organes désignés sous le nom d'Ovules à l'époque de la floraison, et de graines à l'époque de la maturité du fruit. (Voir ces différents mots à leur place alphabétique.)

Végétation, *Vegetatio* (Organes de la) ; on désigne sous ce nom tous les organes des végétaux (racine, tige et feuilles), à l'exception des fleurs, des fruits et des graines, qui sont désignés sous le nom d'*Organes de la reproduction.*

Veines, *Venæ* ; on désigne sous ce nom les nervures secondaires peu saillantes. — Veinules, *Venulæ*, très petites veines.

Velum, Voile ; on a donné ce nom dans le genre *Agaricus* à la membrane qui part du bord du *Chapeau* dont elle est la continuation et recouvre la face inférieure revêtue de *Lames* en s'avançant jusqu'au *Pédicule* qu'elle embrasse en manière d'anneau. Par suite des progrès de la végétation le voile est irrégulièrement déchiré ; chez un grand nombre d'espèces, une partie de ses débris restent attachés en lambeaux au bord du chapeau (et sont désignés sous le nom de *Cortina*), et l'autre partie constitue un *Anneau* libre autour du pédicule.

v velouté, *velutinus, holosericeus*, qui a l'aspect du velours.

v velu, *villosus*, couvert de longs poils.

s *venosus*, veiné, parcouru par de fines nervures.

v ventral, *ventralis*, qui appartient à la face désignée, chez les carpelles, sous le nom de ventre, et qui correspond à la suture des deux bords ; la face ventrale est opposée à la face dorsale qui correspond au côté externe occupé par la nervure dorsale.

v ventru, *ventricosus*, qui est gonflé en manière de ballon.

s *vernalis, vernus*, printanier, qui fleurit au printemps.

V Vernation, *Vernatio*, = Préfoliaison. (Voir ce mot.)

s *vernicosus*, vernissé, qui est luisant et semble recouvert d'une couche de vernis.

s *verrucosus*, verruqueux, chargé de protubérances en forme de verrues. — Verrue, *Verruca*.

s *versatilis*, qui se renverse aisément sur son support ; se dit de certaines anthères très mobiles sur le filet.

s *versicolor*, versicolore ; se dit d'un organe qui change plusieurs fois de couleur pendant les phases successives de son développement, par exemple, la corolle chez certaines plantes de la famille des Borraginées.

v vert, *viridis*, tirant sur le vert ; *virescens, viridescens*, d'un vert foncé *atroviridis*. (Voir le mot Couleur.)

I *Vertex*, Sommet ; s'oppose à *Basis*, Base.

v vertical, *verticalis*, dont la direction est perpendiculaire à celle du sol ; s'oppose à horizontal, dont la direction est parallèle à celle de la surface de l'eau.

I Verticille, *Verticillus ;* on désigne sous ce nom un ensemble d'organes disposés en cercle sur un même plan autour d'un axe. — verticillé, *verticillatus*, disposé en verticille.

Vésicule, *Vesicula*; organe membraneux en forme de petite vessie. — Vésicule embryonnaire; vésicule membraneuse très mince dans laquelle se développe l'*Embryon*, et qui est contenue elle-même dans le *Sac embryonnaire*, lequel tapisse la cavité du *Nucelle*. (Voir le mot Ovule.)

vésiculeux, *vesiculosus, vesiculatus*; en forme de vésicule.

vespertinus, qui fleurit après le coucher du soleil.

vexillaire (Préfloraison), préfloraison de la corolle chez les Papilionacées.

Vexillum, Étendard; pétale supérieur de la corolle chez les Papilionacées.

vide, *vacuus, fatuus, cassus*.

viginti, au nombre de vingt; dans les mots dérivés du grec: *ico*. — *vicenus*, au nombre de vingt et rapprochés.

villosus, velu. — *Villus*, Villosité.

viminalis, vimineus, qui est de la nature de l'Osier, qui ressemble à l'Osier.

vinealis, qui habite les vignes.

violet, *violaceus*. (Voir le mot Couleur.)

virens, virescens, verdâtre, tendant à la couleur verte.

vireux, *virosus*, d'une saveur ou d'une odeur vireuse; la saveur et l'odeur vireuse caractérisent certaines plantes douées de propriétés narcotiques plus ou moins vénéneuses.

virgatus, en forme de baguette effilée.

Virgultum, = *Dumetum*, Buisson : *Collis virgultus*, colline couverte de buissons et de bruyères.

viridis, vert, de couleur verte ; — *virescens*, verdâtre; — *viridulus*, d'un vert clair.

viscosus, viscidus, visqueux; de consistance sirupeuse.

vitellinus, couleur de jaune d'œuf.

viticulosus, muni de longs rejets rampants et radicants (Coulants, *Viticulæ*).

Vitta (plur. *Vittæ*), Bandelettes, Canaux résinifères; on désigne sous ce nom des canaux remplis d'un liquide brunâtre de nature résineuse, qui sont situés longitudinalement dans l'épaisseur du péricarpe, chez le fruit d'un grand nombre de plantes

de la famille des Ombellifères. Le nombre et la situation de
ces canaux relativement aux côtes primaires, aux côtes secondaires et aux vallécules, fournissent des caractères qui servent
à limiter certains genres. Pour voir la situation des vallécules,
il suffit de couper le fruit en travers, et de regarder la coupe
transversale à l'aide d'un verre grossissant.

vittatus; se dit d'un fruit muni de canaux résinifères; — rayé de
bandes colorées.

vivace, *perennis*; se dit d'une plante dont la souche persiste indéfiniment, que les tiges aériennes soient elles-mêmes vivaces,
ou que ces tiges soient annuelles et soient remplacées chaque
année par des tiges annuelles. S'oppose à annuel, *annuus*.
(Voir ce mot.)

volubile, *volubilis*; se dit d'une tige, d'une vrille, etc., qui s'enroule en spirale autour des tiges voisines qui leur fournissent
un support; certaines tiges sont volubiles de droite à gauche,
d'autres sont volubiles de gauche à droite.

olva, Volve; on désigne sous ce nom, chez certains *Agaricus*,
une enveloppe en forme de sac sans ouverture qui renferme le
champignon pendant la première période de son existence.
Par suite des progrès de la végétation, le volva est déchiré et
livre passage au chapeau à la face supérieure duquel s'attachent, chez quelques espèces, une partie de ses débris; la
partie inférieure du volva constitue une gaine à la base du pédicule.

vrille, *Cirrhus, Capreola, Capreolus, Claviculus*. Les vrilles
sont des organes filiformes qui s'enroulent en spirale autour
des corps voisins, et servent à soutenir la plante. Les organes,
soit appendiculaires (feuilles), soit axiles (rameaux), peuvent
se terminer en vrille, ou prendre la forme d'une vrille. La nervure moyenne de la feuille ou rachis se termine en vrille chez
un grand nombre de plantes de la famille des Légumineuses;
les pédoncules à fleurs avortées se terminent en vrille rameuse
chez la Vigne.

X

xanthos, dans les mots composés dérivés du grec, signifie d'un jaune d'or; en latin, *auratus*.

xylon, dans les mots dérivés du grec, signifie bois, corps ligneux; en latin, *Lignum*.

Z

Zone, *Zona*; chez les plantes de l'embranchement des Dicotylédones, les parties constituantes de la tige, écorce et corps ligneux, sont disposées par zones ou couches circulaires concentriques.

zoné, *zonatus*; se dit d'une feuille qui présente une tache transversale en forme de zone.

Zoospore. (Voir le mot Spermatozoïde.)

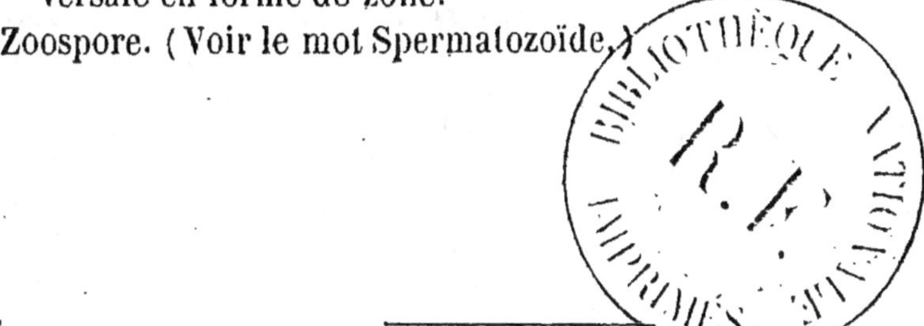

ORDRE DE LECTURE

DES PRINCIPAUX ARTICLES DU DICTIONNAIRE.

ERRATA (1).

Page.	Ligne.	
8	11	vous pourrez = vous pourriez
18	16	des idées et les observations = des idées et des observations
22	6	pour que je la passe ici sous silence. = pour que je m'abstienne de la mentionner.
43	18	, mais que cette hardiesse n'exclue pas l'application ; = ; mais que cette hardiesse n'exclue pas l'application ,
158	3	Herbia impia = Herba impia
191	15	quant aux plantes... on doit les choisir = les plantes... doivent être choisies
242	29	*Chardon-étoilé* = *Chardon-roland*
259	11	*Acea,* = *Alcea,*
264	14	médicinales, = médicales,
264	26	le *Victoria regalis* = le *Victoria Amazonica* (*V. regalis,* Schomb.) — Le nom spécifique *Amazonica* (Poepp. *sub Euriale*) doit être adopté pour cette espèce d'après la règle de l'antériorité, la plante ayant été décrite pour la première fois sous le nom d'*Euriale Amazonica,* Poepp.
285	10	optimam medicinam sanitatis tuendæ medicinam putant, = optimam sanitatis tuendæ medicinam putant,
285	18	crudita editur, = cruda editur,
287	4	tels sont : *Chærophyllum* = tel est le *Chærophyllum.*
292	33	omitenda = omittenda
301	33	*Menianthes* = *Menyanthes*
302	3	
307	41	per omnem orbem Europam = per omnem Europam
319	37	sont remarquable = sont remarquables.
328	28	indignum = indigum
330	26	ces préparations agissaient = ces préparations agissent
336	2	l'*E. dystachia,* = l'*E. distachya,*
343	30	*Joncus* = *Juncus.*
344	32	*H. Vulgare* = *Hordeum vulgare*
344	33	*Zea-Mais* = *Zea Mays*

(1) Le signe = signifie lisez.

Page.	Ligne.	
346	8	*A. Trichomanes* = *Asplenium Trichomanes*
346	29	l'*Equisetum hyemale*, L. = l'*Equisetum hyemale*, L. (la Prêle)
369	36	*Akena, Achainium* = *Achæna, Achenium*
391	36	aqueux et *aquosus.* = aqueux, *aquosus;*
383	12	le Guy = le Gui
561	18	un *Fuschia* = un *Fuchsia*
585	16	: l'embryon du *Trapa natans*, la capsule du *Polygala vulgaris*, etc. = certaines anthères, l'embryon du *Trapa natans*, etc., sont cordiformes. — La capsule du *Polygala vulgaris* est obcordiforme.
608	2	conidie = Gonidie
609	2	*Hyppocrepis* = *Hippocrepis*
612	27	*Inosculatio* = *Inoculatio*
654		Entre les lignes 23 et 24 ajoutez l'article suivant : libre, *liber* (voir les mots Carpelle et Calice).

www.ingramcontent.com/pod-product-compliance
Lightning Source LLC
LaVergne TN
LVHW050128060726
842524LV00001B/132